EUL VERLAG

EINZELSCHRIFTEN

Eva Fischer (Hrsg.)
Führen im Ehrenamt – Ehrenamtliche Führungskräfte aus jungen, wirtschaftsnahen Organisationen berichten über ihre Erfahrungen
Lohmar – Köln 2012 • 156 S. • € 29,- (D) • ISBN 978-3-8441-0139-3

Harald F. O. von Kortzfleisch (Hrsg.)
Norbert Szyperski – Laudationes zum 80. Geburtstag
Lohmar – Köln 2012 • 96 S. • € 25,- (D) • ISBN 978-3-8441-0141-6

Caspar G. Schauseil
Strategische Geschäftsfelderweiterung deutscher Zeitschriftenverlage – Eine empirische Untersuchung mithilfe der Anwendung von Scoring-Modellen
Lohmar – Köln 2012 • 264 S. • € 57,- (D) • ISBN 978-3-8441-0145-4

Christian Neßler und Felix Tellhelm
Corporate Social Responsibility – Eine signalingtheoretische Analyse
Lohmar – Köln 2012 • 80 S. • € 37,- (D) • ISBN 978-3-8441-0170-6

Matthias Johnen
Verhaltenstheoretische und gesellschaftsrechtliche Ausgestaltungsparameter von Aktienoptionsprogrammen bei der Bilanzierung nach IFRS 2 unter Berücksichtigung bewertungsrelevanter Aspekte
Lohmar – Köln 2012 • 260 S. • € 57,- (D) • ISBN 978-3-8441-0177-5

Marcus Sydon
Die Prüfung der Standardsoftware SAP® R/3® unter den revisionsspezifischen Gesichtspunkten einer Wirtschaftsprüfungsgesellschaft
Lohmar – Köln 2012 • 388 S. • € 65,- (D) • ISBN 978-3-8441-0190-4

JOSEF EUL VERLAG

Dr. Marcus Sydon

Die Prüfung der Standardsoftware SAP® R/3® unter den revisionsspezifischen Gesichtspunkten einer Wirtschaftsprüfungsgesellschaft

EUL VERLAG

Bibliografische Information der Deutschen Nationalbibliothek

Die Deutsche Nationalbibliothek verzeichnet diese Publikation in der Deutschen Nationalbibliografie; detaillierte bibliografische Daten sind im Internet über <http://dnb.d-nb.de> abrufbar.

Dissertation, Bergische Universität Wuppertal, 2011

ISBN 978-3-8441-0190-4
1. Auflage September 2012

JOSEF EUL VERLAG GmbH
Brandsberg 6
53797 Lohmar
Tel.: 0 22 05 / 90 10 6-6
Fax: 0 22 05 / 90 10 6-88
E-Mail: info@eul-verlag.de
http://www.eul-verlag.de

Bei der Herstellung unserer Bücher möchten wir die Umwelt schonen. Dieses Buch ist daher auf säurefreiem, 100% chlorfrei gebleichtem, alterungsbeständigem Papier nach DIN 6738 gedruckt.

Vorwort

Die vorliegende Arbeit wurde als Dissertationsschrift an der wirtschaftswissenschaftlichen Fakultät, der Schumpeter School of Business and Economics, der Bergischen Universität zu Wuppertal eingereicht und angenommen.

Mein Dank gilt zunächst meinem Erstgutachter Prof. Bock und meinem Zweitkorrektor Prof. Wolz, die mir durch wertvolle Ratschläge, unbürokratische Hilfen und Überlassung von Freiräumen die Möglichkeit gegeben haben, diese Arbeit in einem limitierten Zeitrahmen zu schreiben. Des Weiteren gilt mein Dank meinem bedauerlicherweise im Rahmen der Dissertationserstellung verstorbenen Doktorvater Prof. Matthes.

Weiterhin gilt mein Dank meinen Eltern und meinen Brüdern Frank und Andreas, ohne deren Unterstützung dieser Arbeit Grenzen gesetzt gewesen wären. Meine Familie hat mich in der Entstehung dieses Buches bedingungslos unterstützt, immerfort an mich und meine Ideen geglaubt und mir mit Ihrer Liebe und Zuversicht Kraft gegeben und motiviert.

WP/StB Klaus Heese, Dr. Thomas Nagel, Dr. Stefan Schmidt, WP/StB Stefanie Heigl, Dr. Martin Fröhlich und Christian Krewedl, für viele interessante und aufschlussreiche Gespräche zum Thema IT- und IKS-Prüfung.

Manfred, mein ständiger Diskussionspartner, der sich immer wieder geduldig meine neusten Ideen angehört und diese mit mir diskutiert hat. Dessen kritische und konstruktive Hinweise und prüfungstheoretische Expertise diese Arbeit in vielen Bereichen besser gemacht haben. Helmut, für viele Stunden Hilfestellung in allgemeinen Fragen und die Unterstützung bei der Umsetzung dieses Projektes.

Köln, den 31.08.2012

Marcus Sydon

Inhalt

Abbildungsverzeichnis

Tabellenverzeichnis

Verzeichnis der Screenshots

Abkürzungsverzeichnis

ABAP®	Advanced Business Application Programming
Abb.	Abbildung
Abs.	Absatz
ACL	Audit Command Language
ALE	Application Link Enabling
AfA	Absetzung für Abnutzung
AG	Aktiengesellschaft
AIA	American Institute of Accountants
AICPA	American Institute of Certified Pulic Accountants
AO	Abgabenordnung
AR	Aufsichtsrat
Art.	Artikel
AWV	Arbeitsgemeinschaft für wirtschaftliche Verwaltung e.V.
BAB	Betriebsabrechnungsbogen
BC®	Modul Basis
BDE	Betriebsdatenerfassung
BDSG	Bundesdatenschutzgesetz
BFH	Bundesfinanzhof
BGBl	Bundesgesetzblatt
BGH	Bundesgerichtshof
BI	Business Intelligence
BilMoG	Bilanzrechtsmodernisierungsgesetz
BMF	Bundesministerium der Finanzen
bzgl.	bezüglich
bzw.	beziehungsweise
CA	Certifying Authority

ca.	circa
CAAT	Computer-Assisted Audit Techniques
CBT	Computer Based Training
CD	Compact Disc
CFO	Chief Financial Officer
CISA	Certified Information Systems Auditor
CO®	Modul Controlling
COBIT	Control Objectives for Information and Related Technology
CO-OM®	Gemeinkostenrechnung
COSO	Committee of Sponsoring Organisations of the Treadway Commission
CRM	Client Relationship Management
DB	Der Betrieb (Zeitschrift)
DPR	Deutsche Prüfstelle für Rechnungslegung
DRSC	Deutsches Rechnungslegungs Standards Committee e.V
DSR	Deutsche Standardisierungsrat
DV	Datenverarbeitung
EDI	Electronic Data Interchange, Elektronische Datenübertragung
EDIFACT	Electronic Data Interchange for Administration, Commerce and Transport
EDV	Elektronische Datenverarbeitung
e.G.	eingetragene Genossenschaft
EGHGB	Einführungsgesetz zum Handelsgesetzbuch
EP	Einzelfallprüfung
ERP®	Enterprise Resource Planning
ERS	Entwurf IDW Stellungnahme zur Rechnungslegung
etc.	et cetera
EU	Europäische Union
EUR	Euro

e.V.	eingetragener Verein
EWB	Einzelwertberichtigung
FAIT	Fachausschuss für Informationstechnologie
FAMA	Fachausschuss für moderne Abrechnungssysteme
F&E	Forschung und Entwicklung
ff.	fortfolgende
FG	Fachgutachten
FI®	Modul Finanzbuchhaltung
FI-AA®	Modul Anlagenbuchhaltung
FIS	Führungsinformationssystem
FREP	Financial Reporting Enforcement Panel
GAAP	Generally Accepted Accounting Principles
GDPdU	Grundsätze zum Datenzugriff und zur Prüfbarkeit digitaler Unterlagen
gem.	gemäß
GG	Grundgesetz für die Bundesrepublik Deutschland
ggf.	gegebenenfalls
GJ	Geschäftsjahr
GenG	Genossenschaftsgesetz
GoA	Grundsätze ordnungsmäßiger Durchführung von Abschlussprüfungen
GoB	Grundsätze ordnungsmäßiger Buchführung
GoBS	Grundsätze ordnungsmäßiger DV-gestützter Buchführungssysteme
GoDV	Grundsätze ordnungsmäßiger Datenverarbeitung
GoS	Grundsätze ordnungsmäßiger Speicherbuchführung
GuV	Gewinn- und Verlustrechnung
HFA	Hauptfachausschuss des IDW
HGB	Handelsgesetzbuch
HK	Herstellungskosten

HR®	Modul Human Ressource (Personalwesen)
Hrsg.	Herausgeber
HTML	Hypertext Markup Language
IAASB	International Auditing and Assurance Standards Board
IAS	International Accounting Standard
IASB	International Accounting Standards Board
IASC	International Accounting Standards Committee
i.d.F.	in der Fassung
i.d.R	in der Regel
IDW	Institut der Wirtschaftsprüfer
IDW EPS	Entwurf eines Prüfungsstandards des Instituts der Wirtschaftsprüfer
IDW PS	Prüfungsstandard des Instituts der Wirtschaftsprüfer
IDW RS	Rechnungslegungsstandard des Instituts der Wirtschaftsprüfer
i.e.S.	im eigentlichen Sinne
IFAC	International Federation of Accountants
IFRS	International Financial Reporting Standards
IKR	Industriekontenrahmen
IKS	Internes Kontrollsystem
IM®	Modul Investitionsmanagement
IR	Interner Revisor
i.S.	im Sinne
ISA	International Standards of Accounting
ISACA	Information Systems Audit and Control Association
ISACF	Information Systems Audit and Control Foundation
ISO	International Standardization Organisation
ITGC	IT General Controls
i.S.v.	Im Sinne von
IT	Informationstechnologie
i.V.m.	in Verbindung mit

JA	Jahresabschluss
Jg.	Jahrgang
Kap.	Kapitel
KLR	Kosten- und Leistungsrechnung
KonTraG	Gesetz zur Kontrolle und Transparenz im Unternehmensbereich
KPI	Key Performance Indicator
MIS	Management Informationssystem
MM®	Modul Materialwirtschaft
MS	Microsoft
Nr.	Nummer
o.O.	ohne Ort
o.V.	ohne Verfasser
PC	Personal Computer
PDF	Portable Document Format
PIN	Personal Identification Number
PM®	Modul Plant Maintainace (Instandhaltung)
PublG	Publizitätsgesetz
PrüfO	Prüfungsordnung für Wirtschaftsprüfer
PP®	Modul Produktionsplanung
PS®	Modul Projektsystem
RACF	Resource Access Control Facility
RAID	Redundant Array of Independent Drives
rd.	rund
ROI	Return on Investment
RZ	Rechenzentrum
S.	Seite
SAP®	Systeme, Anwendungen und Produkte in der Datenverarbeitung
SAPGUI®	Graphical User Interface der Standardsoftware SAP R/3®
SAS	Statement on Auditing Standards

SD®	Modul Sales and Distribution (Vertrieb)
SEC	Securities and Exchange Commission
Sp.	Spalte
SQL	Structured Query Language (Datenbankabfragesprache)
stellv.	stellvertretend
SWOT	Strenghts / Weaknesses / Opportunities / Threats
Tab.	Tabelle
TCP/IP	Transmission Control Protocol / Internet Protocol
TR®	Modul Treasury
TransPuG	Transparenz- und Publizitätsgesetz
Tz.	Textziffer
u.a.	unter anderem
UrhG	Gesetz über Urheberrecht und verwandte Schutzrechte (Urheberrechtsgesetz)
US	United States
UStID	Umsatzsteueridentifikationsnummer
u.U.	unter Umständen
v.	von
V	Version
VG	Vermögensgegenstand
vgl.	vergleiche
v.H.	von Hundert
VO	Verordnung
vs.	versus
WP	Wirtschaftsprüfer
WPG	Wirtschaftsprüfungsgesellschaft
WPK	Wirtschaftsprüferkammer
WPO	Wirtschaftsprüferordnung
WPOÄG	Wirtschaftsprüferordnungs-Änderungsgesetz

XBRL	eXtensible Business Reporting Language
z.B.	zum Beispiel
ZfB	Zeitschrift für Betriebswirtschaft
ZfbF	Zeitschrift für betriebswirtschaftliche Forschung
ZIR	Zeitschrift Interne Revision

1. Allgemeine Einleitung

1.1. Problemstellung

Die Abschlussprüfung befindet sich gegenwärtig in einem tiefen Wandel, dessen Hauptursachen in dem nach wie vor problematischen Ausmaß der Erwartungslücke[1] des Finanzmarktes und in neuen Anforderungen an die Unternehmensberichterstattung durch die Globalisierung von Unternehmen und internationalen Kapitalmärkten liegen.[2] Aus einer Reihe damit verbundener gesetzgeberischer Reaktionen resultiert ein erweiterter Prüfungsgegenstand. Auf Basis des erweiterten Prüfungsgegenstands, der Weiterentwicklung des risikoorientierten Prüfungsansatzes und dem technologischen Fortschritt[3] ergeben sich (un)mittelbar Anforderungen an die Prüfer.

Die aktuelle Diskussion im externen Rechnungswesen bezüglich seiner Rolle und Funktion als kapitalmarktorientiertes Informationsinstrument hat dazu beigetragen, dass diese verstärkt wahrgenommen wird und an Bedeutung gewonnen hat. Dies liegt u.a. daran, dass Unternehmen im Rahmen der externen Rechnungslegung Informationen über ihre wirtschaftliche Lage an externe Adressaten geben. Diese Informationen beeinflussen die Erwartungen der Anleger bezüglich der Höhe und Risiken der künftigen Überschüsse und der Kapitalkosten, was Einfluss auf die Vorteilhaftigkeit von Investitionen im Unternehmen hat.

Die zentrale Voraussetzung, um den Zahlen und Angaben in der Rechnungslegung Glaubwürdigkeit zu verleihen, stellt die Prüfung der Rechnungslegung dar. Sie stellt sicher, dass die mit der Rechnungslegung intendierten Funktionen erfüllt werden. Vor diesem Hintergrund ist die Prüfung sowohl nationaler als auch internationaler Gegenstand komplexer regulatorischer (gesetzlicher) Regelungen und Vorgaben. Deren Aufgabe ist es, das Vertrauen in die Verlässlichkeit der Prüfung sicherzustellen.

---

1 Vgl. Ruhnke, K. (2002): Geschäftsrisikoorientierte Abschlussprüfung - Revolution im Prüfungswesen oder Weiterentwicklung des risikoorientierten Prüfungsansatzes?, in: DB 2002, S. 437.

2 Vgl. Ballwieser, W., Coenenberg, A. G., Wysocki, K. v. (Hrsg.) (2002): Handwörterbuch der Rechnungslegung und Prüfung, 3. Auflage, Stuttgart 2002, S. X (Vorwort der Herausgeber).

3 Vgl. Wiedmann, H. (1999): Neuere Prüfungsansätze vor dem Hintergrund des KonTraG, in: Baetge, J., (Hrsg.): Auswirkungen des KonTraG auf Rechnungslegung und Prüfung, Düsseldorf, 1999, S. 73.

Wirtschaftsprüfungsgesellschaften sind durch nationale und internationale Prüfungsstandards, wie zum Beispiel den International Standard on Auditing (ISA) 200, gehalten, im Rahmen der handelsrechtlichen Jahresabschlussprüfung nach § 316 HGB einen risikoorientierten Prüfungsansatz einzusetzen. Der risikoorientierte Prüfungsansatz basiert u. a. auf der Prüfung des Internen Kontrollsystems (IKS) und der Durchführung von Einzelfallprüfungen. Dabei bildet sich der Abschlussprüfer eine Meinung über die Ordnungsmäßigkeit und Sicherheit der Geschäftsprozesse und der daraus resultierenden Abbildung der Geschäftsvorfälle im Buchhaltungssystem. Demnach hängt das prüferische Vorgehen stark von der vorgefundenen Risikostruktur des zu prüfenden Unternehmens ab. Hierzu gehören u.a. die wirtschaftliche Lage, das rechtliche und wirtschaftliche Umfeld und insbesondere die Art und Güte der Informationsverarbeitung sowie deren Überwachung im geprüften Unternehmen. Diesbezüglich sehen die Prüfungsansätze ein explizites Auseinandersetzen des Prüfers mit dem IKS vor.

Dieses soll in der Einschätzung des Kontrollrisikos, also der Wahrscheinlichkeit, dass interne Kontrollen nicht in der Lage sind, wesentliche Fehler in der_Informationsverarbeitung des Mandanten zu verhindern, enden.

Die stark verbreitete Standardsoftware SAP® R/3® hat sich in den letzten Jahren, zumindest bei einer erheblichen Anzahl großer, kapitalmarktorientierter Kapitalgesellschaften (z.B. Mitglieder des DAX 30), als Informationssystem durchgesetzt. Bei der Standardsoftware SAP® R/3® handelt es sich um eine hoch integrative Software, die alle notwendigen betriebswirtschaftlichen Anwendungen und somit auch Funktionalitäten vereinigt bzw. anbietet. Gerade bei dem Modul FI (Finanzbuchhaltung) wird die Integration besonders deutlich, da dieses Modul Werte und Mengen aus vor- bzw. nachgelagerten SAP® Modulen wie z. B. dem internen Rechnungswesen, der Materialwirtschaft, dem Ein- oder Verkauf erhält bzw. direkt an sie weiterleitet. Damit diese hoch integrierte Standardsoftware mit modularem Aufbau überhaupt einsetzbar ist, muss diese auf die individuellen Besonderheiten und Strukturen des jeweiligen Unternehmens modifiziert werden. Hierbei spricht man von dem sogenannten "Customizing". D.h., die Standardsoftware SAP® R/3® wird in ihrer Auslieferungsversion dem Kunden in der Form zur Verfügung gestellt, dass allgemein übliche Geschäftsvorfälle, nach dem die kundenspezifischen

Anpassungen stattgefunden haben, in dem System standardmäßig abgebildet und ausgeführt werden können. Sollten die kundenspezifischen Geschäftsvorfälle vom SAP®-Standard abweichen, muss das System und somit auch seine Einstellungen entsprechend modifiziert ("gecustomized") werden.

Dieser Sachverhalt hat die Schaffung von individualisierten Schnittstellen zur Folge, die die Informationsprozesse und Daten des Unternehmens aus zusätzlichen Systemen, die dabei vor- und nachgelagert sein können, in das standardisierte Informationsgerüst von SAP® integrieren. Die Basisversion (Auslieferungsversion) und die Kernroutinen von SAP® R/3® wurden bereits in der Vergangenheit durch die Wirtschaftsprüfungsgesellschaft Arthur Anderson bezüglich ihrer Ordnungsmäßigkeit geprüft und zertifiziert. Dies hat zur Folge, dass sich der Prüfer eines Unternehmens, das die Standardsoftware SAP® R/3® einsetzt, auf die prinzipielle Vertrauenswürdigkeit der Informationsverarbeitung und damit des Rechungswesens verlassen kann.

Werden Daten in und aus elektronischen Datenverarbeitungssystemen zur Abbildung und Abwicklung von Geschäftsprozessen und zur externen Rechnungslegung herangezogen, unterliegen sie in Deutschland den Grundsätzen ordnungsmäßiger Buchführung (GoB). Dabei gelten die formellen und materiellen Anforderungen an die Ordnungsmäßigkeit einer Rechnungslegung auch für die Systeme, die die Daten erstellen, verarbeiten, verwalten, speichern und auswerten.

Die Prüfung des IT-gestützten Buchführungssystems, und somit des implementierten Verarbeitungs- und Kontrollsystems, kann als Systemprüfung bezeichnet werden und umfasst damit grundsätzlich die Durchführung von Aufbau- und Funktionsprüfung. Die im Folgenden beschriebene Systemprüfung entspricht der Prüfung des internen Kontrollsystems (IKS).[4] Sie beinhaltet dabei die Betrachtung zweier Systeme: das Verarbeitungssystem, das alle Regelungen und Aktivitäten zur Verarbeitung der Geschäftsvorfälle umfasst, und das Kontrollsystem, das die Richtigkeit der Erfassung und Verarbeitung sicherstellt. Aufgabe der Systemprüfung ist es, Ursachen für Fehler bzw. Schwachstellen im Verarbeitungssystem zu identifizieren. Demnach richtet sich der Beurteilungs-

---

4 Die Begriffe internes Kontrollsystem und Steuerungs- und Überwachungssystem werden im Rahmen dieser Arbeit analog verwendet.

prozess nach der Gestaltung, Wirksamkeit und Funktionsfähigkeit des Verarbeitungs- und Kontrollsystems. Diese Vorgehensweise stützt sich auf die Unterstellung, dass eine fehlerfreie Erfassung und Verbuchung der Geschäftsvorfälle existiert, wenn die geplanten und durchgeführten Verarbeitungs- und Kontrollaktivitäten das Entstehen wesentlicher Fehler verhindern.[5] Durch die Systemprüfung erhebt und bewertet der Prüfer, auf welche Art und Weise und durch wen Kontrollaktivitäten durchgeführt wurden und ob diese Kontrollaktivitäten permanent in der betrachteten Periode ausgeführt wurden.[6] In allen Komponenten spielt IT eine bedeutende Rolle. Im Rahmen der Risikobeurteilung ist bspw. zu hinterfragen, inwiefern IT als Risikofaktor selbst berücksichtigt[7] und inwiefern IT für die Prognose von Eintrittswahrscheinlichkeiten und Höhe möglicher Schadensfälle genutzt wird.[8] Kontrollaktivitäten wie die Kontrolle der Richtigkeit, Vollständigkeit und Genehmigung von Vorgängen und zur Funktionentrennung sind in der Regel IT-gestützt realisiert. Demnach liegt ein weiterer Schwerpunkt dieser Arbeit in der Identifikation und Bewertung/Berücksichtigung der manuellen und IT-gestützten aufbau- und ablauforganisatorischen Maßnahmen und Kontrollen.

Diese Arbeit beschäftigt sich mit der sehr praxisrelevanten Frage, unter welchen streng zu kontrollierenden Rahmenbedingungen und auf welche Weise ein Jahresabschlussprüfer diese spezielle Konstellation der zertifizierten Kernroutinen von SAP® R/3® ausnutzen kann, um eine möglichst effiziente Arbeitsweise sicherzustellen. Dabei soll im Rahmen dieser Arbeit ein Verfahren erarbeitet werden, das auf das Modul SAP® FI® (Finanzbuchhaltung), Release SAP® ECC 6.0, hier exemplarisch auf den Bereich der Sachkonten-Stammdaten adaptiert wird, um dem Berufsstand ebenfalls eine praktische Anleitung geben zu können. In diesem Zusammenhang wird eine Messmethode der Vertrauenswürdigkeit dieses Modells angeboten, um die bis dato üblichen sehr intuitiven Einschätzungen nachvollziehbar zu machen.

Demnach ist das Ziel dieser Arbeit, das Vorgehen handelsrechtlicher Jahresabschlussprüfer bei der Beurteilung des Kontrollrisikos im Rahmen der Systemprüfung des IKS bei solchen Unternehmen zu erleichtern, die SAP® R/3® als

---

5 Vgl. R. Quick / Die Risiken ... / S. 39; Vgl. R. Quick / Der Grundsatz ... / S. 253.
6 Vgl. D. N. Ricchiute / Auditing / S.190; Vgl. R. Quick / Die Risiken ... / S. 39.
7 Bspw. bei Release- oder Systemwechseln operativer Informationssysteme.
8 Vgl. K. Füser / Risikomanagement (KonTraG) ... / S. 757.

ERP System implementiert haben. Weiterhin soll erreicht werden, das bis dato anzuwendende pflichtgemäße Ermessen der Prüfer durch ein strukturiertes fragegeleitetes Vorgehen zu vereinheitlichen, intersubjektiv nachvollziehbarer zu machen und auch nach objektiven Kriterien zu plausibilisieren. Hierzu wird ein Modell zur Prüfung des Ist-IKS anhand eines idealtypischen IKS in Form einer Checkliste von Prüfungszielen als Entscheidungshilfe entwickelt, anhand derer sich der Prüfer vor Ort fragengeleitet der Beurteilung von Teilbereichen des Kontrollrisikos widmet. Zur Messung und Einstufung des Risikos, als Ergebnis der Bearbeitung der Checkliste, wird ein Scoring-Modell entwickelt. Die Integration der in der Checkliste formulierten Prüfungsziele in das Scoring-Modell soll es dem Prüfer ermöglichen, das Kontrollrisiko zu quantifizieren und notwendige weitere Prüfungshandlungen (aussagebezogene Prüfungshandlungen) abzuleiten. Das Modell wird plausibilisiert und mit Beispielen illustriert, um seine Praktikabilität zu untermauern. Die wird am Beispiel der Finanzbuchhaltung (SAP® Modul FI), hier im Bereich der Sachkonten-Stammdaten des Hauptbuches (General Ledger), exemplarisch angewendet.

Von der Betrachtung ausgeschlossen ist der Bereich Migration bzw. Altdatenübernahme, der alle hier beschriebenen Module betreffen kann. Hierbei ist zu beachten, dass die zugrunde gelegten rechtlichen und fachlichen Anforderungen generell für alle IT-gestützten Buchführungssysteme Anwendung finden, unabhängig davon, um welches Produkt es sich handelt. Diesbezüglich erfolgt bei der Erläuterung der rechtlichen und fachlichen Anforderungen in dem folgenden Kapitel eine generelle Beschreibung. Soweit Vorgaben durch die Software SAP® R/3® standardmäßig erfüllt werden, wird an den entsprechenden Stellen explizit darauf eingegangen.

Weiterhin thematisiert die folgende Arbeit nicht die allgemeinen Fragestellungen des IT-Betriebs, wie beispielsweise die Aufbauorganisation der IT-Abteilung, die RZ-Systemverwaltung, das Operating, das Systemmanagement und die Datenbankadministration, vielmehr werden rechnungslegungsspezifische Prüfungsaktivitäten beschrieben. Diese stellen im allgemeinen Sprachgebrauch die "Allgemeinen Computerkontrollen" (General Computer Controls oder auch ITGC genannt) dar, deren Erfüllung die Basis aller IT-gestützten Geschäftsprozesse ist. Um die Erfüllung der Allgemeinen Computerkontrollen zu prüfen, kann die Checkliste PH 9.330.1 (Informationen zu System- und Computerumfeld) des Instituts der Wirtschaftsprüfer zur Aufnahme und Beurteilung eingesetzt werden. Bei unmittelbaren Zusammenhängen mit dem IT-Betrieb und der Aufbau- und Ablauforganisation werden diese zum allgemeinen Verständnis jedoch kurz erläutert.

Nicht Gegenstand dieser Arbeit ist ebenfalls die Untersuchung doloser Handlung bzw. strafrechtlicher Tatbestände (sog. Fraud, wie bspw. Betrug, Diebstahl, Untreuehandlungen und Unterschlagungen) oder bewusst herbeigeführte/verursachte Fehler (z.B. Bilanzmanipulation zur Täuschung Dritter).

Wir befinden uns im Rahmen dieser Arbeit bei der IT-Systemprüfung im Bereich der "Rechnungslegungsrelevanten IT-gestützten Geschäftsprozesse".

Eine hohe und zuverlässige Datenqualität und Datenintegrität sowie sichere Schnittstellen zwischen dem Hauptsystem und den vor- bzw. nachgelagerten Nebensystemen wird unterstellt.

Mit der Einführung des KonTraG[9] zum 01. Mai 1998 hat der Vorstand gem. § 91 Abs.2 AktG[10] geeignete Maßnahmen einzurichten, damit die Gesellschaft gefährdende Entwicklungen durch das oben erwähnte Überwachungssystem frühzeitig identifizieren kann (so genanntes Risikofrüherkennungssystem[11]). Die Berücksichtigung dieser gesetzlichen Verpflichtung ist nicht Gegenstand dieser Arbeit[12], ebenso wie die Vertragsgestaltung bei Informationsasymmetrien im Rahmen der Prinzipal-Agent-Verhältnisse.[13]

Das wesentliche Augenmerk dieser Arbeit soll auf den folgenden Punkten liegen:

- Darstellung des Informationsbedarfs der Finanzmarktteilnehmer mit der dazugehörigen Informationsasymmetrie aufgrund unterschiedlicher Zielsetzungen anhand der Prinzipal-Agent-Theorie.

---

9 KonTraG = Gesetz zur Kontrolle und Transparenz im Unternehmen.
10 AktG = Aktiengesetz.
11 Vgl. WP Handbuch 2006 / S. 1941, 1944 und 1945; Vgl. G. Neubeck/Prüfung von / S. 26 ff.
12 Weitere Informationen bezogen auf das KonTraG können u. a. dem WP Handbuch 2006, Teil II; Kapitel P i. V. m. Kapitel Q entnommen werden.
13 Hier verweise ich auf die weiterführende Literatur z.B. von Andreas Wagenhofer in "Externe Unternehmensrechnung"....

- Umfassende detaillierte Erläuterung der Anforderungen an die Ordnungsmäßigkeit der Rechnungslegung in Verbindung mit dem Einsatz von IT-gestützten Buchführungssystemen zur Gewährleistung einer angemessenen und vertrauenswürdigen Qualität der Finanzmarktinformationen. Zum einen allgemein und zum anderen exemplarisch in Verbindung mit der Software SAP® R/3®.
- Analyse der prüfungsrelevanten Tabellen und Reports sowie Transaktionen/Berechtigungen im Bereich der Sachkonten-Stammdaten (Modul Finanzbuchhaltung) zur Durchführung einzelner Prüfungs- und Pflegeaktivitäten, z.B. Berechtigungsprüfungen, Customizingeinstellungen.
- Entwicklung eines Modells zur Prüfung des Ist-IKS anhand eines idealtypischen IKS in Form einer übergreifenden Checkliste mit Prüfungszielen zur Ermittlung des Kontrollrisikos und zum strukturierten sowie nachvollziehbaren Prüfungsvorgehen.
- Verknüpfung der in der Checkliste dargestellten Prüfungsziele mit den systemintegrierten Tools (Transaktionen und Reports).
- Entwicklung eines Scoring-Modells zur Quantifizierung und Messung des Kontrollrisikos unter den besonderen Rahmenbedingungen eines WP. Dabei soll dieses Scoring-Modell auf Anforderung der Praxis hin eine einfache Handhabung gewährleisten, um somit das Potential für die praktische Anwendbarkeit bei der Jahresabschlussprüfung zu haben und die praktische Arbeit der Abschlussprüfer zu vereinheitlichen.

1.2. Gang der Untersuchung

Bestandteil des **Kapitels 1** ist die Darstellung der allgemeinen Problemdefinition sowie die Gliederung und Aufbau der Arbeit. Es werden in einem Unterkapitel grundlegende prüferische Begrifflichkeiten im Vorfeld definiert, um ein einheitliches Begriffsverständnis zu erlangen und in der nachfolgenden Arbeit weitestgehend begriffliche Redundanzen zu vermeiden.

Nachfolgend erfolgt im **Kapitel 2** die Darstellung und Ableitung der Erwartungen und Anforderungen, die der Finanzmarkt an die externe Unternehmensrechnung und somit an die Ordnungsmäßigkeit der Rechnungslegung stellt. In diesem Zusammenhang wird der Informationsbedarf der verschiedenen Finanzmarktteilnehmer und die Informationsasymmetrie dargestellt. Als theoretisches Rahmengerüst wird hierbei der Prinzipal-Agent-Ansatz zugrunde gelegt. Es werden die Phasen der Jahresabschlussprüfung komprimiert beschrieben und die Erwartungslücken der Finanzmarktteilnehmer dargestellt. In einem weiteren Schritt werden im **Kapitel 3** die gesetzlichen Vorgaben und Rahmenbedingen an die Ordnungsmäßigkeit der Buchführung seitens des Gesetzgebers, die „Grundsätze der ordnungsmäßigen Buchführung“ (GoB) und bei Einsatz von IT-gestützten Buchführungssystemen die „Grundsätze ordnungsgemäßer DV-gestützter Buchführungssysteme“ (GoBs), analysiert und mit den Erwartungen und Anforderungen des Finanzmarktes abgeglichen. Die zur einheitlichen Interpretation und Anwendung der gesetzlichen Rahmenbedingen und als Qualitätsstandards einsetzbare und vom Berufsverband der Wirtschaftsprüfer (IDW) erlassenen „Grundsätze ordnungsmäßiger Durchführung von Abschlussprüfungen“ (GoA) sowie die für diese Arbeit wesentlichen Prüfungsstandards des IDW (IDW FAIT 1, IDW PS 330 und IDW PS 261) werden in einem weiteren Schritt analysiert und ebenfalls abgeglichen. Hierzu erfolgt eine Auswertung der einschlägigen wissenschaftlichen Literatur, der gesetzlichen wie auch berufsständischen und von internationalen Gremien herausgegebenen Richtlinien. Die Auswertung erzielt den Zweck, das als Prüfungsgegenstand ausgewählte und im Rahmen der Arbeit untersuchte SAP® R/3® System als Buchführungssystem einzuführen und in ausgesuchten Teilbereichen vorzustellen. D.h., in diesem Zusammenhang werden die geltenden Vorschriften aus dem Handelsrecht, dem Steuerrecht sowie die maßgeblichen fachlichen Stellungnahmen und Verlautbarungen komprimiert dargestellt und diskutiert, um Kriterien und Maßstäbe für die Ordnungsmäßigkeit einer IT-gestützten Buchführung sowie eines funktionsfähigen IKS abzuleiten.

Als Ergebnis werden die auf Basis der regulatorischen Vorgaben und Anforderungen an die Ordnungsmäßigkeit der Buchführung i.V.m. IT-gestützten Buchführungssystemen beruhenden Prüfungsziele zur Vorbereitung der Checklistenerstellung zur Ordnungsmäßigkeitsprüfung abgeleitet.

In **Kapitel 4** erfolgt die Entwicklung eines idealtypischen Modells eines Internen Kontrollsystems (IKS), wie es sich aus der Literatur ableiten lässt. Beginnend bei der Definition eines IKS Soll-Modells bis hin zur Darstellung des wesentlichen prüferischen Vorgehens im Rahmen einer IKS-Prüfung. Als theoretischer Rahmen für die IKS-Erstellung und Prüfung soll in diesem Zusammenhang der COSO-Framework als Rahmenwerk angeboten und dessen Angemessenheit analysiert werden. Dieses bildet den Ausgangspunkt einer Systemprüfung des IKS und damit eines SAP® R/3®-Systems. Anhand des idealtypischen Modells (Soll-Modell), erfolgt seitens der Wirtschaftsprüfungsgesellschaften die Verprobung mit dem realen beim Mandanten vor Ort implementierten IKS (Ist-Modell). Der Fokus der Arbeit liegt auf der Aufbau- und Funktionsprüfung des IKS sowie die durchzuführenden Kontrolltests, nicht in der Identifizierung und Ausführung von aussagebezogenen Prüfungshandlungen sowie der Ermittlung von repräsentativen Stichprobenumfängen, was Bestandteil der Hauptprüfung im Rahmen der Jahresabschlussprüfung ist. Im Anschluss daran erfolgt die Analyse dahingehend, ob das regulatorisch formulierte Vorgehen bei einer Systemprüfung - im Hinblick auf seine Kompatibilität - mit dem Stand der wissenschaftlichen Diskussion übereinstimmt oder ob wesentliche Abweichungen existieren. Anknüpfend wird ein Scoring-Modell entwickelt, welches eine Quantifizierung der festgestellten Risiken, also dass Kontrollrisiko, gestattet.

Nach der Darstellung und Diskussion der wesentlichen regulatorischen Vorgaben und Anforderungen zur Prüfung eines IKS und dem Vergleich mit Prüfungsmethodiken gemäß der gängigen Literatur erfolgt in **Kapitel 5** die Entwicklung eines Modells zur Prüfung des Ist-IKS anhand des idealtypischen IKS in Form einer Checkliste mit übergreifenden Prüfungsaktivitäten (unabhängig von der Anwendungssoftware). Diese Checkliste (Fragebogen) dient dabei der Erfassung des IKS und Quantifizierung des Kontrollrisikos. Sie stellt eine Entscheidungshilfe für Prüfer dar, um das Prüfungsvorgehen zu strukturieren und nachvollziehbar zu machen. Zur Bemessung des Kontrollrisikos wird das im Kapitel 4 entwickelte Scoring-Modell verwendet. Das Ausmaß des Kontrollrisikos bildet die Basis für die Ableitung der sich daran anschließenden weiteren Prüfungshandlungen (aussagebezogene Prüfungshandlungen), um eine hinreichende Prüfungssicherheit (bezogen auf die Aussagen in der Rechnungslegung) zu erlangen.

Bestandteil des **Kapitels 6** ist die Einführung in das Unternehmen SAP® und die Standardsoftware SAP® R/3® mit ihren hoch integrierten betriebswirtschaftlichen Funktionalitäten. Des Weiteren erfolgt die exemplarische Anwendung der im Kapitel 5 entwickelten Checkliste bei der

Prüfung einer SAP® basierten Rechnungslegung am Beispiel der Finanzbuchhaltung (SAP® Modul FI®), hier in wesentlichen Teilbereichen des General Ledger, den Sachkontenstammdaten. Dabei werden die aus den Kapiteln 2 bis 5 gewonnenen Erkenntnisse sowie die hier formulierte Checkliste genutzt, um Routinen aus dem zertifizierten SAP® Kernbereich zu identifizieren. Diese kann der Prüfer vor Ort bei der Beurteilung des bei dem geprüften Unternehmen installierten SAP®-System einsetzen. Die Ausführungen beschränken sich dabei auf die relevanten Funktionalitäten des Moduls, in dem Daten für Zwecke der Bilanzierung verarbeitet werden. Damit soll der Leser in die Lage versetzt werden, den Aufbau und die Funktionalitäten dieses Moduls zu verstehen und anhand der daraus gewonnenen Erkenntnisse die mit dem Einsatz des Moduls verbundenen potentiellen Risiken für die Ordnungsmäßigkeit der Buchführung zu identifizieren bzw. abzuleiten.

Nach den wesentlichen Erläuterungen des Kapitels erfolgt eine kritische Untersuchung des Prüffeldes und eine Darstellung von diesbezüglichen Einschränkungen, die bei der Prüfungsdurchführung berücksichtigt werden sollten.

Das **Kapitel 7** beendet die Arbeit mit einer Zusammenfassung der Ergebnisse dieser Arbeit. Weiterhin erfolgt eine Beschreibung der offenen Punkte (Einschränkungen) bei der entwickelten Checkliste sowie dem dazugehörigen Scoring-Modell. Weiterhin werden die Einschränkungen in der Prüfungsdurchführung bzw. bei den eingesetzten Prüfungstools komprimiert dargestellt und ein Ausblick für weiterführende Fragestellungen gegeben.

Der **Anhang** beinhaltet das Literaturverzeichnis, eine Aufstellung der ausgewerteten Zeitschriften, Zeitungen, Aufsätze, gesetzliche und fachliche Verlautbarungen, die verwendeten Internetseiten, Dokumentationen auf CD-ROM sowie Datenbanken.

1.3. Grundlegende prüferische Begrifflichkeiten

An dieser Stelle werden grundlegende übergreifende prüferische Begrifflichkeiten zum allgemeinen Verständnis und zur einheitlichen Interpretation dargestellt. Hierdurch sollen Redundanzen im Text weitestgehend vermieden werden. Sollten jedoch in den folgenden Kapiteln vereinzelt detailliertere Informationen, die über die hier dargestellten Informationen hinausgehen benötigt werden, werden diese an den entsprechenden Stellen ausgeführt.

Überwachung

Eine Grundfunktion der Unternehmensleitung stellt die Überwachung dar und dabei stehen die Bereiche der Planung und der Organisation im Vordergrund.[14] Die Planung stellt sicher, dass die Soll- und die Ist-Werte miteinander verglichen werden können. Somit lässt sich die Überwachung in die folgenden Elemente unterteilen:

- "Feststellung eines (u.U. nur gedachten) Zustands oder Vorganges, der als Maßstab dem Überwachungsobjekt gegenübergestellt werden kann. Dieser Zustand oder Vorgang wird als Soll-Objekt bezeichnet;
- Feststellung der Qualität oder der Quantität eines realisierbaren Zustands oder Vorganges, der als Überwachungsobjekt oder als Ist-Objekt bezeichnet wird;
- Vergleich des Ist-Objektes mit dem dazugehörigen Soll-Objekt und Feststellung eventueller Abweichungen zwischen den Merkmalsausprägungen des Soll- und des Ist-Objektes;
- Beurteilung der Schwere der evtl. festgestellten Abweichung; das Ist-Objekt wird als fehlerhaft bezeichnet, sobald die Abweichung ein als zulässig erachtetes Maß überschreitet;
- ggf. Mitteilung des Beurteilungsergebnisses“[15].

Die Mitteilung des Beurteilungsergebnisses erfolgt insbesondere über den Bestätigungsvermerk und den Prüfungsbericht[16].

Die Überwachung der Organisation ist ein wichtiger Bestandteil jeder Organisation. Da eine Organisation ständig lebt und sich weiterentwickelt, z.B. durch die fortlaufende Anpassung der Aufbau- und Ablauforganisation an die Planziele, ist es wichtig, dass die Organisation eines Unternehmens entsprechend über-

---

14 Die beste Planung nützt nichts, wenn nach der Organisationsdurchführung die Ergebnisse nicht messbar sind und sich die Gründe von Abweichungen zwischen Soll- und Ist-Planungen nicht feststellen lassen.

15 Zitat von K. Wysocki / Grundlagen des betriebswirtschaftlichen Prüfungswesens/ S. 1 f.

16 Vgl. Gabler Wirtschaftslexikon, S. 3140.

wacht wird.[17] Die Überwachung stellt wichtige Funktionen in Unternehmen sicher. Zum einen die Informationsfunktion[18], zum anderen die Informationsfunktion.[19] Darunter versteht man die Verhinderung bzw. Erschwernis von Abweichungen von Normen, wodurch ein normgerechtes Handeln und Verhalten veranlasst wird.[20]

Prüfung und Kontrolle

Die Überwachung ist ein Oberbegriff der Prüfung und der Kontrolle. Die Überwachung stellt alle Maßnahmen mit dem Ziel der Urteilsbildung über Vorschrifts- und Zweckmäßigkeit von Handlungen dar. Prüfung und Kontrolle dagegen können nach verschiedenen Merkmalen unterschieden werden.

Unterscheidungsmerkmale gemäß K. Wysocki können sein:

- Zeitbezug: die Kontrolle wird gegenwartsbezogen durchgeführt, die Prüfung befasst sich mit abgeschlossenen Situationen.[21]
- Durchführungsfrequenz: Prüfungen werden einmalig und Kontrollen laufend durchgeführt.
- Arbeitsweise: Prüfungen setzen geistige Arbeit voraus, Kontrollen können auch automatisiert ausgeführt werden.
- Integration in betriebliche Arbeitsabläufe: Kontrollen sind in die betrieblichen Arbeitsabläufe integriert, Prüfungen nicht.
- Abhängigkeit: Prüfungen werden von Menschen durchgeführt, die prozessunabhängig (nicht direkt am Sachverhalt beteiligt) sind.[22]

Aufgrund der Prozessunabhängigkeit von Prüfungen geht die Literatur von einer höheren Zuverlässigkeit der Überwachung aus als bei Kontrollen[23]. Die Begriffe Prüfung und Revision werden gemäß Lück[24] als Synonyme verwendet.

---

[17] Vgl. H. Egner/ Betriebswirtschaftliche Prüfungslehre / S. 15ff.
[18] d.h. dass Abweichungen von Normen festgestellt werden, bzw. nicht aufgetreten sind.
[19] Sie stellt die Überwachung die Sicherungsfunktion sicher.
[20] Vgl. W. Lück / Lexikon der Betriebswirtschaft/ S. 1218f.
[21] Demnach sind Prüfungen vergangenheitsbezogen.
[22] Vgl. R. Buchner / Wirtschaftliches Prüfungswesen/ S. 157.
[23] Vgl. v. Wysocki / Prüfungswesen/ S. 5 ff.
[24] Vgl. Dr. W. Lück/ Lexikon der Betriebswirtschaft/ S. 1007.

Prüfungsarten

Prüfungen können in verschiedene Arten unterteilt und klassifiziert werden. Dabei können Prüfungen gesetzlich vorgeschrieben sein, d.h. es besteht ein gesetzlicher Prüfungszwang.[25] Daneben gibt es gesetzlich vorgesehene Prüfungen, d.h. von den Prüfungsrechten kann Gebrauch gemacht werden.[26] Des Weiteren existieren vertraglich fixierte Prüfungen[27] und freie Prüfungen.[28] Der Prüfungsauftrag wird vom prüfenden Unternehmen erteilt. Der Prüfungsauftrag legt das Prüfungsobjekt, den Prüfer und die Prüfungsnorm fest. Die Prüfer können dabei interne[29] oder externe Prüfer sein.[30] Eine weitere Systematisierung kann das Ziel der Prüfungen sein, z.B. Ordnungsmäßigkeitsprüfungen[31] und Zweckmäßigkeitsprüfungen[32].

Die Art von Prüfungshandlungen, wie Abstimmungsprüfungen, Übertragungsprüfungen oder rechnerischen Prüfungen stellten eine weitere Unterscheidung dar. Ebenso die Frequenz, hier wird nach periodischen[33] und aperiodischen[34] Prüfungen unterschieden.[35] Ein weiteres Unterscheidungsmerkmal kann die Komplexität von Prüfungsobjekten sein. Einfache Prüfungen bestehend aus einem Soll-Ist-Vergleich, bei komplexen Prüfungen kann das Prüfungsurteil das Ergebnis mehrerer Soll-Ist-Vergleiche sein.[36]

Bezüglich der Prüfungsintensität unterscheidet man zwischen einer lückenlosen Prüfung (Vollprüfung)[37] und einer Stichprobenprüfung (Auswahlprüfung).[38]

---

25 z.B. Jahresabschlussprüfung der AG, §162f. AktG; Jahresabschlussprüfung der GmbH, §53ff. GenG.

26 Der Höchstumfang der Prüfungsrechte wird gesetzlich bestimmt, wobei die Prüfung innerhalb dieser Grenzen frei gestaltet werden kann.

27 Hier ist ein Vertrag Grundlage zwischen Prüfenden und Prüfungsberechtigten und definiert den Umfang der Prüfungsrechte.

28 Hier ist der Prüfungsauftrag Grundlage für die durchzuführende Prüfung.

29 Mitarbeiter des zu prüfenden Unternehmens.

30 z.B. Wirtschaftsprüfer , Vgl. Gabler Wirtschaftslexikon, S. 3140.

31 Übereinstimmung der Prüfungsobjekte mit gesetzlichen und anderen Vorschriften.

32 Prüfungsziel ist die Erfüllung vorgegebener Optimalitätskriterien. Vgl. Dr. W. Lück / Lexikon der Betriebswirtschaft/ S. 1010.

33 d.h. in der Regel jährliche Prüfungen.

34 d.h. auf Antrag stattfindende Prüfungen.

35 Vgl. H. Egner / Betriebswirtschaftliche Prüfungslehre / S. 23.

36 In diesem Fall müssen die unverbundenen Einzelurteile aggregiert dargestellt oder Prüfungsketten gebildet werden, falls die Ist-Objekte in Verbindung miteinander stehen.

37 Hier werden alle zum Prüfungskomplex gehörenden Ist-Objekte geprüft.

38 Vgl. Gabler Wirtschaftslexikon, S. 3141.

Die folgende Tabelle zeigt die wesentlichen in der Praxis vorzufindenden Prüfungen[39] unterteilt nach Pflicht- bzw. freiwilligen Prüfungen, nach Rechtgrundlage und der Bestellung der Prüfer:

Bezeichnung			Rechtsgrundlage	Bestellung der Prüfer
Pflichtprüfungen				
a. Vorbehaltsprüfungen				
1.	Jahresabschlussprüfung	- von großen und mittleren Kapitalgesellschaften (vgl. § 267 HGB)	§§ 316-324 HGB	Hauptversammlung
		- von Unternehmen bestimmter Größe (§ 3 PublG)	§ 6 PublG	Gesellschafterorgan
2.	Konzernabschlussprüfung	- Obergesellschaft Kapitalgesellschaften	§§ 316-324 HGB	Hauptversammlung der Obergesellschaft
		- von Konzernen bestimmter Größe	§ 14 PublG	Hauptversammlung der Obergesellschaft
3.	Teilkonzernabschlussprüfung von Teilkonzernen bestimmter Größe		§ 14 PublG	Gesellschafterorgan der Obergesellschaft
4.	Prüfung des Berichts des Vorstands über die Beziehung zu verbundenen Unternehmen		§ 313 AktG	Hauptversammlung der abhängigen Gesellschaft
5.	Sonderprüfung wegen angeblicher wesentlicher Unterbewertung oder unvollständiger Berichterstattung		§ 258 AktG	Gericht auf Antrag
6.	Prüfung einer zugrunde gelegten Bilanz bei einer Kapitalerhöhung aus Gesellschaftsmitteln		§ 209 AktG	Hauptversammlung
7.	Jahresabschlussprüfung bei Kreditinstituen		§ 340k HGB	Gesellschafterorgan bzw. Bundesaufsichtsamt
8.	Prüfung der Kapitalanlagegesellschaften		§ 24a,4 KAGG	Gesellschafterorgan
9.	Jahresabschlussprüfung von Versicherungen und Bausparkassen		§ 341k HGB	Aufsichtsrat, Widerspruchsrecht der Aufsichtsbehörde
10.	Prüfung des Verschmelzungsvertrages oder seines Entwurfes		§ 9 UmwG	Vertretungsorgan oder Gericht auf Antrag
11.	Prüfung des Rechenschaftsberichts von Parteien		§ 23,2 Parteiengesetz	Parteitag
b. Nichtvorbehalts-Prüfungen				
1.	Gründungsprüfung einer AG		§ 33 AktG	Gericht, nach Anhörung der IHK
2.	Prüfung einer Kapitalerhöhung gegen Sacheinlagen		§ 183 AktG	Gericht, nach Anhörung der IHK
3.	Sonderprüfung zur Prüfung von Vorgängen bei der Gründung oder Geschäftsführung		§ 142 AktG	Hauptversammlung oder Gericht auf Antrag
4.	Sonderprüfung zur Prüfung geschäftlicher Beziehungen einer Gesellschaft zum herrschenden Unternehmen		§ 315 AktG	Gericht auf Antrag
5.	Jahresabschlussprüfung der Genossenschaften		§ 53 GenG	genossenschaftlicher Prüfungsverband
6.	Prüfung der öffentlichen Unternehmen		§ 53 HGrG, Länder VO	Aufsichtsorgan der öffentlichen Aufsichtsbehörde
7.	regelmäßige Depotprüfung		§ 30 KWG	Bundesaufsichtamt bzw. Deutsche Bundesbank
Freiwillige Prüfungen				
a.	Ordnungsprüfungen		z.B. freiwillige Prüfungen von Zwischenbilanzen	
b.	Situationsprüfungen		z.B. Kreditprüfungen	
c.	Institutionsprüfungen		z.B. Organisationsprüfungen	
d.	Aufdeckungsprüfungen		z.B. Unterschlagungsprüfungen	

Tabelle 1:Übersicht wesentl. Prüfungen des Berufsstandes nach Buchner[40]

Prüfungsorgane

Unter Prüfungsorganen versteht man alle Personen oder Institutionen, die Prüfungen durchführen. Dies können sein: Mitarbeiter von Wirtschaftsprüfungsgesellschaften und Steuerberatungsgesellschaften, Wirtschaftsprüfer, Steuer-

39 Analog zur Hauptversammlung bei AG´s können bei prüfungspflichtigen GmbH`s die Gesellschafterversammlungen gesehen werden.

40 Vgl. R. Buchner/ Wirtschaftliches Prüfungswesen / S. 252f.

berater, Revisionsabteilungen Prüfungsstellen in Banken und öffentlichen Einrichtungen (z.B. Finanzamt, Rechnungshöfe)[41]. Die folgende Tabelle zeigt die Prüfungsorgane aufgeteilt nach Organen der externen Prüfung und nach Organen der internen Prüfung:

Organe der externen Prüfung	Öffentlich-rechtliche (behördliche) Prüfungsorgane	Rechnungshöfe und Rechnungsämter der öffentlichen Gebietskörperschaften (z.B. Bundesrechnungshof, kommunale Rechnungsprüfungsämter)	
		Betriebsprüfungsstellen der öffentlichen Finanzverwaltung	
		Aufsichtsbehörden wie z.B. Bundesaufsichtsamt für das Kreditwesen, Bundesaufsichtsamt für das Versicherungs- und Bausparwesen, Kartellbehörden, Preisüberwachungsstellen.	
	Privatrechtlich organisierte Prüfungsorgane	Organe mit gesetzlich sanktionierten Vorbehaltsaufgaben im Bereich der Prüfung	Freiberuflich tätige Prüfer und Prüfergemeinschaften
			Wirtschaftsprüfungsgesellschaften und Buchprüfungsgesellschaften (Personengesellschaften, Kapitalgesellschaften)
			Prüfungsverbände (im Bereich der genossenschaftlichen Prüfung und im Bereich der Sparkassenprüfung)
		Organe ohne gesetzlich sanktionierte Vorbehaltsaufgaben im Bereich der Prüfung	Freiberuflich oder in Gesellschaftsform tätige Organe, die meist neben anderen Aufgaben (Steuer- und Unternehmensberatung) auch Prüfungsaufgaben im Bereich der freien bzw. gesetzlich vorgesehenen Prüfungen wahmehmen (z.B. Unternehmens- oder Steuerberatungsgesellschaften)
			Unternehmenseigene Prüfungsstellen, die zur Wahrnehmung von (meist vertraglich ausgebundenen) Prüfungsrechten bei Dritten eingesetzt werden (z.B. Kreditprüfung durch bankeigene Stellen bei aktuellen oder potentiellen Kreditnehmern der betreffenden Bank)
Organe der internen Prüfung	Organe der sog. Internen Revision, d.s. Prüfungsstellen eines Unternehmens, die Prüfungsaufgaben im Bereich desselben Unternehmens wahrnehmen		
	Organe der sog. Konzernrevision, d.s. Prüfungsstellen eines Konzerns (der Konzernleitung), die Prüfungsaufgaben auch in anderen (konzernangehörigen) Unternehmen wahrnehmen.		

Tabelle 2:Übersicht Prüfungsorgane angelehnt an K. Wysocki[42]

An das Organ des Wirtschaftsprüfers wurde von der Wirtschaftsprüferkammer ein Anforderungskatalog als Richtlinie erlassen (nach § 58 WPO alle WP und

41 Vgl. Vahlens Kompendium der Betriebswirtschaftslehre Band 2, S. 459.
42 Vgl. K. Wysocki / Grundlagen des betriebswirtschaftlichen Prüfungswesens / S. 80f.

alle WP Gesellschaften). Demnach sind Unabhängigkeit und Unbefangenheit, Gewissenhaftigkeit und fachliche Kompetenz, Eigenverantwortung, Verschwiegenheit und Unparteilichkeit[43] als Anforderungen an Wirtschaftsprüfer zu verstehen.

Gemäß § 143 AktG können Sonderprüfungen durch Personen durchgeführt werden, die genügend vorgebildet und erfahren in der Buchführung sind. Gesetzliche Prüfungen, d.h. den Jahresabschluss und den Konzernabschluss von großen und mittelgroßen Kapitalgesellschaften und dem PublG unterliegende Unternehmen können nur von Wirtschaftsprüfern, Wirtschaftsprüfungsgesellschaften geprüft werden. Mittelgroße GmbH nach § 267 Abs. 2 HGB können auch durch vereidigte Buchprüfer und Buchprüfungsgesellschaften geprüft werden (§ 319 Abs. 1 HGB). Gemäß § 55 GenG erfolgt die Prüfung von Genossenschaften durch den Prüfungsverband.[44]

Funktionen der Abschlussprüfung

Aus § 317 (1) S.2 HGB geht hervor, dass die Abschlussprüfung als Gesetz- und Ordnungsmäßigkeitsprüfung ausgelegt ist, in deren Rahmen festgestellt wird, "ob die gesetzlichen Vorschriften und die sie ergänzenden Bestimmungen des Gesellschaftsvertrags oder der Satzung beachtet worden sind".[45]

Die Abschlussprüfung erfüllt insgesamt 3 Funktionen. Dabei handelt es sich um:

- **Kontrollfunktion** (Bestätigung der inm Jahresabschluss und Lagebericht enthaltenen Informationen)
- **Informationsfunktion** (Gegenüber gesetzlichen Vertretern, Aufsichtsorganen und Gesellschaftern)
- **Beglaubigungsfunktion** (Per Bestätigungsvermerk gegenüber externen Adressaten des Jahresabschlusses)

---

43 Vgl. Vahlens Kompendium der Betriebswirtschaftslehre, S. 459ff.
44 Vgl. W. Busse von Colbe / Lexikon des Rechnungswesens / S. 513f.
45 Siehe § 317 (1) S.2 HGB.

Dabei besteht die Informationsfunktion gegenüber den gesetzlichen Vertretern, den Aufsichtsorganen sowie den Gesellschaftern. Diese wird in schriftlicher Form durch den Prüfungsbericht und in mündlicher Form durch die Bilanzsitzung - sofern ein Aufsichtsrat besteht - erfüllt.

Seit BilMoG sind im Rahmen der Prüfung ausdrücklich internationale Prüfungsstandards zugrunde zu legen (§317 (5) HGB). Gemeint sind die von der IFAC entwickelten und verabschiedeten sog. International Standards on Auditing (ISA). Soweit die Europäische Kommission diese im Wege des sog. Komitologieverfahrens förmlich angenommen hat, sind sie auch für die Durchführung von Abschlussprüfungen nach deutschem Recht verbindlich. Die ISA weisen insgesamt eine größere Anzahl an Detailregelungen im Vergleich zu den deutschen Prüfungsgrundsätzen auf, ohne aber dadurch höhere Prüfungsanforderungen zu definieren.[46]

Wesentlichkeitsgrenzen

Die Auswahl von Art und Umfang der Prüfungshandlungen erfolgt nach dem Grundsatz der Wesentlichkeit. Demnach sollen die knappen zeitlichen Ressourcen auf die Prüfungshandlungen in den Prüfungsfeldern konzentriert werden, die a priori als mit der höchsten Fehlerwahrscheinlichkeit behaftet angesehen werden bzw. deren Fehler voraussichtlich die wertmäßig (absolut bzw. relativ) bedeutendsten Auswirkungen auf die Abschlussaussagen induzieren.
Demnach sind entsprechende Wesentlichkeitsgrenzen im Rahmen der Prüfungsplanung sowohl für den Jahresabschluss und Lagebricht als Ganzes als auch separat für die einzelnen Prüfungsfelder zu definieren. Da mehrere unwesentliche Fehler zu einem wesentlichen Fehler kumulieren können, sind auch Nichtaufgriffsgrenzen unterhalb der Wesentlichkeitsgrenze festzusetzen, oberhalb derer Unregelmäßigkeiten im Rahmen der Prüfungsfeststellungen erfasst werden.[47] Fehler sind als wesentlich anzusehen, wenn sie (einzeln oder zusammen genommen) Entscheidungsrelevanz für die Abschlussadressaten aufweisen, demnach impliziert Wesentlichkeit Entscheidungsrelevanz. Dies ist

---

46 Im Ergebnis entsprechen die deutschen Prüfungsgrundsätze in wesentlichen Punkten seit längerem den ISA, da die nationalen berufsständischen Organe den nunmehr gesetzlich geforderten Konvergenzprozess im Wege der Selbstverwaltung schon vorweg genommen haben. Somit dürfte die neue Vorschrift des § 317 (5) keine materiellen Auswirkungen induzieren. Vgl. M. Graumann / Wirtschaftliches Prüfungswesen / S. 87 ff.

47 Vgl. IDW PS 210, Tz. 45 i.V.m IDW PS 250, Tz. 20.

insbesondere dann der Fall, wenn deren absoluter oder relativer Wert die wirtschaftlichen Entscheidungen der Adressaten beeinflusst. Das IDW verzichtet auf eine quantitative Vorgabe (IDW PS 250, Tz.13). Die Wesentlichkeit ist nach den Umständen des Einzelfalls zu beurteilen. Einer allgemein anerkannten Definition der Fachliteratur zufolge ist ein Fehler bzw. Risiko wesentlich, wenn er bzw. es einen Betrag von 5 % oder mehr des Standard-Reinergebnisses (des um außerordentliche Einflüsse bereinigten Durchschnittsergebnisses) oder des wirtschaftlichen Eigenkapitals ausmacht.[48]

Die Einschätzung der Wesentlichkeit durch den Wirtschaftsprüfer bestimmt die nachfolgende Auswahl der Prüffelder und der anzuwendenden Prüfungshandlungen.[49] D.h. je niedriger der Abschlussprüfer die Wesentlichkeitsschwelle ansetzt, umso höher ist die Aussagesicherheit hinsichtlich der Aufdeckung von Unregelmäßigkeiten.[50] Da dieser Sachverhalt wiederum eine Ausdehnung der Prüfungshandlungen nach sich zieht, kann insoweit ein Konflikt mit dem Grundsatz der Wirtschaftlichkeit entstehen, da für die Prüfung erhöhte personelle und zeitliche Ressourcen bereitgestellt werden müssen.[51]

Systemprüfungen

Bedingt durch die zunehmende Komplexität der Unternehmensumwelt und Unternehmensstrukturen können sich Prüfungen nicht mehr nur am Einzelfall orientieren. Der Fokus der Prüfungshandlungen liegt deshalb auf der Prüfung von **Systemen**. Vorrangiger Gegenstand der Prüfung ist mithin nicht der einzelne Geschäftsvorfall bzw. die einzelne Transaktion als Ergebnis des Systemwirkens, sondern die Angemessenheit (Zweckmäßigkeit) und Wirksamkeit (Funktionsfähigkeit) des Systems an sich. Insbesondere vor dem Hintergrund, um eine Aussage darüber treffen zu können, ob und inwieweit das Systemergebnis fehlerbehaftet sein kann. In diesem Zusammenhang wird der vorgefundene Ist-Zustand des Systems mit den vorgegebenen Systemzielen verglichen, die auch als solche kritisch geprüft werden. Insbesondere sind die Bestandteile und Regeln des Systems zu beurteilen, um Aussagen über die

[48] Vgl. Lück / Prüfung der Rechnungslegung / S.96.
[49] Vgl. IDW PS 250, Tz. 17.
[50] Vgl. IDW PS 250, Tz. 19.
[51] Vgl. M. Graumann / Wirtschaftliches Prüfungswesen / S. 192 ff.

Richtigkeit der Systemergebnisse, Zweckmäßigkeit der Systemabläufe und mögliche Lücken im System abzuleiten.
Die Durchführung von Systemprüfungen erfolgt nach den Regeln des sog. "risikoorientierten Prüfungsansatzes".

Risikoorientierter Prüfungsansatz

Der risikoorientierte Prüfungsansatz besagt, dass der Abschlussprüfer Prüfungshandlungen durchzuführen hat, um Fehlerrisiken zu identifizieren und anschließend zu beurteilen. Diesbezüglich sind bedeutsame Risiken und Risiken, bei denen aussagebezogene Prüfungshandlungen alleine zur Gewinnung hinreichender Sicherheit nicht ausreichen, gesondert festzustellen. Auf Basis der beurteilten Fehlerrisiken hat der Abschlussprüfer Prüfungsnachweise zur Funktionsweise wichtiger Teile des IKS (Funktionsprüfung) sowie den einzelnen Aussagen in der Rechnungslegung (aussagebezogene Prüfungshandlungen) einzuholen.

Die risikoorientierte Prüfung kann entweder von den Unternehmensfunktionen und -prozessen ausgehen oder an der Systematik der Rechnungslegung ansetzen.[52] Bei der Prüfung, die sich an der Systematik der Rechnungslegung orientiert, werden die Prüffelder unter Berücksichtigung der Posten und Angaben der Rechnungslegung und deren Zusammenhänge untereinander bestimmt. Bei der funktionsorientierten Ausgestaltung werden die Prüffelder unter Berücksichtigung der betrieblichen Funktionen des Unternehmens definiert (Materialwirtschaft, Einkauf usw.).[53] Dieser Ansatz kann auch dahingehend erweitert werden, dass eine Orientierung an den Geschäftsprozessen des Unternehmens erfolgt. In diesem Fall würden die Prüffelder prozessorientiert definiert werden, wobei z.B. finanzwirtschaftliche, personalwirtschaftliche oder Produktionsprozesse besonders im Fokus wären, da sie auf verschiedene betriebliche Funktionen Auswirkungen haben.

Bei der Gestaltung des risikoorientierten Prüfungsansatzes ist die Aufbau- und Ablauforganisation des zu prüfenden Unternehmens von besonderer Bedeu-

---

[52] Der risikoorientierte Prüfungsansatz orientiert sich an der Systematik der Rechnungslegung. Vgl. M. Wolz / Wesentlichkeit im ... / S. 89 ff ; Vgl. G. Neubeck / Prüfung von / S. 255 ff; Vgl. G. Wähner / Handbuch für ... / S. 93 ff.

[53] Dieser Ansatz kann dahingehend erweitert werden, dass eine Orientierung an den Geschäftsprozessen erfolgt, also die Prüffelder prozessorientiert definiert werden.

tung. Die Feststellung von Fehlerrisiken erfolgt im Rahmen der Gewinnung eines Verständnisses von dem zu prüfenden Unternehmen sowie dessen Umfeld (inkl. ausreichendes Verständnis vom rechnungslegungsrelevanten IKS).[54]

Aufbauprüfung (Angemessenheits- oder Design-Prüfung)

Im Rahmen der Aufbauprüfung des IKS können zur Erlangung von Prüfungsnachweisen z. B. folgende Prüfungshandlungen durchgeführt werden: Befragung von Mitgliedern der Unternehmensleitung, Personen mit Überwachungsfunktionen und sonstigen Mitarbeitern auf unterschiedlichen organisatorischen Ebenen oder die Durchsicht von Dokumenten, wie z. B. Organisationshandbücher, Arbeitsplatzbeschreibungen oder Ablaufdiagramme und die Beobachtung von Aktivitäten und Arbeitsabläufen im Unternehmen[55], inklusive der IT-gestützten Verfahren und der Art und Weise der Verarbeitung von Geschäftsvorfällen sowie die Durchsicht von Unterlagen, die durch das interne Kontrollsystem, insbesondere das Rechnungslegungssystem, generiert werden. Zusätzlich kann es sinnvoll sein, die Verarbeitung von Geschäftsvorfällen direkt im Rechnungslegungssystem nachzuvollziehen[56]. Weitere Tools sind die verbalen und/oder visuellen "Entscheidungstabellen“[57], die "Fragebogentechnik“[58] und die "Ablaufdiagramme“[59], die bei der Prüfung des IKS in der Praxis weit verbreitete Techniken darstellen. Daneben existieren noch weitere Techniken, auf die im Rahmen dieser Arbeit jedoch nicht weiter eingegangen wird.[60]

Wenn im Rahmen der Aufbauprüfung die Angemessenheit des IKS festgestellt wurde, sind unter bestimmten Voraussetzungen für diese Kontrollen Funktions-

---

54 Vgl. IDW PS 261, Tz. 10 - 12

55 Vgl. C. Denk / Analyse der ... / S. 19; Vgl. IDW PS 330, Tz. 34; Vgl. K. Johnsen / Evaluating Internal ... / S. 72; Vgl. W. Kroneberger / Die Auswertung ... / S. 209; Vgl. R. Quick / Die Risiken ... / S. 362.

56 Vgl. H. Wiedmann / Die Prüfung ... / S. 706 ff; Vgl. U. Lefferson / Wirtschaftsprüfung / S. 231 ff, Vgl. IDW PS 261 Tz. 61 und 62.

57 Vgl. R. Quick / Die Risiken ... / S. 362; Vgl. R. Büchi / Entscheidungstabellen / S. 9 ff; Vgl. W. Elben / Entscheidungstabellentechnik S. 10 – 12.

58 Vgl. H. Kircherer / Grundsätze Ordnungsmäßiger ... / S. 247; Vgl. R. Quick / Die Risiken ... / S. 363.

59 Vgl. D. Borchert / Transaction Flow ... / Sp. 1939 - 1950; Vgl. P. Burkel / Prüfung der ... / S. 61 und 233; Vgl. R. Quick / Die Risiken ... / S. 364 ff.

60 Eine Auflistung weiterer Techniken bieten u.a. A. Alvin / Auditing: an ... / S. 302 - 305 und O. Whittington / Principles of ... / S. 240 – 248.

prüfungen durchzuführen. Dies ist dann der Fall, wenn man von der Wirksamkeit einer Kontrolle ausgeht und ein Teil der notwendigen Prüfungssicherheit aus der Unterstellung eines funktionsfähigen IKS resultiert oder aussagebezogene Prüfungshandlungen zur Erlangung angemessener Prüfungssicherheit auf Aussageebene alleine nicht ausreichen. Dabei können einige der Prüfungshandlungen, die im Rahmen der Aufbauprüfung des IKS ausgeführt wurden, ebenfalls als Prüfungsnachweise über die Funktion der internen Kontrollmaßnahmen verwendet werden.

Funktionsprüfungen (Wirksamkeitsprüfungen)

Die Ausführung von Funktionsprüfungen zielt auf verschiedene Zielrichtungen ab. Hierbei handelt es sich um Art der Anwendung bestimmter organisatorischer Regelungen, die kontinuierliche Anwendung im abgelaufenen Geschäftsjahr und die Überprüfung, wer für die Ausführung bestimmter Aktivitäten verantwortlich war und wer sie tatsächlich ausgeführt hat.

Prüfungsnachweise können durch folgende Prüfungshandlungen erlangt werden: Befragung von Mitarbeitern; Beobachtung der Durchführung von Maßnahmen[61]; Auswertung von[62] Ablaufdiagrammen, Checklisten und Fragebögen,[63] und Fragebögen; Durchsicht von Nachweisen bezüglich der Durchführung von Maßnahmen; Einsichtnahme in die Berichte der Internen Revision;[64] IT-gestützte Prüfungshandlungen;[65] Nachvollzug von Kontrollaktivitäten durch den Prüfer usw.[66] Zusätzlich kann es sinnvoll sein, die Verarbeitung bestimmter Geschäftsvorfälle direkt im Rechnungslegungssystem nachzuvollziehen[67] oder anhand einzelner Belege nachzuvollziehen[68] sowie

---

61 Vgl. IDW PS 330, Tz. 32.

62 Vgl. R. Hofmann / Prüfungshandbuch / S. 235 ff; Vgl. M. Klinger / Das Interne ... / S. 27 ff.

63 Vgl. H. Wiedmann / Die Prüfung ... / S. 706 ff; Vgl. U. Lefferson / Wirtschaftsprüfung/S. 231 ff; Vgl. R. Hofmann / Prüfungshandbuch / S. 235 ff; Vgl. M. Klinger / Das Interne ... / S. 27 ff.

64 Vgl. IDW PS 261, Tz. 73.

65 Vgl. IDW PS 330; S. 98 ff; WP Handbuch 2006 / S 2001.

66 Vgl. IDW PS 240 Tz. 18 ff; Vgl. IDW PS 330, Tz. 37, Vgl. IDW PS 261, Tz. 73.

67 Vgl. H. Wiedmann / Die Prüfung .../ S. 706 ff; Vgl. U. Lefferson/Wirtschaftsprüfung / S. 231 ff.

68 Vgl. R. Hoffmann / Prüfungs-Handbuch ... / S. 259 und 260; Vgl. H. Egner / Betriebswirtschaftliche Prüfungslehre... / S. 139; Vgl. C. Denk / Analyse der ... / S. 19; Hierbei geht die Prüfung auf die inhaltliche Richtigkeit der Belege ab, also ob der Beleg den Geschäftsvorfall korrekt abbildet.

Plausibilitätsprüfungen[69] und Verprobungen bzw. Analyse mit definierten Kenn-[70] und Vergleichszahlen durchzuführen.[71]

Die aus diesen Prüfungen gewonnenen Ergebnisse stellen die Basis für die abschließende Beurteilung der Kontrollrisiken durch den Abschlussprüfer dar.[72] Diese Funktionsprüfungen, mit denen festgestellt wird, ob die eingerichteten organisatorischen Regelungen geeignet sind, wesentliche Verstöße gegen die GoB zu vermeiden, zu identifizieren und ggf. zu korrigieren, sind auf die prüfungsfeldspezifischen Kontrollrisiken auszurichten.

Aussagebezogene Prüfungshandlungen

Die Beurteilung der Fehlerrisiken hat direkte Auswirkungen auf die Definition von Art, Umfang und Zeitpunkt der aussagebezogenen Prüfungshandlungen. Bei der Art der aussagebezogenen Prüfungshandlungen kann der Abschlussprüfer grundsätzlich zwischen zwei Möglichkeiten unterscheiden. Hierbei handelt es sich zum einen um die Möglichkeit, für bestimmte Sachverhalte eine Bestätigung Dritter anzufordern, anstatt ausschließlich die Aussagen des Unternehmens zu berücksichtigen und zum anderen, ergänzend zu den analytischen Prüfungshandlungen Einzelfallprüfungen vorzunehmen.[73] Bei Einsatz stichprobengestützter Prüfungsmethoden kann der Umfang der aussagebezogenen Prüfungshandlungen variieren.

---

69 Basis sind hierbei i.d.R. subjektive Erfahrungswerte des Prüfers, wodurch keine Quantifizierung der Ungenauigkeit und Aussagesicherheit abgeleitet werden kann. Vgl. hierzu auch M. Wolz / Wesentlichkeit im ... / S. 40; Vgl. J. Bedingfield / A. Freehand ... / S. 40; Vgl. W. Kinney / Computer Assissted ... / S. 8.

70 Bei der Analyse von Kennzahlen werden seitens des Prüfers aussagefähige Kennzahlen gegenübergestellt und eventuell auftretende Abweichungen untersucht. Die Betrachtungen können dabei vergangenheits- und / oder branchenorientiert (Branchenvergleich) sein. Es sollte jedoch beachtet werden, dass eine Differenz nicht unbedingt einen Fehler darstellen muss sondern es sich auch z.B. um Trends handeln kann. Vgl. hierzu auch M. Wolz / Wesentlichkeit im ... / S. 41 und 42; Vgl. M. Gärtner, Analytische Prüfungshandlungen ... / S. 126; Vgl. U. Lefferson / Wirtschaftsprüfung / S. 168.

71 Vgl. C. Denk / Analyse der ... / S. 21; Vgl. R. Hoffmann / Prüfungs-Handbuch ... / S. 268; Vgl. H. Egner / Betriebswirtschaftliche Prüfungslehre... / S. 138; Vgl. R. Hofmann; Unternehmensüberwachung: ein Aufgaben- .... / S. 236; Vgl. IDW PS 330, Tz. 37; Vgl. M. Wolz / Wesentlichkeit im ... / S. 40 ff.

72 Vgl. WP Handbuch 2006 / S 2001 ff und 2011 ff.

73 Vgl. IDW Prüfungsstandard: Analytische Prüfungshandlungen (IDW PS 312, TZ 19 ff); Vgl. K. Ruhnke / Geschäftsrisikoorientierte Abschlussprüfung / S. 437 ff; Vgl. C & L Deutsche Revision / Prüfungsrichtlinien / S. 78 ff; Vgl. bezogen auf die Verwendung der Unterlagen Dritter H. Siebert / Möglichkeiten und ... / S. 219 ff und 225; Vgl. C. Swart / Systemprüfung in ... / S. 55 ff.

Der Abschlussprüfer muss, unabhängig von der Höhe der Fehlerrisiken, mindestens in den wesentlichen Prüffeldern aussagebezogene Prüfungshandlungen durchführen. Er darf sein Prüfungsurteil nicht ausschließlich auf die Ergebnisse der Beurteilung der inhärenten Risiken und der Prüfung des IKS stützen. Hier kann er als aussagebezogene Prüfungshandlungen auch die im Rahmen der Prüfung des IKS durchgeführten Funktionsprüfungen verwenden.[74]

Vollprüfung vs. Auswahlprüfung

Prüfungen können entweder als Vollprüfungen (lückenlose Prüfung) oder als Auswahlprüfungen (Stichprobenprüfung) erfolgen. Von einer Vollprüfung spricht man, wenn alle Prüfungsobjekte untersucht worden sind und im Anschluss daran ein Urteil gefällt werden kann.[75] Sie hat den Vorteil, dass eine Beurteilung von Prüfungsfeldern eine höhere Sicherheit und Exaktheit bietet als eine Auswahlprüfung. Außerdem verlangen einige Prüfungsobjekte eine Vollprüfung zur Feststellung der Ordnungsmäßigkeit.[76] Werden lediglich Stichproben zur Prüfung gezogen, handelt es sich um eine Stichprobenprüfung oder Auswahlprüfung. Dabei muss die gewählte Stichprobe repräsentativ für die Grundgesamtheit sein.[77]

Ein Vorteil der Stichprobenprüfung ist die Reduzierung des Prüfungsumfangs und der Prüfungszeit, wodurch eine Kostenreduzierung erreicht wird.[78] Allerdings haben Stichprobenprüfungen auch Grenzen, denn wenn bei einer Prüfung nicht alle Prüfungsobjekte betrachtet werden, könnten Fehler unentdeckt bleiben.[79] Daher kann eine Auswahlprüfung nur dann durchgeführt werden, wenn eine Fehlerlosigkeit nicht verlangt wird.[80]

---

74 Vgl. IDW PS 261 Tz. 81 ff.

75 Vgl. Dr. W. Lück / Lexikon der Betriebswirtschaft / S. 1018.

76 Beispiele dafür sind z.B. Einhaltung gesetzlicher Gliederungsvorschriften in der Bilanz nach § 266 HGB und die Vollständigkeit der Pflichtangaben im Anhang nach § 285 HGB. Gemäß Buchner können auch Fehler bei einer Komplettaufnahme eintreten und eine hundertprozentige Urteilssicherheit kann nicht gegeben werden. Denn bei komplexen und umfangreichen Prüfungen und einer daraus resultierenden Steigerung von Soll-Ist-Vergleichen kann die Übermüdung der Prüfer und somit die Feherlanfälligkeit wachsen. Vgl. R. Buchner, Wirtschaftliches Prüfungswesen, S. 203.

77 Vgl. Dr. W. Lück / Lexikon der Betriebswirtschaft, S. 1018.

78 Eine Vollprüfung ist aufgrund von Kosten- und Zeitrestriktionen der Prüfer oft gar nicht möglich. Vgl. R. Buchner, Wirtschaftliches Prüfungswesen, S. 203.

79 Aufgrund von Wettbewerbsdruck und der saisonabhängigen Prüfungstätigkeit stehen die Prüfungsunternehmen zunehmend unter Zeitdruck, weshalb eine wirtschaftliche Prüfungsdurchführung und eine Minimierung der zur Urteilsfindung erforderlichen Prüfungszeit

Wenn Prüfungsfelder keine vollständige Fehlerlosigkeit verlangen, also eine hinreichende Prüfungssicherheit ausreichend ist, kann eine Stichprobenprüfung durchgeführt werden.[81] Bei Auswahlprüfungen kann ein Prüfungsschwerpunkt auf Schlüsselbereiche gelegt werden.[82]

Eine hinreichende Urteilsqualität kann erreicht werden, wenn der Prüfungsumfang nach den Kriterien der organisatorischen und wirtschaftlichen Gegebenheiten bestimmt wird. Zusätzlich hängt die Urteilsqualität von der Bedeutung der Prüfungsgegenstände und der Wahrscheinlichkeit von Fehlern oder Verstößen gegen Rechnungslegungsvorschriften ab.[83] Je höher das Fehlerrisiko ist, umso größer muss der Stichprobenumfang gewählt werden.
Auch ist der Prüfungsumfang von der Qualität, dem Umfang und der Güte der Informationsquellen abhängig.[84]

Datenqualität

Im Rahmen des Vergleichsprozesses des IST- und des Soll-Objektes spielt die Qualität der erhobenen und untersuchten Daten auch eine entscheidende Rolle für die Urteilsbildung. Bevor im Rahmen dieser Arbeit die Datenqualität genauer betrachtet werden kann, muss vorher definiert werden, was überhaupt unter Daten und Qualität verstanden wird. Die Literatur versteht unter Daten Informationen, "deren sprachliche Repräsentationsform und materielle Träger auf eine maschinelle Verarbeitung gerichtet sind.“[85]

---

angestrebt wird. Vgl. H. Egner/Betriebswirtschaftliche Prüfungslehre, S. 62ff. Dies ist auch im Interesse der zu prüfenden Unternehmen.Vgl. R. Buchner, Wirtschaftliches Prüfungswesen, S. 159.

80 Demzufolge ist z.B. im Rahmen von Unterschlagungsprüfungen eine Stichprobenprüfung nicht zulässig.

81 Vgl. R. Buchner, Wirtschaftliches Prüfungswesen, S. 171. Dabei wird das aus einer Auswahlprüfung gewonnene Urteil über Teilbereiche auf die Grundgesamtheit übertragen. Vgl. Dr. W. Lück, Lexikon der Betriebswirtschaft, S. 1018.

82 Wird ein Prüfungsschwerpunkt festgelegt, ist der Stichprobenumfang in diesem Prüffeld höher zu wählen als in anderen Prüfgebieten. Somit können Prüfungsschwerpunkte mit einer höheren Sicherheit beurteilt werden. Vgl. R. Buchner, Wirtschaftliches Prüfungswesen, S. 206.

83 Vgl. R. Buchner, Wirtschaftliches Prüfungswesen, S. 203.

84 D.h., eigenen Beobachtungen und der Prüfung von externen Dokumenten (wie z.B. amtliche Gutachten) wird eine höhere Datenzuverlässigkeit und Vertrauenswürdigkeit zugeschrieben als Dokumenten des geprüften Unternehmens und Auskünfte Dritter. Vgl. R. Buchner, Wirtschaftliches Prüfungswesen, S. 159 und S. 205.

85 Vgl. J. Bode, Der Informationsbegriff in der Betriebswirtschaftslehre. In: Zeitschrift für betriebswirtschaftliche Forschung, 49. Jg., 5/1997, S.449-468, S. 460.

Nach der DIN-Norm 55350 ist Qualität die Gesamtheit von Eigenschaften und Merkmalen eines Produktes oder einer Tätigkeit. Weiterhin wird zwischen den Qualitätssichten "Transzendenter Ansatz",[86] "Produktbezogener Ansatz",[87] "Anwenderbezogener Ansatz",[88] "Prozessbezogener Ansatz"[89] und "Wertbezogener Ansatz“[90] unterschieden, wobei sie für unterschiedliche Ebenen des Produktionssystems geeignet sind und ungleiche Zielsetzungen haben. Die unterschiedlichen Ebenen sind die

- anwenderbezogene, externe Ebene (der Endbenutzer und seine Anforderungen stehen im Vordergrund),
- produktbezogene, konzeptionelle Ebene und
- herstellungsbezogene, prozessorientierte Ebene.[91]

Da die Literatur keine allgemeine Begriffsdefinition für Datenqualität gibt, wird nun der Ansatz von *Wand/Stron* erläutert. Dieser Ansatz bezieht sich auf die interne Ebene eines Informationssystems.[92] Das bedeutet, dass Systemnutzer das Informationssystem mit der realen Welt vergleichen. Bei auftretenden Inkonsistenzen spricht man von Datenqualitätsmängeln. Aus diesen Abweichungen sind die vier Datenqualitätsmerkmale Vollständigkeit, Eindeutigkeit, Bedeutung und Korrektheit abzuleiten.[93]

---

86 Der transzendente Ansatz kennzeichnet Qualität als vorgegebene Vortrefflichkeit, Einzigartigkeit oder Superlative. Qualität ist ein Synonym für hohe Standards und Ansprüche.

87 Beim produktbezogenen Ansatz bestimmen die materiellen Eigenschaften die Qualität eines Produktes. Qualität ist nach diesem Verständnis präzise messbar und eine spezifische Eigenschaft des Produktes selbst.

88 Beim anwenderbezogenen Ansatz herrscht die Auffassung vor, dass Qualität durch den Produktnutzer und weniger durch das Produkt selbst bestimmt wird. Ein Produkt ist von hoher Qualität, wenn es dem Zweck der Benutzung durch den Kunden dient. Die individuellen Bedürfnisse des Kunden sind dabei bestimmend.

89 Nach diesem Ansatz bedeutet Qualität die Einhaltung von Spezifikationen und die Abwesenheit von Fehlern. Ziel ist die Einhaltung der Produktspezifikation durch kontrollierte Produktionsprozesse.

90 Der wertbezogene Ansatz betrachtet Qualität unter Kostengesichtspunkten. Ein Produkt ist dann von hoher Qualität, wenn die Kosten und die empfangene Leistung in einem akzeptablen Verhältnis stehen.

91 Vgl. E. von Maur, R. Winter, Vom Data Warehouse zum Corporate Knowledge Center. S. 3 ff.

92 Vgl. Y. Wand / R. Wang, Anchoring Data Quality Dimensions in Ontological Foundations, In: Communications of the ACM, 39, Jg., 11/1996, S.87ff.

93 Vgl. E. von Maur, R. Winter, Vom Data Warehouse zum Corporate Knowledge Center. S:3 ff.

Die Datenqualitätsmerkmale können gemäß Wang/Strong vier Kategorien zugeordnet werden:

Kategorie	Datenqualitätsmerkmale
Innere Datenqualität	Glaubwürdigkeit, Genauigkeit, Objektivität, Vertrauenswürdigkeit
Kontextabhängige Datenqualität	Zusatznutzen, Relevanz, Aktualität, Vollständigkeit, angemessenes Datenvolumen
Darstellungsqualität	Interpretierbarkeit, Verständlichkeit, konsistente Darstellung, knappe Darstellung
Zugangsqualität	Zugriffsmöglichkeit, Zugriffssicherheit

Tabelle 3:Datenqualitätsmerkmale[94]

Die oben angesprochenen Inkonsistenzen können unterschiedliche Ursachen haben. Fehler können sowohl bei der Datenerfassung, der Datenübertragung, der Datenintegration als auch bei der Datenhaltung entstehen.

Kategorie	Ursache
Datenerfassung	Inkorrekte Angaben verursacht durch Eingabefehler (Buchstabierfehler, fehlerhafte Orthographie und Verwendung von Synonymen), phonetische Fehler, fehlende Angaben, widersprüchliche Angaben, Tippfehler, redundante Datenerfassung, veraltete Datenattribute, unvollständige Angaben, irrelevante Datenattribute
Datenübertragung	Technische Fehler bei der Übertragung von Datenbeständen von Datenquellen zu Datenbanken, fehlerhafte Datenverarbeitungsprozesse zur Vor- bzw. Nachbereitung der Übermittlung (z.B. Export aus einer Datenbank)
Datenintegration	Fehlerhafte Transformations- und Bereinigungsprozesse zur Vereinheitlichung und Konsolidierung von Daten

94 Vgl. C. Rennhak, Herausforderung Kundenbindung, S. 143.

Kategorie	Ursache
Datenhaltung	Veraltete Datenattribute

Tabelle 4:Ursachen für Datenqualitätsmängel[95]

Um den genannten Datenqualitätsmängeln entgegenzuwirken, sind verschiedene Korrekturmaßnahmen durchzuführen. Die zur Korrektur gewählte Maßnahme hängt stark von der Änderungshäufigkeit und der Wichtigkeit der entsprechenden Daten ab. Das bedeutet, dass wenn Daten wichtig sind, jedoch nur selten geändert werden, wäre eine reaktive Maßnahme zu wählen.[96] Anders ist die zu wählende Maßnahme bei wichtigen und schnell ändernden Daten.[97] Langfristig gesehen sind proaktive Maßnahmen den reaktiven aufgrund von Einsparungspotentialen vorzuziehen.[98]

Datenintegrität

Ein wesentlicher Aspekt bei der Betrachtung von Datenqualität sind die Widerspruchsfreiheit und Vollständigkeit der eingesetzten Datenbanken. Dabei sollen Datenbanken ein Modell einer "gegebenen Miniwelt" sein[99], sogenannte "Kongruenz". Eine gänzliche Übereinstimmung mit der realen Welt ist jedoch nicht erfüllbar.

Vorgänge in Datendanken laufen nicht zufällig ab, sondern unterliegen Gesetzmäßigkeiten. Über Bedingungen wird dem Datenbanksystem mitgeteilt, welche Auswirkungen diese Gesetzmäßigkeiten auf Zustand und Zustandsübergänge der Datenbank haben können. Die gesetzmäßigen Zustände und Übergänge kann das System auf Einhaltung der Bedingungen überwachen. Die

---

95 Vgl. C. Rennhak, Herausforderung Kundenbindung, S. 147.

96 Dabei werden die Daten selbst korrigiert, nicht jedoch die Ursache für den Datenqualitätsmangel.

97 Hier sollen proaktive Maßnahmen angewandt werden, d.h., dass nicht die Daten selbst korrigiert werden, sondern die Fehlerursache analysiert und bekämpft wird.

98 Eine dritte Maßnahme ist das "laissez-faire" Prinzip, das bei geringer Änderungshäufigkeit und niedriger Bedeutung zur Anwendung kommt. Dabei werden Datenfehler von den Kunden entdeckt und erst auf Beschwerde des Kunden hin korrigiert. Vgl. C. Rennhak, Herausforderung Kundenbindung, S. 148.

99 Vgl. R. Schaarschmidt, Archivierung in Datenbanksystemen, S. 117.

Literatur spricht auch von Integritätsbedingungen.[100] Integritätsbedingungen überwachen die Integrität von Daten im Datenmodell.[101]

Integritätsbedingungen beschreiben also, welche Datenwerte wo, wann und unter welchen Umständen zulässig sind. Die Summe aller Integritätsbedingungen stellt die Semantik der Daten in der Datenbank.[102] Anstelle von Kongruenz wird auch von semantischer Integrität gesprochen. Es wird zwischen statischen und dynamischen Integritätsbedingungen unterschieden.[103]

Eine eindeutige Identifizierbarkeit von Objekten wird durch die Definition eines Primärschlüssels erreicht. Eingabepflichten, Wertebereiche und Standardwerte können für einzelne Attribute definiert werden. Im Zusammenhang von Datenintegrität stellt die referentielle Integrität sicher, dass Referenzierungen über Fremdschlüssel erhalten bleiben. Dadurch wird sichergestellt, dass Änderungen der Datenbank vorgenommen werden können, die auf nicht vorhandene Zeilen der Referenztabelle verweisen.[104]

Kategorisierung der abzudeckenden Risiken

Im Rahmen der Prüfung können verschiedene Risiken definiert werden, die teilweise in Abhängigkeit zueinander stehen. Das Prüfungsrisiko[105] setzt sich

---

100 Vgl. A.Kemper, A.Eickler, Datenbanksysteme, S. 155.

101 Vgl. D. Abts, W. Mülder, Grundkurs Wirtschaftsinformatik, S. 157.

102 Vgl. R. Schaarschmidt, Archivierung in Datenbanksystemen, S. 118.

103 Während statische Bedingungen von jedem Zustand der Datenbank erfüllt sein müssen, werden dynamische Bedingungen an Zustandsänderungen gestellt. Vgl. A.Kemper, A.Eickler, Datenbanksysteme, S. 155.

104 Regelerweiterungen können ebenfalls vorgenommen werden, so dass mit der Löschung einer Zeile der Referenztabelle (z.B. Artikel) auch alle abhängigen Zeilen der referenzierenden Tabelle (z.B. Bestellposition) automatisch gelöscht werden. Dadurch wird die Integrität der Daten sichergestellt Konsistenzprobleme können auftreten, wenn mehrere Benutzer gleichzeitig auf dieselben Daten zugreifen und Veränderungen vornehmen wollen. Vgl. D. Abts, W. Mülder, Grundkurs Wirtschaftsinformatik, S. 157ff.

105 Prüfungsrisiko (Audit Risk) beschreibt das Risiko, dass ein falscher bzw. fehlerhafter Bestätigungsvermerk zum Jahresabschluss und Lagebericht abgegeben wird (Vgl. zusätzlich den IDW Prüfungsstandard: Grundsätze der Planung von Abschlussprüfungen (IDW PS 240, Tz. 17).Vgl. hierzu auch M. Wolz / Wirtschaftlichkeit im ... / S. 8 und Vgl. R. Buchner / Stichprobenauswahl Zufallausfall / Sp. 1895. Das Prüfungsrisiko kann vom Prüfer durch die Definition von Art und Umfang der vorgenommenen Prüfungshandlungen beeinflusst werden. Hierbei kann es sich um die Prüfung interner Kontrollen, analytische Prüfungshandlungen oder Einzelfallprüfungen handeln. Vgl. hierzu M. Wolz / Wirtschaftlichkeit im ... / S. 21; Vgl. H. Siebert / Möglichkeiten und ... / S. 43 ff, Vgl. IDW PS 261, Tz. 6.

aus dem Entdeckungsrisiko[106] und Fehlerrisiken[107] zusammen, die sich wiederum in inhärente Risiken[108] und Kontrollrisiken[109] untergliedern.[110] Das

---

106 Das Risiko, dass durch Prüfungshandlungen Fehler in der Rechungslegung nicht entdeckt werden, die einzeln oder kumuliert wesentlich sind, stellt das Entdeckungsrisiko dar. In Abhängigkeit von der Beurteilung der Fehlerrisiken sollte das Entdeckungsrisiko durch die Auswahl von Art, Umfang und zeitlichem Ablauf der aussagebezogenen Prüfungshandlungen so festgelegt werden, dass der Prüfer sein Prüfungsurteil mit hinreichender Sicherheit treffen kann (Vgl. den IDW Prüfungsstandard: Analytische Prüfungshandlungen (IDW PS 312, TZ 19 ff); Analog zu IDW PS 312 kann auf europäischer Ebene auch der ISA 520 "Analytical Procedures" gesehen und angewendet werden; Vgl. K. Ruhnke / Geschäftsrisikoorientierte Abschlussprüfung / S. 437 ff und vgl. IDW PS 261, Tz. 6 ff; Vgl. M. Wolz / Wesentlichkeit im ... / S. 53; Vgl. C. Warren / Prüfungsrisiko / S. 28 und 29; Vgl. T. Nagel / Risikoorientierte Jahresabschlussprüfung / S. 44 ff; Vgl. H. Siebert / Möglichkeiten und ... / S. 61 ff.

107 Das Fehlerrisiko beschreibt den Sachverhalt, dass Fehler im Prüffeld selbst liegen. Diese speziellen Risiken sind die inhärenten Risiken. Wird das Fehlerrisiko von innerbetrieblichen Maßnahmen beeinflusst, so spricht die Literatur von Kontrollrisiko. Das Fehlerrisiko tritt somit unabhängig von der Prüfung durch den Prüfer auf und ist nicht durch den Prüfer zu beeinflussen. Vgl. S. Schmidt, Geschäftsverständnis, Risikobeurteilungen und Prüfungshandlungen des Abschlussprüfers als Reaktion auf beurteilte Risiken, in: Die Wirtschaftsprüfung, S. 874. Es ist jedoch zu beachten, dass das Fehlerrisiko als aggregierter Wert geschätzt und nicht in die einzelnen Komponenten zerlegt wird. Vgl. M. Wolz / Wesentlichkeit im ... / S. 58; Vgl. N. Martinov / The Assessment ... / S. 111; Angenommen, das zulässige Prüfungsrisiko wird auf 0,03 (also 3%) festgesetzt. Das inhärente Risiko sei 0,3, und das Kontrollrisiko wird mit 0,5 angesetzt. Für das maximal vertretbare Entdeckungsrisiko ergibt sich daraus ein Wert von 0,2 (0,3 x 0,5 x 0,2 = 0,03). Demnach sind die Prüfungshandlungen so auszurichten, dass sie mit einer Wahrscheinlichkeit von wenigstens 80 % die nicht vom Kontrollsystem verhinderten Fehler aufzudecken imstande sind.

108 Mit dem inhärenten Risiko wird die Anfälligkeit eines Prüffeldes für das Auftreten von Fehlern bezeichnet. Dabei können die Fehler einzeln oder zusammen mit Fehlern in anderen Prüffeldern wesentlich sein. Hierbei bleibt die fehlerreduzierende Wirkung des Steuerungs- und Überwachungssystems (IKS) außer Acht. Die inhärenten Risiken stellen eine Teilmenge der Unternehmensrisiken dar. Mit diesen beschäftigen sich die Prüfer im Rahmen der Erlangung von Kenntnissen über das Unternehmen und dessen wirtschaftlichen und rechtlichen Umfelds. Dabei stellen sie diejenigen Business Risks dar, die sich auf die Rechnungslegung auswirken können. Die inhärenten Risiken können auf der Ebene des Unternehmens (z. B. Risiken in Bezug auf die Fortführung des Unternehmens), der Geschäftsprozesse sowie JahresAbschlussposten (z. B. Risiken in Bezug auf Verlust oder Unterschlagung von Vermögenswerten) und der Geschäftsvorfälle (z. B. Risiken in Bezug auf den Abschluss ungewöhnlicher oder komplexer Geschäfte, insbesondere gegen Ende des Geschäftsjahres) stattfinden (Vgl. IDW PS 261, Tz. 6 ff.); Das inhärente Risiko ist von verschiedenen Faktoren wie Branchenzugehörigkeit, Unternehmensgröße, Organisationsgrad und Konjunkturlage beeinflusst. Vgl. hierzu auch M. Wolz / Wesentlichkeit im ... / S. 55; Vgl. H. Wiedmann / Der risikoorientierte ... / S. 17; Vgl. C. Diehl / Strukturiertes Prüfungsvorgehen .. / S. 193; Vgl. H. Siebert / Möglichkeiten und .. /S. 47 ff.

109 Die Gefahr, dass Fehler, die in Bezug auf ein Prüffeld oder zusammen mit Fehlern aus anderen Prüffeldern wesentlich sind, durch das IKS des Unternehmens nicht verhindert oder aufgedeckt werden, stellt das Kontrollrisiko dar. Um das Kontrollrisiko beurteilen zu können müssen Informationen zum Kontrollumfeld, zu dem eingesetzten Rechnungswesensystem, dem System- und IT-Umfeld sowie zu den von der Unternehmensleitung durchgeführten Maßnahmen zur Überwachung des IKS erhoben und bewertet werden (Vgl. auch den IDW PS 240, Tz.13). Sollte das IKS nicht oder nur bedingt wirksam sein, sind die Kontrollrisiken hoch. Ein wirksames IKS ist i. d. R. dagegen mit niedrigen Kontrollrisiken verbunden.; Vgl. IDW PS 261, Tz. 6 ff; Vgl. M. Grobstein / Auditing. A Risk ... / S. 238; Vgl. C. U. Diehl / Strukturiertes Prüfungsvorgehen ... / S. 194; Vgl. R. Quick / Die Risiken ... / S. 37 ff; M. Wolz / Wesentlichkeit im ... / S. 55.

110 Vgl. IDW PS 261 Tz. 6 ff; Vgl. R. Quick / Die Risiken der .... / S. 9 ff; Vgl. M. Wolz / Wesentlichkeit im ... / S. 58 ff / Vgl. R. H. Temkin / The Auditor`s ... / S. 87; Vgl. P. Zaeh /

Kontrollrisiko existiert, ebenso wie das inhärente Risiko, unabhängig vom Prüfungsprozess. Da das Management durch den Aufbau eines wirksamen IKS auf die existierenden inhärenten Risiken reagiert, besteht oft zwischen den Kontrollrisiken und den inhärenten Risiken eine enge Verflechtung. Theoretisch können die beiden Risiken differenziert werden. Das Prüfungsrisiko ist die Komplementärgröße der Urteilssicherheit. Diese wird als die Wahrscheinlichkeit definiert, dass ein Urteil bezüglich der Ordnungsmäßigkeit des Jahresabschlusses wirklich zutrifft.[111]

In der Planungsphase einer Prüfung sollten sie getrennt voneinander betrachtet werden, da das inhärente Risiko die Planung systemorientierter Prüfungshandlungen zur Schätzung des Kontrollrisikos beeinträchtigt.[112] Diese Risiken können durch die Abschlussprüfer nicht kontrolliert oder beeinflusst werden.[113] Eine separate Beurteilung von Kontrollrisiken und inhärenten Risiken kann u.U. zu einer falschen Beurteilung der Fehlerrisiken führen.

Bei der Prüfungsplanung spielt das Prüfungsrisiko eine erhebliche Rolle.

Um das Prüfungsrisiko zu ermitteln, wird auf das Risikomodell zurückgegriffen, das die folgende Gleichung aufweist:

$$\mathbf{AR = IR*CR*DR}$$ [114]

"AR" steht für das Audit Risk (Prüfungsrisiko), "IR" ist das Inhärent Risk (inhärente Risiko), "CR" das Control Risk (Kontrollrisiko) und "DR" ist das Detection Risk (Entdeckungsrisiko).

Entscheidungsunterstützung in ... / S. 175; Vgl. J. L. Leitchi / How to ... / S. 60; Vgl. N. Martinov / The Assessment ... / S. 111; Vgl. H. Siebert / Möglichkeiten und ... / S. 50 ff.

111 Vgl. E. Stibi / Prüfungsrisikomodell ... / S. 46 ff.

112 Vgl. J.D. Sullivan / Montgomery`s Auditing / S. 227 ff; Vgl. R. Quick / Die Risiken ... / S. 44, Vgl. IDW PS 261, Tz. 7.

113 Vgl. auch den IDW Prüfungsstandard: IDW PS 261, Tz. 6 ff; Vgl. M. Wolz / Wesentlichkeit im ... / S. 53; Vgl. R. Buchner / Wirtschaftliches Prüfungswesen / S. 162; Vgl. G. Wähner / Handbuch für ... / S. 93 ff, Vgl. IDW PS 261, Tz. 7.

114 Sog. „Audi Risk Ansatz“.

Der Prüfer muss das inhärente und das Kontrollrisiko beurteilen und aufgrund dieser Beurteilung geeignete vertiefte Prüfungen ausarbeiten, um das Aufdeckungsrisiko soweit zu senken, dass sich nach Auffassung des Prüfers ein entsprechend niedriges Gesamtprüfungsrisiko ergibt.

Zwischen der Beurteilung des inhärenten und des Kontrollrisikos durch den Prüfer einerseits und dem annehmbar niedrigen Aufdeckungsrisiko andererseits besteht ein Zusammenhang. Je höher der Prüfer das inhärente und/oder das Kontrollrisiko ansetzt, umso größer ist der erforderliche Aufwand an Prüfungsarbeit, um das Aufdeckungsrisiko soweit zu senken, dass das gewünschte Niveau des Prüfungsrisikos erreicht wird.

Das Risikomodell steht jedoch in der Kritik, dass es davon ausgeht, dass die Risiken voneinander unabhängig sind, dies jedoch nicht der Fall ist. Denn wenn z.B. das interne Kontrollsystem schlecht ausgebaut ist, ist das Kontrollrisiko hoch und somit steigt auch das inhärente Risiko an, da die Gefahr für Unterschlagungen steigt. Jedoch ist dieser Kritik zu erwidern, dass nicht von unabhängigen Ereignissen, sondern von bedingten auszugehen ist und daher der Multiplikationssatz gilt.

Weiterhin kann man die mangelnde Objektivität kritisieren. Da die einzelnen Komponenten der Risikomodelle vom Prüfer subjektiv geschätzt werden müssen, kommen verschiedene Prüfer zumeist zu unterschiedlichen Ergebnissen.

Eine wesentliche Kritik betrifft die mangelnde Gewichtung der einzelnen Komponenten. Wenn man z.B. das Entdeckungsrisiko[115] bestimmen möchte, lautet die Formel wie folgt:

$$\mathbf{DR = AR / (IR*CR)}$$

115 Dieses Risiko ist jedoch durch den Prüfer zu beeinflussen, wenn er seine Prüfungshandlungen dahingehend ausrichtet. Das analytische Risiko besagt, dass der Prüfer mit Hilfe von analytischen Prüfungshandlungen Fehler im internen Kontrollsystem aufdecken kann. Das Risiko detaillierter Prüfungshandlungen wird als Wahrscheinlichkeit formuliert, dass der Prüfer aufgetretene und weder durch das interne Kontrollsystem noch durch analytische Prüfungshandlungen aufgetretene Fehler nicht entdeckt.

Wenn man nun ein Prüfungsrisiko von 5% unterstellt (AR = 5%) und von einem geringen Fehlerrisiko im Prüffeld ausgeht (IR = 0,1) und hochwirksame Kontrollsysteme im Prüffeld annimmt (CR = 0,1), dann würde sich rechnerisch das Aufdeckungsrisiko auf 5, d.h. 500% belaufen.

D.h. es bedarf keiner weiteren Prüfungsaktivitäten des Wirtschaftsprüfers, aber: laut HGB muss ein Wirtschaftsprüfer eigene Prüfungshandlungen durchführen.

Die folgende Abbildung zeigt das Prüfungsrisiko und seine Komponenten:

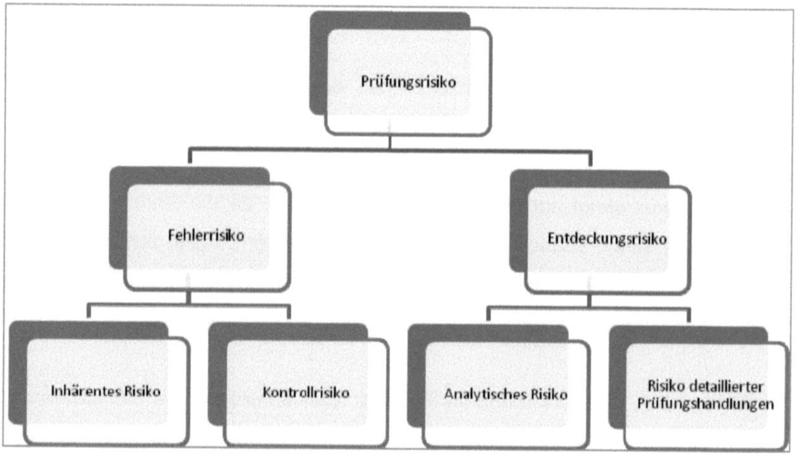

Abbildung 1:Prüfungsrisiko und seine Komponenten[116]

Kennzahlen

Für das Management eines Unternehmens und bei der Prüfung von Prozessen sind Kennzahlen ein unverzichtbares Mittel, denn Kennzahlen sind nachprüfbare Daten und keine intuitive Urteile.

[116] Vgl. E. Stibi, Prüfungsrisikomodell und risikoorientierte Abschlußprüfung, S. 57.

Kennzahlen können komplexe Realitäten überschaubar darstellen und präzisieren Ziele und lassen eine Beurteilung der Zielerreichung zu. Dennoch müssen die aus Kennzahlen erlangten Ergebnisse interpretiert werden.[117]

Die folgende Tabelle zeigt die Definition, Einsatzbereiche und den Zweck von Kennzahlen:

Definition von Kennzahlen
• Kennzahlen quantifizieren einen technischen, betrieblichen und wirtschaftlichen Zusammenhang (ATV-DVWK-M 260; 2001) • Maßstabswerte (betriebsindividuelle Kennzahlen, Branchenkennzahlen) (Gabler Wirtschaftslexikon; 2000) • ökonomische Größen werden mittels Kennzahlen zueinander ins Verhältnis gesetzt • Kennzahlen sind quantitative Informationen mit besonderer Aussagekraft (Gabler Wirtschaftslexikon; 2000)
Einsatzbereiche von Kennzahlen
• Planungs-, Steuerungs- und Kontrollprozesse (Zdrowomyslaw, N; Kasch, R.; 2002) • inner- und zwischenbetrieblicher Vergleich (Soll-Ist-Vergleich) (Meyers großes Taschenlexikon; 1999) • Soll-/ Ist-Vergleich (Meyers großes Taschenlexikon; 1999)
Zweck von Kennzahlen
• Schaffung von Unternehmenstransparenz (Zdrowomyslaw, N; Kasch, R.; 2002) • Motivation einer Organisation (Zdrowomyslaw, N; Kasch, R.; 2002) • Frühwarnung (Gabler Wirtschaftslexikon; 2000) • Überwachung von Veränderungen rückwirkend (Gabler Wirtschaftslexikon; 2000)

Tabelle 5:Definition, Einsatzbereiche und Zweck von Kennzahlen[118]

[117] Vgl. S. Rapp-Fiegle, Ermittlung von Leitkennzahlen als Grundlage zur Optimierung siedlungswasserwirtschaftlicher Prozesse, S. 31.

[118] Vgl. S. Rapp-Fiegle, Ermittlung von Leitkennzahlen als Grundlage zur Optimierung siedlungswasserwirtschaftlicher Prozesse, S. 30.

Nach *Hirner* dienen Kennzahlen verschiedener Bereiche:

- Schlüsselinformationen für Entscheidungsträger bereitstellen,
- Entscheidungsgrundlage zu liefern,
- Zielwerte und Standards für angestrebte Unternehmensziele zu definieren,
- Schwachstellen im Anlagenbereich zu charakterisieren,
- Vergleiche von unterschiedlichen Anlagengruppen zu ermöglichen,
- Effizienz und Effektivität von Betriebsabläufen, Betriebsergebnissen und Projekten zu beurteilen,
- Erfolgs- und Projektcontrolling im Unternehmen zu unterstützen und
- Benchmarking-Analysen zu unterstützen.[119]

Aber auch Anforderungen sind an Kennzahlen zu richten: Da Kennzahlen meist eine Beziehung von zwei oder mehr Ausgangsdaten darstellen, müssen diese eindeutig, mess- und zählbar sein.

Die Ausgangsdaten müssen vollständig, aktuell und verfügbar sein und für eine festgelegte Zeitperiode gelten. Kennzahlen sollten dazu hierarchisch und systematisch aufgebaut sein. Um eine Vergleichbarkeit von Kennzahlen zu garantieren, sollten Kennzahlen einheitlich definiert sein und eine einheitliche Datengewinnungsmethode gewählt worden sein.[120]

Kennzahlen bauen auf strategischen und operativen Zielen auf.

Die folgende Abbildung zeigt die Systematisierung von Kennzahlen:

---

[119] Vgl. W. Hirner, Kennzahlen für Benchmarking in der Wasserwirtschaft, S. 31.

[120] Vgl. S. Rapp-Fiegle, Ermittlung von Leitkennzahlen als Grundlage zur Optimierung siedlungswasserwirtschaftlicher Prozesse, S. 46.

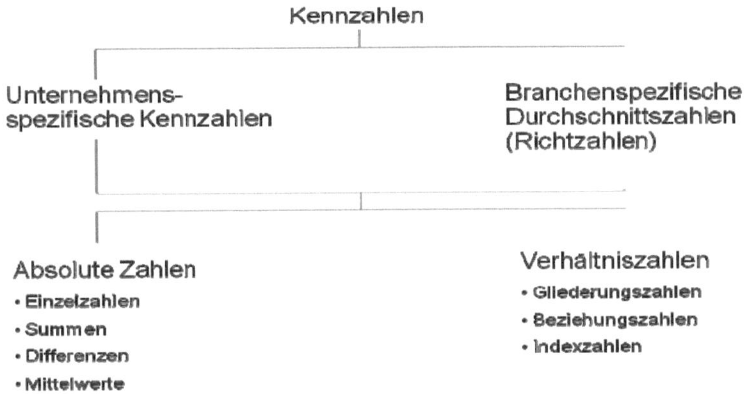

Abbildung 2:Systematisierung von Kennzahlen [121]

Kennzahlensysteme

Kennzahlensysteme stellen die Gesamtheit von Kennzahlen dar. Laut Wildemann sind Kennzahlensysteme:

- ein geeignetes Instrument zur Überwachung und Steuerung von Veränderungsprozessen,
- hilfreich, um Unternehmensziel zu operationalisieren,
- sollten über die rein finanzwirtschaftliche Perspektive hinausgehen,
- keine willkürliche Sammlung von Kennzahlen und
- bauen auf strategischen und operativen Zielen auf.[122]

Kennzahlensysteme können Unternehmensprozesse abbilden und helfen dabei, Ziele und Strategien zu definieren und umzusetzen. Bei Kennzahlensystemen werden grundsätzlich zwei Formen unterschieden:

- Ordnungssysteme: Sachverhalte werden Kennzahlen zugeteilt und erfassen somit bestimmte Aspekte des Unternehmens.

---

121 Vgl. H. Bieg / H. Kußmaul, Externes Rechnungswesen, S. 302.

122 Vgl. S. Rapp-Fiegle, Ermittlung von Leitkennzahlen als Grundlage zur Optimierung siedlungswasserwirtschaftlicher Prozesse, S. 67.

- Rechensysteme: beruhen auf der rechnerischen Zerlegung von Kennzahlen und haben die Struktur einer Pyramide.

2. Erwartungen an die Rechnungslegung

2.1. Erwartungen an die Rechnungslegung seitens des Finanzmarktes

An der Entwicklung eines Unternehmens sind unterschiedliche Stakeholder[123] interessiert, die dabei divergierende Zielsetzungen haben. D.h., die Verwendungsmöglichkeiten für Finanzinformationen sind bei den verschiedenen externen Adressaten sehr heterogen. Nach *A. Wagenhofer* können die Verwendungsmöglichkeiten dabei grundsätzlich in die Kategorien "Bereitstellung entscheidungsnützlicher Informationen" und "Anspruchsbemessung und Vertragsgestaltung" unterteilt werden.[124]

Versucht man die Adressaten der externen Unternehmensrechnung in verschiedene Gruppen bzw. Kategorien zu differenzieren, kann folgende Unterteilung vorgenommen werden:[125]

- Topmanagement; Bereichsmanager und Eigentümer, die in die Unternehmensleitung involviert sind (unternehmensinterne Adressaten)
- Eigentümer öffentlich gehaltener Unternehmensanteile (Investoren); potenzielle künftige Eigentümer; Unternehmenserwerber; Banken und sonstige Kapitalgeber; Geschäftspartner; Arbeitnehmer, Konkurrenten, Finanzbehörden und die allgemeine Öffentlichkeit bzw. Staatliche Institutionen (unternehmensexterne Adressaten).[126]

Ziel der "Bereitstellung entscheidungsnützlicher Informationen" ist es, die Adressaten der Rechnungslegung mit den Finanzinformationen in die Lage zu versetzen, Entscheidungen auf Basis detaillierterer Informationen zu treffen. Damit der Prinzipal bezüglich seiner Finanzanlagen Entscheidungen treffen

---

123 In der Literatur auch Adressaten genannt. Stakeholder sind Einzelpersonen oder Gruppen von Personen (sog. Interessengruppe) mit einem gemeinsamen Interesse, welches sie in der Regel zusammen verfolgen. Dabei sind sie nicht organisiert. Stakeholder können dabei in interne (z.B. Mitarbeiter, Manager, Eigentümer) und externe (z.B. Lieferanten, Gesellschaft, Staat, Gläubiger, Kunden) untergliedert werden. Dabei stellen die einzelnen Personen Interessenvertreter/Anspruchsträger dar und sollen im Folgenden synonym für Stakeholder verwendet werden.

124 Vgl. A. Wagenhofer / Externe Rechnungslegung / S.4 ff.

125 Die Abgrenzung zwischen internen und externen Adressaten ist teilweise fließend. Es ist nicht immer eindeutig abgrenzbar, wann ein Eigentümer interner bzw. externer Adressat ist.

126 Vgl. H. B. Binz / Kritik an ... / S. 78 ff; Vgl. G. Förschle / Wirtschaftsprüfung und ... / S. 2 ff Vgl. A. Wagenhofer / Externe Rechnungslegung / S.5.

kann, werden unterschiedliche Informationen über das Unternehmen benötigt.[127] Bei diesen Entscheidungen kann es sich dabei z.B. um den Kauf oder Verkauf von Unternehmensanteilen, die Kreditvergabe oder den Kauf des Unternehmens handeln. Dabei ist der Nutzen der Informationen für diese Entscheidungen als Kriterium für die Rechnungslegung zu sehen. Da die Entscheidungen der Adressaten i.d.R. zukunftsgerichtet sind, sind Informationen über die erwartete zukünftige Entwicklung des Unternehmens besonders wertvoll.[128] Die bisherige Erfolgssituation eines Unternehmens kann seine Verhandlungspositionen gegenüber Kunden für künftige Bezugsverträge verschlechtern. Dies kann daran liegen, dass den Kunden durch die Informationen offengelegt wird, wie hoch die Wertschöpfung auf den Vorstufen ist.[129]

Wäre dies nicht der Fall, also das Interesse des Bilanzadressaten an den Informationen, hätte Publizität keine Wirkung und wäre somit überflüssig. Weiterhin haben die Entscheidungen der Bilanzadressaten einen tatsächlichen oder potentiellen Einfluss auf die Zielerreichung des Unternehmens. Anderenfalls würde das Unternehmen auf die Publizität wegen der damit im Zusammenhang stehenden Kosten verzichten.

Alle Interessengruppen haben den Wunsch, dass die laufenden Geschäftsvorfälle "zuverlässig" erfasst und verarbeitet werden, die dann die Basis für die jeweilige zweckgerichtete Information bilden.

Grundsätzlich besteht ein Problem darin, dass das Unternehmensmanagement, da es u.a. im Besitz von Detailinformationen bezüglich seiner Markt- und Wettbewerbssituation, Planungen, Budgets und Prognosen im Normalfall besser und früher informiert ist als Externe, diesen Informationsvorsprung dahingehend benutzen kann, Entscheidungen zum eigenen Vorteil und entgegen der Interessen der Adressaten zu beeinflussen. D.h., die unterschiedlichen Bezie-

---

127 Die Eigenkapitalgeber sind an aktuellen Zeitwerten sowie Prognosen über zukünftige Wertentwicklungen interessiert. Fremdkapitalgeber benötigen Daten hinsichtlich der Bonität und der Staat, aus fiskalischen Gründen, Informationen zum steuerpflichtigen Gewinn der Periode.

128 Insbesondere diese zukunftsgerichteten Informationen können zu Erwartungslücken zwischen den externen Informationsempfängern bzw. -verwertern und den Wirtschaftsprüfern führen. An dieser Stelle verweise ich aber an die weiterführenden Ausführungen hierzu in dem Kapitel "Erwartungslücken zwischen den Finanzmarktbeteiligten".

129 Ein weiteres Beispiel ist die verschlechterte Position gegenüber Arbeitnehmervertretern, die anhand der Informationen eine Berechtigung für hohe Lohnsteigerungen ableiten.

hungen zwischen Gesellschafter und Management sowie Gesellschafter und Wirtschaftsprüfer stellen typische Prinzipal-Agent-Beziehungen[130] dar. Einerseits liegen nicht kongruente Interessen zwischen den Vertretern des Prinzipals und dem Unternehmensmanagement (Agent) vor. Dies liegt daran, dass das Unternehmensmanagement ein Eigeninteresse an möglichst guten Unternehmensergebnissen hat, da dessen Entlohnung im Allgemeinen hiervon abhängt.[131]

Andererseits sind die Informationen asymmetrisch verteilt und das Management hat unter Umständen einen Anreiz, den Informationsvorsprung im Eigeninteresse zu nutzen.

Aus der "Bereitstellung entscheidungsnützlicher Informationen" und deren Verwertung durch die Adressaten besteht die Notwendigkeit, dass ein Mindestgrad an Zuverlässigkeit der Unternehmensrechnung sichergestellt sein muss.[132] Sollten Finanzinformationen nicht zuverlässig sein, werden sie von den Adressaten nicht bei ihrer Entscheidungsfindung berücksichtigt werden. Vielleicht unterlassen Adressaten sogar Geschäftsbeziehungen um potentielle Nachteile zu vermeiden.

Um diesen Zielkonflikt aufzulösen, sind Kontrollsysteme implementiert worden. Staatliche Institutionen greifen auf eigene Prüfer zurück.[133] Der Finanzmarkt hingegen bedient sich der Wirtschaftsprüfer als neutrale und unabhängige Prüfinstitution. Eine detaillierte Beschreibung des Begriffs "Kontrollsystem" erfolgt in den nachfolgenden Kapiteln. Für den Finanzmarkt stellt die Abschlussprüfung eine Maßnahme der Überwachung dar, mit dem Ziel der Ermittlung des tatsächlichen Ergebnisses des Unternehmens/Managements sowie Aufschlüsse über die Qualifikation des Agenten zu gewinnen.

---

[130] Vgl. J. Baetge / Der Berufsstand ... / S. 6f f; Vgl. Vgl. A. Wagenhofer / Externe Unternehmensrechnung / S. 386.

[131] Vgl. C. C. Freidank / Vahlens großer ... / S. 1048 – 1049.

[132] Zuverlässigkeit wird im Rahmenkonzept des IASB mit Verlässlichkeit (reliability) erfasst und wie folgt definiert "Informationen sind dann verlässlich, wenn sie keine wesentlichen Fehler enthalten und frei von verzerrenden Einflüssen sind und sich die Adressaten darauf verlassen können, dass sie glaubwürdig darstellen, was sie vorgeben darzustellen oder was vernünftigerweise inhaltlich von ihnen erwartet werden kann." (F.31). In den GoB wird die Zuverlässigkeit im Rahmen des Grundsatzes der Richtigkeit angesprochen, der die Objektivität und Willkürfreiheit umfasst (vgl. z.B. Baetge / Kirsch / Thiele (2005), S. 116).

[133] Hierzu gehört z.B., dass die Rechnungslegung einer gesetzlichen Prüfung unterliegt.

Die Erfüllung der mit der Rechnungslegung intendierten Vorstellungen unterstellt eine Verifizierung der Zahlen und Angaben, welche durch eine Prüfung sichergestellt werden sollen.[134] Des Weiteren werden überwiegend überprüfbare Sachverhalte abgebildet, wobei es sich i.d.R. um vergangenheitsorientierte Sachverhalte handelt. Um die Entscheidungsunterstützung zu erfüllen, setzt diese eine Relevanz der Information(en) für die mögliche Prognose der künftigen Entwicklung des Unternehmens voraus. Das Problem ist jedoch, dass Relevanz und Zuverlässigkeit oft im Gegensatz stehen.[135]

Die Kategorie und "Anspruchsbemessung und Vertragsgestaltung" für die Verwendung von Rechnungslegungsinformationen besteht darin, dass sie vertragliche oder gesetzliche Ansprüche definiert. Dabei handelt es sich bei den Ansprüchen im Wesentlichen um Zahlungsansprüche, teilweise lösen sie aber auch andere bestimmte Entscheidungen aus. Wenn es sich um gesetzliche Ansprüche handelt, sind es Steuer- oder Dividendenzahlungen, deren Bemessungsgrundlage der Gewinn ist. Die variable Entlohnung von Managern, die abhängig vom Gewinn ist, stellt ein Beispiel für vertragliche Ansprüche dar.[136]

Demnach existieren in dieser Kategorie Regeln bzw. Vereinbarungen, die direkten Zugriff auf Daten der Rechnungslegung haben. Wenn es sich um gesetzliche Regelungen handelt, kann das betroffene Unternehmen in der Regel nichts ändern, lediglich reagieren. Aus dieser Situation wachsen Anreize, die Rechnungslegung in der Form zu gestalten, dass Ansprüche, die im Voraus ermittelbar sind, dem Unternehmen möglichst geringe Nachteile bringen. Ein typisches Beispiel stellt hier die Steuerbilanz dar.

---

134 Der hier verwendete Prüfungsbegriff bezieht sich vornehmlich auf die aktienrechtliche Pflichtprüfung, und die Verweise auf gesetzliche Regelungen erfolgen auf Basis des deutschen Rechts, die jedoch in anderen Ländern durchaus ähnlich sind. Vgl. WP Handbuch 2006 / S. 1949 ff; Vgl. R. Schmid / Die Prüfungsplanung ... / S. 12 ff; Vgl. A. Wagenhofer / Externe Unternehmensrechnung / S. 380 und 318; Vgl. WP Handbuch 2006 / S. 1985 ff; Detaillierte Informationen zu den Bereichen Systemprüfung und der damit verbundenen Systemaufnahme und Systembeurteilung können den Kapiteln "Vorgehensweise bei der Systemprüfung", "Systemaufnahme" und "Systembeurteilung" entnommen werden. Vgl. WP Handbuch 2006 / S. 1947 und 1948 sowie S. 2116 ff. Vgl. IDW / Abschlussprüfung nach ... / S. 5 ff. Vgl. T. R. Mai / Rechtsverhältnis zwischen ... / S. 12 ff.

135 Vgl. A. Wagenhofer / Externe Rechnungslegung / S. 6 ff.

136 Berücksichtigt werden sollte, dass implizite Einflüsse der Rechnungslegung auf die vertraglichen Verhältnisse existieren. Beispielsweise lässt sich der Jahresabschluss eines Unternehmens lediglich schwer für die Leistungsbeurteilung von Managern ignorieren, auch wenn er keine direkten Zahlungsansprüche auslöst. Mögliche Konsequenzen von ungünstigen Ergebnissen können z.B. in der Nichtbeförderung des Managers bestehen.

Die Rechnungslegung wird zu einem Element der Vertragsgestaltung, wenn das Unternehmen mit einer anderen Partei einen Vertrag schließt. Dabei handelt es sich um die Verhaltenssteuerung einer oder beider Vertragsparteien, z.B. bei Finanzierungsverträgen. Nach Abschluss des Vertrags haben die Manager oft Anreize, Entscheidungen zu treffen, die die Position der Kapitalgeber zugunsten ihrer eigenen oder der anderen Partei schwächen. Die gesetzliche Abschlussprüfung steht folglich vor der Aufgabe, einerseits ein hinreichend sicheres Urteil zur Beachtung der GoB abzugeben, andererseits dies mit einem möglichst geringen Aufwand zu erreichen.

Das deutsche Recht sieht verschiedene Anknüpfungen an die Rechnungslegung vor. Einige Beispiele hierbei sind:

- Bei Bestehen eines Gewinnabführungsvertrages oder einer Eingliederung richten sich die Gewinnabführung und Verlustübernahme nach dem Jahresergebnis (§§ 301, 302 und 324 AktG).
- Eine AG hat solange 5% des Jahresüberschusses in die gesetzliche Rücklage einzustellen, bis diese (und bestimmt Kapitalrücklagen) mind. 10 % des Grundkapitals erreicht (§ 150 (1) AktG).

Aus diesen Verwendungen besteht ein großer Bedarf an hoher Zuverlässigkeit der Rechnungslegung. Parallel folgt daraus ein Bedarf an der Abrechnung und Dokumentation vergangener Ereignisse. Für die Steuerbemessung ist der in einer Periode erzielte Gewinn von Bedeutung, nicht der künftig erwartete Gewinn. Bei der Verwendung der Rechnungslegung für die Anspruchsbemessung und Vertragsgestaltung steht der Vergangenheitsbezug im Vordergrund. Dies steht im Gegensatz zur Bereitstellung von entscheidungsnützlicher Information ohne bestehende Ansprüche oder vor einem möglichen Vertragsabschluss.[137]

Die Analyse erfolgt auf Basis eines Prinzipal-Agency-Modells, mit dem gerade der Aspekt der Rechnungslegung und Steuerung eines Managers durch den Eigentümer eines Unternehmens erfasst wird. D.h., die Agency-Theorie bietet im Hinblick auf das Rechnungswesen einen Bezugsrahmen für die Einordnung

---

[137] Vgl. A. Wagenhofer / Externe Rechnungslegung / S. 7 ff.

und die systematische Diskussion der Funktion des Rechungswesens, insbesondere soweit sich das Rechungswesen als (impliziter) Bestandteil von vertraglich festgelegten Prinzipal-Agent Beziehungen und nicht allein als eine öffentlich-rechtliche Verpflichtung verstehen lässt. Sie untersucht Fragen der Prinzipal-Agent Beziehungen allerdings nur in einem allgemeinen Rahmen.[138]

Agency-Modelle (Prinzipal-Agency-Modelle) dienen vor allem der Analyse von hierarchischen Situationen in einem Unternehmen, z.B. des Verhältnisses von Eigentümer und Manager, Unternehmensleitung und (Bereichs-) Manager oder Manager und Arbeitnehmer. Genauso lassen sich Beziehungen von Unternehmen und Kreditgeber (als Prinzipal) modellieren.[139] Die Agency-Theorie bildet auch eine wesentliche Grundlage der Corporate Governance Literatur.[140] Die Analyse mehrfacher Prinzipal-Agent Beziehungen steht noch in den Anfängen.[141] Die detaillierten Einzelheiten, Risiken, Abhängigkeiten, Überwachungs- und Steuerungsmechanismen usw. sind nicht Gegenstand dieser Arbeit. An dieser Stelle verweise ich auf die weiterführende Literatur z.B. von Alfred Wagenhofer.[142] Sollten jedoch an verschiedenen Stellen entsprechende Informationen zum allgemeinen Verständnis oder zur Bearbeitung dieses Themas benötigt werden, werde ich diese entsprechend nennen.

Bezüglich der Form bzw. Qualität der Finanzinformationen für die externen Adressaten - als Basis ihrer Entscheidungen - können die historisch gewachsenen allgemeinen anerkannten Kriterien der GoB zugrunde gelegt werden. Spezielle Aussagen, z.B. zum Inhalt von GoB, werden damit bislang

---

138 Vgl. R.A./ Senbet, L.W. / Agency Problems and Financial Contracting/ S. 5 ff; Vgl. Watts, R.L. / Zimmermann, J.K. / Positive Accounting Theory/ S. 14 ff; Vgl. A. Wagenhofer / Externe Rechnungslegung / S. 132 ff.

139 Vgl. A. Wagenhofer / Externe Rechnungslegung / Kapitel 5 "Ausschüttungsbemessung".

140 Vgl. R.A./ Senbet, L.W. / Agency Problems and Financial Contracting/ S. 5 ff; Vgl. Watts, R.L. / Zimmermann, J.K. / Positive Accounting Theory/ S. 14 ff; Vgl. A. Wagenhofer / Externe Rechnungslegung / S. 132 ff.

141 Bezüglich weiterer Informationen zum Thema Prinzial-Agent Theorie sei an dieser Stelle an folgende Literatur verwiesen: Barnea, A. / Haugen, R.A./ Senbet, L.W. / Agency Problems and Financial Contracting, 1985; Ewert, R. / Rechnungslegung, Gläubigerschutz und Agency Probleme, 1986; Watts, R.L. / Zimmermann, J.K. / Positive Accounting Theory, 1986; Bamberg, G. / Spremann, K. (Hrsg) / Agency Theory, Information and Incentives, 1987, S. 281 – 346. Der wesentliche Beitrag der normativen Principal-Agent-Theorie besteht in der Entwicklung von Erklärungsmodellen, mit deren Hilfe strukturelle Wirkungsmechanismen zu Tage treten. Ihre Einsatzmöglichkeiten als Entscheidungsmodelle für die Praxis sind demnach begrenzt. Vgl. C. C. Freidank / Vahlens großes ... / S. 1048 – 1049.

142 Vgl. hierzu die detaillierten Ausführungen von A. Wagenhofer in "Externe Unternehmensrechnung".

nicht verbunden. Sie bilden u.a den Maßstab für die Prüfungstätigkeit durch WP-Gesellschaften und sind durch die Finanzmarktteilnehmer als Mindestkriterien für die Verlässlichkeit der Informationen allgemein anerkannt.[143] Im Rahmen der Abschlussprüfung ist demnach zu beurteilen, ob das Rechnungslegungssystem eines Unternehmens den GoB[144] bei der Erfassung, Verarbeitung, Ausgabe und Aufbewahrung der rechnungslegungsrelevanten Daten über die Geschäftsvorfälle entspricht.[145]

Um die seitens der Finanzmarktteilnehmer geforderte Verlässlichkeit/Vertrauenswürdigkeit an die Informationen - welche durch die externe Rechnungslegung bereitgestellt werden - zu erfüllen, sollten durch die Unternehmen folgende Mindestanforderungen an die Informationen erfüllt werden:

- Vollständigkeit, Richtigkeit, Zeitgerechtigkeit, Ordnung, Nachvollziehbarkeit und Unveränderlichkeit.

Weitere Informationen zu diesen Mindestanforderungen können dem folgenden Kapitel 2.2. „Hintergrund und Charakterisierung der Prüfung/Wirtschaftsprüfung“ entnommen werden.

2.2. Hintergrund und Charakterisierung der Prüfung/Wirtschaftsprüfung

Bei der Bilanzierung werden Geschäftsvorfälle und Einschätzungen nach fest definierten Regeln und dabei in Wertansätze und ergänzt Angaben umgewandelt. Ohne die Einbeziehung der Prüfung (z.B. Jahresabschlussprüfungen) wäre eine Analyse der Wirkung der externen Rechnungslegung nicht vollständig, da bei der Bilanzierung Transaktionen und Erwartungen nach allgemein gültigen Regeln erfasst und in Wertansätzen und zusätzlichen Angaben übergeleitet werden.[146] Die Prüfung lässt sich wie folgt einordnen. Den Oberbegriff bildet die "Überwachung", die sowohl die Begriffe "Prüfung" als auch "Kontrolle" umfasst. Die prozessabhängige Überwachung ist die "Kontrolle". Im Gegensatz hierzu

---

[143] d.h. es handelt sich um allgemein anerkannte Regeln zur Führung der Handelsbücher sowie zur Erstellung des Jahresabschlusses.

[144] Diese Regelungen bzw. Vorgaben werden durch die GoBS sowie diverse IDW-Stellungnahmen konkretisiert und präzisiert.

[145] Diese Regelungen bzw. Vorgaben werden durch die GoBS sowie diverse IDW-Stellungnahmen konkretisiert und präzisiert.

[146] Vgl. Wiso / Wirtschaftsprüfung ... / S. 13 ff.

steht die prozessunabhängige "Revision" oder "Prüfung". Der Begriff "Überwachung" ist als Informations- und Entscheidungsprozess zu verstehen, der feststellen soll, ob Vorgänge bzw. Zustände normgerecht sind.[147]

Das hierbei anzuwendende Rahmenwerk ist im Wesentlichen regulativ durch den Gesetzgeber definiert.[148] Die Rechnungslegung sowie die Verwendung der relevanten Regelungen obliegt dem Management, dessen Interessen nicht primär darauf gerichtet sind, bei bestimmten Sachverhalten die Abbildung der Sachverhalte so darzustellen, wie sie die gesetzlichen Regelungen für diesen Fall vorgesehen haben (z.B. im Falle von Wahlrechten) bzw. sie zulässig sind (z.B. wenn die Entlohnung an gewissen Bilanzkennzahlen und deren Einhaltung gekoppelt ist bzw. gemessen wird). Dies hat zur Folge, dass die Annahme bezüglich der Verlässlichkeit der ausgewiesenen Zahlen und Angaben in der Bilanz durch die Empfänger des Datenmaterials nicht immer gegeben ist und somit die mit dem Rechenwerk im Zusammenhang stehende Informationsvermittlung unsicher ist. Dies hat Auswirkung auf den Informationsstand der Anleger und der sich daraus ableitenden Risikoeinschätzung und der generellen Investitionstätigkeit.[149] Eine Falschdarstellung kann aber auch aufgrund mangelnder Kenntnisse beruhen. Diese Interessenkollision hat zur Folge, dass die Empfänger einer Bilanz deren Verlässlichkeit (vorgelegte Zahlen und Angaben) nicht bedenkenlos annehmen können, wodurch die mit dem Rechenwerk intendierte Informationsvermittlung fraglich werden würde. Dies hätte u.a. Einfluss auf den Informationsstand der Anleger (Prinzipals), und deren Risikoeinschätzung, die Bereitwilligkeit der Anleger, neue Investitionen einzugehen.[150]

---

147 Vgl. B, Meisel / Geschichte der ... / S. 10; Vgl. W. Lück / Wirtschaftsprüfung und ... / S. 20; In Entsprechung zu den Definitionen weisen betriebswirtschaftliche Prüfungen folgende kennzeichnende Merkmale auf: a) Prüfungsgegenstand = Prüfungsobjekt; b) Prüfungsträger / -organe = Prüfungssubjekt; c) Prüfungsmaßstab = Prüfungsnormen; d) Prüfungsurteil = Prüfungsergebnis.

148 Die im deutschen HGB dargestellten Vorschriften sind stark an der Erfüllung der Ausschüttungsbemessungsfunktion orientiert, vgl. in diesem Zusammenhang auch die Ausführungen von W. Busse von Colbe / Lexikon des Rechnungswesens / S. 379 ff; Dagegen stellen internationale Rechnungslegungsgrundsätze wie, z.B. IAS und US-GAAP, die Informationsvermittlung an Investoren in den Fokus. Vgl. J. Baetge / Der Berufsstand ... / S. 6 ff.

149 Vgl. A. Wagenhofer / Externe Unternehmensrechnung/ S. 420 ff; Die Regeln, die dabei berücksichtigt werden, sind im Wesentlichen regulativ vorgegeben. Dabei ihr Zweck, den jeweiligen Gesetzgeber zu unterstützen (z.B. HGB, IFRS oder US-GAAP). Gerade bei IFRS und US-GAAP steht die Informationsvermittlung an die Investoren im Mittelpunkt.

150 Vgl. A. Wagenhofer / Externe Unternehmensrechnung / S. 378 ff; Analoge Probleme existieren im Bereich der Ausschüttungsbemessungsfunktion in der Form, dass sich die relevanten Regeln z.B. beim Gläubigerschutz an der Verhinderung zu großer Ausschüttungen an der

Wie bereits erwähnt, unterstellt die Erfüllung der mit der Rechnungslegung intendierten Vorstellungen eine Verifizierung der Zahlen und Angaben, welche durch eine Prüfung sichergestellt werden sollen.[151] Im Allgemeinen versteht man hierunter einen "Prozess zur Gewinnung eines vertrauenswürdigen Urteils über gegebene wirtschaftliche Sachverhalte durch Vergleich eines vom Prüfer nicht selbst herbeigeführten Ist-Objekts mit einem vorgegebenen oder zu ermittelnden Soll-Objekt und anschließender Urteilsbildung und der Urteilsmitteilung an diejenigen, die aufgrund der Prüfung Entscheidungen fällen".[152] Demnach beinhaltet Prüfung einen Soll-Ist-Vergleich. Die vom Management vorgelegte Rechnungslegung, über deren Zuverlässigkeit sich der Prüfer ein Urteil bilden soll, stellt beim Jahresabschluss die Ist-Größe dar, an deren Zustandekommen der Prüfer nicht beteiligt sein darf.[153] Die Motivation für die Forderung nach Unabhängigkeit basiert auf dem Wunsch nach vertrauenswürdigen Urteilen (Gefahr der Selbstprüfung).[154] Diese Prozessunabhängigkeit bildet die Basis für ein "vertrauenswürdiges Urteil". Die prozessunabhängige Kontrolle kann grundsätzlich auch unternehmensintern durch die Interne Revision durchgeführt werden. Die Aufgabe und Funktion der Internen Revision[155] sowie die Verwertung derer Ergebnisse von Prüfungsdurchführungen soll nicht Gegenstand dieser Arbeit sein.

Sicherung eines Mindestinvestitionsvolumens im Unternehmen orientieren. Ein Bilanzaufsteller, der im Interesse der Eigner handelt, hätte ggf. Anreize, die Bilanzierung "unvorsichtiger" vorzunehmen, als es vorgesehen bzw. angemessen sei. Dies hat zur Folge, dass die konkrete Erfüllung der bilanziell begründeten Ausschüttungsfunktion grundsätzlich in Frage gestellt werden könnte.

151 Der hier verwendete Prüfungsbegriff bezieht sich vornehmlich auf die aktienrechtliche Pflichtprüfung, und die Verweise auf gesetzliche Regelungen erfolgen auf Basis des deutschen Rechts, die jedoch in anderen Ländern durchaus ähnlich sind. Vgl. WP Handbuch 2006 / S. 1949 ff; Vgl. R. Schmid / Die Prüfungsplanung ... / S. 12 ff. Vgl. Vgl. A. Wagenhofer / Externe Unternehmensrechnung / S. 380 und 318; Vgl. WP Handbuch 2006 / S. 1985 ff. Detaillierte Informationen zu den Bereichen Systemprüfung und der damit verbundenen Systemaufnahme und Systembeurteilung können den Kapiteln "Vorgehensweise bei der Systemprüfung", "Systemaufnahme" und "Systembeurteilung" entnommen werden. Vgl. WP Handbuch 2006 / S. 1947 und 1948 sowie S. 2116 ff. Vgl. IDW / Abschlussprüfung nach ... / S. 5 ff. Vgl. T. R. Mai / Rechtsverhältnis zwischen ... / S. 12 ff.

152 Vgl. Lefferson, U / Wirtschaftsprüfung / S. 13; Vgl. A. Wagenhofer / Externe Unternehmensrechnung / S. 378f.

153 Vgl. D. Dörner / Zusammenarbeit von ... / S. 101 ff; Vgl. WP Handbuch 2006 / S. 1960 und 2002 ff; Diese Aufgabentrennung unterscheidet die Prüfung von einer reinen Kontrolle. Diese kann auch von Personen vorgenommen werden, die unmittelbar an dem zu prüfenden Prozess beteiligt sind.

154 Vgl. R. Buchner / Wirtschaftliches Prüfungswesen / S. 218 ff.

155 Die Literatur bezeichnet die Interne Revision auch als Change Agent, der aufgrund seiner Objektivität und Unabhängigkeit im Aufzeigen von alternativen Lösungswegen am nützlichsten ist. Vgl. P. Kundiger, Die Interne Revision als Change Agent, S. 120.

Die Beurteilung der Zulässigkeit der vorhandenen Rechnungslegung erfolgt durch die Gegenüberstellung mit einer Soll-Rechnungslegung. Diese Soll-Größe ist bei der Bilanzierung nur der Art nach gegeben.[156] Nach dem Soll-Ist-Vergleich bildet sich der Prüfer ein Urteil über Zulässigkeit der Rechnungslegung, welches in die Berichterstattung an die Adressaten der Prüfung (Auftraggeber und weitere Interessenten) einhergeht.

Neben der Zulässigkeit beinhaltet die Definition der Prüfung ebenfalls die Vertrauenswürdigkeit des Urteils.[157] Idealerweise wäre die Prüfung eine Art "Informationstechnologie", die lediglich eingesetzt wird und dann selbständig (mechanisch) anzeigt, ob die vorgelegte Rechnungslegung zulässig ist. In der Praxis existiert das Problem, dass Prüfungen durch Personen mit eigenen Zielvorstellungen durchgeführt werden. Auch wenn eine solche Informationstechnologie mit den notwendigen Eigenschaften existieren würde, stellt sich die Frage, ob die Verwendung der eingesetzten Methoden zuverlässig ist und im richtigen Umfang erfolgt ist und ob das ermittelte Ergebnis den Adressaten zutreffend übermittelt wird.[158] Zu weiteren Details bezüglich dieses Themas verweise ich auf das nachfolge Kapitel 3.

Um die geforderte "Zuverlässigkeit" der Rechnungslegung messbar zu konkretisieren, wurden die allgemein anerkannten Attribute, was "zuverlässig“[159] in diesem Zusammenhang ausmacht, gesetzlich durch die Grundsätze ordnungsmäßiger Buchführung (GoB) festgelegt. Diese sind historisch gewachsen und haben sich in der Praxis, z.B. aufgrund besonderer wirtschaftlicher Vorkommnisse/Ereignisse, weiterentwickelt. Diese bilden u.a den Maßstab für die Prüfungstätigkeit durch Wirtschaftsprüfungsgesellschaften.

---

156 Bei einem konkreten "Soll-Jahresabschluss" bzw. im Fall von Wahlrechten einer Menge potentieller Soll-Abschlüsse muss der Prüfer aus den Informationen über das Unternehmen, dessen Geschäftstätigkeit, der Marktlage, den Transaktionen und den Indikatoren über mögliche Entwicklungen zunächst unter Anwendung der regulativen Vorgaben ermitteln.

157 Vgl. Wiso / Wirtschaftsprüfung / S. 13 ff.

158 Vgl. R. Buchner / Wirtschaftliches Prüfungswesen / S. 218 ff; R. Buchner / Der Wirtschaftsprüfer ... / S. 60 ff; Vgl. IDW PS 312, Tz. 15.

159 Vgl. A. Wagenhofer / Externe Unternehmensrechnung / S. 379. Vgl. A. Nutz / Integierte Prüfsoftware / S. 188, 208 und 224; Die zentrale Forderung nach Zuverlässigkeit und Nachvollziehbarkeit der Prüfungsdatenbasis verlangt nach einer obligatorischen Beurteilung der organisatorischen Prüfungsmaßnahmen und Kontrollen des operativen Mandantensystems sowie der Sicherstellung der Integrität der zu Prüfungszwecken verwendeten Daten. Vgl. ISAFC (2000 c): a.a.O. , S. 152.

Die Ausgestaltung des Buchführungssystems ändert nichts an dem Erfordernis zur durchgängigen Einhaltung der GoB. Hierbei handelt es sich um allgemein anerkannte Regeln zur Führung der Handelsbücher sowie zur Erstellung des Jahresabschlusses.

Sie betreffen dabei nicht nur die Buchführung im engeren Sinne, sondern alle Bereiche der Inventur, der Bilanz, der Gewinn- und Verlustrechnung und des Anhangs.[160]

Im Rahmen der Abschlussprüfung ist zu beurteilen, ob das Rechnungslegungssystem eines Unternehmens den GoB bei der Erfassung, Verarbeitung, Ausgabe und Aufbewahrung der rechnungslegungsrelevanten Daten über die Geschäftsvorfälle entspricht.

Dabei sind die gleichen Grundsätze[161] zu beachten, die analog für die Mindestanforderungen an Informationen gelten. Vgl. in diesem Zusammenhang Kapitel 2.1 *„Erwartungen an die Rechnungslegung seitens des Finanzmarktes“.*

Bezüglich weiterer und detaillierterer Informationen im Bereich GoB verweise ich auf das entsprechende Unterkapitel im Kapitel 3.

Aus einem Kosten-Nutzen-Kalkül heraus wird vom Finanzmarkt jedoch keine absolute Aussage zur "Zuverlässigkeit" verlangt, sondern lediglich ein Prüfungsurteil mit "hinreichender Sicherheit".

Die Anforderung an die gesetzliche Abschlussprüfung nach nur "hinreichender Sicherheit"[162] führt zu einem risikoorientierten Prüfungsansatz, der sich in unterschiedlichen Aspekten widerspiegelt.

---

160 Vgl. M. Graumann / Wirtschaftliches Prüfungswesen / S. 90 ff.

161 Vgl. IDW RS FAIT 1, Tz. 25 ff. Bei den Grundsätzen handelt es sich um Vollständigkeit (§ 239 (2) HGB); Richtigkeit (§ 239 (2) HGB); Zeitgerechtigkeit (§ 239 (2) HGB); Ordnung (§ 239 (2) HGB); Nachvollziehbarkeit (§238 (1) S.2 HGB) und Unveränderlichkeit (§ 239 (3) HGB).

162 Vgl. K. Ruhnke / Geschäftsrisikoorientierte Abschlussprüfung / S. 437 f. Vgl. M. Wolz / Wesentlichkeit im ... / S. 48 ff; Vgl. IDW PS 261, Tz. 66 ff. Hier kann auch der Grundsatz der Wesentlichkeit beachtet werden. Der Grundsatz der Wesentlichkeit (Materiality) besagt, dass die Abschlussprüfung darauf auszurichten ist, mit hinreichender Sicherheit Unrichtigkeiten, Falschdarstellungen oder Verstöße aufzudecken, die wegen ihrer Größenordnung oder Bedeutung einen Einfluss auf den Aussagewert der Rechnungslegung für die Abschlussadressaten haben. Wesentlichkeit kann sich quantitativ (z. B. in Form von Grenzwerten) und qualitativ (z. B. in Form einer Eigenschaft) darstellen.

Hierbei handelt es sich um:

- Beachtung von Wesentlichkeitsgrenzen,
- Schwerpunktbildung,
- Einsatz von Stichproben und
- Prüfung des (prozessintegrierten) internen Kontrollsystems.[163]

Damit die Prüfungsfeststellungen mit "hinreichender Sicherheit" getroffen werden können, müssen die Prüfungsnachweise "ausreichend" und "angemessen" sein. Der Begriff "ausreichend" kann als quantitativer Maßstab für die Einholung von Prüfungsnachweisen verstanden werden.[164] Die "Angemessenheit" der Prüfungsnachweise stellt einen qualitativen Maßstab für die eingeholten Prüfungsnachweise dar.[165]

Die Verlässlichkeit der Prüfungsnachweise ist abhängig von deren Art (z. B. Inaugenscheinnahme oder mündliche Auskünfte)[166] und Quelle (z. B. Erklärungen von der Unternehmensleitung).[167]

Wenn man nun die absolute versus der relativen Sicherheit der Prüfungsaussagen abwägt und die Grenzen berücksichtigt,[168] sieht man:

- hinreichende Sicherheit: Feststellung nur in Bezug auf die Ordnungsmäßigkeit des Rechnungswesens wesentlicher Fehler.
- Absolute Sicherheit: ist nicht erreichbar; auch bei ordnungsmäßiger Planung und Durchführung besteht ein unvermeidbares Risiko, dass der Abschlussprüfer wesentliche falsche Aussagen nicht entdeckt.[169]

---

163 Aus der Maßgabe der "hinreichenden Sicherheit" kann abgeleitet werden, dass eine absolute Sicherheit der getroffenen Prüfungsaussagen nicht gewährleistet werden kann bzw. muss, da a) eine Auswahl der Prüfungshandlungen nach Art und Umfang durch den Abschlussprüfer nach dessen pflichtgemäßem Ermessen erfolgt, d.h. schon durch die Individualität der Prüfungssituation kein fixes und allgemein gültiges Prüfungsschema vorgegeben werden kann und b) aufgrund der anzuwendenden Grundsätze der Wesentlichkeit und Wirtschaftlichkeit und der zeitlichen Begrenztheit keine lückenlose, sondern lediglich eine stichprobenartige Prüfung möglich ist. Bezüglich der weiteren Ausgestaltung und Arten von Aufbau- und Funktionsprüfungen siehe die Ausführungen in Kapitel 1.3.

164 Vgl. IDW PS 300, Tz. 8 ff.

165 Eine größere Anzahl voneinander unabhängiger Prüfungsnachweise kann deren geringere Verlässlichkeit kompensieren. Vgl. WP Handbuch 2006 / S. 1958 ff.

166 Vgl. WP Handbuch 2006 / S. 2001 ff und 2012 ff.

167 Für weitere Informationen bezüglich der hinreichenden Sicherheit verweise ich an dieser Stelle auf das nachfolgende Kapitel "Erlangung hinreichender Sicherheit".

168 Vgl. IDW PS 200, Tz.24 ff.

- Grenzen: Stichprobenprüfungen; Beurteilung und Schätzung des Abschlussprüfers nach pflichtgemäßem Ermessen; Beurteilung der Zuverlässigkeit des Systems der Finanz- und Liquiditätsplanung; Grenzen des IKS; Mögliche Gesetzesverstöße der Unternehmensvertreter.

Die oben genannten Probleme sind der Grund dafür, dass der Berufsstand der Wirtschaftsprüfer durch eine Fülle regulativer Vorgaben gekennzeichnet ist. Mittels dieser regulativen Vorgaben soll sichergestellt werden, dass die Prüfung fachkundigem Personal obliegt, dass Art und Umfang der Prüfungshandlungen eindeutig beschrieben ist, die Urteilsfreiheit der Prüfer sichergestellt ist usw. Teilweise ist der Gesetzgeber direkt an dem Inhalt dieser Regelwerke beteiligt. Oftmals gibt er allerdings nur das Regelwerk vor, innerhalb dessen eine Selbstregulierung durch öffentliche oder private berufsständische Institutionen der Wirtschaftsprüfer greift. Derartige Aufgaben werden in Deutschland u.a. durch die Wirtschaftsprüferkammer (WPK) und das Institut der Wirtschaftsprüfer (IDW) erfüllt. Die Ergebnisse dieser Facharbeit schlagen sich z.B. in Berufsgrundsätzen und Prüfungsstandards nieder, die jedem Prüfer eine Richtschnur für berufswürdiges Verhalten und die konkrete Prüfungsdurchführung sowie Berichterstattung geben.[170]

Die historische Entwicklung zeigt die Tendenz, dass die **Regulierung** der Rechnungslegung im Zeitablauf ständig zugenommen hat. Die Anlässe dafür waren meistens Zusammenbrüche großer Unternehmen als Ergebnis von Finanzkrisen oder auf Grund von Betrugsfällen und Bilanzdelikten. Je größer

169 Bei Entdeckung von Fehlern und Verstößen sind die Prüfungshandlungen soweit auszudehnen, bis die geforderte hinreichende Sicherheit erreicht wird, eine Stichprobenbildung in "routinemäßigem Umfang" reicht nicht mehr aus.

170 Vgl. R. Buchner / Wirtschaftliches Prüfungswesen / S. 73 ff und 83 ff; Vgl. G. Förschle / Wirtschaftsprüfung und ... / S. 78 ff; Vgl. A. Wagenhofer / Externe Unternehmensrechnung / S. 380 ff; Internationale Fachorganisationen ergänzen die Arbeit solcher nationalen Institutionen. Vergleichbar dem IASB existiert die "International Federation of Accountants" (IFAC). Deren Ziel besteht aus der Harmonisierung der Prüfung durch Erarbeitung sogenannter International Standards on Auditing (ISA). Diese werden durch den "International Auditing and Assurance Standards Board" (IAASB), ehemals "International Auditing Practices Committee" (IAPC), entwickelt. Vgl. A. Bahr / Vertrauen in ... / S. 87 ff; Vgl. P. Brase / Standorte deutscher ... / S. 64 ff; Vgl. R. Buchner / Wirtschaftliches Prüfungswesen / S. 73 ff und 83 ff; Vgl. G. Förschle / Wirtschaftsprüfung und ... / S. 78 ff; Vgl. D. Hachmeister / Wirtschaftsprüfungsgesellschaften im ... / S. 60 ff; Vgl. B. M. Meisel / Geschichte der ... / S. 271 ff; Vgl. R. Buchner / Wirtschaftliches Prüfungswesen / S. 97 ff.

die Zusammenbrüche waren, desto größer war der Druck der Öffentlichkeit nach staatlichen Vorgaben, um solche Wiederholung zukünftig zu verhindern.[171] Auslöser für Regulierungen der Rechnungslegung ist u.a. der Schutz bestimmter "schwacher" Adressatengruppen. In diesem Zusammenhang sollen beispielsweise Anleger und Gläubiger durch Publizitätspflichten und Mindestkapitalregeln vor Kapitalverlusten geschützt werden.[172]

Die Regulierung der Rechnungslegung erfolgt durch mehrere unterschiedliche Quellen. Dabei können die Regulierungsquellen grundsätzlich in die Kategorien:

- Gesetzliche: z.B. einfaches Gesetz; Verordnung; Gerichtsurteile
- Standardsetter: z.B. öffentliches Gremium; privates Gremium
- Empfehlung: z.B. Wirtschaftsprüfer - und Unternehmensverbände; Experten[173]

untergliedert werden.[174]

Ein internationaler Vergleich zeigt, dass der Zugang zur Regulierung völlig unterschiedlich ist. Dies betrifft ebenfalls die damit verfolgten Ziele. Dabei können die Eigenschaften der Finanzberichterstattung eines Staates z.B. auf wirtschaftliche, rechtliche oder kulturelle Faktoren zurückgeführt werden.[175]

In Deutschland erfolgt die Regulierung im Wesentlichen durch Gesetze. Der Gesetzgeber ist an dem Inhalt der Regelungen in der Form direkt beteiligt, in dem er im Wesentlichen einen Rahmen vorgibt. Innerhalb dieses Rahmens greift die Selbstregulierung durch private oder öffentliche berufsständische Institutionen der Wirtschaftsprüfer, z.B. die WPK[176] oder der IDW[177] in Deutschland bzw. auf internationaler Ebene die IFAC[178] und den IAASB[179].

---

171 Vgl. hierzu auch die Beispiele von Feldhoff (1992). Dies zeigt auch der Fall Enron in 2001, der bis dahin größte Konkursfall in den USA.

172 Schutzbedürftig sind vor allem Deliktgläubiger, die nicht freiwillig Ansprüche gegen das Unternehmen haben.

173 Vgl. A. Wagenhofer / Externe Rechnungslegung / S. 28.

174 Die Abbildung ist adaptiert aus G. Ebbers, A Comparative ..., S. 30.

175 Vgl. F. Choi /C. Frost /G. Meek / International Accounting / S. 48 ff; Vgl. A. Haller / P. Walton / Unternehmenspublizität ... , S. 5 ff.

176 WPK = Wirtschaftsprüferkammer.

177 IDW = Institut der Wirtschaftsprüfer.

178 IFAC = International Federation of Accountants, diese Vereinigung vereinheitlicht die Prüfung durch die Erarbeitung der International Standards on Auditing (ISA).

Berufsgrundsätze und Prüfungsstandards sind der Output der Facharbeit dieser Institutionen, welche den Prüfern Leitlinien für die korrekte Prüfungsdurchführung und Berichterstattung bzw. ihrem Berufsstand entsprechendem Verhalten geben.[180] Der Deutsche Standardisierungsrat (DSR) ist ein privates Rechnungslegungsgremium unter der Trägerschaft des Deutschen Rechnungslegungs Standards Committee e.V. (DRSC).[181] Das starke Vertrauen in Deutschland auf eine private Organisation bis dato öffentlicher Aufgaben zeigt sich u.a. bei der Definition von Corporate Governance Kodizes und der Durchsetzung der Rechnungslegung. Die neuen Institutionen führen zu zusätzlichen Anforderungen und nicht zu einer erwarteten Reduktion der gesetzlichen Anforderungen.[182] Jedoch können sie, zumindest bei Corporate Governance, eher als best practice als Mindestanforderungen gesehen werden. Eine Aussage darüber, ob private Standardsetter erfolgreicher sind als Gesetzgebungsprozesse, ist schwer.[183]

Zu den Prüfungsobjekten der gesetzlichen handelsrechtlichen Abschlussprüfung nach § 317 HGB zählen die Buchführung, der Jahresabschluss sowie der Lagebericht.

Der Umfang der gesetzlichen Jahresabschlussprüfung lässt sich insbesondere aus den Vorschriften des HGB über die Buchführung und das Inventar (§§ 238 - 241 HGB), über den Ansatz , die Bewertung und die Gliederung der Posten des Jahresabschlusses (§§ 242 - 283 HGB), über die Angaben im Anhang und Lagebericht (z.B. §§ 340 ff. HGB), rechtsformspezifischen (z.B. §§ 53 ff. GenG) und gesellschafterbezogenen Vorschriften (z.B. § 42 (3) GmbHG) ableiten.[184]

---

179 IAASB = International Auditing and Assurance Standards Board.

180 Detaillierungen wie Interpretationen / Auslegungen werden durch Fachgutachten und Stellungnahmen des IDW und durch Kommentar- sowie Fachliteratur vorgenommen.

181 Die rechtlich nicht umstrittenen Standardsetzungskompetenzen des DRSC sind auf die Konzernrechnungslegung beschränkt.

182 Nicht der Wunsch nach Deregulierung sondern die Annäherung an internationale Usancen führten im Ergebnis zu Privatisierungstendenzen.

183 Vgl. G. Ebbers, A Comparative ..., S. 30 ff, er findet Hinweise dafür, dass privat gesetzte Standards eher eingehalten werden.

184 Sofern die Satzung oder der Gesellschaftervertrag ergänzende Regelungen enthalten, die die Aufstellung des Jahresabschlusses betreffen, sind diese ebenfalls Prüfungsgegenstand. Die vor Inkrafttreten des BilMoG noch formal zugelassene bloße Übernahme der Arbeiten eines anderen externen Prüfers ist nicht mehr zulässig. D.h. die Prüfungshandlungen des Konzernabschlussprüfers dürfen sich nicht nur darauf beschränken, ob die gesetzlichen Voraussetzungen der Übernahme gegeben sind. Zur Buchführung gehören neben der Finanzbuchführung ebenso rechnungslegungsbezogene Teile der Nebenbuchführung, wie z.B. die Anlagenbuchführung, Lohn- und Gehaltsbuchführung und Lagerbuchführung. Die (interne)

2.2.1. Hintergrund der externen Unternehmensrechnung

Die externe Unternehmensrechnung wird als ein Informationssystem mit ganz bestimmten Charakteristika gesehen, das auf vielfältige Weise Anreize ausübt und Entscheidungen im Unternehmen und außerhalb des Unternehmens beeinflusst. Externe Unternehmensrechnung ist nicht einfach eine langweilige Buchhaltung, die Transaktionen nach einfachen Schemata in das EDV-System des Unternehmens eingibt. Sie hat vielmehr reale Auswirkungen auf die Geschäftstätigkeit, den Erfolg von Unternehmen und die Effizienz der Wirtschaft.

Mattessich umreisst den informationsorientierten Ansatz als: "Accounting is not (or ought not to be) primarily a tool for measuring or estimating values, but is (or ought to be) a source of potential information."[185]

Die aktuelle Diskussion im externen Rechnungswesen bezüglich seiner Rolle und Funktion - als kapitalmarktorientiertes Informationsinstrument verstärkt wahrgenommen zu werden - hat an Bedeutung gewonnen. Dies liegt u.a. daran, dass Unternehmen im Rahmen der externen Rechnungslegung, Informationen über ihre wirtschaftliche Lage an externe Adressaten geben. Diese Informationen beeinflussen die Erwartungen der Anleger bezüglich der Höhe und Risiken der künftigen Überschüsse und der Kapitalkosten, was Einfluss auf die Vorteilhaftigkeit von Investitionen im Unternehmen hat.

Die externe Unternehmensrechnung könnte einen großen Teil der ihr zugeschriebenen Funktionen nicht erfüllen, wenn es keine Publizität gäbe. Deshalb kommt der Publizität[186] erhebliche Bedeutung zu. Für die Vertragsgestaltungsfunktion der externen Unternehmensrechnung spielt Publizität keine wesentliche Rolle, da die Vertragspartner ihre Informationsrechte und -pflichten gegenseitig vereinbaren.

Betriebsbuchführung ist demgegenüber kein unmittelbarer Gegenstand der Abschlussprüfung, sondern findet nur insoweit Berücksichtigung, als sie die Grundlage für Ansatz und Bewertung einzelner Bilanzposten bildet. Dies betrifft z.B. die Prüfung der Herstellungskosten für die fertigen und unfertigen Erzeugnisse. Daneben ist die Einhaltung der Grundsätze ordnungsmäßiger Buchführung (GoB) zu überprüfen.

185 Vgl. R. Mattessich / The Information ... / S.218.

186 den rechtlichen Regelungen und der freiwilligen Publizität.

Publizität ist dort wichtig, wo der Kreis der Adressaten nicht feststeht oder keine spezifischen Verträge geschlossen werden (können).

Unter Publizität wird hier die Veröffentlichung von unternehmensbezogenen Daten im Rahmen der Finanzberichterstattung verstanden. Der Gesetzgeber spricht im HGB von "Offenlegung" und meint damit die Veröffentlichung in bestimmten Medien, die mehr oder weniger allgemein verfügbar sind.[187] Gesetze regeln für bestimmte Unternehmen die Offenlegung von Jahresabschlüssen und Lageberichten, von Zwischenberichten, Börsenprospekten oder von Ad-hoc-Mitteilungen.

Die Unternehmensrechnung kann grundsätzlich in interne und externe unterteilt werden. Dabei beschäftigt sich die Unternehmensrechnung mit der konzeptionellen Gestaltung und den Einsatzbedingungen von Informationssystemen.[188] Dabei beinhaltet die externe Rechnungslegung alle Informationssysteme, die an unternehmensexterne Benutzer bzw. Adressaten, wie Investoren, Gläubiger, Kunden, Lieferanten, Konkurrenten und die Öffentlichkeit, gerichtet sind. Bestandteil der externen Unternehmensrechnung ist die Rechnungslegung (bzw. das externe Rechnungswesen). Deren Ergebnis ist im Jahresabschluss der Einzelabschluss oder Konzernabschluss.[189] Aufgabe des Jahresabschlusses ist es, "ein den tatsächlichen Verhältnissen entsprechendes Bild der Vermögens-, Ertrags- und Finanzlage“[190] des Unternehmens zu vermitteln. Bestandteile sind Bilanz, GuV, Kapitalflussrechnung und Anhang mit Erläuterungen und sonstigen Angaben. Zusätzlich wird seitens des Gesetzgebers die Aufstellung eines Lageberichts, in dem der Geschäftsverlauf und die Lage des Unternehmens dargestellt werden, gefordert.[191]

---

187 Vgl. D. Rückle / V. Klatte / GmbH & Co KG …./ S.. 195, differenzieren derart, dass Offenlegung der weitere Begriff ist, welcher die Publizität (also die Unterrichtung der Öffentlichkeit) und die Offenlegung mit Adressatenbegrenzung umfasst.

188 Vgl. dazu auch R. Ewert / A. Wagenhofer / Economics Effects …/ S. 4 ff, Vgl. A. Wagenhofer / Externe Rechnungslegung / S.3.

189 Die Zielsetzungen von Abschlüssen im Rahmenkonzept des IASB sind: "Zielsetzung von Abschlüssen ist es, Informationen über die Vermögens-, Finanz- und Ertragslage sowie Veränderungen in der Vermögens- und Finanzlage eines Unternehmens zu geben, die für einen weiteren Adressatenkreis bei dessen wirtschaftlichen Entscheidungen nützlich sind".

190 Vgl. hierzu § 264 Abs.2 HGB.

191 Börsennotierte Unternehmen sind zusätzlich verpflichtet, Zwischenberichte in Form verkürzter Jahresabschlüsse für unterjährige Perioden - i.d.R. Quartalsberichte - aufzustellen und sonstige Informationen etwa im Rahmen der Ad-hoc-Publizität über besondere kursrelevante Ereignisse oder über den Anteilsbesitz zu geben.

Der Informationsbedarf und die Qualität externer Adressaten an die Unternehmensrechnung ist sehr unterschiedlich, von rudimentär bis hin zu sehr detailliert. In diesem Zusammenhang sollte beachtet werden, dass diese Informationen vom Management, also unternehmensinternen Personen erstellt und zusammengetragen werden. Gerade dieses Spannungsverhältnis, also die Trennung von Informationsersteller und Informationsverwerter, kann zu erheblichen Interessenkonflikten führen. Dieser Sachverhalt ist die Begründung für die mannigfaltige Ausprägung der Rechnungslegung, für die Notwendigkeit gesetzlicher Regelungen sowie für andere Institutionen, wie z.B. Wirtschaftsprüfung und andere Kontrollmechanismen bzw. Kontrollorgane.[192]

In der Praxis ist es häufig anzutreffen, dass Unternehmen neben den gesetzlich geforderten Informationen freiwillig[193] Zusatzinformationen geben,[194] z.B. über das Risiko, die Strategie oder die Erfolgsaussichten eines Unternehmens. Analog zur externen Berichterstattung wird auch der Begriff Finanzberichterstattung (Financial Reporting) verwendet.[195] Dies kann durch Veröffentlichung von gesetzlich nicht geforderten Finanzberichten erfolgen, aber auch durch Anreicherung solcher Finanzberichte mit Zusatzinformationen, die über das gesetzlich geforderte Maß hinausgehen. Freiwillige Publizität erfolgt vorwiegend durch Aufstellung von Jahresabschlüssen nach international anerkannten Rechnungslegungsgrundsätzen, die eine Reihe von zusätzlichen Ausweisregelungen enthalten, die über die des nationalen Rechts hinausgehen. Geschäftsberichte werden durch ein Value Reporting um aktionärsbezogene

---

192 Die Finanzberichterstattung kann auch für interne Zwecke Verwendung finden. In diesem Fall treten Interessenkonflikte zwischen Informationsersteller und Benutzer eher bedingt auf, da man unterstellen kann, dass sich der Unternehmer selbst nicht durch bewusst manipulierte (Selbst-) Informationen täuschen möchte. Eine Ausnahme hiervon bilden z.B. dolose Handlungen im Unternehmen, um dieses bewusst zu schädigen. Interessenkonflikte können aber auch im Innenverhältnis entstehen, da das Management kein Monolith ist, sondern unterschiedliche Personen auf verschiedenen Hierarchiestufen mit den für ihre Aufgaben benötigten Informationen ausgestattet sind und diese Daten Basis für die Entscheidungen sind.

193 Freiwillig gegebene Informationen unterliegen nicht den Anforderungen, die für rechtlich verpflichtende Finanzinformationen gelten. So können Unternehmen in gewissem Grade auswählen, welche Informationen sie bekannt geben, wieweit sie Stetigkeit einhalten und wie vergleichbar die Informationen sind. Diesbezügliche Mängel prägen allenfalls die Erwartungen und Reaktionen von Investoren und haben ggf. Auswirkungen auf die Reputation des Unternehmens bzw. seiner Investor-Relations-Aktivitäten. Ein Problem solcher freiwilliger und zusätzlicher Information ist deren Qualität und Zuverlässigkeit. Es gibt die Möglichkeit, solche Informationen freiwillig einer Prüfung zu unterwerfen und einige Unternehmen machen davon Gebrauch. Vgl. A. Wagenhofer / Externe Rechnungslegung / S. 386 ff.

194 Z.B. über den Geschäftsverlauf, der in der Struktur der Bilanzierung und Bewertung von Geschäftsvorfällen nicht ausreichend abgebildet werden kann.

195 Vgl. A. Wagenhofer / Externe Rechnungslegung / S.3 ff.

Daten und Informationen angereichert.[196] Besonders börsennotierte Unternehmen haben Anreize, von internationalen Investoren nachgefragte Zusatzinformationen bereitzustellen. Unter dem Druck der Kapitalmärkte - dem sich die Unternehmen *freiwillig* unterwerfen, weisen sie eine Fülle von Informationen aus, wie z.B. eine umfangreiche Segmentberichterstattung, die noch vor nicht allzu langer Zeit als undenkbar gegolten hätte.[197]

Das Rechnungswesen kann als ein Instrument für die institutionelle Gestaltung der Auftragsbeziehungen von Prinzipal und Agent angesehen werden. In diesem Sinne lässt sich die externe Rechnungslegung als gesetzlich geregelter Teil der Allgemeinen Geschäftsbedingungen von Finanzierungsverträgen ansehen.[198]

Dabei hat das externe Rechungswesen drei Funktionen:

- Es dient als Informations-, Überwachungs- und Kontrollinstrument des Prinzipals.

---

196 Weitere Möglichkeiten bieten eine Umweltberichtserstattung oder eine Sozialberichterstattung.

197 Rechtliche Regelungen sind implizit die Folge der Auffassung, dass Unternehmen Informationen nicht freiwillig geben würden und deshalb mit rechtlichen Vorschriften dazu gezwungen werden müssen. Sie entstanden über Jahrzehnte hinweg, vielfach aus einzelnen Anlassfällen, die von der Politik durch ein Verschärfen der Regelungen zu verhindern getrachtet wurden. Früher standen dabei Themen wie die beschränkte Haftung, der Schutz von Kleinaktionären oder das öffentliche Interesse im Vordergrund, wodurch sich auch zum Teil das Abstellen der Publizitätsvorschriften nach Größe, Rechtsform und Börsennotierung erklären lässt. Neuerdings wird das Augenmerk verstärkt auf die Informationsbedürfnisse von Investoren am Kapitalmarkt gelenkt. Die international anerkannten Rechnungslegungsgrundsätze, die ja eine Fülle von kapitalmarktorientierten *disclosures* beinhalten, dienen dabei als Vorbild. Internationale Rechnungslegungsgrundsätze beeinflussen nicht nur die Publizität für Unternehmen, die ihre Abschlüsse danach aufstellen, sondern auch die Empfehlungen des DRSC für Konzernabschlüsse nach deutschem Recht. Die meisten vom DRSC erarbeiteten Deutschen Rechnungslegungsstandards (DRS) weisen eine große Affinität zu entsprechenden IFRS und / oder US-GAAP auf. In Deutschland sind die gesetzlichen Offenlegungsregelungen entsprechend den Vorgaben durch EU-Richtlinien nach verschiedenen Publizitätskriterien differenziert. Publizitätskriterien sind z.B. Rechtsform, Größe, Einzel- oder Konzernabschluss, Branche und Börsennotierung. Die erforderliche Qualität der offengelegten Informationen ist ebenfalls unterschiedlich geregelt. Jahresabschlüsse und Lageberichte sind von einem Abschlussprüfer zu prüfen (§ 316 HGB). Der Lagebericht muss im Einklang mit dem Jahresabschluss stehen. Börsenprospekte unterliegen ebenfalls einer Prüfungspflicht. Interessant ist, dass der früher geltende Grundsatz, dass offengelegte Informationen im Jahresabschluss und Lagebericht auch geprüft sein müssen, nicht mehr gilt. Das HGB sieht für kleine Kapitalgesellschaften keine Prüfungspflicht vor, obwohl sie eine - nicht sehr umfangreiche - Offenlegungspflicht trifft (§316 HGB). In diesen Fällen kommt es zur Veröffentlichung von ungeprüften Informationen.

198 Vgl. R. Buchner / Wirtschaftliches Prüfungswesen / S. 3 ff.

- Es ist Grundlage für die Abgrenzung der Kompetenzen von Agent und Prinzipal im Hinblick auf die künftige Verfügung über finanzielle Ressourcen.
- Es stellt die Bemessungsgrundlage für ein Anreizsystem bereit, mit dem die Prinzipals die Handlungen der Agents auf ihre Interessen ausrichten können.

Das externe Rechnungswesen ist ein "idealer" Kompromiss zwischen dem Informations- und Kontrollbedürfnis des Prinzipals und dem Bedürfnis nach Handlungsfreiheit und wirtschaftlicher Verwertung der Informationsvorsprünge beim Agenten.[199]

Im Gegensatz zur externen Rechnungslegung ist die interne Rechnungslegung für die interne Nutzung im Unternehmen konzipiert. Sie ist im Wesentlichen frei in der Gestaltung, und das Management hat aufgrund seiner Funktion im Unternehmen auch weitreichenden wenn nicht sogar vollen Zugriff auf die Daten und Informationen. Interessenkonflikte können aber auch im Innenverhältnis entstehen, da das Management kein Monolith ist, sondern unterschiedliche Personen auf den verschiedenen Hierarchiestufen mit den für ihre Aufgaben benötigten Informationen ausgestattet sind und auf Basis dieser Daten Entscheidungen treffen.[200] Hier können traditionell Agency-Probleme zwischen dem Bereichsmanagement und dem Topmanagement eintreten. Diese sind analog zu denen zwischen den (externen) Eignern und Managern. Der größte Unterschied liegt in der Art und Weise, wie mit diesen Interessenkonflikten umgegangen wird. Dabei können u.a. interne organisatorische Regelungen oder vertragliche Regelungen (Anreizsysteme) eingesetzt werden, eine Regulierung des Informationssystems erfolgt eher selten. Erschwerend kommt noch hinzu, dass zwischen Unternehmen und bestimmten Adressaten keine vertraglichen Beziehungen existieren, dies macht die Konfliktlösung komplizierter. Die interne Unternehmensrechnung soll jedoch im Rahmen dieser Arbeit nicht detaillierter dargestellt werden.

---

199 Vgl. W. Busse von Colbe / Lexikon des Rechnungswesens / S. 379 ff, C. C. Freidank / Vahlens großer ... / S. 1048 – 1049.

200 Vgl. zu einer Darstellung auch R. Ewert / A. Wagenhofer / Economics Effects .../ S. 4 ff / Wagenhofer (2005 a).

Wesentliche Charakteristika der externen Unternehmensrechnung sind u.a. die Objektivierung, die Periodisierung, die asymmetrische Erfassung von Gewinnen und Verlusten, die Betonung finanzieller Größen und die Standardisierung.[201]

Die starke Standardisierung stellt ein wesentliches Charakteristikum der Rechnungslegung dar. Diese spiegelt sich darin wider, dass in vielen Staaten ein umfassendes Geflecht an Regeln mit unterschiedlich hoher Verbindlichkeit und differenziertem Detaillierungsgrad existiert. Dieses Regelgeflecht definiert, wie Ereignisse, Transaktionen und Geschäftsvorfälle des jeweiligen Unternehmens in finanzielle Größen umgewandelt und aggregiert werden. Des Weiteren legen sie fest, welche Zusatzinformationen über finanzielle Größen im Jahresabschluss zusätzlich kommuniziert werden müssen.

Mittels dieser Regeln werden für die Unternehmen, die einem bestimmten Rechtssystem unterliegen, weitgehend einheitliche Vorgehensweisen bei der Rechnungslegung verbindlich vorgegeben. Diese Regeln differenzieren im Wesentlichen nur nach wenigen Kriterien, wie beispielsweise die Rechtsform oder ob eine Börsennotierung vorliegt. Unternehmensspezifische Funktionen oder Adressatenansprüche stehen dabei nicht im primären Fokus. Eine "optimale Rechnungslegung", die alle Funktionen in gleicher Art und Weise "perfekt" abdeckt, ist eher unwahrscheinlich.

Die einheitliche Regelung hat den Vorteil, dass mehrere unterschiedliche Rechnungslegungen grundsätzlich nicht erstellt werden müssen und somit im Ergebnis eine Kostenersparnis einhergeht.[202]

Die Standardisierung birgt für die externen Adressaten den erheblichen Vorteil der hohen und einfachen Vergleichbarkeit von Finanzberichten verschiedener Unternehmen, ohne hohe eigene Kosten für die Informationsgewinnung bzw.

---

201 Detaillierte Angaben zu den Charakteristiken "Objektivierung", "Periodisierung", "asymmetrische Erfassung von Gewinnen und Verlusten", "Betonung finanzieller Größen" und "Standardisierung" geben R. Ewert/ A. Wagenhofer / Interne Unternehmensrechnung / auf den Seiten 10 ff.

202 Viele große Unternehmen erstellen und veröffentlichen parallel zur Rechnungslegung nach nationalem Recht freiwillig Konzernabschlüsse nach internationalen Rechnungslegungsgrundsätzen. Dies tun sie u.a., um auf die Wünsche internationaler Kapitalmärkte und der dort agierenden Investoren einzugehen. Die Kosten hierfür sind oftmals sehr hoch. Dies veranlasste verschiedene Gesetzgeber, eine Befreiung von der Aufstellung von Konzernabschlüssen nach nationalem Recht einzuräumen, wenn Unternehmen Konzernabschlüsse nach IFRS oder US-GAAP aufstellen.

Informationsbeschaffung zu haben.[203] Hohe Kosten oder die geringe Zuverlässigkeit eigenbeschaffter Informationen können den Adressaten dazu veranlassen, mit dem Unternehmen nicht in Vertragsbeziehungen zu treten.[204]

Wenn es im System Netzwerkeffekte gibt, kann eine Standardisierung ökonomisch sinnvoll sein, so wie es bei der externen Rechnungslegung der Fall ist. Je höher die Anzahl der Unternehmen ist, die das Rechnungslegungssystem einsetzen, desto umfangreicher ist der Nutzen aller Beteiligten.[205] Dies wiederum gibt Anreize an weitere Unternehmen, ebenfalls dieses Rechnungslegungssystem einzusetzen. Trotz der stark fortgeschrittenen Standardisierung bestehen viele Spielräume in der Abbildung verschiedener Sachverhalte innerhalb der Rechnungslegung. Dabei kann es sich z.B. um Wahlrechte oder Ermessens- und/oder Interpretationssachverhalte handeln.

Die externe Rechnungslegung hat den Vorteil, dass sie auf bekannten und allgemein anerkannten Rechnungslegungsregeln basierende zuverlässige Informationen beinhaltet.

Wie bereits im Vorfeld beschrieben, ist die externe Unternehmensrechnung ein vom Management betriebenes Informationssystem, welches Abrechnungs- und Offenlegungsregeln enthält. Jedoch hat das Management oft Eigeninteressen und nutzt Spielräume - wie beispielsweise Wahlrechte - zu seinen Gunsten aus. Dies hat zur Konsequenz, dass die Rechnungslegung nicht als rein "technisches" System betrachtet werden kann, welches allein auf Basis seiner vorgegebenen Regeln zu einem "richtigen" Ergebnis führt und dieses sicherstellt.

---

203 Mangelnde Vergleichbarkeit von Finanzinformationen ist ein wesentliches Argument für die ansteigende Internationalisierung der Rechnungslegung.

204 Vgl. A. Wagenhofer / Externe Rechnungslegung / S. 11 ff.

205 Ein Argument für die rechtliche Regelung ist die dadurch erzielte Standardisierung der Publizität. Standardisierung bringt ökonomische Vorteile, wenn sogenannte Netzwerkeffekte bestehen. Netzwerkeffekte reduzieren die Kosten der Anwendung eines Standards, je mehr der Standard verwendet wird (z.B. Datenübertragung, Telefonie usw.). Vgl. dazu z.B. M. Währisch / The Evolution ... / S. 60 ff. Im Bereich der Finanzinformationen reduziert die stärkere Verwendung von Standards die Kosten der Adressaten der Rechnungslegung. Sie können u.a. auf einen bestimmten Umfang von Informationen vertrauen, standardisierte Analysen fahren und Unternehmen besser miteinander vergleichen. Unternehmen haben Vorteile durch die Verwendung eines Standards, da ihnen dann z.B, mehr Analysten folgen, was die Liquidität der Aktien erhöht und sie auf bereits geschultes Personal zurückgreifen können. Standards können auch negative Wirkungen haben. So frieren sie einen bestimmten Stand der Technik ein, da die Kosten für den Wechsel auf einen neuen Standard erheblich sind. Sollten mehrere Standards parallel existieren, gewinnt nicht automatisch der Beste.

Dabei hängt die Qualität der Finanzberichterstattung, wie bereits beschrieben, von dessen Anreizen ab.[206]

Zur Sicherstellung der Qualität und der Zuverlässigkeit der externen Rechnungslegung sind umfangreiche Maßnahmen vorgesehen. Auf internationaler Ebene variieren die Details dabei teilweise erheblich, innerhalb der EU herrscht allerdings eine gewisse Harmonisierung.[207]

Um die Finanzberichterstattung von Unternehmen rankt sich ein Netz an Institutionen, die der Sicherstellung der Qualität der Finanzberichterstattung dienen sollen. Dies beginnt bei der internen Qualitätssicherung, z.B. durch die Kontrolle von Managementanreizen[208] und interne Kontrollsysteme bzw. Risikomanagementsystem[209], geht weiter zur Prüfung durch Wirtschaftsprüfer, die selbst in ein System von Kontrollmechanismen eingebettet sind,[210] und geht weiter zum Aufsichtsrat,[211] der die Finanzberichterstattung prüft.[212] Diese Mechanismen sind Bestandteil der Corporate Governance,[213] deren Wirkung daher mit der Rechnungslegung eng verbunden ist.[214]

---

206 Die Anreize könne u.a. durch Entlohnungsschemata, die Organisation und Entscheidungskompetenzen beeinflusst werden.

207 Vgl. hierzu auch G. Benston / Worldwide Financial Reporting ... / et al.

208 Die Anreize könne u.a. durch Entlohnungsschemata, die Organisation und Entscheidungskompetenzen beeinflusst werden.

209 Vgl. A. Wagenhofer / Externe Rechnungslegung / S. 18 ff.

210 Die Wirtschaftsprüfung selbst unterliegt einem sogenannten "peer review" (Qualitätskontrolle der Wirtschaftsprüfungsgesellschaften untereinander). Dieser wird in Deutschland von der Wirtschaftsprüferkammer organisiert (WPK). Weitere QA-Maßnahmen erfolgen durch die Abschlussprüferaufsichtskommission (APAK). Bei QA-Verstößen können durch den Berufsstand Disziplinarmaßnahmen verhängt werden.

211 Im Rahmen seiner Überwachungsfunktion hat der Aufsichtsrat den Jahresabschluss und den Lagebericht zu prüfen. Diese Prüfung erfolgt eigenständig auf Basis der dem Aufsichtsrat vom Vorstand gegebenen Informationen, des Prüfungsberichts des Wirtschaftsprüfers und sonstigen verlangten Informationen. Inhalt dieser Prüfung ist auch die Beurteilung der bilanzpolitischen Maßnahmen. Corporate Governance-Grundsätze sehen häufig vor, dass der Aufsichtsrat einen Prüfungsausschuss (Audit Committee) oder einen Rechnungslegungs- und Prüfungsausschuss einrichtet, der sich mit der Rechnungslegung, dem Risikomanagement, der Beauftragung des Wirtschaftsprüfers und Ähnlichem befasst.

212 Vgl. § 171 Abs. 1 AktG.

213 Corporate Governance ist der rechtliche und faktische Ordnungsrahmen für die Leitung und Überwachung eines Unternehmens, der die Unternehmensverfassung (Vgl. auch v. Werder / German Code of ... / S. 33; Vgl. A. Wagenhofer / Externe Rechnungslegung / S. 17 ff.) und die Vertrauensförderung aller externen Adressaten betont. Im angloamerikanischen Raum stehen dagegen Agency-Konflikte zwischen Kapitalgebern (Eigen- und Fremdkapital) und Management sowie entsprechenden Gegenmaßnahmen (Vgl. A. Shleifer / R.W. Vishny / A Survey of .... / S. 737) im Fokus ("Corporate Governance deals with the ways in which suppliers of finance to corporations assure themselves of getting a return on their investment."). Dabei stellt die externe Unternehmensrechnung eine wichtige Komponente der Corporate Governance dar. Sie definiert den Inhalt und Umfang der Informationen auf, die die verschiedenen

Die Durchsetzung der Rechnungslegung durch öffentliche oder private Gremien ist noch ein weiterer zwischen Erstellung und Nutzung von Finanzinformationen geschalteter Mechanismus.[215] Letztlich dienen den Adressaten gerichtliche Klagemöglichkeiten zur Durchsetzung von individuellen Rechten, die durch die Rechnungslegung gegebenenfalls beschnitten wurden.[216]

Diese Elemente haben einen wesentlichen Einfluss auf die Finanzberichterstattung und weisen erhebliche Wechselwirkungen mit den Rechnungslegungsstandards auf. Wird aus diesem komplexen Netz diverser institutioneller Regeln der Finanzberichterstattung auch nur ein Element ergänzt, gestrichen oder geändert, besteht das potentielle Risiko von Unverträglichkeiten. Dies kann dazu führen, dass qualitativ hochwertige Standards bei mangelnder Prüfung und Um- sowie Durchsetzung nicht die erwarteten und prognostizierten Effekte[217] zeigen.[218]

Im Folgenden Abschnitt wird der Prozess der Prüfung von Jahresabschüssen kompakt dargestellt.

Informationsempfänger und -verwerter (hierbei kann es sich um interne Organe und externe Adressaten handeln) zur Erfüllung Ihrer Aufgaben zurückgreifen.

214 In Deutschland sind die wesentlichen Bereiche der Corporate Governance gesetzlich geregelt. Zusätzlich enthält der Deutsche Corporate Governance Kodex national und international anerkannte Standards guter und verantwortungsvoller Unternehmensführung. Die Standards tangieren u.a. folgende Bereiche: "Rechte von Aktionären und der Hauptversammlung", „Zusammenwirken von Vorstand und Aufsichtsrat", "Aufgabe, Zusammensetzung und Vergütung des Vorstands", "Transparenz" und "Rechnungslegung und Abschlussprüfung".

215 Der veröffentlichte Jahresabschluss ist beim Handelsregister einzureichen. Bei großen Kapitalgesellschaften ist dieser zu veröffentlichen. Seitens des Registergerichts wird keine inhaltliche Prüfung durchgeführt, es erfolgt lediglich eine Prüfung der formalen Voraussetzungen. Bei diesen formalen Voraussetzungen handelt es sich z.B. um die Vollständigkeit der Unterlagen und das Einhalten von Fristen. Eine inhaltliche Überprüfung erfolgt i.d.R. nur für börsennotierte Unternehmen, wozu in vielen Staaten eigene Gremien existieren.

216 Das gerichtliche Klagesystem ist das letzte Element der Qualitätssicherung. Obwohl es erst im Nachhinein wirkt, entfaltet es ex ante ein erhebliches Drohpotential, um hinreichend Aktivitäten der involvierten Personen zur Sicherstellung einer zuverlässigen Rechnungslegung zu induzieren. Das HGB sieht z.B. eine Reihe von Strafbestimmungen vor, wenn beispielsweise der Vorstand und Aufsichtsrat die Verhältnisse des Unternehmens im Jahresabschluss, Lagebericht oder Zwischenbricht unrichtig wiedergeben oder verschleiern. Weitere Klagemöglichkeiten bestehen bei der Verletzung der Sorgfaltspflicht durch Organe des Unternehmens. Vgl. § 331 HGB und vgl. A. Wagenhofer / Externe Rechnungslegung / S. 22 ff.

217 Vgl. R. Ball / Corporate Financial Reporting / S. 20 ff.

218 Es existieren u.a. mehrere empirische Erhebungen über die Einhaltung der IFRS durch Unternehmen. Dabei wurde festgestellt, dass es zu eklatanten Mängeln bei der Einhaltung bzw. in der Anwendung kommt. Ursache dafür sind Mängel in der Prüfung und Durch- bzw. Umsetzung der Standards, nicht die Standards als solche.

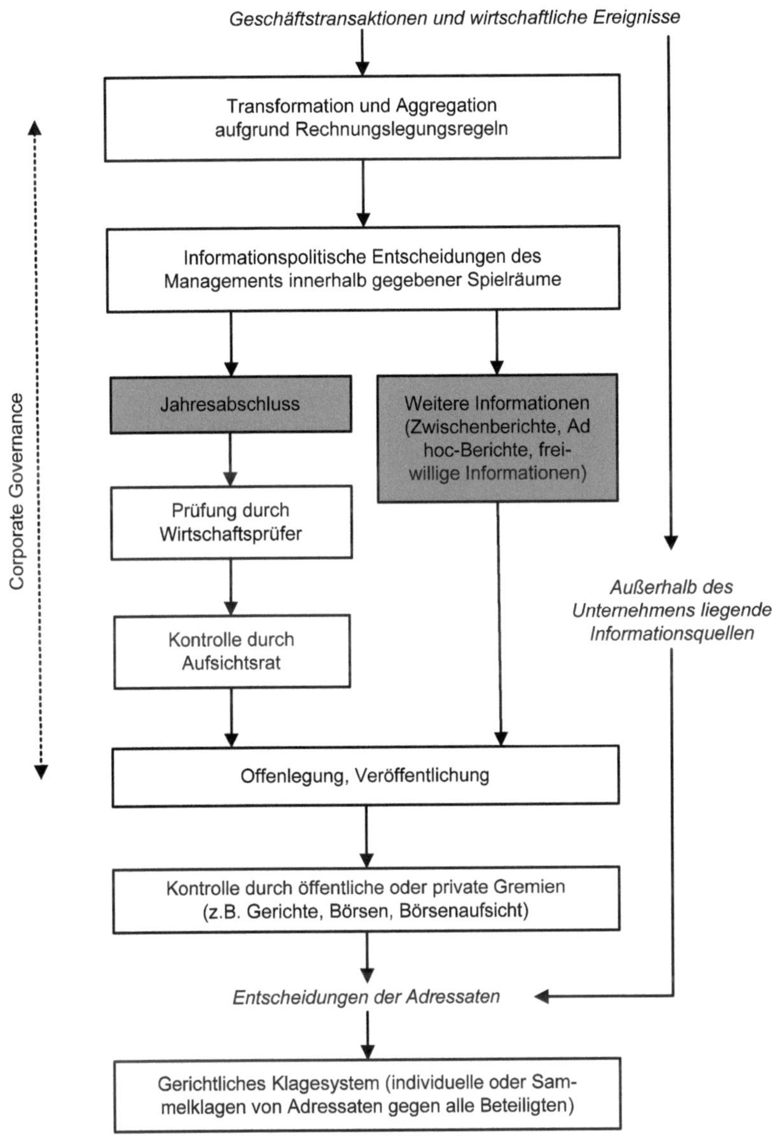

Abbildung 3:Institutioneller Rahmen der Rechnungslegung

2.2.2. Phasen der Jahresabschlussprüfung

Der Prozess der Jahresabschlussprüfung kann in vier wesentliche Phasen eingeteilt werden.[219] Dabei handelt es um folgende Phasen:

- Auftragserteilung und Auftragsannahme,
- Prüfungsplanung und Prüfungsdurchführung,
- Urteilsbildung und
- Urteilsmitteilung.

Diese Phasen und deren Inhalte sowie der dort stattfindenden Aktivitäten werden im Folgenden näher erläutert.[220]

2.2.2.1. Auftragserteilung und Auftragsannahme

Basis jeder Prüfung des Jahresabschlusses ist die Erteilung des Prüfungsauftrags sowie die Annahme des Prüfungsauftrags durch den Abschlussprüfer. Gemäß IDW PS 220, Tz. 6, empfiehlt es sich, bei Auftragsannahme ein Auftragsbestätigungsschreiben zu verfassen und an das zuständige Unternehmensorgan bereits vor dem Prüfungsbeginn zu senden. Insoweit wird eindeutig geklärt, ob eine wirksame Beauftragung vorliegt bzw. welchen Umfang der Auftrag aufweist.[221] Das Auftragsbestätigungsschreiben enthält die wesentlichen Feststellungen des Ziels und Umfangs der Abschlussprüfung sowie der Berichterstattung gegenüber dem Auftraggeber.[222] Diese Vorgehensweise ist auch bei gesetzlich weitgehend geregelten Abschlussprüfungen[223] zur

---

219 Neben dieser vierstufigen Gliederung bzw. Unterteilung existieren in der Praxis verschiedene Formen und Gliederungstiefen, wobei sie inhaltlich jedoch im Wesentlichen identisch sind. So nimmt z.B. Diehl (Vgl. DStR 1993 S.117) folgende 6-stufige Abgrenzung der Prüfungsphasen vor: 1) Allgemeine Prüfungsplanung, 2) Analyse der Verarbeitung und Prüfung des IKS, 3) Durchführung der Risikobeurteilung - Entwicklung einer Prüfungsstrategie, 4) Vorgehensplanung, 5) Durchführung der Prüfung und 6) Schlussphase der Prüfung und Prüfungsfeststellungen; Vgl. hierzu auch M. Graumann / Wirtschaftliches Prüfungswesen /S.226.

220 Vgl. A. Wagenhofer / Externe Rechnungslegung / S. 424 ff.

221 Vgl. M. Graumann / Wirtschaftliches Prüfungswesen / s. 115.

222 Vgl. IDW PS 220, Tz. 13.

223 Vgl. §§ 317 ff. HGB.

eindeutigen Auslegung und zur Vermeidung von Missverständnissen sowie anderweitiger Erwartungen beim Auftraggeber sinnvoll.[224]

Allein die Tatsache der Erteilung des Prüfungsauftrags an einen Wirtschaftsprüfer heißt noch nicht, dass dieser diesen auch annimmt. Dieser wird nur dann den Prüfungsauftrag annehmen, wenn er für ihn vorteilhaft ist.[225] Dabei berücksichtigt der Abschlussprüfer verschiedene Faktoren; dazu gehören das Prüfungshonorar, die voraussichtlichen Prüfungskosten und das ggf. vorhandene Risiko, das aus dem Auftrag resultiert. Sollte das zu prüfende Unternehmen z.B. in sehr volatilen Umgebungen tätig sein, sind bei der Bewertung und Veröffentlichung von in die Zukunft gerichteten Informationen eine große Menge potentieller Szenarien zu berücksichtigen. Dies birgt das Risiko in sich, dass die Wahrscheinlichkeit, dass Prognosen nicht eintreten, recht hoch ist. Dies hat wiederum zur Folge, dass Aussagen, die im Zusammenhang mit der Rechnungslegung stehen, im Nachhinein nicht richtig sind.[226] Was wiederum dazu führen kann, dass der Abschlussprüfer in die Gefahr von potentiellen Schadensersatzklagen gelangt oder Reputationseinbußen in Kauf nehmen muss, obwohl die Prüfung ordnungsgemäß durchgeführt worden ist.[227]

Sollte der Abschlussprüfer den Prüfungsauftrag ablehnen,[228] muss er dies umgehend erklären. Es wird dann ein neuer Prüfer vom Gericht bestellt.[229]

2.2.2.2. Prüfungsplanung und Prüfungsdurchführung

Nach der Annahme des Prüfungsauftrags durch den Abschlussprüfer erfolgt die Planung der anstehenden Abschlussprüfung. Die Prüfungsstrategie und Prüfungsplanung setzen stets eine vorherige Zieldefinition voraus.[230]

---

224 Die zu dokumentierenden Vereinbarungen können individuell oder per Zuhilfenahme berufsüblicher allgemeiner Auftragsbedingen bzw. vorformulierter Sondervereinbarungen niedergeschrieben werden. Vgl. auch A. Wagenhofer / Externe Rechnungslegung / S. 115 ff.

225 Gemäß IDW PS 220, Tz6 empfiehlt es sich, bei Auftragsannahme ein Auftragsbestätigungsschreiben zu verfassen und an das zuständige Unternehmensorgan bereits vor dem Prüfungsbeginn zu senden. Insoweit wird eindeutig geklärt, ob eine wirksame Beauftragung vorliegt bzw. welchen Umfang der Auftrag aufweist.

226 Vgl. Mathias Graumann / Wirtschaftliches Prüfungswesen / s. 99 ff.

227 Vgl. A. Wagenhofer / Externe Rechnungslegung / S. 425 ff.

228 Die Ablehnung eines Auftrags ist nach § 51 WPO unverzüglich zu erklären.

229 Vgl. hierzu auch § 51 WPO und § 318 Abs. 4 HGB.

Diesbezüglich ist zu beurteilen, ob:

- die für die Rechnungslegung geltenden gesetzlichen Vorschriften inkl. der GoB sowie ergänzende Bestimmungen des Gesellschaftervertrags und der Satzung beachtet worden sind,
- die Buchführung nachvollziehbar, unveränderlich, vollständig, richtig, zeitgerecht und geordnet vorgenommen wurde,
- der Jahresabschluss klar, übersichtlich und vollständig, richtig, zeitgerecht und geordnet vorgenommen wurde,
- alle Positionen zutreffend ausgewiesen und bewertet wurden und
- ggf. die ergänzenden Vorschriften für Kapitalgesellschaften eingehalten wurden.[231]

Als erster Schritt werden dabei u.a. Informationen über die Geschäftsfelder des zu prüfenden Unternehmens, die damit im Zusammenhang stehenden Risiken und des eingesetzten Kontroll- und Überwachungssystems gesammelt. Von Interesse sind auch die Anreizsysteme (z.B. erfolgsorientiertes Vergütungssystem des Managements[232]) und die aktuelle Unternehmenssituation. Als Ergebnis der Analyse und Auswertung der Informationen erhält der Prüfer eine erste Einschätzung der kritischen Prüffelder.

Nach der ersten Einschätzung der kritischen Prüffelder legt der Prüfer das abzuarbeitende Prüfprogramm fest. Im Rahmen der sachlichen Prüfungsplanung erfolgt dabei eine Aufteilung der Prüfungsgebiete in Teilbereiche, sog. Prüffelder. Insoweit erfolgt die Urteilsbildung zunächst auf Basis von Teilurteilen, die dann zu einem Gesamturteil verknüpft werden. Die Bildung der Prüffelder erfolgt nach Maßgabe der Prüfungsobjekte, des Prüfungszwecks bzw. der Prüfungsstrategie sowie des Umfangs bzw. der Komplexität des Prüfungsstoffs. Für jedes Prüffeld werden dann wesentliche Prüfziele festgelegt und anschließend Art und Umfang der erforderlichen Prüfungshandlungen

---

230 Erkenntnisziel der Jahresabschlussprüfung ist die Feststellung, ob der Jahresabschluss einschließlich der Buchführung den Bestimmungen von Gesetz, Gesellschaftsvertrag und Satzung genügt.

231 Vgl. A. Wagenhofer / Externe Rechnungslegung / S. 143 ff.

232 In diesem Fall ergibt sich grundsätzlich ein hoher Anreiz zu Verzerrungen in der Rechnungslegung. Diese Verzerrungen können z.B. auch bei Insolvenzbedrohungen erfolgen. In diesem Fall erfolgt eine Verzerrung dahingehend, dass die Rechnungslegung eine günstigere Entwicklung zeigt, um so z.B. neue Finanzmittel zu erhalten.

sowie ihr zeitlicher Ablauf festgelegt. D.h., der Prüfer berücksichtigt im Rahmen der Planung die verschiedenen Prüffelder (z.B. das Anlagevermögen oder Vorräte), den Zeitrahmen, Termine und Fristen, die Verfügbarkeit des Prüfungsteams usw. Dabei besteht das Hauptziel darin, bei Einhaltung des Endtermins und unter Berücksichtigung der identifizierten Risiken die Prüfungsaktivitäten so zu strukturieren, dass ein Urteil bezüglich der Ordnungsmäßigkeit der Rechnungslegung mit "hinreichender Sicherheit“[233] erstellt werden kann.

In der Praxis werden oft mehrere ähnliche Prüffelder zu Prüffeldgruppen zusammengefasst, welche in sich geschlossene und ausreichend große Arbeitsgebiete für den einzelnen Prüfer bilden.[234]

Für die Prüfungsdurchführung können verschiedene Prüfungstechniken eingesetzt werden.[235] Grundsätzlich kann dabei Differenzierung zwischen Einzelfall- und Systemprüfungen erfolgen. Einzelfallprüfungen sind die Untersuchung von Geschäftsvorfällen, Transaktionen, Positionen, Angaben und Wertansätzen. Eine Systemprüfung hingegen bezieht sich auf die Funktionsweise und Struktur eines Systems, wie z.B. die Buchhaltung oder das Interne Kontrollsystem (IKS). Demnach kann der Prüfer vor der Durchführung von Einzelfallprüfungen eine Systemprüfung vornehmen.

Als Ergebnis dieser Systemprüfung erhält der Prüfer eine zuverlässige Aussage darüber, in welchem Zustand sich das interne Kontrollsystem (IKS) befindet, also lückenhaft oder stabil und zuverlässig. Eine Systemprüfung verursacht direkte Kosten und erlaubt dem Prüfer eine Adaption des Umfangs seiner Einzelfallprüfungen an die erhaltenen Informationen über den Zustand des Kontrollsystems. D.h., führt der Prüfer zuerst eine Systemprüfung durch, kann er den Zustand des IKS gut beobachten und beurteilen und seine anschließenden Einzelfallprüfungen entsprechend adaptieren.[236]

---

233 Eine vollständige Sicherheit wird nicht gefordert. Dies wird schon durch die Zulässigkeit von Stichproben dokumentiert. Die Tatsache, dass eine Prüfung aller Geschäftsvorfälle, Erwartungen und Transaktionen unrealistisch und zu kostenintensiv ist, unterstützt dies ebenfalls.

234 Kriterien für die Bildung derartiger Prüffeldgruppen sind z.B.: das Bestehen eines sachlichen Zusammenhangs zwischen bestimmten Bilanzposten oder Konten; die inhaltliche Homogenität von Prüffeldern usw.

235 Vgl. W. Lück / Prüfung der Rechnungslegung / S. 65 -72, Vgl. U. Marten/ R. Quick/ K. Ruhnke / Wirtschaftsprüfung … / S. 252 – 256.

236 Vgl. A. Wagenhofer / Externe Rechnungslegung / S. 452.

Es kann festgehalten werden:

- Je höher die Effizienz der Einzelfallprüfungen ist, desto niedriger ist der Vorteil der Systemprüfungen.[237]
- Je größer die direkten Kosten je Einheit der Einzelfallprüfungen sind, desto eher ergibt sich ein Vorteil der Systemprüfungen.[238]
- Je höher die Wahrscheinlichkeit für das Vorliegen lückenhafter Kontrollen ist, desto niedriger ist der Vorteil der Systemprüfungen.[239]
- Je größer die Zusatzkosten für eine Manipulation durch den Manager bei dichten Kontrollen sind, desto eher lohnt sich eine Systemprüfung.[240]
- Je höher die Nachteile des Managers bei entdeckter Verzerrung sind, desto niedriger ist der Vorteil einer Systemprüfung.[241]

Die International Auditing Standards (ISA) der IFAC verlangen in IAS 315.2, soweit dies für die Abschlussprüfung relevant ist, grundsätzlich eine Systemprüfung des IKS.[242]

Da eine Vollprüfung aufgrund der damit verbundenen immensen Kosten nicht wirtschaftlich und unrealistisch ist, erfolgt die Prüfung risikoorientiert. Als Basis

---

237 Dies leuchtet intuitiv ein, weil man bei sehr effizienten Einzelfallprüfungen den zusätzlichen Informationsbeitrag einer Systemprüfung eher gering einschätzen dürfte.

238 Die Reduzierung des Prüfungsniveaus bei dichten Kontrollen bringt dann nämlich größere Kostenersparnisse, was *ceteris paribus* die Systemprüfung begünstigt.

239 Ein häufigeres Auftreten lückenhafter Kontrollen impliziert ein selteneres Vorkommen des dichten Kontrollsystems, so dass die erwarteten Kostenersparnisse beim Einsatz der Systemprüfung sinken. Intuitiv scheint dieser Zusammenhang zunächst wenig verständlich zu sein, weil man vermutet, dass eine große Gefahr lückenhafter Kontrollen das Interesse am tatsächlichen Zustand des Kontrollsystems wecken sollte. Tatsächlich wird man sich bei hoher Wahrscheinlichkeit für nachlässige Kontrollen bei der Prüfungsplanung aber ohnehin auf diesen einrichten, so dass die Systemprüfung nur relativ selten Informationen zu Tage fördert, die zu einer Korrektur des Prüfprogramms Anlass geben.

240 Dies begründet sich dahingehend, dass bei hohen Zusatzkosten bereits ein niedriges Prüfungsniveau ausreicht, um eine Ineffizienz des Managers bezüglich seiner Verzerrungspolitik zu erreichen. Entsprechend größer sind daher die erwarteten Kostenersparnisse beim Einsatz der Systemprüfung.

241 Höhere Nachteile des Managers bewirken generell niedrigere Prüfungsniveaus. Siehe hierzu auch A. Wagenhofer / Externe Rechnungslegung / S. 457 ff.

242 "The auditor should obtain an understanding of the entity and its environment, including its internal control, sufficient to identify and assess the risks of material misstatements whether due to fraud or error, and sufficient to design and perform further audit procedures". Diese Vorgabe in Deutschland durch den IDW PS 261, Nr. 35 im Wesentlichen übernommen: "Der Abschlussprüfer muss ein Verständnis von dem internen Kontrollsystem insoweit entwickeln, als es für die Feststellung und Beurteilung der Fehlerrisiken sowie der prüferischen Reaktionen auf die beurteilten Fehlerrisiken erforderlich ist. Zu den originären prüfungsrelevanten Bestandteilen des internen Kontrollsystems gehören das Rechnungslegungssystem einschließlich des Buchführungssystems und ggf. das Risikofrüherkennungssystem."

der Prüfungsplanung und Prüfungsdurchführung hat sich, wie bereits im Vorfeld dargestellt, international der risikoorientierte Prüfungsansatz etabliert.[243]

Danach ist das Prüfungsrisiko:

Prüfungsrisiko = Inhärentes Risiko x Kontrollrisiko x Entdeckungsrisiko[244]

Das Prüfungsrisiko gibt die Wahrscheinlichkeit an, dass trotz wesentlicher Fehler ein positives Prüfungsurteil abgegeben wird. Es darf insgesamt ein akzeptables Maß nicht überschreiten. Offizielle Verlautbarungen des IDW beziffern keine diesbezüglich vertretbare Obergrenze. Das Fachschrifttum führt Schwellenwerte von 1 bis 5 % auf. Mit dem inhärenten Risiko wird eine grundlegende Fehlerwahrscheinlichkeit abgeschätzt. Diese ergibt sich aus verschiedenen Faktoren wie z.B. die Unternehmensbranche und die damit zusammenhängenden allgemeinen Risiken.

Die Wahrscheinlichkeit, dass ein internes Kontrollsystem nicht in der Lage ist, Fehler zu korrigieren, wird Kontrollrisiko genannt. Die Wahrscheinlichkeit, dass die vom Prüfer verwendeten Prüfungshandlungen keine Korrektur der verbliebenen Fehler bewirken, wird als Entdeckungsrisiko bezeichnet, welches vom Prüfungsumfang abhängt.

Wenn der Prüfer bereit ist, ein bestimmtes Prüfungsrisiko zu akzeptieren, besteht die Möglichkeit, die Prüfungshandlungen an die Informationen bezüglich des inhärenten Risikos und des Kontrollrisikos anzupassen. Je größer diese Risiken sind, desto niedriger muss bei gegebenem Prüfungsrisiko das Entdeckungsrisiko sein und desto umfangreichere Prüfungshandlungen müssen durchgeführt werden.[245] Bei einer vorgegebenen Obergrenze des Prüfungsrisikos muss das Entdeckungsrisiko umso niedriger sein, je höher das inhärente und das Kontrollrisiko sind.

---

[243] Vgl. dazu ausführlich Quick (1996).

[244] Vgl. A. Wagenhofer / Externe Rechnungslegung / S. 459; Vgl. M. Graumann / Wirtschaftliches Prüfungswesen / S. 166.

[245] Annahme: Das akzeptierte Prüfungsrisiko ist mit 3 %, also 0,03 definiert, das inhärente Risiko ist 0,3 und das Kontrollrisiko ist 0,5. Das maximale akzeptable Entdeckungsrisiko ist 0,2 (0,3 x 0,5 x 0,2 = 0, 03). Die Prüfungshandlungen sind so zu planen und auszuführen, dass sie in der Lage sind, mit einer Wahrscheinlichkeit von mind. 80% seitens des IKS nicht verhinderte Fehler aufzudecken.

Wird angenommen, dass aufgrund der unabänderlichen Rahmenbedingungen des Unternehmens das inhärente Risiko fix ist, gilt der Leitsatz der Prüfungsplanung:

"Je unzuverlässiger das IKS, umso höher ist der notwendige Umfang an ergebnisorientierten, prozessunabhängigen Prüfungshandlungen".[246]

Eine risikoorientierte Prüfung kann grundsätzlich entweder an der Systematik der Rechnungslegung oder alternativ an den Unternehmensprozessen bzw. Unternehmensfunktionen ansetzen. Im ersten Fall werden die Prüffelder in Anlehnung an die Jahresabschlusspositionen bestimmt. Bei prozess- bzw. funktionsorientierter Ausrichtung der Prüfung erfolgt die Festlegung der Prüffelder entsprechend a) den Geschäftsprozessen des Unternehmens (finanz- bzw. personalwirtschaftliche Prozesse, Produktionsprozesse usw.) oder b) den betrieblichen Funktionen (Entwicklung, Beschaffung, Vertrieb usw.).

Die Beurteilung eines internen Kontrollsystems erfolgt in der Regel in fünf Schritten:

- Definition der möglichen Fehlerarten (entstehen durch die Verletzung der allgemeinen Grundsätze der Vollständigkeit, Richtigkeit und Zeitgerechtigkeit der Buchführung) und der sich daran orientierenden Sicherungsmaßnahmen und -vorkehrungen zur Vermeidung und/oder Aufdeckung aller potentiellen Fehler (Soll),[247]
- Aufnahme der eingerichteten Sicherungsmaßnahmen (Ist),
- Beurteilung der Zweckmäßigkeit der eingerichteten Kontrollen,
- Prüfung der Einhaltung und Funktionsfähigkeit der eingerichteten Kontrollen,
- Beurteilung der Wirksamkeit der eingerichteten Kontrollen.[248]

Ziel ist es, Soll-/Ist-Abweichungen (zu den vorher definierten "Normen") zu identifizieren, deren Auswirkungen zu bewerten und ggf. die Prüfungsplanung entsprechend anzupassen.[249] D.h., das originäre Prüfprogramm, welches

---

246 Vgl. M. Graumann / Wirtschaftliches Prüfungswesen / S. 165 ff.

247 Vgl. IDW Fachgutachten 1/1998 / S. 13; Vgl. R. Quick / Die Risiken ... / S. 356 und 367; Vgl. A. Cirtin / Risk Analysis ... / S. 707 ff.

248 Vgl. IDW PS 330, Tz. 30-33; Vgl. D. Dörner / Zusammenarbeit von ... / S. 101 ff; Vgl. U. Lefferson / Wirtschaftsprüfung / S. 13 ff; Vgl. K. Wysocki / Grundlagen des ... / S. 121 ff.

249 Vgl. M. Wolz / Wesentlichkeit im ... / S. 26; Vgl. J. L. Reimers / The Effect ... / S. 192; Vgl. K. Wysocki / Grundlagen des ... / S. 123; Vgl. J. Baetge / Möglichkeiten der ... / S. 42 ff.

basierend auf den ersten Erkenntnissen, unter Berücksichtigung der wesentlichen Risiken und unter Zugrundelegen der mittels der Prüfung zu erreichenden Ziele erstellt wurde, ist während der Prüfungsdurchführung ständig an die aktuellen Informationen, Erkenntnisse und Ergebnisse anzupassen. Es ist also flexibel und sollte auch an die aktuellen Umstände und Risiken der Prüfung angepasst werden. Eine solche Anpassung kann sich z.B. aus der Prüfung des IKS in der Form ergeben, dass nach der Funktionsprüfung die originäre Einschätzung (z.B. sehr optimistisch) revidiert und eine Anpassung der sich daran anschließenden Prüfungshandlungen erfolgen muss, um das notwendige Maß an Urteilssicherheit zu erlangen.[250]

Will man einen Eindruck über den Zustand des prüffeldbezogenen Kontrollsystems gewinnen, führt man in der Regel folgende Prüfaktivitäten durch:

- Wirksamkeit (Soll-Soll-Prüfung): Prüfung der Angemessenheit "auf dem Papier": Begutachtung des Organisationshandbuches und anderer Dokumentationen (Aufbau- oder Designprüfung); Prüfung auf vollständige, plausible, widerspruchsfreie Regelungen.
- Funktionsfähigkeit (Soll-Ist-Prüfung): Prüfung der durchgängigen Beachtung und Umsetzung der Regelungen in und durch die Praxis ("compliance"): Progressive Prüfung (Ablaufprüfung): Nachvollzug eines Geschäftsvorfalls von der Auslösung bis zur Verbuchung. Retrograde Prüfung: Rückverfolgung eines Geschäftsvorfalls von der Verbuchung bis zur Auslösung.

Die Ausfüllung der Bestandteile des risikoorientierten Prüfungsansatzes durch Wirtschaftsprüfungsgesellschaften im Rahmen ihrer praktischen Tätigkeit ist Gegenstand zahlreicher empirischer Untersuchungen. Experimentelle Studien von *Dusenbury/Reimers/Wheeler* (2000) und *Messier/Austen* (2000) zeigen, dass Prüfer tatsächlich bedingte Einschätzungen von inhärenten Risiken und Kontrollrisiken vornehmen, als handele es sich um eine bedingte Wahrscheinlichkeit, die aus dem zunächst geschätzten inhärenten Risiko konditioniert ist.

---

250 Die Prüfungsplanung und Prüfungsdurchführung hat unter Berücksichtigung und Beachtung der GOA (Grundsätze ordnungsmäßiger Abschlussprüfung) zu erfolgen. Die GOA sind in einer Vielzahl von Prüfungsstandards niedergelegt.

Außerdem zeigen *Messier*/Austen (2000), dass die Beobachtungen von Risikodeterminanten sowohl zu einer Revision des Kontrollrisikos als auch des inhärenten Risikos führen. Die gegenseitigen Beziehungen durch die strategischen Handlungsinterdependenzen sind meines Wissens bislang noch nicht empirisch untersucht worden.[251]

2.2.2.3. Urteilsbildung

Ziel bzw. Aufgabe der Prüfung ist die Urteilsbildung bezüglich der Zulässigkeit der Rechnungslegung, wobei sich das Gesamtergebnis (Gesamturteil) aus der Aggregation einer Vielzahl von Einzelergebnissen (Einzelurteilen bezogen auf einzelne Prüffelder, die bei der Erstellung des Prüfprogramms definiert wurden) ergibt. Für diese Prüffelder liegen spezifische Informationen bezüglich der Ordnungsmäßigkeit vor.

Dabei hat sich in der Praxis gezeigt, dass diese Informationen unterschiedlich zuverlässig sind und eine unterschiedliche Qualität aufweisen. Weiterhin besteht die Möglichkeit, dass die einzelnen Prüfer aufgrund individueller Erfahrungen unterschiedliche Bewertungen und Einstufungen vornehmen. So kann es z.B. passieren, dass ein Prüfer bei der Bewertung der Forderungen aus LuL[252] diese als zweifelhaft einstuft und höhere Bewertungsabschläge wegen zu erwartender Uneinbringlichkeit ansetzt,[253] wogegen z.B. im Anlagevermögen Unterbewertungen wahrgenommen werden[254] und weitere Vermögenspositionen unbeanstandet bleiben. Die so gewonnenen bzw. erzielten Einzelurteile werden zu einem Gesamturteil zusammengefasst. Ob dieses Gesamturteil dazu führt, dass der komplette Jahresabschluss in Frage gestellt wird, hängt von der Bedeutung der einzelnen Aspekte für den gesamten Jahresabschluss[255] und der übergreifenden Darstellung der Unternehmenssituation ab.[256]

---

251 Vgl. M. Graumann / Wirtschaftliches Prüfungswesen / S. 145 ff und 583 ff; Vgl. A. Wagenhofer / Externe Rechnungslegung / S. 462.

252 LuL = Lieferungen und Leistungen.

253 Überbewertung im vorläufigen Abschluss.

254 Da die beiden genannten Effekte gegenläufige Gewinnwirkungen entfalten, kompensieren sie sich bedingt.

255 Vgl. A. Wagenhofer / Externe Rechnungslegung / S. 426, Vgl. M. Graumann / Wirtschaftliches Prüfungswesen / S. 145 ff und 583 ff und 618 ff, Vgl. IDW PS 450, Tz. 114.

256 Berücksichtigung finden hierbei sehr viele Aspekte, was sehr detailliert bei v. Wysocki (1988). S. 145 - 254 beschrieben wird. In diesem Zusammenhang wird auch die Urteilsbildung bei einzelnen Prüfungsverfahren diskutiert. Neuere Ansätze, wie z.B. von Dutta / Srivastava (1993)

2.2.2.4. Urteilsmitteilung

Im Rahmen der Urteilsmitteilung erfolgt die Übermittlung der Prüfungsergebnisse an die verschiedenen Empfänger der Informationen. Dabei unterliegt die Jahresabschlussprüfung einer abgestuften Publizität. Der Prüfungsbericht[257] stellt dabei die ausführlichste und dezidierteste Mitteilung über das Prüfungsergebnis dar.[258] Dieser ist eigenhändig durch den verantwortlichen Wirtschaftsprüfer zu unterschreiben - zumindest eins der Exemplare - und zu siegeln.[259] Inhalt dieses Prüfungsberichts sind u.a.:

- Darstellung des Prüfungsgegenstands,
- Art und Umfang der Prüfung,
- Darstellung zur Lage des Unternehmens,
- Erläuterung der Abschlussposten,
- Hinweis auf bestandsgefährdende Sachverhalte und
- Urteil über die Ordnungsmäßigkeit der Rechnungslegung.

Empfänger des Prüfungsberichts ist der Aufsichtsrat, dem Vorstand wird zuvor die Gelegenheit zur Stellungnahme gegeben.[260]

Der Bestätigungsvermerk dient der Urteilsmitteilung der Prüfung an die Anleger (externe Adressaten) und die weitere Öffentlichkeit. Da die Beurteilung des Prüfungsergebnisses allgemeinverständlich und problemorientiert erfolgen soll, hat der Bestätigungsvermerk die Form eines Bestätigungsberichts.[261] Sind in der Gesamtdarstellung keine Einwendungen zu erheben, muss der Prüfer dies explizit im Bestätigungsbericht erklären. Liegen hingegen einzelne Einwendungen vor, muss der Prüfer seine Aussage über die Ordnungsmäßigkeit der Rechnungslegung im Bestätigungsvermerk einschränken,[262] vorausgesetzt, dass nicht der ganze Abschluss durch die einzelnen Einwendungen verworfen

---

diskutieren eine quantitative, probabilistische Verdichtung der Einzelurteile zu einem Gesamturteil. Bei Hömberg (1999) findet man eine kritische Diskussion von Urteilsverdichtungsvorschlägen. Vgl. M. Graumann / Wirtschaftliches Prüfungswesen / S. 622 ff.

257 Vgl. W. Busse von Colbe / Lexikon des Rechnungswesen / S. 389 ff.

258 Vgl. hierzu auch § 312 HGB.

259 Vgl. § 321 Abs.5 S. 1 HGB und § 48 Abs. 1 S. 1 WPO.

260 Vgl. M. Graumann / Wirtschaftliches Prüfungswesen. S. 618 ff.

261 Vgl. hierzu auch § 322 Abs. 1 und 2 HGB.

262 Vgl. IDW PS 400, Tz. 52, Vgl. IDW PS 261, Tz. 91; Vgl. W. Busse von Colbe / Lexikon des Rechnungswesen / S. 389 ff; Vgl. A. Wagenhofer / Externe Rechnungslegung / S. 426, Vgl. M. Graumann / Wirtschaftliches Prüfungswesen / S. 145 ff und 583 ff und 618 ff.

werden muss.[263] Zum allgemeinen Verständnis ist die Einschränkung zu begründen und zu erläutern. Sollten die Einschränkungen so massiv sein, dass eine Zulässigkeit der Rechnungslegung nicht gegeben ist, ist anstelle des Bestätigungsvermerks ein Versagungsvermerk zu erstellen und ebenfalls zu begründen. Falls im Rahmen der Prüfungsdurchführung Mängel identifiziert werden, ist das Management[264] gehalten, diese innerhalb der laufenden Prüfung abzustellen (soweit wie möglich), anderenfalls müsste der Prüfer diese Mängel in seinem Bestätigungsvermerk entsprechend adressieren (Kommunikation mit dem Management und dem Aufsichtsorgan).[265]

2.2.2.5. Zusammenhänge und Abhängigkeiten zwischen den Prüfungsphasen

Obwohl die Phasen der Abschlussprüfung in der Literatur nacheinander laufend beschrieben werden, bestehen dennoch einige wenn auch nur teilweise rudimentäre Interdependenzen zwischen ihnen.[266]

Die Tätigkeiten, die mit der Prüfungsplanung und -durchführung im Zusammenhang stehen, hängen beispielsweise zusätzlich im wesentlichen Umfang von der Risikoeinschätzung und der Wahrscheinlichkeit ab, dass die Rechnungslegung vorsätzlich vom Management verzerrt wurde. Unter Berücksichtigung dieses Risikos wird der Prüfer seine Risikoeinschätzung entsprechend anpassen und seine Prüfungshandlungen entsprechend justieren, z.B. auf Basis des risikoorientierten Prüfungsansatzes.

Sollten vorsätzliche Bilanzverzerrungen seitens der Bilanzersteller stattfinden, stehen diese oft im Zusammenhang mit den Anreizen und "optimalen Entschei-

---

263 Z.B. wenn einzelne Positionen des Jahresabschlusses vom Prüfer mangels Informationen nicht abschließend beurteilt werden können.

264 Gemeint sind hier die Mitglieder des Aufsichtsorgans, die gesetzlichen Vertreter und ggf. andere Führungskräfte auf einer angemessenen Zuständigkeitsebene.

265 Vgl. IDW PS 261 Tz. 89 ff

266 Als Beispiel sei die Urteilsmitteilung genannt, die nicht völlig unabhängig von der Auftragserteilung für das folgende Geschäftsjahr gesehen werden kann. Es besteht hier das potentielle Risiko, dass Einschränkungen im Bestätigungsvermerk dazu herangezogen werden, für das folgende Geschäftsjahr einen neuen Prüfer für die Durchführung der Abschlussprüfung vorzuschlagen - abhängig von der vorschlagenden Partei. Wenn der Prüfer bei seinen Entscheidungen auch wirtschaftliche Faktoren berücksichtigt, liegt die Vermutung nah, dass seine Berichterstattung nicht nach rein prüfungsbezogenen Gesichtspunkten erfolgt. Dabei wird er ggf. die Risiken aus einem Mandatsverlust mit den Risiken aus einer offenbarten Falschberichterstattung gegeneinander abwägen. Vor dem Hintergrund, dass seine Prüfungstätigkeiten nicht von allen Parteien beobachtbar sind, stellt sich die Frage einer umfangreichen Prüfung.

dungen". Dabei wird das Management versuchen, die zu erwartenden Prüfungshandlungen und die daraus folgende Entdeckungswahrscheinlichkeit des Prüfers vorwegzunehmen.[267]

Die oben beschriebenen Aspekte sind u.a. die Grundlage für zahlreiche gesetzliche Regelungen zur Sicherstellung ordnungsgemäßer Prüfungen.[268]

2.3. Erwartungslücken zwischen den Finanzmarktbeteiligten

Es sollte grundsätzlich berücksichtigt werden, dass Erwartungslücken zwischen dem Finanzmarkt und dem Wirtschaftsprüfer auftreten können.[269] Der Begriff "Expectation Gap" (Erwartungslücke) wurde 1974 durch "*Loggio*" geprägt, durch folgende Definition (.".. differing expectation levels as to both the quality and standard of the accounting profession`s performance and what it is expected to accomplish"). Demnach ist die Erwartungslücke ein Auseinanderfallen von Erwartungen der Öffentlichkeit einerseits und der tatsächlichen Berufsausübung bzw. den Berufsstand andererseits. Der Begriff "Expectation Gap" wurde weltweit durch eine Vielzahl von Autoren aufgegriffen. In Deutschland fand er unter der Bezeichnung "Erwartungslücke" Eingang in die Literatur, wobei das begriffliche Verständnis jedoch häufig von dem von *Liggio* abweicht.[270]

Erwartungslücken können dann auftreten, wenn dem Finanzmarkt die Prüfungshandlungen und somit die Informationen der gesetzlichen Jahresabschlussprüfung nicht ausreichen und zusätzliche Informationen benötigt werden.[271] Um diese Erwartungslücke zu füllen, müssen zusätzliche Prüfungshandlungen durchgeführt werden, die über den gesetzlichen Umfang hinausgehen und separat beauftragt und bezahlt werden müssen. An dieser Stelle werden seitens des in der Regel Finanzmarkts Kosten-Nutzen-Analysen

---

267 Von Interesse ist hier auch die Fragestellung dahingehend, ob eine potentielle Drohung des Mandatsentzugs den Prüfer dahingehend beeinflusst, bei identifizierten Fehlern im Rahmen der Urteilsmitteilung seine Einstufung/Bewertung anzupassen? Vgl. C. Geuer / Das Management ... / S. 55 ff; Vgl. D. Hachmeister / Wirtschaftsprüfungsgesellschaften im ... / S. 93 ff.

268 Vgl. A. Wagenhofer / Externe Rechnungslegung / S. 427 ff.

269 Vgl. J. Baetge / Der Berufsstand ... / S. 7.

270 Vgl. A.Bahr / Vertrauen in ... / S. 11 ff.

271 Vgl. A. Wagenhofer / Externe Unternehmensrechnung / S. 282 ff; Vgl. M. Graumann / Wirtschaftliches Prüfungswesen / S. 147 ff und 605 ff.

durchgeführt, welche in der Bereitschaft oder Ablehnung weitergehender Prüfungen münden.[272]

Erwartungslücken können beispielsweise anhand folgender Sachverhalte existieren:

- Kein "hartes Urteil bezüglich der zukünftigen Entwicklung" des Unternehmens (z.B. anhand des Lageberichts),
- kein abschließendes Urteil bezüglich Fraud,[273]
- keine Weitergabe von Geschäftsgeheimnissen (Verschwiegenheitspflicht bzw. Insiderwissen) und
- explizite Aussage zur Effizienz des internen Kontrollsystems.

Die Verantwortung für die Vermeidung von Unrichtigkeiten und Verstößen liegt bei den gesetzlichen Vertretern des geprüften Unternehmens.[274] Diese haben hierzu geeignete organisatorische Gegenmaßnahmen einzurichten und zu unterhalten, insbesondere ein internes Kontrollsystem (IKS). Daneben obliegt ihnen auch die Vorgabe eines verbindlichen Verhaltenskodex inkl. Vorkehrungen zur Überwachung seiner Einhaltung.

Neben den gesetzlichen Vertretern trägt auch das Aufsichtsorgan des Unternehmens Verantwortung für die Unternehmensüberwachung, indem es die Wirksamkeit der von der Unternehmensleitung getroffenen Maßnahmen überprüft.[275] Die Tätigkeit des Abschlussprüfers kann zwar eine vorbeugende Wirkung hinsichtlich der Vermeidung von Unregelmäßigkeiten entfalten, aber nicht für deren vollständige Aufdeckung oder Verhinderung garantieren.[276] Die Prüfungsaussagen des Abschlussprüfers sollen die Verlässlichkeit der Rechungslegung erhöhen und den Adressaten eine bessere Einschätzung der Glaubwürdigkeit der Buchführung, des Jahresabschlusses und ggf. des Lage-

---

272 Vgl. J. R. Hunger / Die deutschen ... / S. 154 ff; Vgl. A. Bahr / Vertrauen in ... / S. 11 ff.

273 Im allgemeinen Sprachgebrauch können unter "Fraud" alle Aktivitäten oder auch unterlassenen Aktivitäten subsumiert werden, die mit Wirtschaftskriminalität im Zusammenhang stehen. Eine genaue Definition des Begriffs "Frau" kann dem ISA 240 entnommen werden.

274 Vgl. IDW PS 210, Tz.8.

275 Vgl. IDW PS 210, Tz.10.

276 Vgl. IDW PS 210, Tz.11.

berichts ermöglichen.[277] Dabei können die Adressaten aber nicht davon ausgehen, dass die Prüfungsaussagen des Abschlussprüfers eine Gewähr für die zukünftige Lebensfähigkeit des Unternehmens oder die Effektivität und die Wirtschaftlichkeit der Geschäftsführung darstellen.

Dieser Sachverhalt stellt die sog. Erwartungslücke der Prüfung dar. Gerät ein Unternehmen mit uneingeschränktem Bestätigungsvermerk im Folgejahr in Insolvenz, ist dies kein Indiz dafür, dass die Abschlussprüfung nicht mit der berufsüblichen Sorgfalt geplant und durchgeführt wurde. Demnach ist die Wirtschaftsprüfung keine Wirtschaftlichkeitsprüfung. Sie dient den Kapitalmarktteilnehmern dazu, verlässliche Informationen für ihre Entscheidungen heranziehen zu können, nicht aber dazu, deren Entscheidungen vorweg- oder gar abzunehmen.[278]

2.4. Zusammenfassung der Erwartungen seitens des Finanzmarktes

Die externe Unternehmensrechnung beschäftigt sich mit der konzeptionellen Gestaltung und den Einsatzbedingungen von Informationssystemen, die an externe Adressaten[279] gerichtet sind. Sie umfasst die Rechnungslegung im engeren Sinn, d.h., vor allem Jahresabschlüsse, sowie weitere Finanzberichte, sowohl verpflichtende, wie z.B. Zwischenberichte, als auch freiwillige, wie z.B. Kenngrößen zum wertorientierten Management und zu immateriellen Werten.

Die beiden Hauptfunktionen der externen Unternehmensrechnung sind gem. *A. Wagenhofer* zum einen die Bereitstellung entscheidungsnützlicher Informationen und zum anderen die Anspruchsbemessung und Vertragsgestaltung, die typischerweise eine Verhaltenssteuerung ausüben. Während die erste Funktion zukunftsorientierte Informationen erfordert, sind bei der zweiten Funktion vergangenheitsorientierte Informationen (in Form von Rechenschaft) wesentlich.

Dabei geben die Unternehmen im Rahmen der externen Rechnungslegung Informationen über ihre wirtschaftliche Lage an externe Adressaten weiter.

---

277 Vgl. IDW PS 200, Tz.15.

278 Vgl. M. Graumann / Wirtschaftliches Prüfungswesen / S. 142 ff; Vgl. A. Wagenhofer / Externe Unternehmensrechnung / S. 282 ff; Vgl. R. Ewert ; A. Wagenhofer / Interne Unternehmensrechnung .../ S. 1101 ff; Vgl. E. Goldmann; S.L. Slezak / An Equilibrium Model ... / S. 603 ff.

279 wie Investoren, Kreditgeber, Arbeitnehmer, Geschäftspartner und die Öffentlichkeit.

Diese Informationen können maßgeblich für die Investitionsentscheidungen der Finanzmarktteilnehmer sein.

Aus der Bereitstellung entscheidungsnützlicher Informationen sowie deren Verwertung durch die Adressaten leitet sich die Notwendigkeit ab, dass ein Mindestgrad an Zuverlässigkeit der Unternehmensrechnung sichergestellt sein muss. Demnach liegt es allen involvierten bzw. potentiellen Interessengruppen daran, dass die aktuellen Geschäftsvorfälle "zuverlässig" erfasst und verarbeitet werden, die dann die Basis für die jeweilige zweckgerichtete Information bilden.

Die verschiedenen Verflechtungen zwischen Gesellschafter und Management, Management und Wirtschaftsprüfer sowie Gesellschafter und Wirtschaftsprüfer stellen typische Prinzipal-Agent-Beziehung dar. Dabei sind zum einen die Informationen über die Unternehmen zwischen den Beteiligten asymmetrisch verteilt, zum anderen verfolgen die verschiedenen Adressaten unterschiedliche Zielsetzungen.

Um den potentiellen Risiken, die sich aus der asymmetrischen Informationsverteilung ergeben, entgegenzuwirken, sollten in den geprüften Unternehmen u.a. unternehmensspezifische interne Kontrollsysteme (IKS) entwickelt und implementiert werden. Eine detaillierte analytische und wissenschaftliche Untersuchung der verwendeten Prinzipal-Agent-Theorie war nicht Gegenstand der Arbeit.

Die zentrale Voraussetzung, um den Zahlen und Angaben in der Rechnungslegung Glaubwürdigkeit zu verleihen, stellt die Prüfung der Rechnungslegung und der damit im Zusammenhang stehenden internen Kontrollsysteme (Prüfung der Angemessenheit und Funktionsfähigkeit des IKS) dar. Deren Aufgabe ist es, das Vertrauen in die Verlässlichkeit der Rechnungslegung sicherzustellen. Um die Rechnungslegung und die internen Kontrollsysteme zu überprüfen greift der Finanzmarkt i.d.R. auf Wirtschaftsprüfer als externe und somit neutrale und unabhängige Prüfinstitution zurück.

Werden Daten in und aus elektronischen Datenverarbeitungssystemen zur Abbildung und Abwicklung von Geschäftsprozessen und zur externen Rechnungslegung herangezogen, unterliegen sie in Deutschland den historisch gewachsenen und allgemein anerkannten sowie sehr abstrakt formulierten Grundsätzen ordnungsmäßiger Buchführung (GoB). Diese bilden u.a den Maßstab für die Prüfungstätigkeit durch Wirtschaftsprüfungsgesellschaften und sind durch die Finanzmarktteilnehmer als Mindestkriterien für die Verlässlichkeit der Informationen allgemein anerkannt (d.h. es handelt sich um allgemein anerkannte Regeln zur Führung der Handelsbücher sowie zur Erstellung des Jahresabschlusses). Die Ausgestaltung des Buchführungssystems ändert nichts an dem Erfordernis zur durchgängigen Einhaltung der GoB. Sie betreffen dabei nicht nur die Buchführung im engeren Sinne, sondern alle Bereiche der Inventur, der Bilanz, der Gewinn- und Verlustrechnung und des Anhangs.

Im Rahmen der Abschlussprüfung ist demnach zu beurteilen, ob das Rechnungslegungssystem eines Unternehmens den GoB bei der Erfassung, Verarbeitung, Ausgabe und Aufbewahrung der rechnungslegungsrelevanten Daten über die Geschäftsvorfälle entspricht.[280]

Demzufolge sollen die Informationen der externen Rechnungslegung, um die seitens der Finanzmarktteilnehmer geforderte Verlässlichkeit bzw. Vertrauenswürdigkeit zu erfüllen, folgende Mindestanforderungen erfüllen:

- Vollständigkeit, Richtigkeit, Zeitgerechtigkeit, Ordnung, Nachvollziehbarkeit und Unveränderlichkeit.

Diese Regelungen bzw. Vorgaben werden durch die GoBS sowie diverse IDW-Stellungnahmen konkretisiert und präzisiert.

Unter Wirtschaftlichkeitsgesichtspunkten ist es unrealistisch, Prüfungshandlungen in dem Umfang zu fordern, dass eine 100% Prüfungssicherheit gegeben ist. Die im Rahmen der GoA (Grundsätze ordnungsmäßiger Abschlussprüfung) geforderte Urteilssicherheit liegt unter 100%, wodurch selbst eine völlig ordnungsmäßige Prüfung Mängel in der Rechnungslegung nur mit einer bestimmten Wahrscheinlichkeit aufzudecken braucht.[281] In der Literatur und in der Praxis wird eine Prüfungssicherheit i.H.v.

---

280 Diese Regelungen bzw. Vorgaben werden durch die GoBS sowie diverse IDW-Stellungnahmen konkretisiert und präzisiert.

281 Vgl. A. Wagenhofer / Externe Rechnungslegung / S.482 ff.

95 % allgemein akzeptiert.[282] Dieser Sachverhalt hat zur Folge, dass ein Restrisiko bestehen bleibt. Vgl. hierzu auch die weiteren Informationen in Kapitel 3 und Kapitel 5.4 "Einfluss der aussagebezogenen Prüfungshandlungen auf das Prüfungsrisiko" .

Der Prozess der Abschlussprüfung lässt sich grob in 4 Phasen einteilen. Dabei handelt es sich um die Auftragserteilung und Auftragsannahme, Prüfungsplanung und Prüfungsdurchführung, Urteilsbildung und Urteilsmitteilung (Berichterstattung). Zwischen den einzelnen Phasen bestehen Zusammenhänge und Abhängigkeiten, da beispielsweise die zukünftige Prüfungsauftragserteilung von der aktuellen Berichterstattung des Prüfers anhängig sein kann. Dafür sind u.a. die ökonomischen Anreize der Beteiligten verantwortlich.

Die Prüfungsaussagen des Abschlussprüfers sollen die Verlässlichkeit der Rechungslegung erhöhen und den Adressaten eine bessere Einschätzung der Glaubwürdigkeit der Buchführung, des Jahresabschlusses und ggf. des Lageberichts ermöglichen.[283] Dabei können die Adressaten aber nicht davon ausgehen, dass die Prüfungsaussagen des Abschlussprüfers eine Gewähr für die zukünftige Lebensfähigkeit des Unternehmens („Going Concern"), die Effektivität und Wirtschaftlichkeit der Geschäftsführung, die Effizienz des IKS sowie des nicht Vorhandenseins von Fraud darstellen. Hieraus ergeben sich sog. Erwartungslücken aus der Prüfung zwischen den verschiedenen Kapitalmarktteilnehmern. Diese Erwartungslücken können nicht abschließend abgedeckt bzw. eliminiert werden.

---

282 Vgl. Kapitel 5.4 "Einfluss der aussagebezogenen Prüfungshandlungen auf das Prüfungsrisiko" und Vgl. H. Wiedmann / Der risikoorientierte ... / S. 16.

283 Vgl. IDW PS 200, Tz.15.

3. Gesetzliche Vorgaben und maßgebliche fachliche Stellungnahmen

Die Abschlussprüfung hat das Ziel, die Verlässlichkeit und Ordnungsmäßigkeit der in ihrem Rahmen zu beurteilenden Informationen sicherzustellen und insoweit deren Glaubhaftigkeit zu erhöhen.[284]

Den Rahmen der Abschlussprüfung bilden die zu beachtenden Rechnungslegungs- und Prüfungsgrundsätze. Diese lassen sich gem. IDW PS 201 wie folgt klassifizieren:

- Deutsche: HGB, GoB, höchstrichterliche handelsrechtliche Rechtsprechung, höchstrichterliche Rechtsprechung von Finanzgerichten, Vorgaben des DRS und des IDW (Rechnungslegungsstandards (RS) und Rechnungslegungshinweise (RH)) und Prüfung der Einhaltung anderer gesetzlicher Vorschriften, wenn sie Rückwirkungen auf den geprüften Jahresabschluss haben.
- Internationale: IAS / IFRS, EU-Richtlinien zur Rechnungslegung; EU-Bilanzrichtlinie; EU-Konzernrichtlinie.

Für die Durchführung der gesetzlichen Abschlussprüfung sind die deutschen Prüfungsgrundsätze (sogenannte. Grundsätze ordnungsmäßiger Abschlussprüfung „GoA“) zu beachten. Dies erfolgt unabhängig davon, ob der zu prüfende Abschluss nach deutschen oder internationalen Rechnungslegungsnormen aufgestellt wurde. Diese Prüfungsgrundsätze lassen sich wie folgt unterteilen:

- Berufliche: HGB (§§ 318, 319, 319a,323 und 324), WPO (§§ 43, 44 und 49) und die Berufssatzung der Wirtschaftsprüferkammer (BS-WPK).
- Fachliche: HGB (§§ 316 - 317, 320 - 322), IDW-Prüfungsstandards (PS) und IDW Prüfungshinweise (PH) sowie Kommentierungen, Fachliteratur, Hinweise über die fachliche Fortentwicklung z.B. in der Prüfungspraxis und Erörterungen von Prüfungsgrundsätzen.

---

[284] Vgl. O. Wanik / EDV-Buchführung / S. 377; Vgl. U. Leffson / Die Grundsätze ... / S. 17 ff und 26 ff; Vgl. C & L Deutsche Revision / Prüfungsrichtlinien / S. 21 ff; Vgl. C & L Deutsche Revision / Prüfungsrichtlinien / S. 21 ff; Vgl. G. Wöhe / Bilanzierung und ... / S. 190 und 191; Vgl. H. Siebert / Möglichkeiten und ... / S. 75 ff; Vgl. IDW PS 200, Tz. 8.

3.1 Komponenten zur Beurteilung der Ordnungsmäßigkeit der Buchführung

Gemäß § 238 Abs. 1 Satz 1 HGB sind alle Kaufleute zur Dokumentation ihrer Handelsgeschäfte (Geschäftsvorfälle) und der Vermögenslage des Unternehmens durch die Führung von Büchern verpflichtet.[285] Die Buchführung ist gemäß § 317 HGB Gegenstand der Jahresabschlussprüfung.[286] Zu den Prüfungsobjekten der gesetzlichen handelsrechtlichen Abschlussprüfung nach § 317 HGB zählen die Buchführung, der Jahresabschluss sowie der Lagebericht. Der Umfang der gesetzlichen Jahresabschlussprüfung lässt sich insbesondere aus den Vorschriften des HGB über die Buchführung und das Inventar (§§ 238 241 HGB), über den Ansatz, die Bewertung und die Gliederung der Posten des Jahresabschlusses (§§ 242 - 283 HGB), über die Angaben im Anhang und Lagebericht (z.B. §§ 340 ff. HGB), rechtsformspezifischen (z.B. §§ 53 ff. GenG) und gesellschafterbezogenen Vorschriften (z.B. § 42 (3) GmbHG) ableiten.[287]

Demnach hat der Abschlussprüfer das Buchführungssystem daraufhin zu beurteilen, ob es den gesetzlichen Anforderungen entspricht, um die nach dem § 322 Abs. 1 Satz 1 HGB i. V. m. § 317 Abs. 1 Satz 1 HGB und §21 Abs. 2 Satz 2 HGB geforderten Prüfungsaussagen bezüglich der Ordnungsmäßigkeit der Buchführung treffen zu können.[288] Um die Buchführung bzw. das Buchführungssystem als ordnungsgemäß im Sinne des Gesetzes zu bezeichnen, sind spezifische aus dem Gesetz abgeleitete Grundsätze einzu-

---

285 Vgl. W. Meyer / Die GoB für.../ S. 7; Vgl. F. Fischer-Winkelmann / Buchführung und .. / S. 7 f.

286 Vgl. § 317 HGB.

287 Sofern die Satzung oder der Gesellschaftervertrag ergänzende Regelungen enthalten, die die Aufstellung des Jahresabschlusses betreffen, sind diese ebenfalls Prüfungsgegenstand. Die vor Inkrafttreten des BilMoG noch formal zugelassene bloße Übernahme der Arbeiten eines anderen externen Prüfers ist nicht mehr zulässig. D.h. die Prüfungshandlungen des Konzernabschlussprüfers dürfen sich nicht nur darauf beschränken, ob die gesetzlichen Voraussetzungen der Übernahme gegeben sind. Zur Buchführung gehören neben der Finanzbuchführung ebenso rechnungslegungsbezogene Teile der Nebenbuchführung, wie z.B. die Anlagenbuchführung, Lohn- und Gehaltsbuchführung und Lagerbuchführung. Die (interne) Betriebsbuchführung ist demgegenüber kein unmittelbarer Gegenstand der Abschlussprüfung, sondern findet nur insoweit Berücksichtigung, als sie die Grundlage für Ansatz und Bewertung einzelner Bilanzposten bildet. Dies betrifft z.B. die Prüfung der Herstellungskosten für die fertigen und unfertigen Erzeugnisse.

288 Vgl. IDW PS 261, Tz. 36; Die Grundsätze ordnungsmäßiger Buchführung schreiben kein bestimmtes Buchführungsverfahren vor. Sie lassen jedes Verfahren – auch auf Informationstechnologie gestützte Systeme – zu, wenn dies die Anforderungen erfüllt, die durch die Grundsätze ordnungsmäßiger Buchführung an das Verfahren gestellt werden (§239 Abs. 4 HGB).

halten. Diese sollen gewährleisten, dass die Buchführung im Sinne des Gesetzes ordnungsgemäß ist. Vor diesem Hintergrund sind die formalen Grundsätze ordnungsmäßiger Buchhaltung (GoB) einzuhalten.[289]

Demnach ist die Einhaltung der Grundsätze ordnungsmäßiger Buchführung (GoB) zu überprüfen.[290] Hierbei handelt es sich um allgemein anerkannte Regeln zur Führung der Handelsbücher sowie zur Erstellung des Jahresabschlusses. Sie betreffen dabei nicht nur die Buchführung im engeren Sinne, sondern alle Bereiche der Inventur, der Bilanz, der Gewinn- und Verlustrechnung und des Anhangs.[291] Sie sind historisch gewachsen.

Im Rahmen der Abschlussprüfung ist zu beurteilen, ob das Rechnungslegungssystem eines Unternehmens den GoB bei der Erfassung, Verarbeitung, Ausgabe und Aufbewahrung der rechnungslegungsrelevanten Daten über die Geschäftsvorfälle entspricht. Dabei sind die verschiedenen Grundsätze zu beachten bzw. Prüfungesgegenstand,[292] die der folgenden Tabelle "Definition der GoB" entnommen werden können.

Diesbezüglich muss das System die gesetzlich kodifizierten Ordnungsmäßigkeitsanforderungen erfüllen. Hierzu gehören insbesondere die Regelungen der §§ 238 und 239 sowie 257 HGB und die §§ 145 bis 147 AO.[293]

Hierin eingeschlossen sind die gesetzlich nicht normierten GoB, die durch die Verweisung in § 238 HGB für die Buchführung, in § 243 (1) und 264 (2) HGB für den Jahresabschluss und in § 297 (2) HGB für den Konzernabschluss Gesetzesrang haben. Demnach ist Ordnungsmäßigkeit des Buchführungssystems, als Bestandteil der betrieblichen Informationssysteme, dann erfüllt, wenn bei der Erfassung, Verarbeitung, Ausgabe und Aufbewahrung der rechnungsle-

---

289 Vgl. O. Wanik / EDV-Buchführung / S. 377; Vgl. U. Leffson / Die Grundsätze ... / S. 17 ff und 26 ff; Vgl. C & L Deutsche Revision / Prüfungsrichtlinien / S. 21 ff; Vgl. C & L Deutsche Revision / Prüfungsrichtlinien / S. 21 ff; Vgl. G. Wöhe / Bilanzierung und ... / S. 190 und 191; Vgl. H. Siebert / Möglichkeiten und ... / S. 75 ff.

290 Die Ausgestaltung des Buchführungssystems ändert nichts an dem Erfordernis zur durchgängigen Einhaltung der GoB.

291 Vgl. M. Graumann / Wirtschaftliches Prüfungswesen / S. 90 ff.

292 Vgl. IDW RS FAIT 1, Tz. 25 ff.

293 Vgl. AWV / Positionspapier / S. 12; Vgl. O. Gieschke / Überwachungsmaßnahmen / S. 33 ff.

gungsrelevanten Daten über Geschäftsvorfälle verschiedene Voraussetzungen sichergestellt sind. Hierbei handelt es sich um:[294]

- Die Geschäftsvorfälle müssen sich in ihrer Entstehung und Abwicklung verfolgen lassen (§ 238 Abs. 1 Satz 3 HGB).
- Die Geschäftsvorfälle müssen gemäß § 238 Abs. 1 Satz 2 HGB in angemessener Zeit durch einen sachverständigen Dritten nachprüfbar sein.
- Die Geschäftsvorfälle müssen vollständig, richtig, zeitgerecht und geordnet aufgezeichnet werden (§ 239 Abs. 2 HGB).
- Die Aufzeichnungen müssen innerhalb der Aufbewahrungsfrist jederzeit wieder lesbar gemacht werden können (§ 239 Abs. 4 Satz 2 HGB).
- Die Geschäftsvorfälle müssen unveränderlich aufgezeichnet werden (§ 239 Abs. 3 Satz 1 und 2).[295]

Bei den hier aufgezählten allgemeinen Voraussetzungen bzw. Anforderungen handelt es sich um:

Grundsatz:	Definition:
Vollständigkeit gem. (§239 (2) HGB)[296]	• Vollständige Erfassung sämtlicher rechnungslegungsrelevanten Geschäftsvorfälle. • Keine Mehrfachbuchungen des identischen Geschäftsvorfalls. • Einzelerfassung der einzelnen Geschäftsvorfälle, zusammengefasste Buchungen sind zulässig, wenn sie nachvollziehbar in ihre Einzelpositionen aufgegliedert werden können. • Nachweisbare Vollständigkeit der erfassten Buchungen während der Verarbeitung und der geforderten Aufbewahrungsfrist.[297]

294 Vgl. IDW RS FAIT 1, Tz. 25; Vgl. R. Buchner / Buchführung und … / S.9 ff und 29 ff.

295 Bezogen auf die Buchführung bilden die Grundsätze der ordnungsmäßigen Dokumentation, die ein wesentlicher Bestandteil der GoB sind, die maßgebliche Grundlage. Vgl. hierzu auch Beck´scher Bilanzkommentar / S. 2.

296 Vgl. § 239 Abs. 2 HGB; Vgl. WP Handbuch 2006 / S. 2017; Vgl. IDS RS FAIT 1 , Tz. 26.

297 Vgl. W. Meyer/Die GoB für.../ S.19 ff; Vgl. R. Schuppenhauer / Grundsätze / S. 50 ff; Vgl.§ 239 Abs. 2 HGB; Vgl. WP Handbuch 2006 / S. 2017; Vgl. IDS RS FAIT 1 , Tz. 26; [297] Vgl. R. Hofmann / Prüfungshandbuch / S. 159 ff.

Grundsatz:	Definition:
Richtigkeit gem. (§ 239 (2) HGB)[298]	• Inhaltlich korrekte Abbildung der Geschäftsvorfälle in den dazugehörigen Belegen sowie Büchern. • Darstellung der Geschäftsvorfälle in Übereinstimmung mit den tatsächlichen Verhältnissen sowie im Einklang mit den regulatorischen Vorschriften.[299]
Zeitgerechtigkeit gem. (§ 239 (2) HGB)[300]	• Zuordnung der Geschäftsvorfälle zu der entstehungsgerechten Buchungsperiode. • Zuordnung zum entsprechenden Geschäftsjahr oder zu einer nach Gesetz, Satzung oder Rechnungslegungszweck vorgeschriebenen kürzeren Rechnungsperiode. • Zeitnahe Erfassung der Geschäftsvorfälle, d.h. möglichst unmittelbar nach Entstehung. • Wirksame Sicherungsmaßnahmen zur Gewährleistung der Vollständigkeit bei zeitlichen Differenzen zwischen der Entstehung eines Geschäftsvorfalls und seiner Erfassung.[301]
Ordnung gem. (§ 239 (2) HGB)[302]	• Sicherstellung einer zeitlichen Ordnung (Journalfunktion) sowie der sachlichen Ordnung (Belegfunktion) der Buchungen durch das Buchführungsverfahren. • **Journalfunktion:** Vollständige sowie nachvollziehbare Aufzeichnung der Geschäftsvorfälle in zeitlicher Reihenfolge. • **Belegfunktion:** Beleg/Nachweis aller Buchungen und ihrer Berechtigung durch einen Beleg. • Feststellung aller einzelnen Geschäftsvorfälle und (optische) Lesbarkeit in angemessener Zeit.[303]

298 Vgl. § 239 Abs. 2 HGB; Vgl. WP Handbuch 2006 / S. 2017; Vgl. IDS RS FAIT 1 , Tz. 27.
299 Vgl. WP Handbuch 2006 / S. 2017; Vgl. W. Meyer / Die GoB für.../ S. 22 ff; Vgl. § 239 Abs. 2 HGB; Vgl. IDS RS FAIT 1 , Tz. 27.
300 Vgl. § 239 Abs. 2 HGB; Vgl. WP Handbuch 2006 / S. 2018; Vgl. IDS RS FAIT 1 , Tz. 28.
301 Vgl. IDS RS FAIT 1 , Tz. 28; Vgl. § 239 Abs. 2 HGB; Vgl. WP Handbuch 2006 / S. 2018.
302 Vgl. § 239 Abs. 2 HGB; Vgl. WP Handbuch 2006 / S. 2018; Vgl. IDS RS FAIT 1 , Tz. 30.
303 Vgl. § 239 Abs. 2 HGB; Vgl. WP Handbuch 2006 / S. 2018; Vgl. IDS RS FAIT 1 , Tz. 30.

Grundsatz:	Definition:
Nachvollziehbarkeit gem. (§238 (1) S.2 HGB)[304]	• Sachverständiger Dritter muss in der Lage sein, sich innerhalb angemessener Zeit einen Überblick über die Geschäftsvorfälle und die Lage des Unternehmens zu verschaffen. • Nachvollziehbare Abwicklung des einzelnen Geschäftsvorfalls, des angewandten Buchführungs- und Rechnungslegungsverfahrens inkl. entsprechender Dokumentation. • Prüfbarkeit während der gesamten Aufbewahrungsfrist.[305]
Unveränderlichkeit gem. (§ 239 (3) HGB)[306]	• Keine Veränderung der Aufzeichnungen oder Eintragungen nach dem Buchungszeitpunkt in dem Sinne, dass der ursprüngliche Inhalt nicht mehr feststellbar ist. • Nachträgliche Aufzeichnungen und Eintragungen sind in der Form vorzunehmen, dass erkennbar bleibt, was der ursprüngliche Inhalt war.[307]

Tabelle 6:Definition der GoB [308]

Sollten in dem betroffenen Buchführungssystem durch das Programm generierte bzw. programmgesteuerte Buchungen durchgeführt werden (Belege bzw. Dauerbelege), sind Änderungen an den Generierungs- und Steuerungsdaten, die zu Änderungen an den Buchungen führen, zusätzlich zu protokollieren. Des Weiteren sind ebenfalls die Parametrisierung der Software und die Aufzeichnungen von Stammdatenänderungen Bestandteil dieser Forderung.[309]

---

304 Vgl. § 238 Abs. 1 Satz 2 HGB; Vgl. WP Handbuch 2006/S. 2018; Vgl. IDS RS FAIT 1,Tz. 31.
305 Vgl. WP Handbuch 2006/S. 2018; Vgl. § 238 Abs. 1 Satz 2 HGB;Vgl. IDS RS FAIT 1, Tz. 31.
306 Vgl. § 239 Abs. 3 Satz 2 HGB; Vgl. WP Handbuch 2006 / S. 2018; Vgl. IDS RS FAIT 1, Tz. 32; Vgl. M. Fröhlich / Finanzbuchführung mit ... / S. 121 ff; Stellenweise werden in der Literatur neben den hier aufgelisteten Anforderungen zusätzlich die Vergleichbarkeit und Prüfbarkeit erwähnt. Vgl. hierzu z.B. M. Wolz / Zertifizierung und ... / S. 72 und 73. Da in der Praxis jedoch i.d.R. auf die im oben angeführten Text genannten Anforderungen Bezug genommen wird, befasst sich diese Arbeit lediglich mit diesen Anforderungen.
307 Vgl. § 239 Abs. 3 Satz 2 HGB; Vgl. WP Handbuch 2006/S. 2018; Vgl. IDS RS FAIT 1,Tz. 32.
308 Vgl. M. Graumann / Wirtschaftliches Prüfungswesen / S. 90 ff.
309 Vgl. IDW RS FAIT 1 / S.8ff.

Da die Erfassung, Verarbeitung, Steuerung, Ausführung, Überwachung, Speicherung und Dokumentation von Geschäftsprozessen in den Unternehmen im Wesentlichen mittels elektronischer Informationssysteme durchgeführt wird, besteht hier die Notwendigkeit zur Prüfung der bei den Unternehmen im Rechungswesen eingesetzten IT-Systeme, wenn die eingesetzten Verfahren unmittelbar die in der Buchführung und Bilanz verwerteten Werte generieren, weiterverarbeiten oder verändern. Diesbezüglich muss zum einen die Einhaltung der GoB im weiteren Sinne, zum anderen die Einhaltung der "Sorgfalt eines gewissenhaften Datenverarbeiters" gewährleistet werden (Gewährleistung der üblichen Sorgfalt bezüglich der Sicherheit und Zuverlässigkeit der eingesetzten Hard- und Software).[310]

Die oben dargestellten GoB gelten für jede Buchführung. Sie sind unabhängig von der Organisation der Buchführung zu beachten und deren Einhaltung durch die verschiedenen Unternehmen sicherzustellen.[311] Ihre primäre Aufgabe ist es - wie bereits erwähnt - die Einhaltung der vom Gesetzgeber festgelegten Ziele bei der Erstellung und Veröffentlichung von Jahresabschlüssen sicherzustellen.[312] Die Sicherstellung dieser allgemeinen Ordnungsmäßigkeitsanforderungen ist bei der Unternehmensfunktion "Buchführung" problematisch. Dies liegt daran, dass vor dem Hintergrund der zunehmenden Prozessorientierung in den Unternehmen sowie dem hohen Integrationsgrad in der IT eine eindeutig Abgrenzung sehr schwer ist.[313] Dieser Sachverhalt hat zur Konsequenz, dass die GoB regelmäßig auszulegen und bezüglich ihrer praktischen Erfüllung bei sich ändernden technischen Rahmenbedingungen zu konkretisieren sind.[314] Dies kann in verschiedenen Formen erfolgen, z. B. durch fachliche Stellungnahmen der AWV[315], des Fachausschusses für Informationstechnologie (FAIT) des IDW und durch steuerrechtliche Richtlinien[316] wie beispielsweise die Grundsätze ordnungsmäßiger DV-gestützter Buchführungssysteme (GoBS).[317]

---

310 Vgl. F. Hörmann / Quantitative... / S. 113.
311 Vgl. O. Wanik / EDV-Buchführung / S. 379.
312 Vgl. A. Coenenberg / JahresAbschluss / S. 34.
313 Vgl. GoBS ; S. 4.
314 Vgl. O. Wanik / EDV-Buchführung / S. 379.
315 AWV steht für Arbeitskreis für wirtschaftliche Verwaltung.
316 Vgl. P. Philip / Umsetzung der ... / S. 313; Vgl. A. Nutz / Integrierte Prüfungssoftware /S. 206.
317 GoBS steht für Grundsätze ordnungsmäßiger DV-gestützter Buchführungssysteme. Die Regelungen der GoBS werden zu einem späteren Zeitpunkt detailliert beschrieben.

Die **GoBS** fordern, als Konkretisierung zu den GoB bezüglich der veränderten Rahmenbedingungen, spezifische Kontrollen, Regelungen und Maßnahmen seitens des Buchführungspflichtigen. Diese Forderung soll den GoB-konformen Einsatz von DV-Systemen sicherstellen.[318]

Aufgrund der im zunehmenden Maße eingesetzten hoch integrierten IT-Systeme findet eine weitere Präzisierung der GoB durch die FAIT 1 Stellungnahme des IDW statt.[319] Bei diesen hoch integrierten IT-Systemen handelt es beispielsweise um ERP-Systeme (Enterprise Resource Planning Systeme) wie SAP® R/3® mit einer Vielzahl rechnungslegungsrelevanter Module (z.B. General Ledger, Einkauf, Verkauf usw.), die spezifische Risiken bezüglich der GoB-Konformität haben können und somit entsprechend identifiziert, geprüft und beurteilt werden müssen.[320] Diese Risiken werden als IT-Fehlerrisiken definiert, deren Fehlerquelle gemäß FAIT 1 bei IT-Systemen potentiell auf der IT-Infrastrukturebene, IT-Anwendungsebene und IT-Geschäftsprozessebene liegen kann.[321] Um diesen IT-Fehlerrisiken zu begegnen, werden seitens des FAIT 1 ebenfalls Anforderungen an das Kontrollsystem gestellt. Um die Ordnungsmäßigkeit des IT-Systems zu gewährleisten, müssen auch hier Verfahren, Maßnahmen und Regelungen implementiert werden, die die fehlerfreie Zusammenarbeit der Komponenten sicherstellen.[322] Die Anforderung der GoB-Konformität betrifft insbesondere die Ebenen IT-Infrastruktur und IT-Anwendung, da dort zusätzlich die Sicherheit der Daten durch organisatorische und technische Maßnahmen sichergestellt werden muss.[323]

Neben dem FAIT 1 existieren zusätzlich der FAIT 2[324] und der FAIT 3[325], die jedoch nicht Gegenstand dieser Arbeit sind.

---

318 Vgl. GoBS, S. 2.
319 Vgl. IDW RS FAIT 1.
320 Vgl. R. Schuppenhauer / Grundsätze für../ S. 59.
321 Vgl. IDW RS FAIT 1, Tz. 6 ff.
322 Vgl. IDW RS FAIT 1, Tz. 6 ff.
323 Vgl. IDW RS FAIT 1, Tz. 19 ff.
324 Der IDW RS FAIT 2 "IDW Stellungnahme zur Rechnungslegung: Grundsätze ordnungsmäßiger Buchführung bei Einsatz von Electronic Commerce" präzisiert zusätzliche Anforderungen an das IKS um den speziellen Risiken des E-Commerce für die GoB zu begegnen. Vgl. auch IDW RS FAIT 2.
325 Der IDW RS FAIT 3 "IDW Stellungnahme zur Rechnungslegung: Grundsätze ordnungsmäßiger Buchführung beim Einsatz elektronischer Archivierungsverfahren" enthält zusätzliche Anforderungen an die Aufbewahrungspflichten, speziell bezogen auf die GDPdU (Grundsätze zum Datenzugriff und zur Prüfbarkeit digitaler Unterlagen). Vgl. auch IDW RS FAIT 3. Auch die GDPdU sind nicht Gegenstand dieser Arbeit.

Die Unternehmensleitung muss sicherstellen, dass die Einhaltung der GoB und die Anforderungen der fachlichen Stellungnahmen innerhalb ihrer Buchführung gewährleistet sind indem entsprechende Verfahren und Maßnahmen in das interne Kontrollsystem auf der operativen Ebene integriert werden. Die GoB und deren Präzisierungen in Form von Stellungnahmen stellen das aus dem gesetzlich normierten Ziel einer ordnungsmäßigen Berichterstattung abgeleitete Soll-Objekt dar, wodurch ihnen eine Doppelfunktion zukommt. Dabei handelt es sich zum einen um den Anforderungskatalog an das von einer sorgfältigen Unternehmensleitung i.S.d. §93 AktG bzw. §43 GmbHG einzurichtende Buchführungssystem und zum anderen um die Eingrenzung des prüferischen Soll-Objekts, welches den Prüfungsumfang für einen gewissenhaften Prüfer i.S.v. § 323 HGB darstellt.

Nach entsprechender Auslegung der fachlichen Stellungnahmen kann die Sicherstellung der GoB durch die Unternehmensleitung nur dann gewährleistet werden, wenn sie in die verschiedenen rechnungslegungsrelevanten Prozessabläufe angemessene und wirksame Kontrollen implementiert hat. Demnach muss, um die Ordnungsmäßigkeit des Buchführungssystems zu gewährleisten, ein entsprechendes System zur Steuerung und Überwachung der im Zusammenhang mit der Buchführung stehenden Unternehmensaktivitäten eingerichtet sein.[326] Diese Maßnahmen sollen sicherstellen, dass zum einen die GoB konforme Erfassung und Verarbeitung[327] koordiniert wird und zum anderen die ordnungsgemäße Umsetzung mittels prozessintegrierter und prozessunabhängiger Überwachungsmaßnahmen erfolgt. Demnach sollen die auf das Buchführungssystem gerichteten Teile des IKS dessen Ordnungsmäßigkeit und Verlässlichkeit im Bereich der externen Rechnungslegung gewährleisten und sind somit gemäß IDW PS 261 und ISA 315 auch für die Abschlussprüfung relevant.[328] Dies hat zur Folge, dass durch den Abschlussprüfer zu untersuchen und zu beurteilen ist, ob das seitens des Unternehmens eingerichtete IKS angemessen und wirksam ist, um auf inhärente Risiken reagieren zu können, die zu einer Nichteinhaltung der GoB führen und somit die Ordnungsmäßigkeit der Buchführung negativ beeinflussen können.[329] Demnach muss der Prüfer bei

326 Vgl. Vgl. U. Lefferson / Systemprüfung / S. 1926.
327 Bspw. in Form von Bilanzierungsrichtlinien.
328 Vgl. IDW PS 261, Tz. 22; Vgl. IFAC ISA 315, Tz. 47 ff.
329 Vgl. IDW PS 261, Tz. 13 ff.

den buchführungsrelevanten Teilen des IKS Aufbauprüfungen[330] (Prüfung der Angemessenheit[331]) und Funktionsprüfungen (Prüfung der Wirksamkeit[332]) durchführen.[333]

Das IDW PS 261 i. V. m. dem ISA 315 konkretisierten den Aufbau des IKS, mit dem der Prüfer sich auseinander setzen muss. Demnach setzt sich das interne Kontrollsystem u.a. aus den Komponenten "Kontrollumfeld", "Risikobeurteilung", "Kontrollaktivitäten", "Information und Kommunikation" und "Überwachung des internen Kontrollsystems" zusammen.[334] Im Rahmen der Aufbauprüfung des IKS sollte sich der Prüfer gemäß dem IDW PS 261 an der konkreten Ausgestaltung des IKS durch die Unternehmensleitung orientieren[335] und die fünf Komponenten bezüglich ihrer angemessenen Ausgestaltung zur Sicherstellung der GoB beurteilen.[336] Zu dem Beurteilungsumfang gehören auch die organisatorischen Maßnahmen zur Aufdeckung von Verstößen und Unregelmäßigkeiten.[337] Bei einer positiven Beurteilung der Aufbauprüfung wird die Annahme unterstützt, dass die Erfassung und Verarbeitung der Geschäftsvorfälle sowie die Aufbewahrung und Dokumentation des Buchungsstoffs (bzw. der Geschäftsvorfälle) ordnungsgemäß und gegen nachträgliche Änderungen gesichert sind.[338]

Mittels Funktionstests des IKS muss der Prüfer ausreichende und angemessene Prüfungsnachweise einholen, um die ordnungsgemäße und kontinuierliche Anwendung der Verfahren und Maßnahmen sicherzustellen. Diese Prüfungsnachweise bilden die Basis für sein Prüfungsurteil bezogen auf das Buchführungssystem.[339]

---

330 Bezüglich der weiteren Ausgestaltung und Arten von Aufbau- und Funktionsprüfungen siehe die Ausführungen in Kapitel 1.3.

331 Vgl. IDW PS 261, Tz. 40 ff; Vgl. IFAC ISA 315; Vgl. WP Handbuch 2006 / S. 2001 ff; Vgl. u.a. die Ausführungen in den Kapiteln "Aufbauprüfung" und "Systemaufnahme".

332 Vgl. IDW PS 261, Tz. 73 ff; Vgl. IFAC ISA 330, Tz. 22ff; Vgl. WP Handbuch 2006 / S. 2012; Vgl. u.a. die Ausführungen in den Kapiteln "Funktionsprüfungen" und "Systembeurteilung."

333 Vgl. IDW PS 261, Tz. 74 ff; Vgl. IFAC ISA 315, Tz. 54 ff; Vgl. WP Handbuch 2006 / S. 1998 ff; Vgl. u.a. die Ausführungen in den Kapiteln "Aufbauprüfung" und "Funktionsprüfungen" sowie "Vorgehensweise bei der Systemprüfung".

334 Vgl. Vgl. IDW PS 261, Tz. 29ff; Vgl. IFAC ISA 315, Tz. 43; WP Handbuch 2006 / S. 1950 ff; Vgl. COSO Report; C. Menzies / Sarbanes-Oxlex Act ... / S. 75 ff und die Ausführungen zu den Kapiteln "Der COSO-Referenzrahmen" und "IDW PS 261".

335 Vgl. IDW PS 261, Tz. 40

336 Vgl. IDW PS 261, Tz. 47 ff

337 Vgl. IDW PS 210, Tz. 44 ff; Vgl. IDW ISA 240 Übersetzung , Tz. 33 ff

338 Vgl. WP Handbuch 2006 / Rn. 182

339 Vgl. IDW 260, Tz. 65 ff; Vgl. IDW PS 300; Tz. 15 ff; Vgl. IFAC ISA 330, Tz. 22 ff; Vgl. ISA 500, Tz. 7 ff

Je nach Komplexität des eingesetzten Buchführungssystems können weitere Prüfungshandlungen notwendig sein.[340] In diesem Zusammenhang hat der Prüfer gemäß dem IDW PS 330 die Unternehmensleitung dahingehend zu beurteilen, wie sie auf die IT-Fehlerrisiken der Bereiche IT-Infrastruktur, IT-Anwendung und IT-Geschäftsprozesse des IT-Systems reagiert hat, die zu einer Nichteinhaltung der GoB führen.[341] Dabei hat der Prüfer insbesondere zu beurteilen, ob die implementierten Verfahren, Maßnahmen und Regelungen ein reibungsloses und fehlerfreies Zusammenwirken der oben genannten Bereiche ermöglichen. In positiven Fall könnte man das IT-Kontrollsystem als angemessen einstufen, wobei diese Einstufung das IT-Umfeld und die IT-Organisation mit einschließen würde.[342]

Das IT-Kontrollsystem ist der Teil des IKS, welches sich mit der organisatorischen Umsetzung der Entscheidungen der Unternehmensleitung bezogen auf die IT-Risiken beschäftigt. Vor diesem Hintergrund hat der Prüfer zur Beurteilung der Ordnungsmäßigkeit der Buchführung bei dem Einsatz von IT das rechnungslegungsrelevante IT-Kontrollsystem zu prüfen und zu beurteilen. Prüfungsgegenstand sind dabei die oben genannten IT-Bereiche.[343] Auch in diesen Prüfungsgebieten hat der Prüfer Aufbau-[344] und Funktionsprüfungen[345] des buchführungsrelevanten IT-Kontrollsystems durchzuführen,[346] und demnach ebenfalls im IT-Bereich i.R.d. Aufbauprüfung zu beurteilen, ob das IT-Kontrollsystem den Anforderungen der fachlichen Stellungnahmen entspricht und somit als GoB-konform eingestuft werden kann. Somit stellt die IT-Systemprüfung einen Teilbereich der Prüfung des IKS dar. Jedoch hat sie spezielle Anforderungen an Art und Umfang der Prüfungshandlungen.[347] Weitere Informationen können dem folgenden Exkurs entnommen werden, wo die GoBS, der FAIT 1, der IDW PS 261 und IDW PS 330 zum besseren Verständnis detaillierter dargestellt werden.

---

340 Vgl. IDW PS 330; tz. 12 ff; Vgl. für weitere Informationen auch die Ausführungen in den Kapiteln "Grundsätze ordnungsmäßiger Buchführung bei Einsatz von IT" und "IDW PS 330 "

341 Vgl. IDW PS 330, Tz. 15 ff; Vgl. Vgl. IFAC ISA 315, Tz. 93 ff

342 Vgl. IDW PS 330, Tz. 8 und vgl. für weitere Ausführungen das Kapitel "IDW PS 330"

343 Vgl. IDW PS 330, Tz. 10 und vgl. für weitere Ausführungen das Kapitel "IDW PS 330".

344 Vgl. IDW PS 330, Tz. 29; Vgl. IFAC ISA 315, Tz. 88-95; Vgl. WP Handbuch 2006/S. 2014 ff.

345 Vgl. IDW PS 330, Tz. 29; Vgl. IFAC ISA 330, Tz. 22 ff; Vgl. WP Handbuch 2006 / S. 2014 ff.

346 Vgl. IDW PS 330, Tz. 29 und vgl. für weitere Ausführungen das Kapitel "IDW PS 330"; Vgl. WP Handbuch 2006 / S. 2017 ff.

347 Vgl. IDW PS 330, Tz. 9 und vgl. für weitere Ausführungen das Kapitel "IDW PS 330", Vgl. WP Handbuch 2006 / S. 2014 ff.

3.2 Prüfungsnormen basierend auf den GoBS.

Die aktuellste steuerliche fachliche Stellungnahme bezüglich der Kriterien für die Ordnungsmäßigkeit stellen die Grundsätze ordnungsmäßiger DV-gestützter Buchführungssysteme (GoBS)[348] dar. Hierbei handelt es sich um eine Verwaltungsanweisung des BFH (Bundesfinanzhof). Ziel dieser Verwaltungsanweisung ist es, ähnlich wie die Zielsetzung von Stellungnahmen des IDW, ein gleichartiges und abgestimmtes Verhalten der Finanzverwaltungen bei der Auslegung der GoB zu erreichen.[349] Dieses gilt insbesondere vor dem Hintergrund der Beurteilung der Ordnungsmäßigkeit der IT-gestützten Buchführungssysteme[350] von Steuerpflichtigen.[351]

Sollte eine Buchführung DV-gestützt[352] durchgeführt werden, können die gesetzlichen Anforderungen, die an eine solche Art der Buchführung[353] gestellt werden, dem Handelsgesetzbuch (HGB) und der Abgabenordnung (AO) entnommen werden.[354] Dabei ist jedoch Voraussetzung, dass die Form der

---

348 Die GoBS sind aus den GoS (Grundsätze ordnungsmäßiger Speicherbuchführung) entstanden. Die GoS sind von der Arbeitsgemeinschaft für wirtschaftliche Verwaltung e.V. (AWV) entworfen und erstmalig im Jahre 1978 veröffentlicht worden. Seit dieser Zeit führte die rasante Entwicklung im Bereich der Datenverarbeitung zu wesentlichen Änderungen im kaufmännischen Rechnungswesen und den Arbeitsabläufen. Mit seinem Schreiben vom 07.11.1995 an die Obersten Finanzbehörden der Länder und dessen Veröffentlichung im Bundessteuerblatt[348] hat das Bundesministerium der Finanzen (BMF) die GoBS anstelle der GoS in Kraft gesetzt. Vgl. O. Gieschke / Überwachungsmaßnahmen / S. 20 ff

349 Vgl. GoBS ; S. 1 und 2.

350 "DV-gestützte Buchführungssysteme" werden im Rahmen dieser Arbeit begrifflich analog zu "IT-gestützte Buchführungssysteme" verwendet.

351 Aus den oben genannten GoB, die die Anforderungen an eine ordnungsmäßige Buchführung auf einem relativ abstrakten Niveau beschreiben, sind die Grundsätze ordnungsmäßiger DV-gestützter Buchführungssysteme (GoBS) von der Arbeitsgemeinschaft für wirtschaftliche Verwaltung e.V. (AWV), Eschborn, abgeleitet worden. Die GoBS sind eine Präzisierung der GoB bezüglich der DV-Buchführung. Vgl. S. Brinkmann / Finanzwesen mit SAP® R/3® / S. 79 ff.

352 "Als DV-gestütztes Buchführungssystem soll nachfolgend eine Buchführung bezeichnet werden, die insgesamt oder in Teilbereichen kurzfristig oder auf Dauer unter Nutzung von Hardware und Software auf DV-Datenträgern geführt wird. Dabei ist sicherzustellen, dass während der Dauer der DV-Speicherung die Bücher, Belege und sonstigen erforderlichen Aufzeichnungen jederzeit innerhalb einer angemessenen Frist verfügbar und lesbar gemacht werden können. Zu den DV-Datenträgern gehören neben den magnetischen Datenträgern insbesondere auch elektro-optische Datenträger." Vgl. AWV / GoBS vom 7.11.1995 / S. 8. Diese Formulierung folgt den in den § 239 Abs. 4 HGB und § 146 Abs. 5 AO getroffenen Regelungen.

353 Für die Beurteilung, ob es sich um ein solches DV-Buchführungssystem handelt, ist die Komplexität der damit geführten Buchführung und das Verarbeitungsmedium (auf Großrechnern oder Personalcomputern) nicht relevant. Vgl. G. Zepf / Grundsätze ordnungsmäßiger .../ S. 1260.

354 In diesem Zusammenhang besagen die §§ 239 Abs. 4 HGB und 146 Abs. 5 AO, dass Handelsbücher sowie die sonstigen notwendigen Unterlagen zum einen aus der geordneten

Buchführung und das eingesetzte Verfahren den Grundsätzen ordnungsmäßiger Buchführung (GoB) entsprechen.[355]

Die GoBS beinhalten Anforderungen an Regelungen, Kontrollen und Maßnahmen, die der Buchführungspflichtige umsetzen muss, um den Vorgaben der GoB bei Einsatz der Datenverarbeitung zu entsprechen. Da der Buchführungspflichtige beim Einsatz einer IT-gestützten Buchführung für die Berücksichtigung und Einhaltung der GoB verantwortlich ist, werden in den GoBS inhaltlich Maßnahmen für den Buchführungspflichtigen beschrieben, die die Sicherstellung der Vollständigkeit, der Richtigkeit und der chronologischen Ordnung der Buchungen und der sonstigen notwendigen Aufzeichnungen gewährleisten sollen.[356] Bei der Standardsoftware SAP® R/3® und deren Modul Finanzbuchhaltung (FI®) handelt es sich um ein DV-gestütztes Buchführungssystem, auf das die Regelungen der GoBS Anwendung finden.

Die aussagebezogenen Prüfungshandlungen im Rahmen der Buchführung richten sich auf die Frage, ob die Grundsätze ordnungsmäßiger DV-gestützter Buchführungssystem (GoBS) eingehalten wurden. In diesem Zusammenhang stehen folgende Themenbereiche im Fokus:

Beleg-, Journal- und Kontenfunktion

Wenn eine Buchführung DV-gestützt durchgeführt wird, muss diese das Prinzip der sachlichen und zeitlichen Nachweisbarkeit aller buchführungsrelevanten Geschäftsvorfälle erfüllen. Demnach muss ein Geschäftsvorfall von seiner Entstehung bis zur endgültigen Darstellung und umgekehrt nachvollziehbar sein.[357] Durch die Beleg-, Journal- und Kontenfunktionalität des SAP®-Systems wird die

---

Ablage von Belegen bestehen können und zum anderen alternativ auf Datenträgern geführt werden dürfen.

355 Vgl. die entsprechenden Ausführungen in dem Kapitel "Anforderungen an die Ordnungsmäßigkeit der Buchführung"; Weiterhin Vgl. die §§ 238, 239 und 257 HGB i.V.m. den §§ 145 und 146 AO.

356 Obwohl die beiden oben genannten Stellungnahmen keinen rechtsverbindlichen Charakter für den buchführungspflichtigen Kaufmann haben, sollten diese bei der Definition ihrer individuellen Regelungen die in beiden Stellungnahmen beschriebenen Anforderungen erfüllen. Diese Empfehlung ist insbesondere vor dem Hintergrund zu sehen, dass diese Stellungnahmen die Basis für die Prüfungshandlungen zur Beurteilung der Ordnungsmäßigkeit der Buchführung im Rahmen der Steuer- und Jahresabschlussprüfungen bilden.

357 Vgl. FAMA 87, S. 11; Vgl. W. Eisele / Technik des ... / S. 532 ff.

Nachvollziehbarkeit der einzelnen Geschäftsvorfälle systemseitig gewährleistet. Um das Zusammenspiel bzw. das Verfahren bei der Erfassung der Geschäftsvorfälle und der sich daran anschließenden Verarbeitung und Buchung in dem SAP®-System nachvollziehen zu können, ist eine entsprechende Verfahrensdokumentation[358] zu erstellen. Über die Belegfunktion wird der Nachweis der zutreffenden Abbildung der Geschäftsvorfälle im Rechnungswesen geführt; sie stellt die Basis für die Beweiskraft der Buchführung da.[359] Die Belegfunktion kann z. B. in den SAP®-Systemen auf unterschiedlichste Art und Weise erfüllt werden.[360] Ein wichtiger Punkt ist hier die Autorisierung der Belege (gilt für manuelle und automatisch erzeugte Belege),[361] wobei die Freigabe (Autorisation) der Buchung von der Entstehung des Belegs abhängig ist.[362] Während die Belegfunktion auf Existenz und Verarbeitungsberechtigung der Geschäftsvorfälle gerichtet ist, beinhaltet die Journalfunktion den Nachweis ihrer tatsächlichen und zeitgerechten Verarbeitung.[363] Diese Anforderung kann z. B. durch eine systemseitige Protokollierung erfüllt werden.[364] Diese Protokollierung kann grundsätzlich auf allen Stufen der Verarbeitungsprozesse durchgeführt

358 Vgl. S. Brinkmann / Finanzwesen mit SAP® R/3® / S. 81; Vgl. AWV / GoBS vom 7.11.1995 / S. 9; Vgl. G. Wähner /Prüfung der / S. 5 ff; Vgl. R. Buchner / Buchführung und ... / S. 394 ff; Vgl. WP Handbuch 2006 / S. 2018 ff; Vgl. G. Wähner / Handbuch für ... / S. 99 ff; Vgl. C. Swart / Systemprüfung in ... / S. 69 ff.

359 Vgl. WP Handbuch 2006 / S. 2018 ff; M. Wolz / Zertifizierung und ... / S. 74; Vgl. M. Fröhlich / Finanzbuchführung mit ... / S. 121 ff; Vgl. G. Wähner / Handbuch für ... / S. 99 ff; Vgl. C. Swart / Systemprüfung in ... / S. 69 ff.

360 Dieser Sachverhalt beruht auf der Tatsache, dass die Vorgänge auf verschiedenen Wegen in das System gelangen können wie beispielsweise Papierbeleg mit manueller Eingabe oder Scannen sowie automatische Datenerfassung (z. B. Betriebsdatenerfassung). Weitere Möglichkeiten wären z.B. programminterne Routinen durch automatische Buchungen von Belegen in mehreren Modulen, Austausch maschineller und auswertbarer Datenträger oder Datenfernübertragung mittels EDI.

361 Dementsprechend sind verschiedene Arten der Dokumentation möglich: bei konventionellen Belegen z. B. durch Unterschrift oder Handzeichen; bei einer z. B. im Rahmen einer telefonisch angenommenen und im System erfassten Bestellung automatisch durch die Benutzeridentifikation und das dazugehörige Zugriffsberechtigungsverfahren; bei den durch den Kunden erfassten und gespeicherten Daten (z. B. elektronische Zahlungsaufträge oder Bestellungen über Internet-basierte Anwendungen) durch ein entsprechendes Signaturverfahren, vgl. hierzu auch IDW RS FAIT 1 / S.11.

362 Vgl. S. Brinkmann/Finanzwesen mit SAP® R/3®/ S. 81 f; Vgl. AWV/GoBS vom 7.11.1995 / S. 9 Die Gestaltung der SAP®-Belege entspricht und übertrifft grundsätzlich die Anforderungen der GAAP Vgl. ASAP World Consultancy / SAP® R/3® / S 70 ff.

363 d.h. Nachweis der vollständigen, zeitgerechten und formal richtigen Erfassung, Verarbeitung und Wiedergabe der Geschäftsvorfälle von ihrer Entstehung bis zu ihrem abschließenden Ausweis auf den Konten in der Finanzbuchhaltung.Vgl. IDW RS FAIT 1, Tz. 43.

364 Wenn die Protokollierung erst ab einer späteren Verarbeitungsstufe als die Erfassung erfolgt, muss durch zusätzliche Kontroll- und Abstimmmaßnahmen die Vollständigkeit der betroffenen Geschäftsvorfälle von deren Entstehung bis zu dem Verarbeitungsprozess, an dem die systemseitige Protokollierung beginnt, nachgewiesen werden können. Die Art der Protokollierung ist dabei an keine bestimmte Form gebunden.

werden.[365] Allerdings setzt die Journalfunktion voraus, dass die Aufzeichnungen gegen Veränderungen und Löschungen geschützt sind, anderenfalls sind die Datenbestände als Erfassungsprotokolle und nicht als Journal einzustufen.[366] Die in zeitlicher Reihenfolge im Journal abgebildeten Buchungen müssen auch in sachlicher Ordnung auf Konten - Sach- und Personenkonten - dargestellt werden und kann durch den Einsatz von Haupt- und Nebenbüchern erfüllt werden. Dabei handelt es sich bei dem Hauptbuch um Sachkonten und bei den Nebenbüchern z. B. um die Debitoren-, Kreditoren- und Anlagenbuchhaltung.[367]

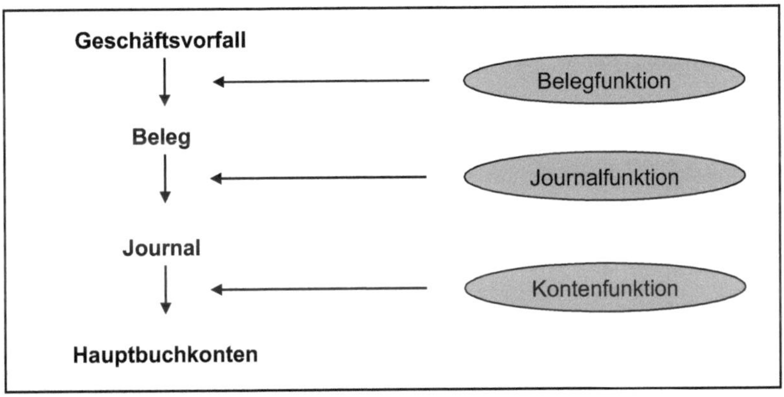

Abbildung 4:Nachweisfunktionen im Prozess der Buchführung

Dabei ist es unerheblich, ob die Kontenfunktion aus dem Journal abgeleitet wird oder die Kontenbuchungen bereits mit der Eingabe ins Grundbuch erstellt werden.[368] Die Kontendarstellung ist an keine bestimmte Form gebunden.[369] Bei computergestützten Buchführungsverfahren werden Journal- und Kontenfunktion in der Regel zusammen eingesetzt. Bei der erstmaligen Erfassung des

---

365 Vgl. FAMA 1/1987 / Abschnitt B, II; Vgl. WP Handbuch 2006 / S. 2018 ff; Vgl. G. Wähner / Handbuch für ../ S. 105 ff; Vgl. C. Swart / Systemprüfung in ... / S. 73 ff.

366 Vgl. IDW RS FAIT 1, Tz. 43. Der Unterschied besteht darin, dass zur Generierung der Journale noch die abschließende Autorisation der Geschäftsvorfälle durchgeführt werden muss. Vgl. IDW RS FAIT 1 / S.12.

367 Vgl. G. Wähner / Handbuch für ... / S. 107 ff.

368 Die Kontenfunktion kann nach Hauptbuch- und Nebenbuchhaltung getrennt werden, wichtig ist jedoch der Nachweis der Vollständigkeit der Kontenblätter und der Nachweis von Einzelposten bei Buchungen von verdichteten Zahlen.

369 Vgl. S. Brinkmann / Finanzwesen mit SAP® R/3® / S. 82 ff; Vgl. AWV / GoBS vom 7.11.1995 / S. 10ff; Vgl. R. Buchner / Buchführung und ... / S. 395 ff.

Geschäftsvorfalls werden dabei alle für die sachliche Zuordnung notwendigen Daten bzw. Angaben erfasst.[370]

Buchungen

Buchungen bilden die Geschäftsvorfälle im Unternehmen ab. Die Geschäftsvorfälle gelten dann als gebucht, wenn sie autorisiert und nach einem Ordnungsprinzip vollständig, richtig, zeitgerecht und verarbeitungsfähig erfasst und gespeichert sind. An die ordnungsgemäße Verbuchung werden folgende Anforderungen gestellt.[371] Ordnungsprinzip, Verarbeitungsfähigkeit, geeignete Kontrollen zur Gewährleistung der vollständigen Erfassung der Verhinderung von Veränderungen an den Ursprungsbelegen, formale Richtigkeit und Zeitgerechtigkeit.[372] Das Risiko der unbefugten Änderungen wird im SAP® R/3® grundsätzlich über ein umfassendes Berechtigungskonzept kompensiert.[373] Zur Gewährleistung, dass alle für die weitere Verarbeitung erforderlichen Daten einer Buchung vorhanden und plausibel sind, muss die formale Richtigkeit durch geeignete Erfassungskontrollen sichergestellt werden.[374] Der letzte Punkt der allgemeinen Anforderungen betrifft die zeitgerechte Verbuchung, die die zeitnahe und periodengerechte Erfassung der Geschäftsvorfälle sicherstellen soll.[375]

IKS

Die GoBs sehen zwingend die Einrichtung und Unterhaltung eines IKS vor. Das IKS eines Unternehmen bildet die Summe aller aufeinander abgestimmten und

---

370 Diese Funktionalität wird bei Einsatz von integrierten Systemen, z. B. durch maschinelle Kontenfindungsverfahren, unterstützt. Vgl. WP Handbuch 2006 / S. 2018 ff ; Vgl. IDW RS FAIT 1 / S.13; Vgl. C. Swart / Systemprüfung in ... / S. 77 ff.

371 Vgl. BMF-Schreiben 1995, Abschnitt 3.1

372 Um zu gewährleisten, dass alle Geschäftsvorfälle vollständig erfasst worden sind, müssen Kontrollen eingerichtet sein. Diese können zum einen in manueller Form existieren, z. B. „Vier-Augen-Prinzip", oder technischer Art, z. B. Buchungs- oder Verarbeitungsprotokolle, sein. Vgl. SAP® AG® / Prüfleitfaden FI / S. 38 ff.

373 Sollten Änderungen vorgenommen werden, besteht grundsätzlich die Möglichkeit, für alle durchgeführten Änderungen Änderungsprotokolle zu erstellen, die die Änderung, den Änderungszeitpunkt und den Bearbeiter protokollieren.

374 Solche Kontrollen existieren bei SAP® R/3® z. B. durch den Einsatz von Feldstatusgruppen und die automatische Überprüfung auf denselben Soll- und Haben-Betrag im Buchhaltungsbeleg, Vgl. AWV / GoBS vom 7.11.1995 / S. 11ff.

375 Vgl. W. Eisele / Technik des ... / S. 536 ff, Die Periodengerechtigkeit wird im SAP® R/3® System grundsätzlich durch den so genannten Periodenverschieber sichergestellt. Dieser Periodenverschieber sperrt nach Abschluss einer Buchungsperiode dieselbe für weitere Buchungen. Vgl. S. Brinkmann / Finanzwesen mit SAP® R/3® / S. 83 ff.

integrierten Maßnahmen, Kontrollen und Regelungen mit folgenden Aufgaben:[376]

- Sicherung und Schutz des Vermögens und der Informationen des Unternehmen vor Verlusten aller Art,
- Bereitstellung von vollständigen, aussagekräftigen und zeitnahen Unterlagen,
- Verbesserung bzw. Optimierung der betrieblichen Effizienz durch Analyse, Auswertung und Kontrolle der oben genannten Unterlagen und
- Unterstützung bei der Einhaltung der im Vorfeld definierten Geschäftspolitik.[377]

Die GoBs enthalten keine explizіten Gestaltungsrichtlinien zum IKS, sondern führen lediglich die notwendigen Reglungsbereiche auf.[378] Zum IKS gehören u.a. aufeinander abgestimmte maschinelle und manuelle Kontrollen inkl. der Dokumentation ihrer tatsächlichen Ausführung; eindeutige Regelungen der Zuständigkeiten und Verantwortung inkl. 4-Augen-Prinzip[379] und Funktionentrennung[380] (inkl. Berechtigungskonzept).[381]

Dabei sind die betriebsindividuell getroffenen Einzelmaßnahmen zur Kontrolle der Verarbeitungsprozesse in der Buchführung zu einem integrierten Kontrollkonzept zusammenzufügen).[382] Durch regelmäßige Überprüfungen der Customizing-Einstellungen und Add-ons sowie der dazugehörigen

---

376 Vgl. G. Wöhe / Einführung in die Allgemeine... / S. 199; Vgl. WP Handbuch 2006 / S 1998 ff.

377 Vgl. Die Wirtschaftsprüfung / Die Grundsätze.../ S. 129; Ziel ist die Sicherstellung von Gesetz- und Satzungsmäßigkeit der Buchführung und Jahresabschluss. Zudem sollen Fehler in der Buchführung bezüglich Vollständigkeit und Richtigkeit sowie der Periodenabgrenzung frühzeitig erkannt und vermieden werden.

378 Vgl. BMF-Schreiben 1995, Abschnitt 4.4; Nach der Definition des American Institute of Certified Public Accountants (AICPA) besteht das IKS aus drei Komponenten. Hier handelt es sich um die Kontrollumgebung (control environment), das Rechnungswesensystem (accounting system) und die Kontrollverfahren (control procedures). Vgl. F. Hörmann / Quantitative... / S. 17; Bestandteile eines IKS sind z. B. Organigramme, Ablaufbeschreibungen, Arbeitsanweisungen, Aufgabengliederungspläne, Vordrucke, Belege, Kontenpläne, Kontierungsrichtlinien, manuelle und maschinelle Kontrollen sowie Prüfungen der internen Revision; Vgl. O. Gieschke / Überwachungsmaßnahmen / S. 28 ff; Vgl. WP Handbuch 2006 / S 1998 ff.

379 Vgl. W. Eisele / Technik des ... / S. 537 ff; Vgl. WP Handbuch 2006 / S 1998 ff.

380 Vgl. M. Klinger / Das Interne ... / S. 9 ff.

381 Weiter Bestandteile sind z.B. ; Definition buchungsrelevanter Arbeitsabläufe und Festlegung der Reihenfolge; Implementierung zusätzlicher Kontrollen Aktivitäten zur nachgelagerten Kontrolle eventueller umgehbarer manueller Kontrollen; Sicherstellung der Programmidentität.

382 Vgl. M Graumann / Wirtschaftliches Prüfungswesen / S. 264 ff.

Dokumentationen kann im Bereich der maschinellen Kontrollen die Programmidentität weitestgehend sichergestellt werden.[383]

Datensicherheit, Datensicherung und Archivierung

Für die Bewertung der Sicherheitsrisiken in Bezug auf das buchführungsbezogene IT-System muss bekannt sein, was zu sichern ist, wie lange und wogegen zu sichern ist, wie zu sichern ist und wie geschützt werden soll.[384] Gegenstand der Datensicherheit sind die Daten der Buchführung unabhängig von der Belegart. Diesbezüglich ist es für die Erfüllung der GoBs zwingend notwendig, ein umfassendes Datensicherungskonzept zu entwickeln. Im Rahmen eines Datenschutzkonzeptes sind insbesondere die Risiken der Unauffindbarkeit, der Vernichtung und des Diebstahls auf ein vertretbares Maß zu reduzieren. In der Praxis erfolgt häufig eine Verwechslung zwischen den Begriffen Datenschutz[385] und Datensicherheit, die zwei unterschiedliche Sachverhalte beschreiben, deren Übergänge jedoch fließend sind.[386]
Wie bereits erwähnt, betrifft die Datensicherung nicht nur die Datenträger, sondern auch Belege, die in anderer Form, z. B. auf Papier, vorhanden sind.[387]

Gesicherten Daten müssen während der Aufbewahrungspflicht jederzeit lesbar gemacht werden können.[388]

---

383 Unter Customizing wird im allgemeinen eine Möglichkeit verstanden, der Flexibilitätsanforderung an eine Standardsoftware zu entsprechen und Anpassungen an die individuellen Anforderungen der Unternehmen ohne zusätzlichen Programmieraufwand zu realisieren.

384 Vgl. BMF-Schreiben 1995, Abschnitt 5.1.

385 Der Datenschutz beschreibt den Schutz der in IT-Systemen gespeicherten personenbezogenen Daten gemäß Bundes- und Landesschutzgesetzen sowie Betriebsvereinbarungen, um diese Daten vor Mißbrauch zu beschützen. Um solchen Mißbrauch zu unterbinden, erfolgt eine hard- oder softwaretechnische Maßnahme des Datenschutzes durch die Realisierung von Zugriffskontrollen, bei denen sich die Anwender bspw. mit einem individuellen Benutzernamen und einem Passwort anmelden müssen. Das Verfahren der Zugriffskontrollen soll unzulässige Zugriffe auf kritische Daten von vornherein verhindern.

386 Die Datensicherheit ist notwendig, damit Daten nicht durch fehlerhafte Hard- und/oder Software bzw. durch Bedienerfehler verfälscht werden können und keine Datenverluste, z. B. durch höhere Gewalt, menschliches Versagen und Datensicherheit, die zwei unterschiedliche Sachverhalte beschreiben, deren Übergänge jedoch fließend sind entstehen. Vgl. WP Handbuch 2006 / S. 2001 und IFAC ISA 315, Tz. 64. Ein Schutz im Bereich der Speicherplattentechnologie stellt z. B. die RAID-Lösung (Redundant Array of independent Disks) dar. Hier erfolgt die Zusammenfassung mehrerer Festplatten zu einer logischen Einheit. Durch die Verbindung mehrerer Magnetplatten wird eine einfache und preiswerte Speicherkapazität erzielt. RAID kann im Bereich Hard- und Software realisiert werden.

387 Die Sicherungsdauer hängt von der Art der Informationen ab. In diesem Zusammenhang sind die Aufbewahrungsfristen des § 257 HGB zu beachten. Bei diesen Aufbewahrungsfristen handelt es sich um Mindestzeiträume, die je nach Belieben natürlich verlängert werden können. Vgl. W. Eisele / Technik des ... / S. 539 ff.

Dokumentationsanforderungen

Bei den Dokumentationsanforderungen handelt es sich im Wesentlichen um die Verfahrensdokumentation und die Prüfbarkeit. Demnach muss eine Prüfbarkeit des Buchführungssystems sowohl hinsichtlich einzelner Geschäftsvorfälle (Einzelfallprüfungen) als auch hinsichtlich des Abrechnungsverfahrens (Verfahrens- und Systemprüfung) gegeben sein.[389] Da eine IT-gestützte Buchführung i.d.R. komplex ist und diese Funktionen nicht direkt erkennbar sind, ist die Transparenz des Systems sehr wichtig, was eine aussagefähige Dokumentation notwendig macht.[390] Für die ordnungsgemäße Verfahrensdokumentation gelten die Grundsätze Vollständigkeit, Übersichtlichkeit, Einheitlichkeit, Zeitgerechtigkeit und Prüfbarkeit sowie Verfügbarkeit. Gesetzliche Grundanforderung an jede Buchung ist die in einer angemessenen Zeit durch einen sachverständigen Dritten durchführbare Prüfung hinsichtlich der formalen und sachlichen Richtigkeit.[391]

Die Verfahrensdokumentation muss dabei über den Aufbau und Ablauf des Abrechnungsverfahrens lückenlos Auskunft geben. Dabei muss sie den Weg der Daten von der Eingabe über die Speicherung bis zur Ausgabe der Ergebnisse nachvollziehbar darstellen und die diesbezüglich implementierten Kontroll-[392], Entscheidungs- und Rechenfunktionen belegen.[393]

Die im Zusammenhang mit der Erstellung und dem Aufbau der Verfahrensdokumentation eingesetzte Dokumentations- und Archivierungsform ist, mit Aus-

---

388 Somit muss zu den Daten und der Software auch die entsprechende Hardware zur Verfügung stehen, insbesondere bei Langzeitsicherungen. In diesem Zusammenhang können Archivierungskonzepte eingesetzt werden, die durch wirksame Zugriffskontrollen bzw. Zugangskontrollen die Daten vor Änderungen schützen.

389 Vgl.§ 238 (1) S. 2 HGB.

390 Sollten neben der Buchführungsapplikation mehrere Module bzw. Applikationen integriert sein, sind auch diese Module bzw. Applikationen als Bestandteil der Verfahrensdokumentation aufzunehmen und entsprechend den gesetzlichen Anforderungen zu beschreiben. Vgl. S. Brinkmann / Finanzwesen mit SAP® R/3® / S.89 ff; Vgl. AWV / GoBS vom 7.11.1995 / S. 15ff; Vgl. G. Wähner / Handbuch für ... / S. 151 ff.

391 Die Prüfung betrifft dabei zum einen die individuellen Geschäftsvorfälle und zum anderen die Abrechnungsverfahren. Somit sind im ersten Falle Einzelprüfungen und im zweiten Falle Verfahrens- und Systemprüfungen betroffen. Grundlage dieser Prüfung ist die Existenz einer Dokumentation, anhand derer verifiziert werden kann, ob das untersuchte Verfahren entsprechend seiner Beschreibung durchgeführt worden ist. Vgl. auch AO § 145.

392 Dabei sind sämtliche Kontrollen und Berechnungen, die in einem Verarbeitungsgang vorgesehen sind, in ihrer Gesamtheit zu würdigen.

393 Vgl. AWV / GoBS vom 7.11.1995 / S. 16; Vgl. C. Swart / Systemprüfung in ... / S. 81 ff. Eine GoBs-konforme Dokumentation umfasst mindestens die Beschreibung der sachlogischen Lösung, der programmtechnischen Lösung, der Wahrung der Programmidentität, der Wahrung der Datenintegrität und der Arbeitsanweisungen für den Anwender. Vgl. BMF-Schreiben 1995, Abschnitt 6.2.

nahme der Nachvollziehbarkeit durch einen sachverständigen Dritten, an keine speziellen Anforderungen geknüpft.[394]

Die Verfahrensdokumentation muss sich insbesondere erstrecken auf:[395]

- die Beschreibung der sachlogischen Lösung[396]
- die Beschreibung der programmtechnischen Lösung[397]
- die Beschreibung zur Gewährung der Programmidentität[398]
- die Beschreibung zur Gewährung der Datenintegrität[399] und
- Arbeitsanweisungen für Anwender.[400]

Die Aufbewahrungsfristen ergeben sich aus den handels- und steuerrechtlichen Vorschriften gemäß § 257 (4) HGB. Eine Speicherung der aufbewahrungspflichtiger Unterlagen wie z.B. Handelsbücher, Inventar usw. auf Bild- oder Datenträger ist gem. § 257 (3) S.1 HGB i.V.m § 147 AO (2) zulässig, wenn die Wiedergabe oder die Daten bei Lesbarmachung mit den Unterlagen inhaltlich,

---

394 Vgl. W. Eisele / Technik des ... / S. 541 ff; Vgl. C. Swart / Systemprüfung in ... / S. 81 ff.

395 gemäß Randnummer 6 GoBS, ADV-Merkblatt und entsprechend auch nach IDW RS FAIT 1.

396 (enthält die Darstellung der fachlichen Aufgabe aus der Sicht des Anwenders, insbesondere die grundsätzliche Aufgabenstellung, die Beschreibung der Anwenderoberfläche, Art und Inhalt des Freigabeverfahrens für neue und geänderte Programme und vom Hersteller mitgelieferte Dokumentationen); Vgl. T. Doll 1998 / Vorschläge für DR-Standards / S. 2; Vgl. S. Brinkmann / Finanzwesen mit SAP® R/3® / S.2; Vgl. AWV / GoBS vom 7.11.1995 / S. 16; Vgl. FAMA 1/1987 / Abschnitt B, II; Vgl. IDW RS FAIT 1 / S. 14; Vgl. F. Hörmann / Quantitative ... / S. 136 ff

397 erklärt, wo und wie die sachlogischen Forderungen in Programmen umgesetzt sind, z. B. in Tabellen, Programmänderungen, Gültigkeitsdauer einer Tabelle usw. Vgl. S. Brinkmann / Finanzwesen mit SAP® R/3® / S.90 ff;Vgl. AWV/GoBS v. 7.11.1995/ S. 16.

398 Nachweis darüber, dass die sachlogischen Forderungen durch die eingesetzten Programme erbracht werden bzw. erbracht worden sind, z. B. durch detaillierte Beschreibung des Freigabeverfahrens und -genehmigungen bei durchzuführenden Testläufen, Richtlinien für Programmierungen; Programmprotokoll usw., Vgl. § 147 Abs. 1 Nr. 1 AO; Vgl. S. Brinkmann / Finanzwesen mit SAP® R/3® / S.91 ff; Vgl. AWV / GoBS vom 7.11.1995 / S. 16ff.

399 Beschreibung aller Aktivitäten, durch die erreicht wird, dass Daten und Programme nicht von Unbefugten geändert werden können, z. B. Zugriffsberechtigungsverfahren, Berechtigungskonzept, Sicherheitseinstellungen wie individuelle Nutzerkennungen, Verbot von Trivialpasswörtern oder Begrenzung der Anmeldeversuche mit anschließender Sperrung, Vgl. AWV / GoBS vom 7.11.1995 / S. 17; Vgl. BBK / Verfahrensdokumentation / S. 1101 ff; Vgl. R. Schuppenhauer / Grundsätze / S. 176 ff; Vgl. SAP® AG® / Leitfaden Datenschutz / S. 16 ff; Vgl. SAP® AG® / Prüfleitfaden FI / S. 35 ff; Vgl. SAP® AG® / R/3® Sicherheitsleitfaden Band II / S. 28 ff; Vgl. SAP® AG® / Prüfleitfaden FI / S. 28 ff; Vgl. SAP® AG® / R/3® Sicherheitsleitfaden Band II / S. 21 ff; Der überwiegende Teil dieser Einstellungen wird in den Start-Up-Parametern definiert und kann durch Einsatz des Reports „RSPARAM“ ausgewertet werden.

400 zur sachgerechten Erledigung und Durchführung seiner Aufgaben notwendige Beschreibungen wie z. B. Beschreibung der im Verfahren vorgesehenen manuellen Kontrollen und Abstimmungen und Berücksichtigung der zu vor- und nachgelagerten Systemen vorhandenen Schnittstellen. Vgl. AWV / GoBS vom 7.11.1995 / S. 17.

mit empfangenen Handelsbriefen und Buchungsbelegen[401] sogar bildlich übereinstimmt. Lediglich die Eröffnungsbilanzen und Abschlüsse sind im Original aufzubewahren.[402] Sollten zwischenzeitlich Soft- oder Hardwarewechsel bzw. -änderungen stattgefunden haben, muss die komplette Rekonstruktionsfähigkeit der Daten sichergestellt sein.[403] Die Dokumentationsunterlagen gehören zu den aufbewahrungspflichtigen Organisationsunterlagen. Die Verfahrensdokumentation, die zum Verständnis der Buchführung erforderlich ist, ist zehn Jahre aufzubewahren (§ 257 Abs. 1 Nr. 1 HGB und § 147 AO).[404]

Bezüglich weiterer und detaillierterer Informationen zu dem Inhalt dieser steuerlich fachlichen Stellungnahme verweise ich an dieser Stelle auf die Grundsätze ordnungsmäßiger DV-gestützter Buchführungssysteme (GoBS).

3.3 Softwarezertifikat von SAP® R/3® (Aussagen zur Ordnungsmäßigkeit von Dritten)

Im Rahmen von Jahresabschlussprüfungen ist die Ordnungsmäßigkeit vom verwendeten Buchführungssystem gemäß IDW PS 880 [405] "Erteilung und Verwendung von Softwarebescheinigungen" zu testen. Ein wesentlicher Nachweis, dass bei ordnungsgemäßer Einstellung Buchführungssysteme diese Vorgaben erfüllen, ist ein von unabhängigen Wirtschaftsprüfungsgesellschaften ausgestelltes Ordnungsmäßigkeitszertifikat.

Als Basis bzw. Rahmenwerk für die Erstellung dieses Ordnungsmäßigkeitszertifikates wird seitens der Wirtschaftsprüfungsgesellschaften der IDW PS 880 verwendet. Ziel ist es, das betroffene Buchführungssystem daraufhin zu prüfen, ob das Programm bei sachgerechter Anwendung und unter Beachtung der übrigen Ordnungsmäßig-

401 Buchungs- und andere betriebwirtschaftliche Belege unterliegen bestimmten handels- und steuerrechtlichen Nachweis- und Aufbewahrungsfristen und stellenweise auch bestimmten Aufbewahrungsformen. Für Urkunden und urkundenähnliche Dokumente gelten besondere Aspekte. Vgl. diesbezüglich auch J. Gulbins /Rechtliche Aspekte der Archivierung / S. 1 ff.

402 Vgl. M Graumann / Wirtschaftliches Prüfungswesen / S. 268 ff.

403 Alle für die Verarbeitung erforderlichen Daten, Programme, Betriebssysteme und Hardwareausstattungen sind in der jeweils aktuellen Form bereitzustellen. Dies muss nur dann nicht erfolgen, wenn die neue Hardwareumgebung die Funktionalität der archivierten Software sicherstellen kann.

404 Vgl. S. Brinkmann / Finanzwesen mit SAP® R/3® / S.89 ff.

405 Der IDW PS 880 befindet sich momentan seitens des IDW in der Überarbeitung. Die überarbeitete Version wird voraussichtlich im Juni/July 2006 veröffentlicht.

keitskriterien (insbesondere zeitgerechte Erfassung, geordnetes Belegwesen, regelmäßige Datensicherung, Schutz vor Daten- und Programmmanipulation) zu einer den Grundsätzen ordnungsmäßiger Buchführung (GOB) entsprechenden Buchführung einschließlich Bilanz und Gewinn- und Verlustrechnung nach deutschen handelsrechtlichen Vorschriften führt.[406]

Im Fall des Einsatzes zertifizierter Standardsoftware findet der Prüfer ein relativ vertrauenswürdiges Basissystem vor. Dieses wird im Rahmen des so genannten "Customizings“[407] i.d.R. an unternehmensindividuelle Besonderheiten angepasst. Die Risiken, die im Zusammenhang mit diesem Prozess entstehen, werden in der Praxis häufig unter Hinweis auf ein ggf. erteiltes Softwarezertifikat pauschal als gering eingeschätzt. Softwarezertifikate können bezüglich der Programmfunktion einer spezifischen Version des Basissystems aber lediglich trügerische Sicherheit vermitteln, da nur die grundsätzliche Eignung der Software für die Erstellung einer GoB entsprechenden Rechnungslegung bei sachgerechter Anwendung bescheinigt wird.[408]

Der in der Praxis häufig geäußerten Annahme, "eine zertifizierte Standardsoftware erzeuge immer richtige Ergebnisse", ist entgegenzuhalten, dass eine fehlerhaft implementierte und parametrisierte Standardsoftware ebenso falsche Verarbeitungsergebnisse erzeugen wird wie eine fehlerhaft programmierte Individualsoftware. Gegenstand der Prüfung von Standardsoftware sind damit in erster Linie die in Tabellen hinterlegten Steuerungsparameter[409] sowie der Implementierungs- und Customizingprozess.[410]

Die Ordnungsmäßigkeitszertifikate wurden für SAP® für verschiedene Release stände diverser Module erstellt. Eine Aufstellung kann der folgenden Tabelle entnommen werden.[411]

---

406 Vgl. IDW PS 880, S.1 ff.

407 Darunter wird die Anpassung der Standardsoftware an die unternehmensspezifischen Anforderungen durch Parametrisierung verstanden.

408 Vgl. IDW PS 880 Tz. 45.

409 Vgl. IDW EPS 330 Tz. 82.

410 Vgl. Nutz, A., Hamberger, B. (2002b): a. a. O., Sp. 1709.

411 Vgl. auch http://www.service.sap.com/certificates; Das SAPNet® ist nur mit einer OSS-Kennung erreichbar, die i.d.R. lediglich die Mitarbeiter, Kunden und Vertragspartner der SAP® AG® haben.

SAP® Modul/Bereich:	Releasestand:
R/2® Finanz-/ Anlagenbuchhaltung	5.0
R/3® Finanz- /Anlagenbuchhaltung	4.0 B/3
R/3® Lohn- und Gehaltsabrechnung	4.0 B
R/3® Treasury	4.5.B
R/3® Materialwirtschaft	4.6 B
Immobilienverwaltung	2.2 F
Vertragskontokorrent (FI-CA)	IS-U 4.62
mySAP ERP® 2004 Fianzbuchhaltung und Anlagenbuchhaltung®	mySAP ERP®
mySAP ERP® 2005 Financial Management®	mySAP ERP®

Tabelle 7:Übersicht der SAP® Softwaretestate

Demnach erhielt das SAP® R/3® System für das Release 4.0 B/3 (inklusive dem OSS Hinweis 127208) am 6. November 1998 von der Wirtschaftsprüfungsgesellschaft Arthur Andersen den uneingeschränkten Bestätigungsvermerk. Geprüft wurden die Module FI-GL® (Hauptbuch), FI-AP® (Kreditoren), FI-AR® (Debitoren) und FI-AA® (Anlagenbuchhaltung). Bis zur Erstellung des hier beschriebenen Bestätigungsvermerks hatte die SAP® AG die Releasestände bis einschließlich 3.0F/2 der Finanzbuchhaltung und der Anlagenbuchhaltung prüfen lassen und hierfür ebenfalls seitens Arthur Andersen einen uneingeschränkten Bestätigungsvermerk erhalten.[412]

Die Änderungen vom Release stand 3.0F/2 bis zum Releasestand 4.0B/3 wurden von der SAP® AG in "Release Notes" dokumentiert. Diese Weiterentwicklungen und Funktionalitäten (hierzu gehören auch Reports, Transaktionen usw.), die einen direkten Einfluss auf die Ordnungsmäßigkeit der Finanzbuchhaltung haben, waren Gegenstand der Prüfung. Änderungen zum Stand 4.0B/3 wurden in Form von Hinweisen dokumentiert. Funktionen die bereits Gegenstand früherer Prüfungen waren, wurden – soweit unverändert – nicht geprüft. Generell wurde eine Prüfung und Aussage bezogen auf die Einhaltung bzw. Erfüllung der Ordnungsmäßigkeitsgrundsätze gemacht. Das heißt, betrachtet wurden die Vollständigkeit, Richtigkeit, Zeitgerechtigkeit, Unveränderlichkeit, Funktionssicherheit, Nachvollziehbarkeit formal,

[412] Die Ergebnisse der SAP® R/3® Softwareprüfung bis und inkl. dem Releasestand 3.0F/2 kann dem Bericht von Arthur Andersen vom 16. September 1997 entnommen werden.

Nachvollziehbarkeit materiell (Journale, Konten, Anlagengitter und Anlagenverzeichnis) und das Interne Kontrollsystem.[413]

Der uneingeschränkte Bestätigungsvermerk lautet wie folgt:

"Wir haben, wie in unserem Prüfungsbericht vom 6. November 1998 niedergelegt, die Ordnungsmäßigkeit der Finanzbuchhaltung (FI-GL, FI-AP und FI-AR) und der Anlagenbuchhaltung (FI-AA®) des integrierten Softwarepaketes SAP® R/3® Release 4.0B/3 einschließlich dem Hinweis 127208 des Herstellers SAP® Aktiengesellschaft Systeme, Anwendungen, Produkte in der Datenverarbeitung, Walldorf, geprüft.

Das von uns geprüfte Finanzbuchhaltungssystem ermöglicht bei sachgerechter Anwendung eine den Ordnungsmäßigkeitsgrundsätzen entsprechende Buchführung".[414]

Nicht Bestandteil der Prüfung waren u. a.:

- Andere Module, diesbezügliche Schnittstellen bzw. Buchungen und Schnittstellen (insbesondere BTCI),
- Konsolidierung,
- Substitution / Validierung,
- Elektronischer Zahlungsverkehr/elektronischer Kontoauszug,
- Electronic Data Interchange (EDI) - Funktionalität,
- Reports/Listen, soweit sie zur Einhaltung der Ordnungsmäßigkeit nicht erforderlich sind (z. B. automatische Umsatzsteuervoranmeldung),
- Verarbeitung über mehrere SAP® R/3® Systeme hinweg (externe Belege) und User Exits,
- Tools für Releasewechsel / Programme, die zur einmaligen Ausführung vorgesehen sind
- Funktionen, deren Verlässlichkeit und Ordnungsmäßigkeit von SAP® ausdrücklich nicht gewährleistet wird.[415]

---

413 A. Andersen / Bericht über die Prüfung der Ordnungsmäßigkeit der Finanzbuchhaltung und der Anlagenbuchhaltung der Software SAP® R/3® Release 4.0B/3, S. 4-13.

414 A. Andersen / Bericht über die Prüfung der Ordnungsmäßigkeit der Finanzbuchhaltung und der Anlagenbuchhaltung der Software SAP® R/3® Release 4.0B/3, S. 14.

415 A. Andersen / Bericht über die Prüfung der Ordnungsmäßigkeit der Finanzbuchhaltung und der Anlagenbuchhaltung der Software SAP® R/3® Release 4.0B/3, S. 4.

Die Prüfung der Weiterentwicklungen stellt die gängige Praxis dar, da bereits geprüfte Funktionalitäten, soweit sie unverändert geblieben sind, i. d. R. ihre Funktionsfähigkeit und Ordnungsmäßigkeit nicht ändern. Da zwischen dem zertifizierten Releasestand 4.0B/3 und dem im Rahmen dieser Arbeit untersuchten Releasestand SAP® ECC 6.0 systemseitig keine wesentlichen Änderungen vorgenommen worden sind, die die Funktionsfähigkeit und Ordnungsmäßigkeit beeinträchtigen, kann diese Softwarebescheinigung auf den Releasestand SAP® ECC 6.0 adaptiert werden.

Lediglich die seitens der SAP® AG® dokumentierten Änderungen sollten berücksichtigt werden, finden im Rahmen dieser Arbeit jedoch keine Anwendung, da sie unwesentlich sind. Sollten wesentliche Änderungen an den Funktionalitäten vorgenommen worden sein, die die Funktionsfähigkeit und Ordnungsmäßigkeit der Software beeinträchtigen, empfiehlt es sich, eine erneute Softwareprüfung (Ordnungsmäßigkeitsprüfung) durchzuführen.[416]

Neben den oben genannten Ordnungsmäßigkeitsgrundsätzen wurden ebenfalls die in den geprüften Bereich fallenden rechnungslegungs- und steuerungsrelevanten Standardreports (Systemabfragen und -auswertungen) mit auf ihre ordnungsgemäße Funktionalität hin geprüft, ohne diese im Detail aufzuführen.

Auch die Funktionalität und Ordnungsmäßigkeit dieser Reports wurde seitens Arthur Andersen uneingeschränkt bestätigt. Aufgrund der Tatsache, dass diese Reports seitens der Prüfungsgesellschaften regelmäßig und seit Jahren verwendet werden, werden Fehler bzw. Inkonsistenzen zeitnah an die SAP® AG® kommuniziert und entsprechend korrigiert.

Diese zeitnahe Kommunikation erfolgt innerhalb der Arbeitskreise,[417] die die SAP® AG® mit den Mitgliedern der führenden Wirtschaftprüfungsgesellschaften abhält, um die revisionsspezifischen Anforderungen der Wirtschaftsprüfungsgesellschaften und der Gesetzgeber entsprechend umzusetzen. Demnach können die im Rahmen dieser Arbeit verwendeten und

---

416 Dies war beispielsweise der Fall bei dem Wechsel auf das "mySAP"® System mit der neuen Multi-Ledger-Funktionalität, welche bereits neu zertifiziert worden ist (vgl. hierzu auch die Einträge in der Tabelle "Übersicht der SAP® Softwaretestate).

417 Als Beispiel sei hier der Arbeitskreis für Revision und Risikomanagement genannt.

genannten Reports und Auswertungen zur Überprüfung bzw. Umsetzung des IKS eingesetzt werden.

Neben den oben genannten Ordnungsmäßigkeitszertifikaten wurden folgende weitere ISO- und Technology-Zertifikate erstellt:[418]

Bereich:	Titel:
ISO	ISO 9001: 2000 SAP® Active Global Support APA
ISO	ISO 9001: 2000 SAP® Active Global Support EMEA
ISO	ISO 9001: 2000 SAP® Global Development
ISO	Usability Certification
ISO	Usability Zertifizierung
Technology	DII COE
Technology	DOD 5015.2 (currently applied)
Technology	DOMEA-Zertifikat

Tabelle 8:Übersicht der ISO- und Technology-Zertifikate

Neben diesen Tätigkeiten werden innerhalb der Arbeitskreise auch Prüf- und Sicherheitsleitfäden entwickelt und den Revisoren und SAP®-Kunden zur Verfügung gestellt. Hierbei handelt es sich jedoch um Empfehlungen, die keinen Rechtscharakter haben bzw. zwingend umzusetzen sind.

Eine Übersicht dieser Prüf-[419] und Sicherheitsleitfäden[420] kann der folgenden Tabelle entnommen werden:

Leitfaden:	Titel:
Prüfung	SAP®-Prüfleitfaden R/2® RF Release 5.0 in deutsch/englisch
Prüfung	SAP®-Prüfleitfaden R/3® FI Release 3.0 D in deutsch/englisch
Prüfung	SAP®-Prüfleitfaden R/3® MM Release 3.0 E in deutsch/englisch

418 Vgl. auch http://www.service.sap.com/certificates; Das SAPNet® ist nur mit einer OSS-Kennung erreichbar, die i. d. R. lediglich die Mitarbeiter, Kunden und Vertragspartner der SAP® AG® haben.

419 Vgl. auch http://www.sap.com/germany/aboutsap/revis; Das SAPNet® ist nur mit einer OSS-Kennung erreichbar, die i. d. R. lediglich die Mitarbeiter, Kunden und Vertragspartner der SAP® AG® haben.

420 Vgl. auch http://www.sapnet.sap-ag.de/securityguide; Das SAPNet® ist nur mit einer OSS-Kennung erreichbar, die i. d. R. lediglich die Mitarbeiter, Kunden und Vertragspartner der SAP® AG® haben.

Leitfaden:	Titel:
Prüfung	SAP®-Prüfleitfaden Datenschutz R/3® Release 4.6 in deutsch
Prüfung	DSAG Leitfaden Datenschutz für SAP® BW ®3.1 in deutsch
Prüfung	AIS-Information R/3® in deutsch/englisch
Sicherheit	R/3® Sicherheitsservices im Überblick in deutsch/englisch
Sicherheit	R/3® Sicherheitsservices im Detail, Version 3.0, Überarbeitung und Aufteilung in einzelne toolspezifische Guides, Klassifizierung der Risiken in englisch
Sicherheit	Checkliste in deutsch/englisch

Tabelle 9:Übersicht der Prüf- und Sicherheitsleitfäden

3.4 Grundsätze ordnungsgem. Durchführung von Abschlussprüfungen

Die allgemeinen Grundsätze, die der Wirtschaftsprüfer (WP) bei jeder Abschlussprüfung zu beachten hat um die fachlichen und gesetzlichen Normen und Vorgaben einzuhalten, werden in den Grundsätzen ordnungsgemäßer Durchführung von Abschlussprüfungen (GoA) geregelt.

Neben den einschlägigen Normen der Rechnungslegung hat der WP zusätzlich die ergänzenden Normen der Satzung bzw. des Gesellschaftsvertrags zu beachten. Ziel der Abschlussprüfung ist es, die Prüfungsaussagen unter Beachtung der Wirtschaftlichkeit mit hinreichender Sicherheit zu treffen, da eine absolute Sicherheit im Rahmen der Abschlussprüfung nicht zu erreichen ist. Die Prüfungshandlungen werden in Stichproben durchgeführt, da die Zielsetzung keine lückenlose Prüfung erfordert.

Dabei werden Systemprüfungen und aussagebezogene Prüfungshandlungen (einzelfallbezogene und analytische Prüfungshandlungen) in einer angemessenen Kombination ausgeführt. Grundlage dieser Vorgehensweise ist der risikoorientierte Prüfungsansatz, der in § 317 HGB beschrieben wird. Diesbezüglich soll das Risiko der Abgabe eines positiven Prüfungsurteils trotz vorhandener Fehler in der Rechnungslegung (Prüfungsrisiko) auf ein akzeptables Maß reduziert werden.[421]

Ergänzend regeln die GoA folgende Themengebiete:

- Prüfungsauftrag
- Auftragsannahme
- Prüferinformationen
- Prüfungsplanung
- Alle Teilprozesse der Prüfungsdurchführung
- Prüfungsdokumentation
- Erteilung von Bestätigungsvermerken
- Berichterstattung (Prüfungsbericht und mündl. Berichterstattung an den Aufsichtsrat)
- Dokumentation der Prüfung in den Arbeitspapieren des WP.

Die Prüfungsstandards (PS) des Instituts der Wirtschaftsprüfer (IDW) beinhalten die vom IDW festgestellten deutschen Grundsätze ordnungsmäßiger Abschlussprüfung. Hierbei werden einerseits die Grundsätze zur Durchführung von Abschlussprüfungen definiert und zum anderen die Festlegung der vorzunehmenden Prüfungshandlungen vorgenommen (IDW PS 201 Tz. 27 ff). Diese IDW-Prüfungsstandards berücksichtigen neben den nationalen fachlichen Grundsätzen auch die internationalen Prüfungsstandards der ISA (International Standard on Auditing).

Die Prüfungsstandards werden in sieben Themengebiete unterteilt:

IDW PS 120 bis 199	Qualitätssicherung
IDW PS 200 bis 249	Prüfungsgegenstand und -auftrag
IDW PS 250 bis 299	Prüfungsansatz

421 Vgl. M. Graumann / Wirtschaftliches Prüfungswesen / S. 19, 144 ff, 592 und 625; Vgl. A Wagenhofer / externe Unternehmensrechnung / s. 426, 471, 482 und 529, Vgl. D. Rückle / Zur Diskussion ... / S. 54 ff; Vgl. D. Rückle / Grundsätze ordnungsmäßiger Abschlussprüfung... / S. 107 ff .

IDW PS 300 bis 399	Prüfungsdurchführung
IDW PS 400 bis 499	Bestätigungsverm. Prüfungsbericht/Bescheinigung
IDW PS 500 bis 799	Abschlussprüfung Unternehmen best. Branchen
IDW PS 800 bis 999	Review und andere Reporting Aufträge[422]

3.5 Interpretation der GoB und GoBs durch den Berufsstand der Wirtschaftsprüfer für einheitliches Verständnis mittels IDW PS

Im Folgenden werden die wesentlichen fachlichen Stellungnahmen des IDW dargestellt, die bei Systemprüfungen berücksichtigt werden sollten.

3.5.1 Maßgebliche fachliche Stellungnahmen

Die Angehörigen des wirtschaftlichen Prüfungswesens sind auch in Deutschland berufsständisch organisiert. Dies erfolgt zum einen durch eine Zwangsmitgliedschaft bei der Wirtschaftsprüferkammer (Körperschaft des öffentlichen Rechts gem. § 4 WPO) und zum anderen durch die freiwillige Mitgliedschaft beim Institut der Wirtschaftsprüfer in Deutschland e.V. (IDW). Hauptsächlich werden durch das IDW folgende Ziele verfolgt:

- Die fachliche Förderung und Unterstützung der Berufsangehörigen,
- die Klärung von Fach- und Berufsfragen,
- die Zusammenfassung der Berufsangehörigen zur Erarbeitung von Grundsätzen der Rechnungslegung und Rechnungsprüfung, von Verhaltensgrundsätzen für die Berufsangehörigen u. ä.,
- die Veröffentlichung der oben genannten Grundsätze und anderer für die Berufsangehörigen bedeutsamer Arbeiten in Fachgutachten und Stellungnahmen.[423]

Ziel dieser Veröffentlichungen ist es, bei den Berufsangehörigen die freiwillige Einhaltung bestimmter Regeln und damit ein standardisiertes Verhalten zu erreichen. Somit handelt es sich bei der primären Zielgruppe des IDW im

---

422 Zwei wesentliche IDW PS sind in diesem Zusammenhang u.a. der IDW PS 200 "Ziele und allgemeine Grundsätze der Durchführung von Abschlussprüfungen" und IDW PS 201 "Rechnungslegungs- und Prüfungsgrundsätze für die Abschlussprüfung".

423 Vgl. U.Lefferson / S. 36-38.

Wesentlichen um die Wirtschaftsprüfer, Buchprüfer und Revisoren. Neben dieser Zielgruppe können alle Buchführungspflichtigen die Verlautbarungen des IDW als Interpretationshilfe und Konkretisierung der stellenweise auslegungsbedürftigen gesetzlichen Vorschriften einsetzen.

In diesem Zusammenhang muss jedoch beachtet werden, dass diese Verlautbarungen, im Gegensatz zu den GoB, keinen rechtsverbindlichen Charakter besitzen und somit von ihrer Umsetzung her im Wesentlichen empfehlenswert, aber nicht zwingend sind. Die Verlautbarungen bzw. Stellungnahmen sind u. a. Basis für die Erstellung entsprechender Prüfungsstandards, wie der IDW RS FAIT 1, der IDW PS 261[424] oder IDW PS 330.[425]

3.5.1.1 Stellungnahmen des IDW zu Anforderungen an IT-Systeme

Um gleichartige Prüfungsaktivitäten bei verschiedenen Unternehmen und durch verschiedene Prüfer zu standardisieren, sind u. a. durch das IDW Prüfungsstandards entwickelt worden. Diese Standards sind entweder bereits verabschiedet und somit gültig oder teilweise noch im Entwurfsstadium. Da sie, wie bereits beschrieben, im Gegensatz zu den GoB, keinen rechtsverbindlichen Charakter besitzen, dienen sie somit als Arbeits- und Prüfungsleitfäden für die Revisoren. Als wesentliche Prüfungsstandards werden im Rahmen dieser Arbeit die folgenden kurz erläutert:

Der am Institut der Wirtschaftsprüfer ansässige Fachausschuss für moderne Abrechnungssysteme (FAMA) hat verschiedene als maßgeblich anerkannte fachliche Stellungnahmen erarbeitet und veröffentlicht. Zwischenzeitlich ist der FAMA durch den Fachausschuss für Informationstechnologie (FAIT) ersetzt worden. FAIT hat die Aufgaben bzw. Tätigkeiten von FAMA übernommen.

Einige der wesentlichen Stellungnahmen und Prüfungsstandards der Fachausschüsse des IDW zu Fragen des Einsatzes von Datenverarbeitungssystemen in der Buchführung sind in der folgenden Tabelle aufgelistet. Stellenweise befanden sich jedoch die Stellungnahmen und Prüfungsstandards zum Zeit-

424 Auf europäischer Ebene sind die ISA 315 und ISA 330 das Pendant zum IDW PS 261.
425 Auf europäischer Ebene ist der ISA 330 das Pendant IDW PS 330.

punkt der Erstellung dieser Arbeit teilweise noch im Entwurfsstadium oder waren nicht mehr relevant.[426]

Stellungnahme / Prüfungs-standard	Bezeichnung
Fachgutachten 1/1988	Prüfung interner Kontrollsysteme (nicht mehr relevant)
FAMA 1/1987 i.d.F.v. 1993	Grundsätze ordnungsmäßiger Buchführung bei computergestützten Verfahren und deren Prüfung (nicht mehr relevant)
FAMA 1/1995	Aufbewahrungspflichten beim Einsatz von EDI
HFA 4/1997 [427]	Projektbegleitende Prüfung EDV-gestützter Systeme
IDW RS FAIT 1	IDW Stellungnahme zur Rechnungslegung: Grundsätze ordnungsmäßiger Buchführung beim Einsatz von Informationstechnologie
IDW RS FAIT 2	IDW Stellungnahme zur Rechnungslegung: Grundsätze ordnungsmäßiger Buchführung beim Einsatz von Electronic Commerce
IDW RS FAIT 3	IDW Stellungnahme zur Rechnungslegung: Grundsätze ordnungsmäßiger Buchführung beim Einsatz elektronischer Archivierungsverfahren
IDW PH 9.330.1	Checkliste zur Abschlussprüfung beim Einsatz von Informationstechnologie
IDW EPS 850	Projektbegleitende Prüfung beim Einsatz von Informationstechnologie
IDW PS 200 [428]	Ziele und allgemeine Grundsätze der Durchführung von Abschlussprüfungen
IDW PS 210	Zur Aufdeckung von Unregelmäßigkeiten im Rahmen der Abschlussprüfung

426 Vgl. O. Gieschke / Überwachungsmaßnahmen / S. 16 ff.

427 Die HFA Stellungnahme 4 / 1997 wird momentan abgelöst durch den seit dem 19.09.2007 geltenden Entwurf IDW Prüfungsstandard: Projektbegleitende Prüfung bei Einsatz von Informationstechnologie (IDW EPS 850).

428 Analog zu IDW PS 200 kann auf europäischer Ebene auch der ISA 200 "Objective and General Principles Governing an Audit of financial Statements" gesehen und angewendet werden.

Stellungnahme / Prüfungs-standard	Bezeichnung
IDW PS 230	Kenntnisse über die Geschäftstätigkeit sowie das wirtschaftliche Umfeld des zu prüfenden Unternehmens im Rahmen der Abschlussprüfung
IDW PS 240 [429]	Grundsätze der Planung von Abschlussprüfungen
IDW PS 261	Feststellung und Beurteilung von Fehlerrisiken und Reaktionen des Abschlussprüfers auf die beurteilten Fehlerrisiken.
IDW PS 300	Prüfungsnachweise im Rahmen der Abschlussprüfung
IDW PS 312	Analytische Prüfungshandlungen
IDW PS 320	Verwendung der Arbeit eines anderen externen Prüfers
IDW PS 321	Interne Revision und Abschlussprüfung
IDW PS 322	Verwertung der Arbeit von Sachverständigen
IDW PS 330	Abschlussprüfung bei Einsatz von Informationstechnologie
IDW PS 340	Die Prüfung des Risikofrüherkennungssystems nach § 317 Abs. 4 HGB
IDW PS 450 [430]	Grundsätze ordnungsmäßiger Berichterstattung bei Abschlussprüfungen
IDW PS 460	Arbeitspapiere des Abschlussprüfers
IDW PS 880	Erteilung und Verwendung von Softwarebescheinigungen

Tabelle 10:Wesentliche Stellungnahmen und Prüfungsstandards

Im Verlauf dieser Arbeit werden der Standard zur Rechnungslegung IDW RS FAIT 1 und die Prüfungsstandards IDW PS 261 sowie IDW PS 330 näher erläutert.

---

429 Analog zu IDW PS 240 kann auf europäischer Ebene auch der ISA 300 "Planning" gesehen und angewendet werden.

430 Analog zu IDW PS 450 kann auf europäischer Ebene auch der ISA 260 "Communications of Audit Matters with Those Charged with Governance" gesehen und angewendet werden.

3.5.1.2 IDW RS FAIT 1

Ziel des FAIT 1 (Grundsätze ordnungsmäßiger Buchführung beim Einsatz von Informationstechnologie) ist es, aus den übergeordneten und stellenweise pauschal definierten GoB detaillierte Anforderungen für die Ordnungsmäßigkeit eines IT-gestützten Buchführungssystems abzuleiten.[431] Dabei stellt er eine Weiterentwicklung der GoBS dar mit den organisatorischen Komponenten der Sicherheit der rechnungslegungsrelevanten Daten und der IT-Systeme der Unternehmen.[432]

Er bestätigt, dass die GoB[433] kein fest definiertes Buchführungssystem vorschreiben.[434] Aufgabe des IDW RS FAIT 1 ist die Konkretisierung der aus den §§ 238, 239 und 257 HGB resultierenden Anforderungen an die Führung der Handelsbücher mittels IT-gestützter Systeme.[435] Betroffen sind hiervon auch ordnungsmäßige computergestützte Systeme, die unter Einbeziehung der gesamten manuellen und maschinellen Verfahren gem. § 239 Abs. 2 HGB eine vollständige, richtige, zeitgerechte und geordnete, nach dem § 239 Abs. 3 HGB eine unveränderbare sowie nach § 238 Abs. 1 HGB für einen sachverständigen Dritten nachvollziehbare Buchführung ergeben.

Die Umsetzung der geforderten Ordnungsmäßigkeitskriterien findet bei der Anwendungsentwicklung und bei der Kontrolle der sachgemäßen Anwendung statt. Um die Ordnungsmäßigkeit feststellen zu können, bedarf es einer Systemprüfung. Gemäß IDW PS 200 hat der Abschlussprüfer mittels einer Systemprüfung das rechnungslegungsrelevante Verarbeitungssystem seiner Mandanten zu analysieren. Dies geschieht vor dem Hintergrund, einen Eindruck von dessen Funktionsfähigkeit und somit vom Fehlerrisiko der verarbeiteten

---

431 Der IDW RS FAIT 1 ist von dem Fachausschuss für Informationstechnologie (FAIT) verabschiedet und seit dem 24.09.2002 als gültig erklärt worden. Als wesentlichstes Merkmal sei genannt, dass die IDW Stellungnahme zur Rechnungslegung die Abschnitte A und B der FAMA 1/1987 i. d. F. v. 1993 ersetzt hat.[431] Der FAMA 1/1987 ist eine Stellungnahme des IDW, die in ihrer Fassung 1/1987 die Stellungnahmen FAMA 1/1972, 1/1974, 1/1975 und 1/1978 ersetzt. Diese Verlautbarung ist wiederum durch die Fassung von 1993 abgelöst worden. Zwischen der Fassung von 1987 und 1993 existieren keine eklatanten Änderungen.

432 Vgl. M. Wolz / Zertifizierung und ... / S. 75.

433 Die GoB besagen, dass jedes Buchführungssystem, wenn es die Anforderungen der GoB erfüllt, beim Buchführungspflichtigen eingesetzt werden darf (§ 239 Abs. 4 HGB).

434 Vgl. FAMA 1/1987 i.d.F.v. 1993.

435 Dabei ist die Informationstechnologie (IT) die Gesamtheit der im Unternehmen zur elektronischen Datenverarbeitung eingesetzten Hard- und Software.

Geschäftsvorfälle zu bekommen.[436] Das Ergebnis soll der weiteren Prüfungsplanung dienen. I. d. R. erfolgt die Systemprüfung im Rahmen der Vorprüfung.[437] Gegenstand der Systemprüfung sind das Buchführungssystem und das integrierte individuelle IKS (Interne Kontrollsystem)[438], somit also das Verarbeitungs- und Kontrollsystem.[439] Lassen die Systemprüfung und analytischen Prüfungshandlungen auf ein niedriges Fehlerrisiko schließen, kann der Umfang der substanziellen Prüfungshandlungen erheblich reduziert werden.[440]

Bei dem IT-Kontrollsystem spricht man von Regelungen zur Steuerung[441] des Einsatzes von IT im Unternehmen (internes Steuerungssystem) und Regelungen zur Überwachung der Einhaltung dieser Regelungen (internes Überwachungssystem).[442] Um das IT-Kontrollsystem beurteilen zu können, sind die Angemessenheit der Identifizierung und Bewertung der IT-Fehlerrisiken seitens der Unternehmensleitung im Rahmen der Umsetzung der IT-Strategie und des Sicherheitskonzeptes zu beurteilen.[443]

In diesem Zusammenhang sollten auch unvollständige, falsche oder nicht zeitgerechte Aufzeichnungen mittels eines automatischen Verfahrens hervorgehoben werden.[444] Das Verfahren startet zum aufzeichnungspflichtigen Zeitpunkt des Geschäftsvorfalls und endet zum Zeitpunkt der Aufbewahrungspflicht dieses Geschäftsvorfalls.[445] Gemäß § 238 HGB muss die Richtigkeit der Buchführung nachprüfbar sein. Bei den Anforderungen, bei deren Umsetzung der Buchführungspflichtige an keiner bestimmten Form gebunden ist, handelt es sich um die Nachvollziehbarkeit der einzelnen Geschäftsvorfälle, die Nach-

---

436 Vgl. IDW PS 200 / Tz. 19; Vgl. IDW PS 450 / Tz. 53; Vgl. U. Lefferson / Wirtschaftsprüfung / S. 226; Vgl. M. Wolz / Wesentlichkeit im ... / S. 34-35.

437 Vgl. M. Wolz / Wesentlichkeit im ... / S. 35; Vgl. U. Lefferson / Wirtschaftsprüfung / S. 249; R. Quick / Die Risiken ... / S. 38; Vgl. J.D. Sullivan / Montgomery`s Auditing / S. 234.

438 Vgl. WP Handbuch 2006 / Abschnitt R/ S. 1959 ff; Vgl. M. Wolz / Wesentlichkeit im ... / S. 66; Vgl. P. Zaeh / Entscheidungsunterstützung in ... / S. 216; Vgl. M. Wolz / Wesentlichkeit im ... / S. 350; Vgl. H. Köster / Computergestützte Prüfungsmethoden / S. 78 ff; R. Quick / Die Risiken ... / S. 38 und 361.

439 R. Quick / Die Risiken ... / S. 39 und 253; Vgl. D. N. Ricchiute / Auditing / S. 190.

440 Vgl. M. Wolz / Wesentlichkeit im ... / S. 45; IDW PS 300, Tz. 24 i.V.m. PS 312, Tz. 11; Vgl. P. Adenauer / Berücksichtigung des ... / S. 64 ff und 203 ff.

441 Vgl. O. Gieschke / Überwachungsmaßnahmen / S. 16 ff.

442 Vgl. IDW RS FAIT 1 / S.3; An dieser Stelle kann auf den Prüfungsstandard IDW PS 261 Tz. 19 ff verwiesen werden. Vgl. M. Fröhlich / Finanzbuchführung mit / S. 175.

443 Eine weitere Beschreibung der IT-gestützten Prüfungstechniken und damit zusammenhängenden IT-gestützten Prüfungsdurchführung kann dem IDW PS 330 oder dem Kapitel "IDW PS 330" entnommen werden.; Vgl. RS FAIT 1, Tz. 8 ff; Vgl. IDW PS 330, Tz. 9 ff.

444 Vgl. R. Quick / Die Risiken ... / S. 354 ff; Vgl. E. Pougin / Die Berücksichtigung ... / S. 15 ff.

445 Vgl. IDW PS 261, Tz. 19 ff.

vollziehbarkeit des Verarbeitungsverfahrens, z. B. anhand einer Verfahrensdokumentation, und den Nachweis, der der Dokumentation entsprechenden Durchführung des Verfahrens.[446] Bezüglich der Beleg-, Konten- und Journalfunktion siehe bitte die entsprechenden Angaben in den vorgelagerten Abschnitten.[447]

Die Sicherheitsanforderungen[448] sind notwendige Voraussetzung dafür, die Verlässlichkeit der in der Buchführung, dem Jahresabschluss und in dem Lagebericht beinhalteten Daten zu gewährleisten.[449] Die Daten sind die Grundlage von Verarbeitungsprozessen bzw. werden zur Gewinnung von Informationen verwendet. In diesen Zusammenhang gehören auch die Verfahren bzw. Anwendungen, die im Rahmen der Generierung von Informationen eingesetzt werden, sowie die zugrunde liegende IT-Infrastruktur zu den sicherheitsrelevanten Bereichen der IT-gestützten Rechnungslegung.[450]

Die Begründung für die Anforderung zur Erstellung einer Verfahrensdokumentation[451] liegt in der bereits beschriebenen gesetzlichen Forderung, dass eine computergestützte Buchführung, ebenso wie eine manuell erstellte Buchführung, für einen sachverständigen Dritten in einer angemessenen Zeit prüfbar sein muss.[452]

---

446 Vgl. FAMA 1/1987 / Abschnitt B, I Grundsätze; Vgl. R. Schuppenhauer / Grundsätze /S. 59 ff.

447 Für detailliertere Angaben zu der Beleg-, Konten- und Journalfunktion verweise ich an dieser Stelle zu den Angaben im Kapitel "Beleg-, Journal- und Kontenfunktion".

448 Folgende Sicherheitsanforderungen müssen erfüllt sein, damit IT-Systeme die Voraussetzung für eine ordnungsmäßige Buchführung erfüllen: Datensicherheit, Datenschutz (vgl. in diesem Zusammenhang auch den IDW Prüfungsstandard: Ziele und allgemeine Grundsätze der Durchführung von Abschlussprüfungen (IDW PS 200), Tz. 8), Vertraulichkeit (Durch entsprechende Maßnahmen im Bereich der Vertraulichkeit soll die Einhaltung von Datenschutzgesetzen - z.B. Bundesdatenschutzgesetz und Telekommunikations-Datenschutzverordnung - sichergestellt werden. Dabei ist insbesondere die Einhaltung des Bundesdatenschutzgesetzes im Rahmen des Sicherheitskonzeptes zu beschreiben und zu gewährleisten sowie durch den Sicherheitsbeauftragten zu überwachen. Vgl. hierzu auch M. Wolz / Zertifizierung und ... / S. 75), Integrität, Verfügbarkeit (z.B. Back-up-Verfahren zur Notfallvorsorge), Autorisierung, Authentizität und Verbindlichkeit (vgl. IDW RS FAIT 1 / S.5-7).

449 Vgl. in diesem Zusammenhang auch den IDW Prüfungsstandard: Ziele und allgemeine Grundsätze der Durchführung von Abschlussprüfungen (IDW PS 200), TZ 8).

450 Um die sich aus diesem Sachverhalt ergebenden Sicherheitsanforderungen zu gewährleisten, muss vom Buchführungspflichtigen ein Sicherheitskonzept generiert, installiert und bei Bedarf aktualisiert werden. Bestandteil des Sicherheitskonzeptes ist die Aufnahme und Bewertung aller im System und der mit dem Einsatz des Systems im Zusammenhang stehenden Sicherheitsrisiken. Für die identifizierten und bewerteten Risiken müssen entsprechende technologische und organisatorische Maßnahmen entwickelt werden, um die ordnungsmäßige und sichere Abwicklung der IT-gestützten Geschäftsprozesse sicherzustellen.

451 Gemäß § 257 Abs. 1 Nr. 1 HGB sind die Verfahrensdokumentationen, die zum Verständnis der Buchführung notwendig sind, zehn Jahre aufzubewahren.

452 Bei der computergestützten Buchführung laufen die Verarbeitungsprozesse im Wesentlichen maschinenintern und somit nicht visuell ab. Um diese maschineninternen

Bezüglich weiterer und detaillierterer Informationen zu dem Inhalt dieser IDW Verlautbarung/Stellungnahme verweise ich an dieser Stelle auf den IDW RS FAIT 1.

3.5.1.3 IDW PS 261

Der IDW Prüfungsstandard IDW PS 261 "Feststellung und Beurteilung von Fehlerrisiken und Reaktionen des Abschlussprüfers auf die beurteilten Fehlerrisiken" vom 06.09.2006 ersetzt den IDW Prüfungsstandard IDW PS 260 "Das interne Kontrollsystem im Rahmen der Abschlussprüfung". Der IDW PS 261 entspricht den Anforderungen an das Prüfungsvorgehen nach ISA 315 "Understanding the Entity and its Environment and Assessing the Risks of Material Misstatement" und ISA 330 "The Auditor's Procedures in Response to Assessed Risks".[453]

Mit der Erstellung des IDW PS 261 stellt das IDW zum einen die Berufsauffassung dar, unabhängig von der Eigenverantwortung im Rahmen der Abschlussprüfung die Risiken wesentlicher Falschangaben innerhalb der Rechnungslegung (Fehlerrisiken) zu identifizieren, und zum anderen auf die beurteilten Risiken angemessen zu reagieren (risikoorientierter Prüfungsansatz).[454] In diesem Zusammenhang werden ebenfalls die Grenzen der Prüfungshandlungen aufgezeigt.[455]

Eine Abschlussprüfung darauf auszurichten ist, dass Prüfungsaussagen mit einer hinreichenden Sicherheit getroffen werden können.[456] Das Risiko der

---

Verarbeitungsprozesse begreifen, nachvollziehen und prüfen zu können, muss dem Außenstehenden neben den optisch einsehbaren Eingabedaten und Verarbeitungsergebnissen eine umfassende Verfahrensdokumentation zur Verfügung gestellt werden, die inhaltlich die Verarbeitungsprozesse detailliert und verständlich beschreibt.

453 Vgl. IDW PS 261 Tz. 94 und 95. Aus dem deutschen Recht ergänzende Anforderungen sind im Abschnitt 7 des IDW PS 261 beschrieben.

454 Vgl. IDW PS 261 Tz. 1-4. Aufgrund der existierenden Prüfungspflicht der Buchführung, des Risikofrüherkennungssystems sowie der Berichtspflichten im Bestätigungsvermerk/ Prüfungsbericht gem. § 317 HGB, sind sowohl das Buchführungssystem als auch das Risikofrüherkennungssystem als wesentliche prüfungsrelevante Komponenten des IKS fokussiert.

455 Jahres-, Zwischen- und Konzernabschlüsse im Sinne des IDW PS 200 "Ziele und allgemeine Grundsätze der Durchführung von Abschlussprüfungen". Bei abweichendem Prüfungsgegenstand oder Prüfungen, die keine Abschlussprüfungen nach Art und Umfang darstellen, muss individuell beurteilt werden, ob dort die Grundsätze dieses IDW-Prüfungsstandards Anwendung finden.

456 Vgl. darüber hinaus den IDW Prüfungsstandard: IDW PS 200, Tz. 24.

Abgabe eines positiven Prüfungsurteils muss trotz wesentlicher Fehler in der Rechnungslegung (Prüfungsrisiko[457]) auf ein annehmbares Maß reduziert werden. Diesbezüglich muss der Abschlussprüfer die einzelnen Komponenten des Prüfungsrisikos[458] kennen und analysieren, um daraus eine risikoorientierte Prüfungsstrategie und ein entsprechendes Prüfprogramm abzuleiten.[459]

Bei einem ineffektiven IKS, also einem höheren Kontroll- und damit auch höherem Fehlerrisiko, ist die Anzahl der aussagebezogenen Prüfungshandlungen höher als bei einem effektiven IKS (niedriges Kontroll- und damit auch niedriges Fehlerrisiko).[460] Es ist jedoch zu beachten, dass das Fehlerrisiko als aggregierter Wert geschätzt und nicht in die einzelnen Komponenten zerlegt wird.[461]

Somit müssen Abschlussprüfer bei der Festlegung von Fehlern Wesentlichkeitsgrade[462] definieren.[463] Durch die Definition und Berücksichtigung des Kriteriums der Wesentlichkeit erfolgt die Konzentration auf entscheidungsrelevante Sachverhalte.[464] Das Prüfungsrisiko und der Wesentlichkeitsgrad stehen im Zusammenhang.[465]

---

457 Vgl. C & L Deutsche Revision / Prüfungsrichtlinien / S. 16 ff.

458 Das Prüfungsrisiko setzt sich aus dem Entdeckungsrisiko und Fehlerrisiken zusammen, die sich wiederum in inhärente Risiken und Kontrollrisiken untergliedern. Vgl. hierzu auch die detaillierten Ausführungen in Kapitel 1.3.

459 Vgl. zusätzlich den IDW Prüfungsstandard: Grundsätze der Planung von Abschlussprüfungen (IDW PS 240, Tz. 17); Vgl. WP Handbuch 2006 / S. 1950 bis 1956 ff; WPG 2000, S. 846, FN-IDW 2000, S. 218, FN-IDW 2006, S.1, IDW PS 261, Tz. 5.

460 Vgl. IDW PS 261, Tz. 7.

461 Vgl. M. Wolz / Wesentlichkeit im ... / S. 58; Vgl. N. Martinov / The Assessment ... / S. 111; Angenommen, das zulässige Prüfungsrisiko wird auf 0,03 (also 3%) festgesetzt, das inhärente Risiko sei 0,3 und das Kontrollrisiko wird mit 0,5 angesetzt. Für das maximal vertretbare Entdeckungsrisiko ergibt sich daraus ein Wert von 0,2 (0,3 x 0,5 x 0,2 = 0,03). Demnach sind die Prüfungshandlungen so auszurichten, dass sie mit einer Wahrscheinlichkeit von wenigstens 80 % die nicht vom Kontrollsystem verhinderten Fehler aufzudecken imstande sind.

462 Die Wesentlichkeit kann zum einen in der absoluten Höhe oder zum anderen in der Bedeutung der Angabe für die Rechnungslegung darin begründet sein, dass die Angabe in Verbindung mit anderen falschen Angaben wesentlich ist.

463 Vgl. IDW PS 261 Tz. 8 und 9; Vgl. WP Handbuch 2006 / S. 1956 ff; Vgl. IDW PS 200, Tz. 20.

464 Vgl. Gabler Wirtschaftslexikon / S. 2227 und 2228; Vgl. IDW PS 250, Tz. 4 ff. Analog zu dem IDW PS 250 kann auf europäischer Ebene auch der IFAC ISA 320 "Audit Materiality" gesehen und angewendet werden. Zu beachten ist an dieser Stelle auch der Grundsatz der Wirtschaftlichkeit und Wesentlichkeit als strikte Nebenbedingung bei der Bestimmung von Art und Umfang der Prüfungshandlungen. Vgl. hierzu auch M. Wolz / Wesentlichkeit im ... / S. 6; Vgl. hierzu auch PS 200, Tz.9 und WP Handbuch 2006 / S. 1939 und 1944, Vgl. IDW PS 261, Tz. 8 und 9.

465 Soll das Prüfungsrisiko gleich gehalten werden, können die erhöhten Risiken beispielsweise durch eine höhere Anzahl von aussagebezogenen Prüfungshandlungen kompensiert werden. Soll der Wesentlichkeitsgrad dagegen reduziert werden, erhöht sich die Wahrscheinlichkeit für

Der Grundsatz der Wesentlichkeit wird seit langem als einer der wichtigsten Grundsätze ordnungsmäßiger Abschlussprüfung angesehen.[466]

Bei der Prüfungsplanung und -durchführung hat sich auch international der sogenannte risikoorientierte Prüfungsansatz durchgesetzt.[467] Um die Analyse der unterschiedlichen Unternehmensbereiche durchführen zu können, können diverse Prüfungshandlungen durchgeführt werden.

Hierbei handelt es sich beispielsweise um analytische Prüfungshandlungen, Inaugenscheinnahme, Beobachtung und Befragung des Managements sowie von Unternehmensmitarbeitern.[468]

Um die Wirksamkeit eines IKS prüfen zu können (vorausgesetzt, der Prüfer möchte sich hierauf verlassen[469]), sind folgende Prüfungsschritte notwendig:

- Aneignung von Kenntnissen über das IKS (nur die für die Abschlussprüfung relevanten Kontrollen)
- Prüfung des Aufbaus des IKS (Aufbauprüfung)[470]
- Prüfung der Funktion des IKS (Funktionsprüfung).[471]

In der Praxis werden die Aufbau- und Funktionsprüfungen[472] nicht in separaten Prüfungen durchgeführt, sondern die einzelnen Bereiche des IKS gleichzeitig auf den Aufbau und die Funktionen hin geprüft.[473]

---

das Vorliegen wesentlicher Fehler und somit steigt das Prüfungsrisiko. Vgl. IDW PS 261, Tz. 8 und 9; Vgl. IDW PS 250; Vgl. WPg 2003, S. 944, FN-IDW 2003, S. 441.

466 M. Wolz / Wesentlichkeit im ... / S. 10 und 16; Vgl. R. Quick / Die Risiken ... / S. 181; Vgl. IDW PS 200 / Tz. 9; Vgl. WP Handbuch 2006 / S. 1939 und 1944.

467 Vgl. R. Quick / Die Risiken ... / S. 70 ff.

468 Vgl. IDW PS 261, Tz. 16.

469 Vgl. J.D. Sullivan / Montgomery`s Auditing / S. 234; Vgl. R. Quick / Die Risiken … / S. 38 ff.

470 Vgl. W. Knop / Eine Möglichkeit ... / S. 95; Vgl. R. Quick / Die Risken ... / S. 91 ff; WP Handbuch 2006 / S 2001 ff; Vgl. IDW PS 330, Tz. 14 ff.

471 Vgl. K. Ruhnke / Geschäftsrisikoorientierte Abschlussprüfung / S. 437 ff; Vgl. WP Handbuch 2006 / S. 1998 ff; Vgl. IDW PS 330, Tz. 14 ff. Die aus diesen Prüfungen gewonnenen Ergebnisse stellen die Basis für die abschließende Beurteilung der Kontrollrisiken durch den Abschlussprüfer dar. Diese Funktionsprüfungen, mit denen festgestellt wird, ob die eingerichteten organisatorischen Regelungen geeignet sind, wesentliche Verstöße gegen die GoB zu vermeiden, zu identifizieren und ggf. zu korrigieren, sind auf die prüfungsfeldspezifischen Kontrollrisiken auszurichten.

472 Bezüglich der weiteren Ausgestaltung und Arten von Aufbau- und Funktionsprüfungen siehe die Ausführungen in Kapitel 1.3.

473 Wenn i.R.d. Aufbauprüfung die Angemessenheit des IKS festgestellt wurde, sind unter bestimmten Voraussetzungen für diese Kontrollen Funktionsprüfungen durchzuführen. Dies ist

Als Ergebnis der Aufbauprüfung wird eine vorläufige Beurteilung des IKS vorgenommen[474], die in der abschließenden Beurteilung nach der Durchführung von Funktionsprüfungen die Angemessenheit, die ordnungsgemäße und kontinuierliche Anwendung bewertet.

Unter einem internen Kontrollsystem werden die von der Unternehmensleitung im Unternehmen eingeführten Grundsätze, Verfahren und Maßnahmen verstanden,[475] die darauf ausgerichtet sind, die organisatorischen Umsetzungen der Entscheidungen der Unternehmensleitung in den folgenden Bereichen zu gewährleisten:

- Sicherung der Wirksamkeit u. Wirtschaftlichkeit der Geschäftstätigkeit (z. B. Schutz des Vermögens[476] durch Unterschriftenregelungen, Funktionstrennungen bzw. Zugriffsbeschränkungen[477] und Aufdeckung von Unregelmäßigkeiten[478])
- Sicherung der Ordnungsmäßigkeit und Verlässlichkeit der externen und internen Rechnungslegung (z. B. Buchführung, Jahresabschluss und Lagebericht[479])

---

dann der Fall, wenn man von der Wirksamkeit einer Kontrolle ausgeht und ein Teil der notwendigen Prüfungssicherheit aus der Unterstellung eines funktionsfähigen IKS resultiert oder aussagebezogene Prüfungshandlungen zur Erlangung angemessener Prüfungssicherheit auf Aussageebene alleine nicht ausreichen. Dabei können einige der Prüfungshandlungen, die im Rahmen der Aufbauprüfung des IKS ausgeführt wurden, ebenfalls als Prüfungsnachweise über die Funktion der internen Kontrollmaßnahmen verwendet werden.

474 Sollte bei der vorläufigen Einschätzung des IKS dessen Angemessenheit und Wirksamkeit eingeschränkt sein, sollten die Funktionsprüfungen, die an dieser Stelle wirkungslos wären, durch aussagebezogene Prüfungshandlungen wie Einzelfallprüfungen oder analytische Prüfungshandlungen ersetzt werden. In anderen gleichgelagerten Fällen könnten jedoch Funktionsprüfungen z. B. zur Prüfung des Buchführungssystems bezüglich der allgemeinen Ordnungsmäßigkeit der Buchführung durchgeführt werden. Vgl. WP Handbuch 2006 / S 2011.

475 Vgl. IDW RS FAIT 1 / S.3; Vgl. S. Illg / Implementierung eines ... / S. 13; Vgl. WP Handbuch 2006 / S. 1998 ff, Vgl. IDW PS 261, Tz. 19.

476 Vgl. R. Quick / Die Risiken / S. 354; Vgl. H. Neubert / Internal Control / S. 300 und 301; Vgl. Vgl. WP Handbuch 2006 / S. 1998 ff.

477 Vgl. C. Denk / Analyse der ... / S. 7; Vgl. P. Horvath / Controlling / S. 786; Vgl. S. Illg / Implementierung eines ... / S. 13; Vgl. R. Quick / Die Risiken ... / S. 355; Vgl. P. Brauch / Ist die ... / S. 59 ff; Vgl. H. Gaebert / Ist die ... / S. 277 ff; Vgl. R. Hofmann / Ist die ... / S. 215 ff; Vgl. W. Huber / Ist die ... / S. 134 ff.

478 Vgl. auch die Stellungnahme HFA 7/1997: Zur Aufdeckung von Unregelmäßigkeiten im Rahmen der Abschlussprüfung; Vgl. S. Illg / Implementierung eines ... / S. 13.

479 Vgl. R. Quick / Die Risiken ... / S. 354 ff; Vgl. E. Pougin / Die Berücksichtigung ... / S. 15 ff; Vgl. B. Berenz / Die Geschäftsprozessorientierung in ... / S.1235; Vgl. M. Kühnberger / Buchhaltung - von der ... / S. 11, Vgl. Institut der Wirtschaftsprüfer in Deutschland e.V./ WP-Handbuch 1996 / S.1340; Vgl. IDW PS 200 / Tz. 19; Vgl. IDW PS 450 / Tz. 53; Vgl. U. Lefferson / Wirtschaftsprüfung / S. 226; Vgl. M. Wolz / Wesentlichkeit im ... / S. 34-35; Vgl. S. Illg / Implementierung eines ... / S. 13.

- Einhaltung der für das Unternehmen maßgeblichen rechtlichen Vorschriften (Compliance-Prüfungen[480])

Das IKS setzt sich hierbei zum einen aus Regelungen zur Steuerung der Unternehmensaktivitäten (internes Steuerungssystem) und Regelungen zur Überwachung der Einhaltung dieser Regelungen (internes Überwachungssystem) zusammen.[481] Das Überwachungssystem kann prozessintegriert oder prozessunabhängig sein.[482]

Durch laufende, automatische Einrichtungen werden organisatorische Sicherungsmaßnahmen durchgeführt. Sie beinhalten fehlerverhindernde Maßnahmen, die integraler Bestandteil in der Aufbau- und Ablauforganisation eines Unternehmens sind.

Hierdurch wird ein vorgegebenes Sicherheitsniveau sichergestellt, z.B. Zugriffsberechtigungen im IT-Bereich (Berechtigungskonzept[483]), Funktionentrennung oder Unterschriftenrichtlinien.[484]

Durch in den Arbeitsablauf integrierte Maßnahmen[485] werden Kontrollen durchgeführt, die die Wahrscheinlichkeit für das Auftreten von Fehlern in den Arbeitsabläufen minimieren bzw. verhindern oder aufdecken sollen.[486]

---

480 Vgl. IDW PS 201 TZ. 10); Vgl. S. Illg / Implementierung eines ... / S. 14; H. Gräfer / Rechnungslegung - Bilanzierung ... / S. 36; Vgl. A. Nutz / Integrierte Prüfungssoftware / S. 36.

481 Die Überwachungsmaßnahmen können sowohl prozessintegriert (z. B. der Abgleich von betrieblichen Statistiken mit Daten der Finanzbuchhaltung oder die Abstimmung von Zahlungseingängen mit Rechnungsbeträgen) oder prozessunabhängig (z. B. Prüfungshandlungen der internen Revision) erfolgen.; Vgl. IDW PS 261 Tz. 20 ff; Vgl. IDW RS FAIT 1 / S.3; Vgl. C. Denk / Analyse der ... / S. 4; Vgl. WP Handbuch 2006 / S. 2000 ff.

482 Vgl. S. Illg / Implementierung eines ... / S. 13; Vgl. C. Denk / Analyse der ... / S. 8.

483 Da über die Berechtigungsvergabe im Wesentlichen der Zugriff auf das System bzw. die Systeme gesteuert und somit auch die Datenqualität und -sicherheit beeinflusst wird, muss hierauf ein besonderes Augenmerk gelegt werden. Der Zugriff auf einzelne Daten muss explizit im Rahmen der Berechtigungserstellung erlaubt werden. Im Rahmen der Berechtigungsprüfung sollte geprüft werden, wer die Berechtigung zu den entsprechenden Transaktionen im System hat und ob die Auswertung mit dem Berechtigungskonzept des Unternehmens übereinstimmt.

484 z. B. Funktionstrennung und Zugriffsschutz; Vgl. IDW PS 261 TZ 20; Vgl. W. Eisele / Technik des ... / S. 521 ff; Vgl. H. Hanisch / Revision und Kontrolle ... / S. 163.

485 Vgl. H. Neubert / Internal Control / S. 174.

486 Zusätzlich können weitere sonstige prozessunabhängige Überwachungsaktivitäten, z.B. in Form sogenannter "High-level controls" definiert sein. Diese werden i.d.R. im besonderen Auftrag der gesetzlichen Vertreter bzw. durch sie selbst vorgenommen.

Regelungsbereiche des internen Kontrollsystems

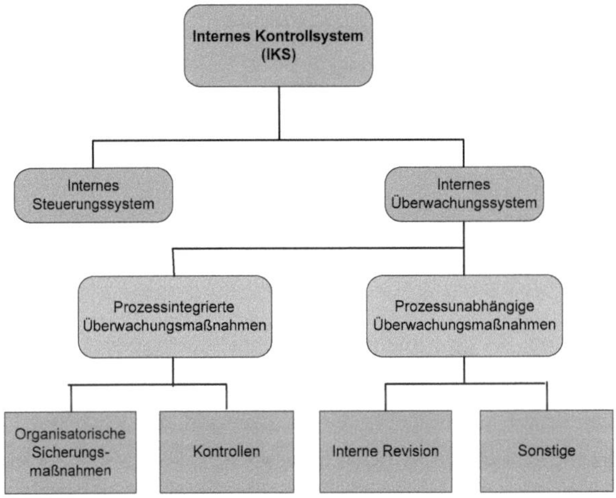

Vgl. IDW PS 261, Tz. 20

Abbildung 5:Regelungsbereiche des internen Kontrollsystems

Auch wenn ein sachgerecht gestaltetes IKS installiert ist, kann nicht abschließend gewährleistet werden, dass alle verfolgten Ziele erreicht werden. Gründe hierfür sind beispielsweise menschliche Fehlleistungen[487], nicht routinemäßige Geschäftsvorfälle[488] oder Verantwortungsmissbrauch der für bestimmte Kontrollen verantwortlichen Personen.[489]

Ein IKS besteht nach dem COSO-Report aus fünf Komponenten, die in einer wechselseitigen Beziehung zueinander stehen.[490]

487 Vgl. WP Handbuch 2006 / S. 2001; Vgl. IFAC ISA 315, Tz. 64.
488 Vgl. WP Handbuch 2006 / S. 2003.
489 Vgl. IDW PS 261, Tz. 25.
490 Bei diesen Komponenten handelt es sich um die sogenannten COSO-Komponenten (COSO = Committee of Sponsoring Organisations of the Treadway Commission Internal Control-Integrated Framework), die ein international anerkanntes Rahmenwerk für interne Kontrollsysteme darstellen; Vgl. C. Menzies / Sarbanes-Oxley Act / S. 74 ff; Vgl. WP Handbuch 2006 / S 1952; Vgl. IFAC ISA 315 Tz. 43, Vgl. IDW PS 261, Tz. 29.

Hierbei handelt es sich um:

- Kontrollumfeld (control environment),[491]
- Risikobeurteilung (risk assessments),[492]
- Kontrollaktivitäten (control activities),[493]
- Information und Kommunikation (information and communication)[494] und
- Überwachung des IKS (monitoring).[495]

Bezüglich weiterer Informationen zum COSO Report wird an dieser auf die Ausführungen in dem Kapitel zum COSO Report verwiesen.

Im Anschluss an die ausgeführten Prüfungshandlungen und auf Basis der gewonnenen Erkenntnisse muss abschließend beurteilt werden, ob die im Rahmen der Prüfung getroffenen Einschätzungen bezüglich der Fehlerrisiken und die durchgeführten Funktionsprüfungen des IKS, als Reaktion auf diese Einschätzungen, sowie die aussagebezogenen Prüfungshandlungen, angemessen sind bzw. waren.[496]

Bezüglich weiterer und detaillierterer Informationen zu dem Inhalt dieses IDW Prüfungsstandards wird an dieser Stelle auf den IDW PS 261 verwiesen.

---

491 Vgl. C. Denk / Analyse der ... / S. 36 ff; Ernst & Young / Preparing for ... / S. 16; Vgl. WP Handbuch 2006 / S. 2002; Vgl. IFAC ISA 315, Tz. 75.

492 Vgl. P. Horvath / Controlling / S. 782; Vgl. C. Denk / Analyse der ... / S. 12; Vgl. C. Menzies / Sarbanes-Oxley Act / S. 79, IDW PS 261 Tz. 31 und 45 ff; Vgl. C. Menzies / Sarbanes-Oxley Act / S. 79 ff; Vgl. WP Handbuch 2006 / S. 2002; Vgl. IFAC ISA 315, Tz. 77.

493 Kontrollaktivitäten sind gem. IDW PS 261, Tz. 51 für den Abschlussprüfer dann relevant (wesentlich), wenn sie sich auf bedeutsame Risiken beziehen und in Verbindung mit Risiken sind, bei denen lediglich aussagebezogene Prüfungshandlungen nicht zur Erlangung ausreichender Prüfungsicherheit genügen. Vgl. IDW PS 261 Tz. 32; Vgl. C. Menzies / Sarbanes-Oxley Act / S. 79 ff; Vgl. M. Wolz / Wesentlichkeit im ... / S. 89 ff, Vgl. IDW PS 261, Tz. 49 ff, Vgl. IDW PS 261 Tz. 54.

494 Vgl. KPMG / Sarbanes-Oxley / S. 10; Vgl. H. Westhausen / Das COSO-Modell .../ S. 99, Vgl. P. Winkler / Interne Revision ... / S.10; Vgl. C. Denk / Analyse des ... / S. 38, Vgl. IDW PS 261, Tz. 56 ff. Vgl. IDW PS 261 Tz. 33; Vgl. C. Menzies / Sarbanes-Oxley Act / S. 79 ff; Vgl. WP Handbuch 2006 / S. 2002; Vgl. IFAC ISA 315, Tz. 81, Vgl. IDW PS 261 Tz. 57.

495 Vgl. C. Denk / Analyse des ... / S. 38; Vgl. KPMG / Sarbanes-Oxley / S. 12, Vgl. WP Handbuch 2006 / S. 2002; Vgl. K. Marten / Wirtschaftsprüfung / S. 262, Vgl. IDW PS 261 Tz. 34 und 59 - 60; Vgl. C. Menzies / Sarbanes-Oxley Act / S. 80 ff; Vgl. in diesem Zusammenhang auch den IDW Prüfungsstandard: Berücksichtigung der Arbeiten der internen Revision im Rahmen der Abschlussprüfung (IDW PS 321); Bei diesen Komponenten handelt es sich um die sogenannten COSO-Komponenten (COSO = Committee of Sponsoring Organisations of the Treadway Commission Internal Control-Integrated Framework), die ein international anerkanntes Rahmenwerk für interne Kontrollsysteme darstellen.; Vgl. S. Schmidt / Externe Qualitätskontrollen../S. 98 ff. Vgl. Menzies/Sarbanes-Oxley Act /S. 89; Vgl. IDW PS 261, Tz. 34.

496 Vgl. IDW PS 300, Tz. 34; Vgl. K. Ruhnke / Geschäftsrisikoorientierte Abschlussprüfung / S. 437 ff; Vgl. J. Leichti / An Investigation ... / S. 20, Vgl. IDW PS 261 Tz. 85.

3.5.1.4 IDW PS 330

Der IDW PS 330 definiert, dass Wirtschaftsprüfer unbeschadet ihrer Eigenverantwortlichkeit im Rahmen von Abschlussprüfungen IT-System-prüfungen durchführen müssen.[497] Basis dieses Prüfungsstandards sind die allgemeinen Anforderungen zur Prüfung des IKS durch den Abschlussprüfer gemäß IDW PS 261.[498]

Da IT-gestützte Systeme kritische Erfolgsfaktoren zur Steuerung, Überwachung und Rechnungslegung eines Unternehmens sind, sollte der Prüfer eine übergreifende Betrachtung der IT-Systeme und der damit abgewickelten Geschäftsprozesse vornehmen. Eine system- und prozessorientierte integrierte Prüfung untersucht die Interdependenzen zwischen den IT-Systemen und den Geschäftsprozessen sowie deren Auswirkungen auf die Management-Berichterstattung und die Rechnungslegung.[499] Dies bedeutet, dass der Abschlussprüfer das IT-System des Unternehmens in dem Umfang prüfen muss, dass dessen Bestandteile dazu eingesetzt werden, Informationen über Geschäftsvorfälle abzubilden, die rechnungslegungsrelevant sind.[500]

Somit stellt die IT-Systemprüfung einen Teilbereich der Prüfung des IKS dar und wird dementsprechend nach den allgemeinen Grundsätzen der Prüfung von IKS geplant und durchgeführt. Das primäre Ziel ist die Beurteilung der IT-

---

[497] Vgl. WP Handbuch 2006 / S. 1992 ff; Detaillierte Informationen zu den Bereichen Systemprüfung und der damit verbundenen Systemaufnahme und Systembeurteilung können den Kapiteln "Vorgehensweise bei der Systemprüfung", "Systemaufnahme" und "Systembeurteilung" entnommen werden. Dieser IDW-Prüfungsstandard ist für Abschlussprüfungen relevant, d. h., Prüfungen von Jahres-, Konzern- und Zwischenabschlüssen im Sinne des IDW Prüfungsstandards "Ziele und allgemeine Grundsätze der Durchführung von Abschlussprüfungen“ (IDW PS 200, Tz.5).

[498] Vgl. IDW PS 330 Tz. 1 ff.

[499] Vgl. auch den IDW Prüfungsstandard: Grundsätze für die ordnungsmäßige Erteilung von Bestätigungsvermerken bei Abschlussprüfungen (IDW PS 400), Tz. 42, 66); Vgl. des Weiteren den IDW Prüfungsstandard: Grundsätze ordnungsmäßiger Berichtserstattung bei Abschlussprüfungen (IDW PS 450), Tz. 60 ff).

[500] Hierbei handelt es sich im Wesentlichen um die im IDW RS FAIT 1 beschriebenen Ordnungsmäßigkeits- und Sicherheitsanforderungen und um die nach § 322 Abs. 1 Satz 1 HGB i. V. m. § 317 Abs. 1 Satz 1 HGB und § 321 Abs. 2 Satz 2 HGB geforderten Prüfungsaussagen über die Ordnungsmäßigkeit der Buchführung. Das IT-System ist dahingehend zu prüfen, in welchem Umfang dessen Elemente dazu dienen, Daten bezüglich Geschäftsvorfälle oder betriebliche Aktivitäten zu verarbeiten, die entweder direkt in die IT-gestützte Rechnungslegung einfließen oder als Grundlage für Buchungen im Rechnungslegungssystem in elektronischer Form zur Verfügung stehen (rechnungslegungsrelevante Daten). In diesem Zusammenhang beinhaltet der Begriff Rechnungslegung die Buchführung, den Jahresabschluss und den Lagebericht. Auf Ebene des Konzerns den Konzernabschluss und den Konzernlagebericht.

Fehlerrisiken,[501] die der Erreichung der Unternehmensziele entgegenstehen können.[502] Bei dem IT-Kontrollsystem handelt es sich um den integralen Bestandteil des IKS.[503] Diesbezüglich hat der Abschlussprüfer die aussagebezogenen Prüfungshandlungen sowohl unter Berücksichtigung der Ergebnisse der Prüfung des IT-Kontrollsystems als auch des IKS in Summe zu bemessen.[504] Um IT-Systemprüfungen durchführen zu können, müssen spezielle Prüfungsmethoden eingesetzt werden, um die einzelnen Prüfungsgebiete, hier die IT-Infrastruktur, die IT-Anwendungen und die IT-gestützten Geschäftsprozesse inklusive des IT-Umfeldes und der IT-Organisation entsprechend zu berücksichtigen.[505]

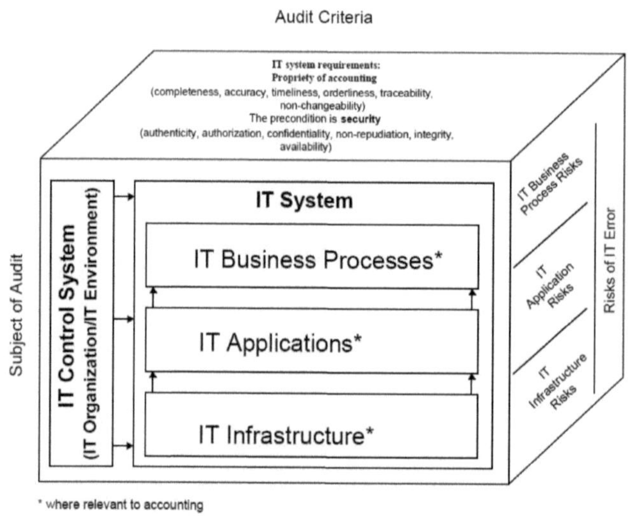

Abbildung 6:IT-Systemprüfung [506]

---

501 Die mit der konkreten Ausgestaltung des IT-Systems einhergehenden Risiken für wesentliche Fehler in der Rechnungslegung werden als IT-Fehlerrisiken definiert. Vgl. WP Handbuch 2006 / S. 1993 ff.

502 Vgl. den IDW Prüfungsstandard: Die Prüfung des Risikofrüherkennungssystems nach § 317 Abs. 4 HGB (IDW PS 340).

503 Vgl. WP Handbuch 2006 / S. 2014 ff; Vgl. IDW RS FAIT 1 / S.3.

504 Bezogen auf die verschiedenen möglichen Prüfungshandlungen vgl. IDW PS 330, Tz. 27 ff.

505 Vgl. IDW PS 330 Tz. 9 ff; Vgl. RS FAIT 1, Tz. 8; Vgl. RS FAIT 1, Tz. 8 ff; Vgl. WP Handbuch 2006 / S. 2014 ff; Grundsätzlich kann die IT-Systemprüfung auf die Elemente eingegrenzt werden, die für die IT-gestützte Rechnungslegung von wesentlicher Bedeutung sind.

506 IDW PS 330, S. 3.

Für diese Arbeit sind insbesondere die beiden Bereiche "IT-Anwendungen" und "IT-gestützte Geschäftsprozesse" von Bedeutung.

Prüfungsfelder einer IT-Systemprüfung

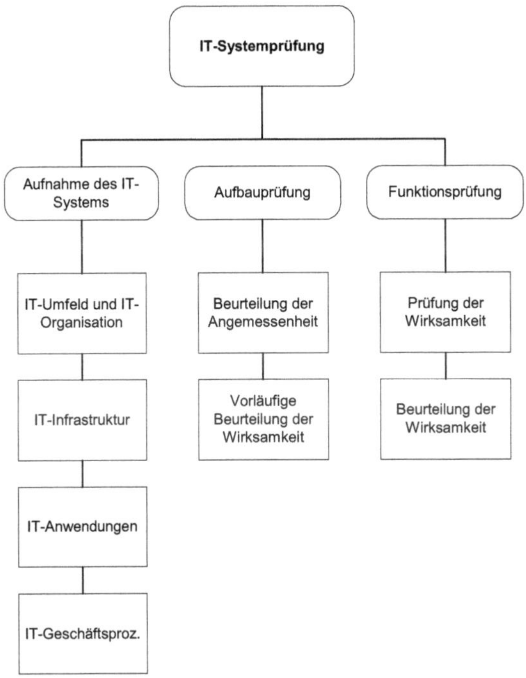

IDW PS 330; Tz. 29 S. 10

Abbildung 7:Prüffelder einer IT-Systemprüfung [507]

[507] Die Aufnahme der rechnungslegungsrelevanten IT-Systemelemente kann beispielsweise durch die Verwendung und Auswertung von Organigrammen, Prozessbeschreibungen und Prozessrichtlinien sowie diverser Hard- und Softwareaufstellungen erfolgen. Bei der Aufnahme der Bereiche IT-Umfeld (z. B. IT-Sicherheitskonzept oder verbindlich niedergelegte und aus der Unternehmensstrategie abgeleitete IT-Strategie), IT-Organisation (z. B. Organigramme und Ablaufpläne), IT-Infrastruktur (z. B. Hardware, Betriebssysteme und Sicherheitskonzepte), IT-Anwendungen (z. B. Klassifizierung der nach Dialog- und/oder Batchverarbeitung bzw. Angaben zu den verwendeten Programmiersprachen und zur Datenhaltung) und IT-Geschäftsprozesse (z. B. Datenfluss wie Datenherkunft, Verarbeitung und Datenübergabe sowie Verbindung zur Buchführung) bedarf es zusätzlich der Aufnahme des zugeordneten Überwachungssystems. Vgl. IDW PS 330, Tz. 49 ff; IDW FAIT 1, Tz. 14; Eine detaillierte Beschreibung der zu den einzelnen Prüfungsfeldern aufgelisteten untergeordneten Prüfungsbereichen und den zur Prüfung möglichen Prüfungshandlungen erfolgt im IDW PS

Sollte bei der IT-Systemprüfung ein IKS geprüft werden, müssen umfassende Prüfungshandlungen vorgenommen werden, da die Beurteilung der Ordnungsmäßigkeit und Sicherheit der IT-gestützten Rechnungslegung ohne Berücksichtigung der programmierten rechnungslegungsrelevanten Abläufe nicht möglich ist. IT-Systemprüfungen - insbesondere bei komplexen Systemen- können zum einen bei der Einführung im Rahmen einer Pre-Implementation-Prüfung, zum anderen nach der Einführung (z.B. nach Modifikationen, Neueinführung oder Erweiterung wesentlicher rechnungslegungsrelevanter IT-Anwendungen) im Rahmen einer ex-post-Prüfung erfolgen.[508]

Bei der Beurteilung auf Unternehmensebene sind im Zusammenhang mit der Erstellung der Prüfungsstrategie die IT-bezogenen Risikoindikatoren Abhängigkeit, Änderungen, Know-how und Ressourcen sowie die geschäftliche Ausrichtung zu berücksichtigen.[509] Jedoch sind nicht alle Informationen von gleicher Bedeutung für die Jahresabschlussadressaten, was bei der Prüfungsplanung berücksichtigt wird.[510] Die prüffeldspezifische Beurteilung der inhärenten Risiken kann bei der Entwicklung des Prüfprogramms beispielhaft anhand einer Matrix vorgenommen werden.[511] Anhand dieser beispielhaft dargestellten Risikoindikatoren kann die Entstehung von IT-Fehlerrisiken, hier in den Bereichen IT-Infrastruktur[512],IT-Anwendungen[513] und IT-Geschäftsprozesse[514], konkretisiert werden.

330, laufende Gliederungsnummer 3.3.ff, Tz. 51 ff, Seite 16 ff, Vgl. WP Handbuch 2006 / S. 1992 ff und 2020 ff.

508 Vgl. IDW PS 330 Tz. 12 ff; Neben der Aufnahme des IT-Systems hat der Abschlussprüfer die Aufgabe, sich einen Überblick über ausgelagerte Elemente des IT-Systems zu verschaffen. Dies geschieht vor dem Hintergrund, dass die Prüfung eines eigenständigen Rechenzentrums des Unternehmens eine andere Vorgehensweise erfordert als wenn das IT-System des Unternehmens ganz oder teilweise ausgelagert ist.

509 Für eine detailliertere Erklärung verweise ich an dieser Stelle auf den IDW PS 330 Tz. 18; Vgl. WP Handbuch 2006 / S. 1993 ff; Vgl. IDW PS 240, Tz. 14 ff; Vgl. J. Loebbecke / Impact and ... / S. 81; Vgl. R. Quick / Die Risiken ... / S. 38 ff und 368; Vgl. J.D. Sullivan / Montgomery`s Auditing / S. 234.

510 Vgl. M. Wolz / Wesentlichkeit im ... / S. 16; Vgl. A. Sperl / Prüfungsplanung / S. 46; Vgl. C. S. Warren / Audit Sampling ... / S. 63

511 Auf diese Matrix wird im Rahm.en dieser Arbeit nicht näher eingegangen, sondern es erfolgt ein Verweis auf den IDW PS 330, Tz. 19.

512 IT-Infrastrukturrisiken können beispielsweise darin bestehen, dass die für die Informationsverarbeitung notwendige IT-Infrastruktur nicht bzw. nicht in dem erforderlichen Maße zur Verfügung steht, z.B, durch technische Störungen.

513 IT-Anwendungsrisiken können u. a. aus fehlenden oder fehlerhaften Verarbeitungsfunktionen in IT-Anwendungen, unzureichende Eingabe-, Verarbeitungs- und Ausgabekontrollen von Daten in IT-Anwendungen, nicht angemessener Gestaltung von Zugriffsberechtigungen im Hinblick auf die Gewährleistung der Informationssicherheit von Daten und aus nicht ausreichenden Verfahren zur Auswahl, Entwicklung, Wartung und Freigabe von IT-Anwendungen entstehen.

Zur Prüfung der Wirksamkeit des IT-Kontrollsystems sollten die in der nachfolgenden Abbildung „Prüffelder einer IT-Systemprüfung" dargestellten Prüffelder untersucht werden.[515] Durch die Aufbauprüfung soll der Abschlussprüfer eine Beurteilung dahingehend erstellen, ob das seitens des Unternehmens installierte IT-Kontrollsystem (Soll-Zustand) unter Berücksichtigung der prüffeldspezifischen inhärenten Risiken angemessen und wirksam ist (Ist Zustand).[516]

Mittels der Funktionsprüfungen soll eine Beurteilung dahingehend erfolgen, ob die implementierten IT-Kontrollen wirksam sind und diese eine Begrenzung der IT-Fehlerrisiken gewährleisten. Der gewählte Prüfungsansatz kann funktional oder prozessorientiert ausgerichtet sein. Sollte der Prüfung lediglich auf funktionale Bereiche des IT-Kontrollsystems ausgerichtet sein, besteht die Gefahr, dass der geschäftsprozessbedingte Datenaustausch und systemtechnische Zusammenhänge nicht berücksichtigt werden.[517] Sollte ein Unternehmen seine IT-Systeme oder IT-gestützten betrieblichen Funktionen auslagern (outsourcen), muss der Abschlussprüfer die sich daraus ergebenden Konsequenzen für das IKS des Unternehmens beurteilen. Die Problematik des Outsourcing soll aber kein Gegenstand dieser Arbeit sein.

Mit IT-gestützten Prüfungstechniken (CAAT = Computer-Assisted Audit Techniques) kann die Wirksamkeit und Wirtschaftlichkeit der Prüfungshandlungen erhöht werden.[518] Bezüglich weiterer Informationen zu dieser Thematik

---

514 IT-GeschäftsProzessrisiken können u. a. dann entstehen, wenn sich Sicherheits- und Ordnungsmäßigkeitsanalysen nicht auf Geschäftsprozesse erstrecken, sondern nur auf die Kontrollelemente einer funktional ausgerichteten Organisation. Dabei können Risiken, z. B. aus dem geschäftsprozessbedingten Datenaustausch zwischen Teilsystemen oder mangelhaften Abstimm- und Kontrollverfahren in Schnittstellen zwischen Teilprozessen, entstehen. Des Weiteren besteht die Gefahr, dass IT-Kontrollen lediglich innerhalb der Teilprozesse, aber nicht hinsichtlich der Gesamtprozesse wirksam sind.

515 Folgende Schritte sind zur Wirksamkeitsprüfung des IT-Kontrollsystems notwendig: Aufnahme des IT-Systems als Basis für das Verständnis des IT-Kontrollsystems; Prüfung des Aufbaus des IT-Kontrollsystems (Aufbauprüfung) und die anschließende Prüfung der Funktionalität des IT-Kontrollsystems (Funktionsprüfung).

516 Vgl. M. Wolz / Wesentlichkeit im ... / S. 26; Vgl. J. L. Reimers / The Effect ... / S. 192; Vgl. K. Wysocki / Grundlagen des ... / S. 123; Vgl. M. Pollanz / Konzeptionelle ... / S. 393 ff ; Vgl. J. Baetge / Möglichkeiten der ... / S. 42 ff; Vgl. K. Wysocki / Grundlagen des ... / S. 121 ff; Vgl. U. Lefferson / Wirtschaftsprüfung / S. 13 ff.

517 Unabhängig von dem gewählten Prüfungsansatz muss eine Beurteilung des Risikos für das Auftreten wesentlicher Fehler in der Rechnungslegung möglich sein.Vgl. IDW PS 30 Tz. 43 und IDW FAIT 1, Tz. 108 ff.

518 Bei Aufbau- und Funktionsprüfungen ist der Einsatz von CAAT in den Fällen ratsam, in denen lediglich Belege in elektronischer Form übermittelt, generiert und gespeichert werden oder ein hohes Volumen an Geschäftsvorfällen vorhanden ist. Vgl. WP Handbuch 2006 / S. 2139 ff.

erfolgt an dieser Stelle ein Verweis auf das Kapitel "Einsatz IT-gestützter Prüfungsmethoden".

IT-gestützte Prüfungstechniken

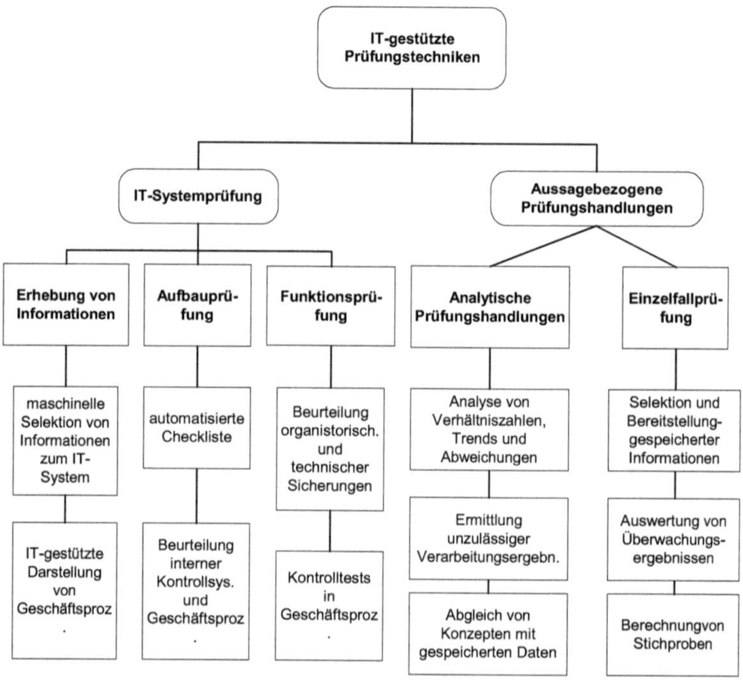

Vgl. IDW PS 330; Tz. 97 S. 26

Abbildung 8:IT-gestützte Prüfungstechniken

Die Prüfung der Ausgestaltung, Eignung und Wirksamkeit des IKS kann durch automatisierte Prüfungstechniken unterstützt werden. Für die Prüfung der Ausgestaltung und Eignung können z. B. automatisierte Checklisten zur Prüfungsdurchführung genutzt werden. Im Rahmen der Prüfung der Wirksamkeit kann z. B. die programmgesteuerte Generierung von Testfällen zur Prüfung der Eingabe-, Verarbeitungs- und Ausgabekontrollen eingesetzt werden. Die IT-gestützten Prüfungstechniken können in unterschiedlicher Art und Weise ausgeführt werden, was in der folgenden Zeichnung veranschaulicht wird.[519]

Bezüglich weiterer und detaillierterer Informationen zu dem Inhalt dieses IDW Prüfungsstandards erfolgt an dieser Stelle ein Verweis auf den IDW PS 330.

3.6 Fazit zu den regulatorischen Vorgaben und Stellungnahmen

Wie bereits in Kapitel 2 erarbeitet, sind an der Entwicklung eines Unternehmens unterschiedliche Interessenvertreter/Anspruchsträger interessiert, die dabei divergierende Zielsetzungen haben. Demnach sind die Verwendungsmöglichkeiten für Finanzinformationen bei den verschiedenen externen Adressaten sehr heterogen. Ziel der "Bereitstellung entscheidungsnützlicher Informationen" ist es, die Adressaten der Rechnungslegung mit den Finanzinformationen in die Lage zu versetzen, Entscheidungen auf Basis detaillierterer Informationen zu treffen. Dabei ist der Nutzen der Informationen für diese Entscheidungen als Kriterium für die Rechnungslegung zu sehen. Alle Interessengruppen haben den Wunsch, dass die laufenden Geschäftsvorfälle "zuverlässig" erfasst und verarbeitet werden, die dann die Basis für die jeweilige zweckgerichtete Information bilden.

D.h., aus der "Bereitstellung entscheidungsnützlicher Informationen" und deren Verwertung durch die Adressaten besteht die Notwendigkeit, dass ein Mindestgrad an Zuverlässigkeit der Unternehmensrechnung sichergestellt sein muss. Sollten Finanzinformationen nicht zuverlässig sein, werden sie von den Adressaten nicht bei ihrer Entscheidungsfindung berücksichtigt werden. Vielleicht unterlassen Adressaten sogar Geschäftsbeziehungen um potentielle Nachteile zu vermeiden. Um diesen Zielkonflikt aufzulösen, sollten u.a. interne Kontrollsysteme (IKS) entwickelt und implementiert werden. Um diese Kontrollsysteme zu überprüfen, greifen staatliche Institutionen auf eigene Prüfer zurück. Der Finanzmarkt hingegen bedient sich der Wirtschaftsprüfer als neutrale und

---

[519] Eine weitere Beschreibung der IT-gestützten Prüfungstechniken und damit zusammenhängenden IT-gestützten Prüfungsdurchführung kann dem IDW PS 330, laufende Gliederungsnummer 4.1.1 ff, Tz. 98 ff, Seite 26 ff. entnommen werden; Vgl. WP Handbuch 2006 / S. 1992 ff und 2020 ff sowie 2058 ff. Vgl. R. Hofmann / Prüfungs-Handbuch / S. 241; Vgl. C. Denk / Analyse der ... / S. 15.

unabhängige Prüfinstitution. Die Prüfung der Angemessenheit und Funktionsfähigkeit dieses IKS im Bereich der IT-gestützten Buchführungssysteme durch Wirtschaftsprüfer ist die wesentliche Themenstellung dieser Arbeit.

Die Erfüllung der mit der Rechnungslegung intendierten Vorstellungen unterstellt eine Verifizierung der Zahlen und Angaben, welche durch eine Prüfung sichergestellt werden sollen. Bezüglich der Form bzw. Qualität der Finanzinformationen für die externen Adressaten - als Basis Ihrer Entscheidungen - können die historisch gewachsenen allgemein anerkannten Kriterien der GoB zugrunde gelegt werden.

Neben den seitens des Gesetzgebers vorgegebenen regulatorischen GoB im Bereich der Rechnungslegung sind bei dem Einsatz eines IT-gestützten Buchführungssystems weitere regulatorische Vorgaben und Anforderungen zu berücksichtigen. Hierbei handelt es sich zum einen um die GoA und zum anderen um die GoBS sowie die ergänzenden Interpretationen der unterschiedlichen berufsständischen Interessensgruppen - z.B. dem IDW - welches für die Interpretation der gesetzlichen Anforderungen sowie der Erstellung entsprechender einheitlicher Prüfprogramme und Vorgehensweisen für den Verbund der Wirtschaftsprüfer verantwortlich ist. Diese ergänzenden Vorgaben und Anforderungen lehnen sich eng an die sehr allgemein gehaltenen GoB an und konkretisieren diese.

Der GoB-Grundsatz der Ordnung § 239 (2) HGB wird, da die Beleg-, Journal- und Kontenfunktion[520] von SAP® R/3® durch die Softwarezertifizierung von Arthur Andersen uneingeschränkt bescheinigt wird, hier als gegeben unterstellt und demnach nicht weiter berücksichtigt. Neben den anderen GoB-Grundsätzen werden hier die zusätzlichen wesentlichen Anforderungen berücksichtigt, die sich aus den allgemeinen Anforderungen an eine IT-gestützte Buchführung sowie aus den o.g. berufsständischen Standards (IDW RS FAIT 1, IDW PS 261 und IDW PS 330) oder aus den allgemeinen Aufbewahrungs- und Archivierungsvorschriften (§ 257 Abs. 1 Nr.1 HGB i.V.m. § 147 AO) ableiten.

---

520 Bezüglich der Erfüllung der Beleg-, Journal- und Kontenfunktion seitens des SAP® R/3®-Systems vgl. auch die Ausführungen zur Beleg-, Journal- und Kontenfunktion im Kapitel "Prüfungsnormen basierend auf den GoBS".

Die Prüfungsziele bei der Ordnungsmäßigkeitsprüfung (IKS-Prüfung) einer IT-gestützten Buchführung sind demnach unter Berücksichtigung der Definition und Bestandteile/Ziele der einzelnen GoB (vgl. hierzu die im Vorfeld erstellte Tabelle "Definition der GoB"), wie folgt:

Prüfungsziel:	Regulatorische Anforderungen:
Verfahrensanweisung: • Nachvollziehbarkeit der Abwicklung des einzelnen Geschäftsvorfalls, des verwendeten Buchführungs- und Rechnungslegungsverfahrens sowie der Dokumentation (inkl. der notwendigen Anwender-, Verfahrens-, Korrektur- und Systemdokumentation). • Prüfbarkeit über die Dauer der Aufbewahrungsfrist.	**Verfahrensanweisung:** § 238 Abs.1 HGB (GoB-Grundsatz der Nachvollziehbarkeit) i.V.m. IDW RS FAIT 1, Tz. 18 und 53 ff; IDW PS 261, Tz. 54 und 91. **Nachvollziehbarkeit:** § 238 Abs.1 HGB (GoB-Grundsatz der Nachvollziehbarkeit) i.V.m. IDW RS FAIT 1, Tz. 51, 53 ff und 61. **Aufbewahrungsfristen:** § 257 Abs. 1 Nr.1 HGB i.V.m. § 147 AO (Allgemeine Aufbewahrungs- und Archivierungsvorschriften)[521] i.V.m. IDW RS FAIT 1, Tz. 18 und 26.
Richtig-, Vollständig- und Periodengerechtigkeit: • Lückenlose Erfassung aller rechnungslegungsrelevanten Geschäftsvorfälle • Keine Mehrfachbuchungen des identischen Geschäftsvorfalls. • Einzelerfassung des jeweiligen Geschäftsvorfalls, Zusammenfassung bzw. verdichtete Buchungen sind zulässig, sofern sie nachvollziehbar in ihre Einzelpositionen aufgegliedert werden können. • Nachweisbare Erhaltung der	**Nachvollziehbarkeit:** § 238 Abs.1 HGB (GoB-Grundsatz der Nachvollziehbarkeit). **Richtigkeit und Vollständigkeit:** § 239 Abs.2 HGB (GoB-Grundsatz der Vollständigkeit und der Richtigkeit)[522] i.V.m. IDW RS FAIT 1, Tz. 23, 25, 27, 30 und 95; IDW PS 261, Tz. 22, 52 und 54; IDW PS 330, Tz. 17 und 83. **Periodengerechtigkeit:** § 239 Abs.2 HGB (GoB-Grundsatz der Zeitgerechtigkeit) i.V.m. IDW RS FAIT 1, Tz. 23, 28 und 41; IDW PS 261, Tz. 22 und 53.

521 Betrifft Verfahrensanweisungen und -dokumentationen sowie zum Verständnis der Buchführung erforderliche Unterlagen.

522 Beleg, Journal- und Kontenfunktion = GOB Konformität > hier insbesondere die Nachvollziehbarkeit der buchungspflichtigen Geschäftsvorfälle von der Entstehung bis zur Verarbeitung. Die Buchungen müssen einzeln und nach Konten sortiert durchgeführt werden. Dabei sind die Konten nach Kontensummen oder Salden fortzuschreiben und nach Abschlusspositionen lesbar darzustellen.

Prüfungsziel:	Regulatorische Anforderungen:
Vollständigkeit der erfassten Buchungen während der Verarbeitung sowie der Dauer der Aufbewahrungsfrist. • Inhaltlich zutreffende Abbildung der Geschäftsvorfälle in den Belegen und den Büchern. • Abbildung der Geschäftsvorfälle in Übereinstimmung mit den tatsächlichen Verhältnissen und im Einklang mit den rechtlichen Vorschriften. • Zuordnung der Geschäftsvorfälle zu der Buchungsperiode, in der sie angefallen sind. • Zwingende Zuordnung zum jeweiligen Geschäftsjahr oder zu einer nach Gesetz, Satzung oder Rechnungslegungszweck vorgeschriebenen kürzeren Rechnungsperiode. • Zeitnahe, d.h. möglichst unmittelbar nach Entstehung, Erfassung der Geschäftsvorfälle. • Geeignete Sicherungsmaßnahmen zur Wahrnehmung der Vollständigkeit bei zeitlichen Abständen zwischen der Entstehung eines Geschäftsvorfalls und seiner Erfassung. • Ein sachverständiger Dritter muss in der Lage sein, sich innerhalb angemessener Zeit einen Überblick über die Geschäftsvorfälle und die Lage des Unternehmens zu verschaffen.	
Aufbewahrungsfristen: • Einhaltung der allgemeinen Aufbewahrungs- und Archivie-	**Aufbewahrungsfristen:** § 257 Abs. 1 Nr.1 HGB i.V.m. § 147 AO (Allgemeine Aufbewahrungs- und Archivie-

Prüfungsziel:	Regulatorische Anforderungen:
rungsvorschriften. • Prüfbarkeit über die Dauer der Aufbewahrungsfrist.	rungsvorschriften)[523] i.V.m. IDW RS FAIT 1, Tz. 18, 26 und 64; IDW PS 330, Tz. 19, 60 und 61.
Genehmigung und Änderungsprotokollierung: • Keine Mehrfachbuchungen des identischen Geschäftsvorfalls • Einzelerfassung des jeweiligen Geschäftsvorfalls, Zusammenfassung bzw. verdichtete Buchungen sind zulässig, sofern sie nachvollziehbar in ihre Einzelpositionen aufgegliedert werden können. • Nachweisbare Erhaltung der Vollständigkeit der erfassten Buchungen während der Verarbeitung sowie der Dauer der Aufbewahrungsfrist. • Inhaltlich zutreffende Abbildung der Geschäftsvorfälle in den Belegen und den Büchern. • Geeignete Sicherungsmaßnahmen zur Wahrnehmung der Vollständigkeit bei zeitlichen Abständen zwischen der Entstehung eines Geschäftsvorfalls und seiner Erfassung.	**Änderungsprotokollierung:** IDW RS FAIT 1, Tz. 32; IDW PS 330, Tz. 57, 76, 79 und 80 (zusätzliche IT-Anforderung). **Genehmigung:** IDW RS FAIT 1, Tz. 96 und 104; IDW PS 330, Tz. 50 (zusätzliche IT-Anforderung). **Nachvollziehbarkeit:** §238 Abs. 1 Satz 2 HGB (GoB-Grundsatz der Nachvollziehbarkeit) i.V.m. IDS RS FAIT 1, Tz. 18, 25, 31, 51 und 53 ff; IDW PS 330, Tz. 77.
Integrität und Freigabeverfahren: • Gewährleistung, dass Änderungen an den rechnungslegungs- und/oder steuerungsrelevanten Einstellungen, das sogenannte Customizing, durch die betroffene Fachabteilung getestet und vor dem Transport ins Produktivsystem freigegeben worden	**Integrität:** IDW RS FAIT 1, Tz. 23 und 35; IDW PS 330, Tz. 79 und 82 (zusätzliche IT-Anforderung). **Freigabeverfahren:** IDW RS FAIT 1, Tz 96, 101, 102 und 103; IDW PS 330, Tz. 22, 39, 77, 78 und 81 (zusätzliche IT-Anforderung).

523 betrifft Verfahrensanweisungen und -dokumentationen sowie zum Verständnis der Buchführung erforderliche Unterlagen.

Prüfungsziel:	Regulatorische Anforderungen:
ist. • Gewährleistung eines standardisierten und kontrollierten Change Managements. • Gewährleistung, dass nach dem Transport aus dem Testsystem in das Produktivsystem eine Abnahme durch die betroffene(n) Fachabteilung(en) stattgefunden hat.	
Übereinstimmung Nebenbuch- und Hauptbuch: • Lückenlose Erfassung aller rechnungslegungsrelevanten Geschäftsvorfälle. • Keine Mehrfachbuchungen des identischen Geschäftsvorfalls. • Einzelerfassung des jeweiligen Geschäftsvorfalls, Zusammenfassung bzw. verdichtete Buchungen sind zulässig, sofern sie nachvollziehbar in ihre Einzelpositionen aufgegliedert werden können. • Inhaltlich zutreffende Abbildung der Geschäftsvorfälle in den Belegen und den Büchern. • Zuordnung der Geschäftsvorfälle zu der Buchungsperiode, in der sie angefallen sind. • Zeitnahe, d.h. möglichst unmittelbar nach Entstehung, Erfassung der Geschäftsvorfälle. • Geeignete Sicherungsmaßnahmen zur Wahrnehmung	**Übereinstimmung Nebenbuch- und Hauptbuch:** IDW RS FAIT 1, Tz. 42, 49 und 51 (zusätzliche IT-Anforderung). **Nachvollziehbarkeit** § 238 Abs. 1 Satz 2 HGB (GoB-Grundsatz der Nachvollziehbarkeit). **Richtigkeit und Vollständigkeit:** § 239, Abs. 2 HGB (GoB-Grundsatz der Vollständigkeit und der Richtigkeit)[524] i.V.m. IDW RS FAIT 1, Tz. 23, 25, 27 und 30; IDW PS 261, Tz. 22 und 57; IDW PS 330, Tz. 17, 22, 81, 82 und 83.

524 (Beleg, Journal- und Kontenfunktion = GOB Konformität > hier insbesondere die Nachvollziehbarkeit der buchungspflichtigen Geschäftsvorfälle von der Entstehung bis zur Verarbeitung. Die Buchungen müssen einzeln und nach Konten sortiert durchgeführt werden. Dabei sind die Konten nach Kontensummen oder Salden fortzuschreiben und nach Abschlusspositionen lesbar darzustellen)

Prüfungsziel:	Regulatorische Anforderungen:
der Vollständigkeit bei zeitlichen Abständen zwischen der Entstehung eines Geschäftsvorfalls und seiner Erfassung. • Ein sachverständiger Dritter muss in der Lage sein, sich innerhalb angemessener Zeit einen Überblick über die Geschäftsvorfälle und die Lage des Unternehmens zu verschaffen. • Feststellung der einzelnen Geschäftsvorfälle und optische Lesbarkeit in angemessener Zeit. • Ein sachverständiger Dritter muss in der Lage sein, sich innerhalb angemessener Zeit einen Überblick über die Geschäftsvorfälle und die Lage des Unternehmens zu verschaffen. • Nachvollziehbarkeit der Abwicklung des einzelnen Geschäftsvorfalls, des eingesetzten Buchführungs und Rechnungslegungsverfahrens sowie der Dokumentation.	
Funktionentrennung und Berechtigungskonzept: • Keine Veränderung der Aufzeichnungen oder Eintragungen nach dem Buchungszeitpunkt in dem Sinne, dass der ursprüngliche Inhalt nicht mehr feststellbar ist. • Nachträgliche Aufzeichnungen und Eintragungen in dem Sinne vornehmen, dass erkennbar bleibt, was der	**Funktionentrennung und Berechtigungskonzept:** § 239 (3) HGB (GoB-Grundsatz der Unveränderlichkeit) i.V.m. IDW FAIT 1, Tz. 8, 23, 78, 81, 82, 84, und 106; IDW PS 330, Tz. 22, 57 und 58.

Prüfungsziel:	Regulatorische Anforderungen:
ursprüngliche Inhalt war. • Vorhandensein sowie Implementierung eines Berechtigungskonzeptes zur Umsetzung der Autorisierung seitens des Unternehmens bzw. der jeweiligen Fachabteilung und zur Sicherung, Steuerung und Überwachung des Datenzugriffs.	

Tabelle 11:Prüfungsziele der Ordnungsmäßigkeitsprüfung

In diesem Zusammenhang soll jedoch nochmals darauf hingewiesen werden, dass die allgemeinen Computerkontrollen (sog. ITGC bzw. General Computer Controls, die bei der IT-Systemprüfung im Wesentlichen die Bereiche "Rechnungslegungsrelevante IT-Infrastruktur" und "Rechnungslegungsrelevante IT-Anwendung" tangieren) und die seitens Arthur Andersen bereits zertifizierten Bereiche der Standardsoftware SAP® R/3® nicht mehr in der oben aufgeführten Checkliste bzw. den oben aufgeführten Prüfungszielen berücksichtigt worden sind.

Wir befinden uns im Rahmen dieser Arbeit bei der IT-Systemprüfung im Bereich der "Rechnungslegungsrelevanten IT-gestützten Geschäftsprozesse".

Des Weiteren wird unterstellt, dass sowohl die eingegebenen und verarbeiteten Daten, die Schnittstellen sowie die SAP® R/3® eigenen Reports, Transaktionen und Tabellen vertrauenswürdig sind. Vgl. hierzu das entsprechende Testat von Arthur Andersen im Kapitel "Softwarezertifikat von SAP® R/3® - Aussagen zur Ordnungsmäßigkeit von Dritten".[525]

[525] Vgl. hierzu das entsprechende Testat von Arthur Andersen im Kapitel "Softwarezertifikat von SAP® R/3® - Aussagen zur Ordnungsmäßigkeit von Dritten".

Die Sicherheitsanforderungen[526], die notwendige Voraussetzung für die Verlässlichkeit der in der Buchführung, dem Jahresabschluss und in dem Lagebericht beinhalteten Daten sind, sind zu gewährleisten und werden als gegeben unterstellt. Somit sind sie nicht Gegenstand der Prüfungsziele.[527]

---

526 Folgende Sicherheitsanforderungen müssen erfüllt sein, damit IT-Systeme die Voraussetzung für eine ordnungsmäßige Buchführung erfüllen: Datensicherheit, Datenschutz (vgl. in diesem Zusammenhang auch den IDW Prüfungsstandard: Ziele und allgemeine Grundsätze der Durchführung von Abschlussprüfungen (IDW PS 200), Tz. 8), Vertraulichkeit (Durch entsprechende Maßnahmen im Bereich der Vertraulichkeit soll die Einhaltung von Datenschutzgesetzen - z.B. Bundesdatenschutzgesetz und Telekommunikations-Datenschutzverordnung - sichergestellt werden. Dabei ist insbesondere die Einhaltung des Bundesdatenschutzgesetzes im Rahmen des Sicherheitskonzeptes zu beschreiben und zu gewährleisten sowie durch den Sicherheitsbeauftragten zu überwachen. Vgl. hierzu auch M. Wolz / Zertifizierung und ... / S. 75), Integrität, Verfügbarkeit (z.B. Back-up-Verfahren zur Notfallvorsorge), Autorisierung, Authentizität und Verbindlichkeit (vgl. IDW RS FAIT 1 / S.5-7).

527 Vgl. in diesem Zusammenhang auch den IDW Prüfungsstandard: Ziele und allgemeine Grundsätze der Durchführung von Abschlussprüfungen (IDW PS 200), TZ 8). Um die sich aus diesem Sachverhalt ergebenden Sicherheitsanforderungen zu gewährleisten, muss vom Buchführungspflichtigen ein Sicherheitskonzept generiert, installiert und bei Bedarf aktualisiert werden. Bestandteil des Sicherheitskonzeptes ist die Aufnahme und Bewertung aller im System und der mit dem Einsatz des Systems im Zusammenhang stehenden Sicherheitsrisiken. Für die identifizierten und bewerteten Risiken müssen entsprechende technologische und organisatorische Maßnahmen entwickelt werden, um die ordnungsmäßige und sichere Abwicklung der IT-gestützten Geschäftsprozesse sicherzustellen.

4. Entwicklung eines idealtypischen IKS

4.1 Definition, Zielrichtungen und Voraussetzungen des IKS

Das American Institute of Accountants (AIA)[528] hat eine Definition bezogen auf das IKS veröffentlicht. Demnach handelt es sich bei einem IKS um den Organisationsplan und alle aufeinander abgestimmten Methoden und Maßnahmen innerhalb eines Unternehmens, die den Vermögensschutz und die Genauigkeit sowie Zuverlässigkeit der Buchführungsangaben sicherstellen und die Einhaltung der Geschäftspolitik fördern.[529]

Diesbezüglich hat das IKS[530] folgende Zielrichtungen:

- Schutz[531] und Sicherung der Vermögenswerte und Informationen vor Verlust aller Art,
- Erhalt von genauen, aussagekräftigen und zeitnahen Aufzeichnungen,
- Expansion des innerbetrieblichen Wirkungsgrades durch Analyse, Auswertung und Kontrolle der Aufzeichnungen und
- Unterstützung bei der Umsetzung der im Vorfeld definierten Geschäftspolitik (inkl. der Unternehmensziele).[532]

---

528 Das AIA ist als amerikanisches Institut der Wirtschaftsprüfer das Pendant des deutschen Instituts der Wirtschaftsprüfer (IDW).

529 Vgl. R. Quick / Die Risiken ... / S. 354; Vgl. E. Pougin / Die Berücksichtigung ... / S. 15; Vgl. H. Weyershaus / Internes Kontrollsystem ... / S. 1034; Das American Institute of Accountants (AIA) beschreibt den Begriff "Internal Controls" wie folgt: "Internal control comprises the plan of organisation and of the coordinate methods and measures adopted within a business to safeguard its assets, check the accuracy, and reliability of the accounting date, promote operational efficiency, and encourage adherence to prescribed managerial policies". Vgl. hierzu American Institute of Accounts (AIA), Committee on Auditing Procedures (Hrsg.): Internal Control-Elements of a Coordinated System and its Importance to Management and the Independent Public Accountant / S. 6; Vgl. Fliess, W. / Die Fortentwicklung ... / S. 128; Vgl. Ruhnke, K. / Internationale Normen ... / S. 80 ff.

530 Dabei enthält das IKS gem. IDW PS 261 Tz. 29 folgende Komponenten bzw. Prozessschritte: das Kontrollumfeld, die Risikobeurteilung, die Kontrollaktivitäten, die Information und Kommunikation sowie die Überwachung des IKS. Hierbei handelt es sich um die 5 Ebenen des COSO I Rahmenwerks zur Beurteilung eines IKS. Die einzelnen Ebenen sind nicht unabhängig voneinander, sondern stehen in wechselseitiger Beziehung zueinander.

531 Unter den Schutz des Vermögens ist nicht nur die Vermeidung negativer Auswirkungen vorsätzlicher, doloser Handlungen, sondern auch die Verhinderung von Verlusten infolge mangelhafter, unrationeller Arbeitsweisen oder Organisationsmängel (Opportunitätskosten) zu verstehen.

532 Vgl. H. Neubert / Internal Control ... / S. 300 und 301; Vgl. R. Quick / Die Risiken ... / S. 354; Vgl. Die Wirtschaftsprüfung / Die Grundsätze.../ S. 129, Vgl. WP Handbuch 2006 / S. 1999; Vgl. IDW PS 261, Tz. 19; Vgl. IFAC ISA 315, Tz. 42.

Das IKS stellt keinen eigenen Unternehmensbereich (eine abgrenzbare Abteilung) dar, sondern bildet vielmehr die Gesamtheit aller organisatorischen Maßnahmen im Unternehmen ab, welche die vorgenannten Aufgaben erfüllen sollen.

Zu den prüfungsrelevanten Bereichen des IKS gehören nicht nur das Rechnungswesen, die Buchhaltung und der Zahlungsverkehr.[533] Es tangiert alle betrieblichen Funktions- und Dienstleistungsbereiche und umfasst die Bereiche organisatorische Sicherungsmaßnahmen, Kontrollen (prozessabhängige) und die Prüfungstätigkeit der Internen Revision (prozessunabhängig).[534]

Die Identifikation der relevanten risikobehafteten Prüffelder erfolgt auf Basis einer Risikobeurteilung (Bestandteil der Risikobeurteilung).

Die ersten beiden Zielrichtungen dienen der Kontrolle des Rechnungswesens und können als „Internal Accounting Control" summiert werden. Die verbleibenden Zielrichtungen können unter dem Begriff „Internal Administrative Control" zusammengefasst werden.[535] Im Rahmen der Jahresabschlussprüfung sind jedoch der "Schutz und Sicherung der Vermögenswerte und Informationen vor Verlust aller Art" und der "Erhalt von genauen, aussagekräftigen und zeitnahen Aufzeichnungen" von überwiegender Bedeutung, wobei die zweite Aussage höheres Gewicht hat. Um das IKS in der Praxis umzusetzen, müssen organisatorische Grundsätze und Maßnahmen[536] ein- und umgesetzt werden.[537]

Die Organisation der Aufgabendefinition und -verteilung als zentrales Organisationsprinzip erfolgt nach dem Grundsatz der Funktionstrennung. Dieser Grundsatz besagt, dass nicht alle ausführenden und kontrollierenden Aktivitäten in den einzelnen Prozessstufen durch dieselbe Person durchgeführt werden dürfen, sondern eine Funktionstrennung in den einzelnen Prozessschritten im-

---

533 Vgl. WP Handbuch 2006 / S. 1999; Vgl. IDW PS 261, Tz. 35.

534 Vgl. IDW PS 261, Tz. 20.

535 Vgl. A. Wittmann/Systemprüfung und .. /S. 19-20; Vgl. K. Maul / Grundlagen eines ... / S. 232

536 Organisatorische Maßnahmen sind alle Fehler verhindernde Maßnahmen und Einrichtungen, die in die Aufbau- und Ablauforganisation (oft automatisch) integriert sind und die Erreichung eines vorgegebenen, gewünschten Sicherheitsniveaus dienen. Vgl. IDW PS 261, Tz. 20.

537 O. Wanick / Internes Kontrollsystem ... / Spalte 897; G. Hofmann / Das Interne ... / S.342; Vgl. M. Klinger / Das Interne ... / S. 5 ff

plementiert sein muss.[538] Demnach sollte ein Mitarbeiter nicht alle Phasen eines Geschäftsvorfalls vollständig allein durchführen, z.B. Kasse und Buchhaltung oder Einkauf und Zahlungsausgang. Aus diesem Grundsatz leiten sich folgende Organisationsprinzipien ab:

- Zur Fehlervermeidung ist es notwendig, dass alle ausführenden Handlungen/Aktivitäten kontrolliert werden.
- Funktionen[539] müssen derart getrennt bzw. aufgeteilt werden, dass ein Mitarbeiter aus seiner ausführenden Funktion keine persönlichen Vorteile ziehen kann.

Da mindestens zwei Personen in dem Prozess involviert sind, hat die Funktionstrennung automatisch zur Folge, dass eine Kontrollwirkung entsteht.[540]

Mittels schriftlich fixierter Dienst- bzw. Verfahrensanweisungen sollten Verantwortungs- und Aufgabenbereiche (Bestandteil des Kontrollumfeldes) sowie Zuständigkeiten klar definiert werden. Dabei sollten die Aufgaben bzw. Verantwortungsbereiche so gestaltet werden, dass Mitarbeiter nur bestimmte Teilbereiche bearbeiten und in diesem Zusammenhang ebenfalls kontrollieren, ob die vorgelagerten Aktivitäten ordnungsgemäß gearbeitet haben.[541] Wichtig ist in diesem Zusammenhang, dass diese Dokumentation den betroffenen Mitarbeitern bekannt und zugänglich gemacht worden ist. Dies ist Grundvoraussetzung für eine adäquate Umsetzung (Bestandteil der Information und Kommunikation).

---

538 Vgl. R. Quick / Die Risiken ... / S. 355; Vgl. P. Brauch / Ist die ... / S. 59 ff;Vgl. H. Gaebert / Ist die ... / S. 277 ff ; Vgl. R. Hofmann / Ist die ... / S. 215 ff; Vgl. W. Huber / Ist die ... / S. 134 ff.

539 Es gibt vier Grundtypen ausführender Funktionen:"Bearbeitung von Vorgängen", "Verwaltung von Beständen", "Buchung der Vorfälle" und "Autorisierung der Vorgänge", die im Rahmen der Funktionentrennung bei einem Vorgang nicht auf eine Person konzentriert werden dürfen.

540 Im optimalen Fall sind alle Grundtypen personell voneinander getrennt, sodass ein "Acht-Augen-Prinzip" entsteht. Allerdings setzt diese Vorgehensweise voraus, dass das Unternehmen und die betroffenen Abteilungen entsprechend groß sind, was bei kleinen und mittelständischen Unternehmen nicht immer gegeben und somit umsetzbar ist. Vgl. E. Pougin, Die Entwicklung ... / S. 255; Vgl. WP Handbuch 2006 / S. 2004; Vgl. H. Rölle / Internal Control / S. 786 ff. Organisatorische Sicherungsmaßnahmen lassen sich idealerweise mittels der im Unternehmen eingesetzten EDV umsetzen, da durch häufige Wiederholungen und Standardisierung ein hoher Organisationsgrad sichergestellt wird. Beispiele sind hier u.a. Zugriffsbeschränkungen auf Daten, Datensicherungsverfahren, geschützt Datenfelder, elektronische Unterschriften usw.

541 Vgl. R. Buchner / Rechnungslegung und ... / S. 114; Vgl. R.Quick / Das Risiko ... / S. 356. Vgl. WP Handbuch 2006 / S. 2004 ff.

Das Komplement zur Funktionstrennung stellt das Prinzip der Kompetenzbündelung dar. Dieses Prinzip besagt, dass mehrere Mitarbeiter in einer Gruppe nur gemeinsam die Kompetenz haben, eine bestimmte Funktion auszuführen, wodurch sich die Mitarbeiter gegenseitig kontrollieren.[542]

Einen weiteren Grundsatz stellt der Grundsatz der Organisation des Arbeitsablaufs dar. Dieser Grundsatz fordert schriftlich fixierte detaillierte Arbeitsanweisungen. Innerhalb dieser Arbeitsanweisungen muss festgelegt werden, wer, was wann und wie zu bearbeiten hat. Des Weiteren sollten auch die Abhängigkeiten der einzelnen Aktivitäten bzw. Funktionen zueinander beschrieben bzw. abgegrenzt werden. Dabei sollten die einzelnen Aktivitäten so angeordnet sein, dass sich ein geordneter Arbeitsablauf bei der Bearbeitung eines Vorgangs ergibt.[543]

Wichtig ist hier, dass bei Störungen des Ablaufs oder bei wesentlichen Abweichungen eine rückverfolgbare Meldung generiert wird und bei der Überschreitung von Wesentlichkeitsgrenzen eine Info-Mail an eine übergeordnete Instanz verschickt wird.[544] Durch die Einführung eines Beleg- und Formularwesens werden die organisatorischen Sicherungsmaßnahmen unterstützt, standardisiert und leichter überwach- und auswertbar.[545]

Die Tatsache, dass in einem reibungslos funktionierenden IKS keine Aktivität ohne Kontrolle durchgeführt werden soll, stellt den Grundsatz der Kontrolle dar.[546] Kontrollen können dabei fallweise oder systematisch (manuell[547] oder

---

542 Vgl. J. Baetje / Überwachung / S. 189 ff.

543 Je mehr innerbetriebliche Vorgänge planvoll organisiert werden, desto geringer ist die Wahrscheinlichkeit, dass bewusste oder unbewusste Fehler auftreten. Hilfsmittel in schriftlicher Form, die den Mitarbeitern zugänglich und bekanntgegeben worden sind, sind z.B. Organigramme und Organisationspläne, Stellenbeschreibungen, Verfahrensanweisungen und Richtlinie sowie Arbeits- und / oder Dienstanweisungen.Vgl. H. Neubert / Internal Control / S. 174; Vgl. WP Handbuch 2006 / S. 2004 ff.

544 z.B. in Form einer Ad-hoc-Mitteilung.

545 Vgl. M. Graumann / Wirtschaftliches Prüfungswesen / S. 180 ff.

546 Das Ziel von Kontrollen ist es, die Wahrscheinlichkeit für das Auftreten von Fehlern in den Arbeitsabläufen zu vermeiden bzw. zu verhindern, zu reduzieren bzw. aufzudecken. Dabei können die Kontrollen grundsätzlich in fehlervermeidende also präventive Kontrollen (bezwecken den Ausschluss von falschen Daten zur weiteren Verarbeitung durch Erwerb von Kenntnissen über mögliche Fehlerentstehung) und fehleraufdeckende also detektive Kontrollen (zielen auf die Sicherung der Richtigkeit und Vollständigkeit der Verarbeitungsergebnisse durch auf die Verarbeitungsprozesse folgende Kontrollaktivität ab) unterschieden werden (Vgl. IDW PS 261, Tz. 54);Vgl. WP Handbuch 2006 / S. 2004, Tz. 230; Vgl. R. Quick / Die Risiken ... / S. 356;

automatisiert[548]) sowie vor-, gleich- oder nachgelagert zum Arbeitsprozess vorgenommen werden.[549]

Lück[550] definiert, dass Kontrolle und Überwachung ein mehrstufiger Informations- und Entscheidungsprozess ist, der alle Maßnahmen umfasst, durch die festgesellt werden soll, ob Zustände oder Vorgänge einer Norm entsprechen bzw. normgerecht durchgeführt werden. Um ein IKS in einem Unternehmen zu realisieren, können verschiedene Hilfsmittel eingesetzt werden. Hierbei kann es sich beispielsweise um Organisationspläne und Organigramme, Stellen- und Arbeitsplatzbeschreibungen, Arbeits- und Verfahrensanweisungen, Aufgabengliederungspläne, Kontenpläne und Kontierungsrichtlinien, Erfassung-,Verarbeitungs-, Beleg- und Buchungsformulare sowie manuelle und maschinelle Kontrollen handeln.[551] Die Prüfung der Funktionsfähigkeit des IKS erfolgt in der Praxis in Großunternehmen in der Regel durch die Interne Revision (Bestandteil der Überwachungsfunktion). D.h., die Prüfungen stellen Überwachungsmaßnahmen durch nicht in den operativen Arbeitsablauf einbezogene Kontrollpersonen dar, die keine Verantwortung für das Ergebnis des überwachten Prozesses tragen, also nicht in den Arbeitsablauf integriert sind. Man spricht hier von prozessexternen, prozessunabhängigen Kontrollen.

Die Interne Revision ist eine unabhängige, unternehmensinterne Prüfungsinstitution, die im Auftrag der Unternehmensführung die Unternehmensaktivitäten einschließlich der vorhandenen Kontrollen überwacht. Aus organisatorischer Sicht ist die Interne Revision ein integraler Bestandteil des IKS und stellt einen wichtigen Bestandteil der prozessunabhängigen Überwachung dar. Zu den Auf-

---

547 Kontrollhandlungen : sind von Betriebsangehörigen durchgeführte Tätigkeiten des Vergleichens, Nachrechnens, Abstimmens, Abzeichnens usw.

548 Kontrollvorrichtungen (z.B. Registrierkassen, Zähl- und Messgeräte, Stempelapparate), Maschinenkontrollen (in Maschinen eingebaute oder programmierte Kontrollen > elektronische Steuerungs- und Abrechnungsanlagen die einen hohen Sicherheitsstandard des Arbeitsablaufs und seiner Ergebnisse sicherstellen sollen, z.B. der rechnerischen Richtigkeit, der vollständigen Datenübertragung, der Berechtigung zur Dateneingabe und -pflege usw. Bei programmierten Kontrollen kann es sich z.B. um Verprobungen, Plausibilitätsprüfungen oder standardisierte Fehlermeldungen handeln).

549 Kontrollen sind Überwachungsmaßnahmen, die mit dem Arbeitsablauf unmittelbar gekoppelt sind. Dabei kann die für die Kontrolle verantwortliche Person sowohl in den Arbeitsablauf integriert als auch für das Ergebnis des Prozesses als auch für dessen Überwachung verantwortlich sein. Bei dieser Konstellation spricht man von prozessinternen, prozessabhängigen Kontrollen.

550 Vgl. W. Lück / DB 1998 S.9.

551 Vgl. O. Gieschke / Überwachungsmaßnahmen / S. 28 ff; Vgl. WP Handbuch 2006 / S. 2005 bis 2010.

gaben der Internen Revision gehört die Durchführung von periodischen Prüfungen[552] und Spezial- oder Sonder-prüfungen.[553] Die Aktivitäten der Internen Revision lassen sich nach verschiedenen Tätigkeitsgebieten untergliedern, hierbei handelt es sich u.a. um Financial Audits[554], Operational Audits[555], Compliance Audits[556], Management Audits[557] und Internal Consulting.[558]

Als Pflichtbestandteil einer deutschen ordnungsmäßigen Jahresabschlussprüfung wird in dem Fachgutachten 1/1988 des IDW die Prüfung des internen Kontrollsystems als Grundsatz ordnungsmäßiger Durchführung von Abschlussprüfungen definiert.[559]

Im Einzelnen ist die Formulierung wie folgt: "Im Rahmen der Prüfungsplanung ist zu entscheiden, ob und inwieweit die Prüfung der Geschäftsvorfälle und des Jahresabschlusses auf dem IKS aufbauen kann. Dabei sind für die prüfungsrelevanten Bereiche (sog. Prüffelder) Soll-Anforderungen durch den Abschlussprüfer festzulegen, welche das interne Kontrollsystem erfüllen muss. Entsprechen die vorhandenen Kontrollen diesen Anforderungen, ist die Wirksamkeit des internen Kontrollsystems zu prüfen. Hieraus ergeben sich Art und Umfang weiterer Prüfungshandlungen. Werden Schwachstellen erkannt, führt dies zur Änderung des Prüfungsplans und erforderlichenfalls zur Anwendung anderer Prüfungsmethoden".[560] Die aus dem IKS resultierenden Prüfungspflichten sind grundsätzlich größen- und branchenunabhängig. Allerdings sind bei der Ausgestaltung verschiedene Bestimmungsfaktoren, wie z.B. die Größe und Komplexität des Unternehmens, die Art der Geschäftstätigkeit und die Methoden der Erfassung, Verarbeitung, Aufbewahrung und Sicherung von Informationen individuell zu berücksichtigen.[561]

552 Prüfungen ohne besonderen Anlass, die im Zuge der Genehmigung des mehrjährigen Prüfungsplans durch die Geschäftsleitung erfolgten.

553 Prüfungen aufgrund gesonderten Auftrags der Geschäftsleitung mit dem Ziel der Untersuchung von Unregelmäßigkeiten oder der Aufdeckung von Verlustquellen.

554 Prüfungen im Bereich Finanz- und Rechnungswesen.

555 Prüfungen im organisatorischen und operativen Bereich entlang der Wertschöpfungskette im Unternehmen.

556 Prüfung der Einhaltung und Umsetzung von internen und externen Vorgaben und Regelungen.

557 Prüfung der Managementleistung, z.B. Unterstützung der Geschäftspolitik oder die Zurverfügungstellung von Entscheidungshilfen.

558 Beratung, Begutachtung und Entwicklung von Verbesserungsvorschlägen.

559 Vgl. IDW Fachgutachten 1/1988.

560 Vgl. IDW Fachgutachten 1/1988 / S. 13; Vgl. R. Quick / Die Risiken ... / S. 357.

561 Vgl. M. Graumann / Wirtschaftliches Prüfungswesen / S. 180 ff.

4.2 Der Hintergrund der IKS Prüfung

Um die Ordnungsmäßigkeit des Jahresabschlusses festzustellen, können u. a. dessen Ergebnisse auf Richtigkeit geprüft werden. Hierbei handelt es sich um die so genannte ergebnisorientierte Prüfung. Wenn der Jahresabschluss nach fest definierten Regeln und organisatorischen Rahmenbedingungen erstellt wird, kann der Prüfer die Ordnungsmäßigkeit des Jahresabschlusses feststellen, indem er zum einen die Regelungen, Aktivitäten, Abläufe von Geschäftsvorfällen und zum anderen die Erstellung des Jahresabschlusses verifiziert bzw. prüft.[562] Dieser Beurteilungsprozess ist auf die Gestaltung, Wirksamkeit und Funktionsfähigkeit des Systems und nicht auf Einzelsachverhalte ausgerichtet. Somit kann man ihn auch als Systemprüfung oder systemorientierte Prüfung bezeichnen. Die Systemprüfung unterteilt sich in das Verarbeitungs- und Kontrollsystem. Dieser Sachverhalt trifft auch auf das System „Rechnungswesen“ zu. Dabei stellt die Summe aller Regelungen und Aktivitäten, die überwachen und sicherstellen sollen, dass bei der Verarbeitung alle internen und externen Ziele und Vorgaben eingehalten werden, das Kontrollsystem dar.[563] Da in Verarbeitungsvorgänge in der Praxis Kontrollen integriert sind, überlagern sich beide Bereiche.

Ein funktionales IKS sollte zum einen Fehler verhindern (präventiv) und zum anderen detektiv arbeiten (nachgelagerte Kontrollen, die die Richtigkeit des Ergebnisses überprüfen).[564] Zusätzlich kann eine weitere Differenzierung der Kontrollen zur Beurteilung der Wirksamkeit des Kontrollsystems in obligatorische und fakultative sinnvoll sein. Des Weiteren sollte berücksichtigt werden, ob es sich um automatische (z.B. im IT-System hinterlegtes Benutzerkonzept und die damit verbundene Funktionstrennung) oder manuelle Kontrollen (z.B. 4-Augen-Prinzip)[565] handelt und ob eine Fehlerbearbeitung erfolgt. Mittels der Beurteilung des IKS dahingehend, ob und inwieweit die von der Unternehmensleitung vorgegebenen Verfahren und Kontrollen in Summe geeignet sind,

---

562 Vgl. R. Skinner / Analytical Auditing ... / S.10; WP Handbuch 2006 / S. 1939 ff.

563 Vgl. H. Köster / Computergestützte Prüfungsmethoden / S. 78ff; Vgl. R. Quick / Die Risiken ... / S. 358; Vgl. WP Handbuch 2006 / S. 1959 ff und 1998 ff.

564 Vgl. F. Hörmann / Quantitative... / S. 19; Vgl. WP Handbuch 2006 / S. 2004; Vgl. M. Wolz / Wesentlichkeit im ... / S. 55; Vgl. C. Diehl / Strukturiertes Prüfungsvorgehen ... / S. 194; Vgl. D. Dörner / Entwicklungstendenzen in der ... / S. 341.

565 Vgl. W. Eisele / Technik des ... / S. 537 ff; Vgl. M. Wolz /Wesentlichkeit im ... / S. 67;Vgl. S. Illg / Implementierung eines ... / S. 15; Vgl. H. Hanisch / Revision und ... / S. 163.

die ordnungsgemäße Buchführung zu gewährleisten, kann die Effektivität des IKS beurteilt werden.[566]

Eine hohe Beweiskraft für die Ordnungsmäßigkeit des Jahresabschlusses kann durch ein zweckgerecht implementiertes und zuverlässiges IKS gewährleistet werden.[567] Sollte das IKS Schwachstellen mit wesentlichem Fehlerpotential aufweisen, sind diese anschließend zu untersuchen, wenn der Prüfer sich bei der Prüfungsplanung und -durchführung auf das IKS verlassen möchte. Wenn er die Prüfung ohne Beurteilung und Berücksichtigung des IKS durchführen möchte, müsste er ausschließlich Einzelfallprüfungen (ergebnisorientierte Prüfungshandlungen) ausführen, was dazu führen würde, dass eine erhebliche Anzahl an Positionen geprüft werden müsste.[568] Bei großen Unternehmen mit vielen Jahresabschlusspositionen, die wiederum aus vielen Elementen bestehen, ist eine reine Einzelfallprüfung nahezu ausgeschlossen und würde mit hoher Wahrscheinlichkeit zu einer Zeit- und Budgetüberschreitung und einem Verstoß gegen das Wesentlichkeits- und Wirtschaftlichkeitsprinzip führen.[569]

Je höher die Zuverlässigkeit des IKS beurteilt wird, desto geringer wird der Umfang der Ergebnisprüfungen im ergebnisorientierten Teil der Jahresabschlussprüfung. Im Falle von Systemfehlern besteht das Risiko wesentlicher Ergebnisfehler. Diese müssen durch eine, den potentiellen Ergebnisfehlern angepasste bzw. berücksichtigende Ergebnisprüfung, gegeneinander ausgeglichen werden.[570] Die Schwachstellen im IKS geben eine gute Orientierung bei der Identifizierung der Prüfungsschwerpunkte.[571]

Es sollte grundsätzlich berücksichtigt werden, dass ein IKS das Vorhandensein wesentlicher Fehler im Jahresabschluss nicht gänzlich ausschließen kann. Dies liegt u. a. an folgenden Sachverhalten:

---

566 Vgl. A. Sperl / Prüfungsplanung / S. 98; Vgl. R. Quick / Die Risiken ... / S. 358; Vgl. WP Handbuch 2006 / S. 2004.

567 Vgl. K. Smith / An Examination ... / S. 210; C. De Paula /Auditing Principles ... / S. 59.

568 Vgl. R.Brown / Changing Audit ... / S. 703.

569 Vgl. WP Handbuch 2006 / S. 1939, 1944 und 1956 ff. Vgl. R. Buchner / Wirtschaftliches ... / S. 77 ff; Vgl. E. Stibi / Risikomodell und ... / S. 27 ff; Vgl. K. Bohr / Wirtschaftlichkeit ... / Tz. 2183 ff; Vgl. H. Siebert / Möglichkeiten und ... / S. 33; Vgl. IDW PS 200, Tz. 9; Detaillierte Informationen zu den Bereichen Wirtschaftlichkeit und Wesentlichkeit können auch den Kapiteln "Wesentlichkeit" und "Wirtschaftlichkeit" entnommen werden.

570 Vgl. G. Schade / Zur Konkretisierung.. / S. 121 ff; Vgl. M. Wolz / Wesentlichkeit im .. /S. 93 ff.

571 Vgl. K. Freiling / Interne Überwachung ... / S. 1003; Vgl. R Quick / Die Risiken ... / S. 359.

- Kein IKS kann ständig wirksam und vollständig sein (100% funktionsfähig).
- Die Kontrollen müssten unumgehbar und unausschaltbar sein.
- Es dürfte kein Ablauf existieren, für das kein funktionsfähiges IKS konstruiert und implementiert ist. Diese Anforderung ist insbesondere bei seltenen und in ihrem Ablauf unterschiedlichen Geschäftsvorfällen (atypisch/nichtroutine) schwer umzusetzen.[572]
- Es existiert keine Garantie, dass das geplante IKS eingehalten wird, d. h., der Ablauf und die Durchführung der Kontrollaktivitäten sind nicht vollständig voraussehbar.[573]
- Wo Menschen arbeiten, muss damit gerechnet werden, dass Systemabweichungen auftreten und Kontrollaufgaben nur mangelhaft oder gar nicht durchgeführt werden.[574]
- Für die Funktionsfähigkeit des IKS lassen sich lediglich Wahrscheinlichkeiten schätzen.[575] Demnach wird durch ein funktionsfähiges IKS die Eintrittswahrscheinlichkeit eines Fehlers reduziert, trotzdem können Kontrollen umgangen werden[576] oder versagen (z.B. durch menschliches Versagen), sodass Fehler nicht verhindert und ggf. nicht entdeckt werden.[577]

Diese Sachverhalte untermauern die These, dass allein die Beurteilung des IKS kein ausreichend sicheres Urteil bezogen auf den Jahresabschluss zulässt.[578] Vielmehr müssen diese Systemprüfungen um ergebnisorientierte Prüfungshandlungen ergänzt werden.[579] Dies lässt die Schlussfolgerung zu, dass system- und ergebnisorientierte Prüfungshandlungen in Kombination eine ausreichende Urteilssicherheit und somit ein fundiertes Prüfungsurteil gewähr-

---

572 Vgl. R Quick / Die Risiken ... / S. 359; Vgl. E. Loitsberger / Problembestand und ... / S. 38; Vgl. WP Handbuch 2006 / S. 2003; Vgl. IDW PS 261, Tz. 15 und 25; Es kann eine Einteilung in routinemäßige und nicht routinemäßige Geschäftsvorfälle und Transaktionen und somit eine Art Risikoorientierung vorgenommen werden. Im WP Handbuch 2006 / S. 1946, findet eine Definition von Risikoorientierung bei Abschlussprüfungen statt.

573 Vgl. R. Mautz / Internal Control ... / S. 284; Vgl. R. Quick / Die Risiken ... / S. 360.

574 Vgl. WP Handbuch 2006 / S. 2001; Vgl IFAC ISA 315, Tz. 64; Vgl. H. Leopold / Effektivität und ... / S. 319; Vgl. WP Handbuch 2006 / S. 2001; Vgl IFAC ISA 315, Tz. 64.

575 Vgl. L. Konrath / Risk in ... / S. 55.

576 Sog. Management Overwrite oder Fraud bzw. dolose Handlungen.

577 Vgl. R. Mautz / Internal Control ... / S.284; Vgl. J. Kissinger / A Study ... / S. 137; Vgl. WP Handbuch 2006 / S. 2001; Vgl IFAC ISA 315, Tz. 64.

578 Vgl. V. Peemöller / Direkte und ... / Sp. 347.

579 Vgl. J. Hagest / Zur Logik ... / S. 49.

leisten. Somit sind als Komplementär zu den Systemprüfungen weitere ergebnisorientierte Prüfungshandlungen notwendig.[580]

4.2.1 Vorgehensweise bei der Systemprüfung

Den Begriff Systemprüfung definieren PFITZER/SCHMITDT als die Prüfung einer betriebswirtschaftlichen Organisationsstruktur mit dem Ziel, festzustellen, ob eine ordnungsmäßige Verarbeitung der angefallenen und zu untersuchenden Geschäftsvorfälle und sonstigen Systemziele gewährleistet ist.[581] Im Mittelpunkt der Prüfungshandlungen stehen Verarbeitungs- und Kontrollprozesse.

Die Begründung der Systemprüfung als Bestandteil der Jahresabschlussprüfung beruht auf dem Gedankengang, dass die Verarbeitung richtiger und vollständiger Eingabedaten in ordnungsgemäß funktionierenden IT-Systemen (Software), die kontinuierlich auf einer fehlerfrei arbeitenden Hardware angewendet wurden, grundsätzlich zu ordnungsgemäßen Verarbeitungsergebnissen führen wird (deterministische Abläufe).[582] Im Falle eines positiven Systemprüfungsurteils wird daher, unter der Voraussetzung der kontinuierlichen Wirksamkeit der Verarbeitungs- und Kontrollprozesse und in Abhängigkeit des Grades der Zwangsläufigkeit der Abläufe, die Einschränkung des Umfangs der relativ arbeitsaufwändigen aussagebezogenen Prüfungshandlungen vorgesehen.[583]

Konkretisiert und operationalisiert wird die Systemprüfung durch Unterscheidung

- organisatorischer Sicherungsmaßnahmen und Kontrollen im Rahmen des vom Mandanten einzurichtenden Internen Kontrollsystems (IKS)[584] und

---

580 Vgl. R. Quick / Die Risiken / S. 361; Vgl. H. Siebert / Möglichkeiten und ... / S. 39 ff.
581 Vgl. Pfitzer, N., Schmidt, G. (2002): Systemprüfung, in: Ballwieser, W., Coenenberg, A. G., Wysocki, K. v. (Hrsg.): a. a. O., Sp. 1336.
582 Vgl. Leffson, U. (1988): Wirtschaftsprüfung, 4. Auflage, Wiesbaden 1988, S. 232.
583 Vgl. IDW PS 300 Tz. 14.
584 Nicht zu verwechseln mit der in der Wirtschaftsinformatik verwendeten Abkürzung für Informations- und Kommunikationssysteme.

- programmierter Verarbeitungsregeln sowie deren tatsächlicher Anwendung (EDV-Systemprüfung bzw. Programmprüfung).[585]

Gegenstand und Umfang der erforderlichen Prüfungshandlungen werden u.a. vom Stand der Technik des jeweiligen Systems beeinflusst. In beiden Bereichen sind IT-gestützte Verfahren sowohl Prüfungsgegenstand als auch Prüfungswerkzeug. Mit anderen Worten tritt IT sowohl selbst als Risikoidentifikation und -beurteilung in Erscheinung.

Mittels einer Systemprüfung hat der Abschlussprüfer das rechnungslegungsrelevante Verarbeitungssystem seiner Mandanten zu analysieren um einen Eindruck von dessen Funktionsfähigkeit und somit vom Fehlerrisiko der verarbeiteten Geschäftsvorfälle zu erhalten.[586] Das Ergebnis soll der weiteren Prüfungsplanung dienen, wobei die Systemprüfung i.d.R. im Rahmen der Vorprüfung durchgeführt wird.[587] Gegenstand der Systemprüfung sind das Buchführungssystem und das integrierte individuelle unternehmensspezifische IKS[588], somit also das Verarbeitungs- und Kontrollsystem.[589]

Die Systemprüfung kann grundsätzlich in die Phasen "Systemaufnahme" und "Systembeurteilung" unterteilt werden.[590] Beide Phasen sind Bestandteil des Prüfungsprozesses. Eine detaillierte Beschreibung dieser Phasen erfolgt in den beiden folgenden Unterkapiteln "Systemaufnahme" und "Systembeurteilung“.

---

585 Vgl. Nutz, A:, Hamberger, B. (2002b): Programmprüfung, in: Ballwieser, W., Coenenberg, A. G., Wysocki, K. v. (Hrsg.): a. a. O., Sp. 1707; Pfitzer, N., Schmidt, G. (2002): a. a. O., Sp. 2338; der dritte von PFITZER/SCHMIDT hervorgehobene Systemprüfungsbereich des Risikomanagements ist Gegenstand einer ausführlichen Erörterung in Kap. 3.1.2.3, auf die hier verwiesen wird.

586 Vgl. IDW PS 200 / Tz. 19; Vgl. IDW PS 450 / Tz. 53; Vgl. U. Lefferson / Wirtschaftsprüfung / S. 226; Vgl. M. Wolz / Wesentlichkeit im ... / S. 34-35; Detaillierte Informationen zu den Bereichen Systemprüfung und der damit verbundenen Systemaufnahme und Systembeurteilung können den folgenden Kapiteln "Systemaufnahme" und "Systembeurteilung" entnommen werden.

587 Vgl. M. Wolz / Wesentlichkeit im ... / S. 35; Vgl. U. Lefferson / Wirtschaftsprüfung / S. 249; R. Quick / Die Risiken ... / S. 38; Vgl. J.D. Sullivan / Montgomery`s Auditing / S. 234.

588 Vgl. WP Handbuch 2006 / Abschnitt R/ S. 1959 ff; Vgl. M. Wolz / Wesentlichkeit im ... / S. 66; Vgl. P. Zaeh / Entscheidungsunterstützung in ... / S. 216; Vgl. M. Wolz / Wesentlichkeit im ... / S. 350; Vgl. H. Köster / Computergestützte Prüfungsmethoden / S. 78 ff; R. Quick / Die Risiken ... / S. 38 und 361.

589 Vgl. R. Quick / Die Risiken ... / S. 39 und 253; Vgl. D. N. Ricchiute / Auditing / S. 190; Vgl. R. Hofmann / Prüfungshandbuch / S. 147 ff.

590 Vgl. F. Brebeck, G. Förschle / Gegenstand und ... / S. 171 f; Vgl. WP Handbuch 2006 / S. 1959 ff, 1998 ff , 2003 und 2012; Vgl. R. Hofmann / Prüfungshandbuch / S. 181ff.

Der Prüfungsablauf ist in Teilprozesse unterteilt. Die Summe dieser Teilprozesse ergibt wiederum den so genannten Regelkreis. Die folgende Abbildung zeigt den Regelkreis graphisch dar:

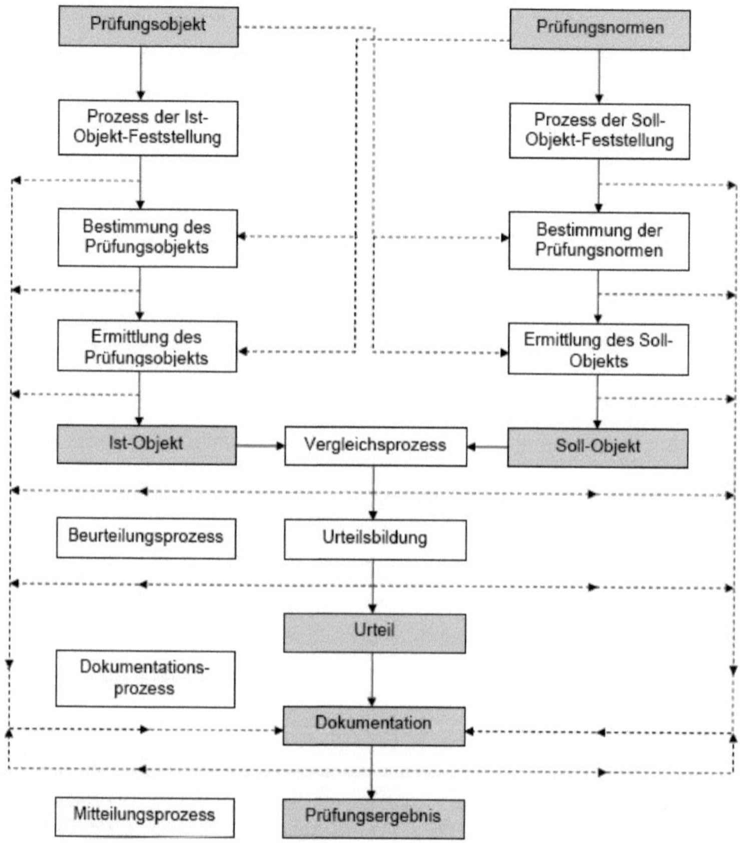

Abbildung 9:Regelkreis nach Dr. W. Lück [591]

Der Regelkreis besteht dabei aus den wesentlichen Teilprozessen Soll-Objekt-Feststellung, Ist-Objekt-Feststellung, Vergleichsprozess, Beurteilungsprozess, Dokumentationsprozess und Mitteilungsprozess.

---

591 Vgl. Dr. W. Lück, Lexikon der Betriebswirtschaft, S. 1023.

4.2.1.1 Systemaufnahme

Gegenstand der Systemprüfung ist die Beurteilung der Gestaltung, der Wirksamkeit und der Funktionsfähigkeit des Systems mit all seinen Regelungen und Abläufen. Dabei richtet sie sich primär nicht auf die Prüfung von Einzelsachverhalten.[592] Bei der Systemprüfung werden in der Praxis die herkömmlichen Prüfungsmethoden eingesetzt. Jedoch gewinnt die Weiterentwicklung der indirekten Prüfung und der unterschiedlichen Methoden der Stichprobenprüfung weiter an Bedeutung.[593]

Eine allgemeine Prüfung beinhaltet in der Regel einen einfachen Soll-Ist-Vergleich.[594] Im Gegensatz hierzu verlangt die Prüfung eines IKS den Vergleich zwischen drei Vergleichsobjekten. Bei diesen drei Vergleichsobjekten handelt es sich um das:

- Idealtypische-Modell (unter betriebswirtschaftlichen Aspekten entwickelt),
- Soll-Modell (von dem Unternehmen definiert und gewollt)[595]
- und Ist-Modell (tatsächlich im Unternehmen realisiert).[596]

Bei dem Idealtypischen-Modell handelt es sich um ein rein theoretisches Modell. In der Praxis bildet quasi eine Kombination aus Idealtypischem-Modell und Soll-Modell das unternehmensspezifische Soll-Modell. D.h., das Idealtypischen-Modell wird unter Berücksichtigung und Beachtung der unternehmensspezifischen Risiken, Zielen, Vorgaben, regulatorischen Anforderungen, Rahmenbedingen und unter Kostenaspekten[597] unternehmensindividuell entwickelt und die Abläufe bzw. Geschäftsprozesse integriert.

---

592 Vgl. U. Lefferson / Wirtschaftsprüfung / S. 226 ff.
593 Vgl. H. Mayer / Begriff und ... / S. 349; Vgl. R. Quick / Die Risiken ... / S. 361.
594 Vgl. U. Lefferson / Wirtschaftsprüfung / S. 13 ff; Vgl. D. Dörner / Zusammenarbeit von ... / S. 101 ff; Vgl. WP Handbuch 2006 / S. 1960 und 2002 ff.
595 Vgl. WP Handbuch 2006 / S. 2004 ff.
596 Vgl. R. Quick / Die Risiken ... / S. 361; Vgl. W. Knop / Eine Prüfungsstrategie ... / S. 316.
597 auf Basis einer Kosten-Nutzen-Analyse.

Um einen solchen Vergleich durchführen zu können, müssen die entsprechenden Vergleichsobjekte, also Soll-Objekt und das Ist-Objekt, definiert, identifiziert und miteinander abgestimmt werden.[598]

Die Soll-Objekt-Feststellung stellt den Bereich dar, der mit betrieblichem Handeln erreicht werden soll und basiert auf Prüfungsnormen.[599] Soll-Feststellungen können in direkte und indirekte[600] Soll-Objekt-Feststellungen unterteilt werden. Bei der direkten Soll-Objekt-Feststellung werden aus Sachverhalten auf Basis von Prüfungsnormen Soll-Objekte ermittelt. Es wird angenommen, dass das Soll-Objekt ein normgerechtes Ist-Objekt ist. Die folgende Abbildung soll dies anhand des Beispiels einer Verbuchung eines Beleges verdeutlichen:

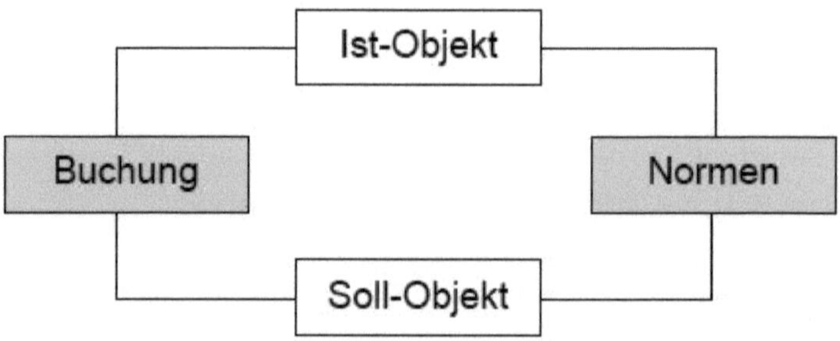

Abbildung 10:Direkte Soll-Objekt-Feststellung nach Buchner [601]

Da das Soll-Objekt nicht explizit definiert ist, muss sich der Abschlussprüfer ein Urteil darüber bilden, wie die Verarbeitungsergebnisse der rechnungslegungsrelevanten Prozesse sowie die integrierten Kontrollmaßnahmen grundsätzlich

---

598 Vgl. K. Wysocki / Grundlagen des... / S. 121 ff; Vgl. WP Handbuch 2006 / S. 1960 und 2004.

599 Vgl. R. Buchner, Wirtschaftliches Prüfungswesen, S. 225ff.

600 Unter indirekter Soll-Objekt-Feststellung wird die Globalprüfung verstanden. Bei der Globalprüfung, in der Literatur auch "analytical review" genannt, werden Ist-Objekte mit deduktiv oder induktiv ermittelten Vergleichsgrößen gegenübergestellt. Diese Vergleichsgrößen stehen im Zusammenhang mit dem zu prüfenden Ist-Objekt (vgl. Dr. W. Lück, Lexikon der Betriebswirtschaft, S. 1017f) und lassen somit einen Schluss auf die Normgerechtigkeit des Ist-Objektes zu. Zur Durchführung von Globalprüfungen können u.a. summarische Kontrollrechnungen bzw. Verprobungen durchgeführt werden. Vgl. R. Buchner, Wirtschaftliches Prüfungswesen, S. 232.

601 Vgl. R. Buchner, Wirtschaftliches Prüfungswesen, S. 229.

ausgestaltet sein sollten.[602] In diesem Zusammenhang bilden die Ausgestaltung und Umsetzung der gesetzlichen Vorschriften und ergänzender maßgeblicher Vorgaben (z. B. Standards des IDW) das Soll-Objekt.[603]

Aufgrund der diversen Ausprägungsmöglichkeiten der Aufbau- und Ablaufstrukturen können die von dem Unternehmen designten und dokumentierten Prozesse[604] bei der Ermittlung des Soll-Objekts eine unterstützende Wirkung haben. Diesbezüglich kann der Abschlussprüfer aus dem Ist-Objekt das Soll-Objekt ableiten, wobei er jedoch u. a. die Grundsätze ordnungsmäßiger Buchführung, die Anforderungen an eine ordnungsmäßige Prüfungsdurchführung und unternehmensindividuelle Vorgaben berücksichtigen muss.[605]

Die in dem Unternehmen existierenden Prozesse (Systeme = IKS bzw. Risikomanagementsystem) stellen mit ihren individuellen Merkmalsausprägungen das Ist-Modell dar.[606] Zur Erfassung der benötigten Informationen kann der Prüfer verschiedene Prüfungsinstrumente einsetzten.[607] Hierbei handelt es sich um: Beobachtung (Beobachtung der Systemabläufe), Interviews (Befragung des Personals des Mandanten) und Einsichtnahme/Durchsicht der Systemdokumentation (z.B. Organigramme, Arbeitsplatzbeschreibungen, Geschäftsprozessbeschreibungen, Funktionsdiagramme usw.)[608]

Bei diesen Prüfungsinstrumenten existieren jedoch verschiedene Restriktionen, die in diesem Zusammenhang berücksichtigt werden sollten. Somit stellt das Interview hohe Qualitätsansprüche an den Prüfer, da dieser den Interviewpartner entsprechend steuern muss, um die notwendigen Informationen zu erhal-

---

602 Vgl. U. Lefferson / Wirtschaftsprüfung / S. 14 ff; Vgl. R. Buchner / Wirtschaftliches ... / S. 221 ff; Vgl. WP Handbuch 2006 / S. 2004 ff; Vgl. IDW PS 300, Tz.14.

603 Vgl. A. Wittmann / Systemprüfung / S. 67 ff; Vgl. WP Handbuch 2006 / S. 2004 ff; Vgl. IDW PS 300, Tz.14.

604 Analog zu dem Begriff Prozess kann an dieser Stelle auch "System" verwendet werden. Vgl. WP Handbuch 2006 / S. 2004 ff.

605 Vgl. S. Göbel / Prüfung von . / S. 36 ff; Vgl. U. Lefferson / Wirtschaftsprüfung /S. 15 / 235 ff

606 Vgl. F. Selchert / JahresAbschlussprüfung / S. 3 ff.

607 Vgl. R. Quick / Die Risiken ... / S. 362; Vgl. U. Lefferson / Systemprüfung / Sp. 1928.

608 Vgl. K. Johnson / Evaluating Internal ... / S. 72; Vgl. W. Kroneberger / Die Auswertung ... / S. 209; Vgl. WP Handbuch 2006 / S. 2001.

ten.[609] Der Einsatz von Fragebögen und die Erstellung von Ablaufdiagrammen stellen effektive Tools zur Systemerfassung und Dokumentation in den Arbeitspapieren des Abschlussprüfers dar. Weitere Tools sind die verbalen Beschreibungen oder so genannte Entscheidungstabellen.[610] Bei den hier genannten Techniken zur Systemprüfung handelt es sich um in der Praxis am häufigsten genutzten. Daneben existieren weitere Techniken.[611]

Die Fragebogentechnik ist bei der Prüfung des IKS in der Praxis eine weit verbreitete Technik.[612] In der Literatur wird die Fragebogentechnik stellenweise als Ersatz für ein Interview gesehen.[613] Im Rahmen dieser Arbeit wird diese als Abarbeitung einer Checkliste durch den Prüfer interpretiert. In diesem Zusammenhang wird zu Prüfungsbeginn für die Buchführung ein "optimales" Soll-Modell entwickelt und als Fragekatalog[614] bzw. Checkliste komprimiert. Im Rahmen

---

609 Des Weiteren besteht die potentielle Gefahr, dass im Rahmen der persönlichen Kontaktaufnahme der Prüfer Suggestivfragen stellt und somit seinem Interviewpartner indirekt das erwartete Ergebnis vorgibt. Um überhaupt die relevanten Ansprechpartner identifizieren zu können, setzt dies entweder die vorherige Analyse der Systemdokumentation voraus oder das Erfragen der Ansprechpartner beim Management der Gesellschaft.

610 Vgl. R. Quick / Die Risiken ... / S. 362; Vgl. R. Büchi / Entscheidungstabellen / S. 9 ff.; Vgl. W. Elben / Entscheidungstabellentechnik ... / S. 10 – 12.

611 Eine Auflistung weiterer Techniken bieten A. Alvin / Auditing: an ... / S. 302 - 305 und O. Whittington / Principles of ... / S. 240 – 248.

612 Vgl. H. Kircherer / Grundsätze Ordnungsmäßiger / S. 247; Vgl. WP Handbuch 2006/ S. 2008.

613 Vgl. R. Quick / Die Risiken ... / S. 363; Vgl. W. Knop / Eine Möglichkeit ... / S. 88 ff.

614 Die Fragen sind i. d. R. so formuliert, dass sie entweder bejaht oder verneint werden können (geschlossene Fragestellung). Neben den Fragebögen mit geschlossener Fragestellung können auch Fragebögen mit offener Fragestellung zur Anwendung kommen. Im Falle der Bejahung einer Frage signalisiert dies eine Übereinstimmung des von der Unternehmung initiierten Soll-Modell mit dem Ideal-Modell. Eine Verneinung hingegen weist auf eine Schwachstelle hin. Vgl. U. Lefferson / Wirtschaftsprüfung / S. 231; Vgl. WP Handbuch 2006 / S. 2008. Somit repräsentiert ein voll ausgefüllter Fragebogen primär das vom Unternehmen entwickelte IKS (Soll-System). Dies liegt an den ihm zugrunde liegenden Informationen. Auch hier sollte berücksichtigt werden, dass die Mitarbeiter bei einem Interview oft entsprechend den ihnen seitens des Unternehmens vorgegebenen Anweisungen antworten, obwohl sie sich in Wirklichkeit anders verhalten, da sie sonst mit dienstlichen Konsequenzen rechnen müssen. Um Informationen über das tatsächlich realisierte IKS zu erhalten, bedarf es einer geschickten Fragestellung, welche wiederum viel Erfahrung seitens des Prüfers voraussetzt. Vgl. R. Quick / Die Risiken ... / S. 363; Vgl. A. Sperl / Prüfungsplanung / S. 107.Um eine einheitliche Prüfungsdurchführung zu gewährleisten und die immensen Erstellungszeiten eines Fragebogens zu minimieren, dem Prüfungsorgan die Möglichkeit zur ausreichenden Kontrolle seiner Mitarbeiter zu geben und die Ergebnisse ähnlicher Prüfungen vergleichbar zu machen, werden in der Praxis überwiegend standardisierte Fragebögen eingesetzt. Vor dem Hintergrund, dass jedes zu beurteilende IKS individuelle Besonderheiten hat, müssen bei einer kompletten Systemaufnahme die Fragebögen dem geprüften Unternehmen entsprechend modifiziert werden. Demnach sollte der Standardfragebogen im Prüfungsverlauf unter Berücksichtigung der Unternehmensbesonderheiten entsprechend reduziert oder um zusätzliche Fragen erweitert werden. Vgl. U. Lefferson / Wirtschaftsprüfung / S. 231; Vgl. R. Kautz / Fundamentals of ... / S. 156; Vgl.WP Handbuch / S. 2008 ff .

der Aufnahme des IKS muss für jede in diesem Soll-System vorhandene Kontrolle erfragt werden, ob diese existiert.

Der Fragebogen stellt für den Prüfer einen Leitfaden dar, der ihn durch die Prüfung führt. Somit können auch, vorausgesetzt einer Anleitung und Überwachung, jüngere Prüfungsassistenten, bei nahezu ähnlicher Qualität, die Systemaufnahme durchführen.[615]

Neben den Fragebögen werden Interviews mit dem zu prüfenden Bereich geführt, um die Schwachstellen von Fragebögen auszugleichen, denn es kann zur Fehlinterpretation von Fragebogenergebnissen kommen. Da aber keine Beweiskraft in Interviews liegt, wird in der Praxis die Technik der Fragebögen mit Interviews kombiniert.

Wie schon erwähnt, können Ablaufbeschreibungen verbal oder visuell dargestellt werden. Beide Formen haben Vor- und Nachteile, wobei sie einzeln gesehen oft das Problem der mangelnden Übersichtlichkeit haben. Deshalb ist eine Kombination der visuellen und verbalen Form, die so genannten Ablaufdiagramme[616], in der Praxis eine geeignete Form für die Aufnahme und Dokumentation des IKS. Ablaufdiagramme informieren nachvollziehbar, umfassend und übersichtlich über die Grundbedingungen des Rechnungswesens und die dazugehörigen Fehlerrisiken.[617] Diese Darstellung bietet die Möglichkeit, die einzelnen Aktivitäten in ihrer logischen und zeitlichen Reihenfolge abzubilden. Um sicherzustellen, dass die Ablaufdiagramme leicht verständlich sind und um Fehlinterpretationen vorzubeugen, sollten genormte Symbole verwendet werden. Ablaufdiagramme bieten den weiteren großen Vorteil, Aktivitäten und Kontrollen in ihrer logischen und zeitlichen Reihenfolge in übersichtlicher und verständlicher Form darzustellen, die durch verbale Erläuterungen ergänzt

---

615 Allerdings sollte hierbei beachtet werden, dass folgende Gefahren bestehen: a) Der Prüfer geht aufgrund der vorgegebenen Fragen zu schematisch vor und denkt nicht mit. b) Der Prüfer entwickelt keinen „prüferischen Spürsinn“ (Vgl. O. Whittington / Principles of ... / S. 240 –248; Vgl. R. Quick / Die Risiken ... / S. 363). c) Falsch beantwortete Fragen vermitteln ein ungenaues oder falsches Bild vom Soll-System und d) Es können Missbräuche bzw. Fehler z. B. in der Form auftreten, dass Antworten aus dem Vorjahr oder aus anderen Prüfungen kopiert werden (Vgl. WP Handbuch / S. 2008 ff).

616 Vgl. WP Handbuch 2006 / S. 2009 ff.

617 Vgl. D. Borchert / Transaction Flow ... / Sp. 1939 - 1950; P. Burkel / Prüfung der ... / S. 233; P. Burkel / Prüfung der ... / S. 61.

werden. Somit können auch komplexe Zusammenhänge klar und übersichtlich dargestellt werden, ohne den Verlust von Detailinformationen, was sich mit Fragebögen wiederum sehr schwer umsetzen lässt. Kontrollen können einfacher identifiziert werden und die Vollständigkeit der Systemaufnahme ist einfacher nachzuprüfen.[618] Dies bietet den Vorteil, dass sie für jeden sachkundigen Dritten ohne Probleme verständlich und nachvollziehbar sind.[619] Innerhalb des Ablaufdiagramms werden die visuellen Darstellungen von links nach rechts gelesen und untergliedern sich in die Bereiche „Eingabe" (Input), „Verarbeitung" bzw. „Aktivität" (Activity) und „Ausgabe" (Output).[620]

Nachteil der Verwendung von Ablaufdiagrammen im Vergleich zum Anfertigen von Fragebögen ist der hohe Zeitaufwand bei der Übertragung der durch die Befragung der Mitarbeiter des zu prüfenden Unternehmens oder durch eigene Beobachtungen gewonnenen Informationen über das IKS. Eine weitere Voraussetzung sind entsprechende Erfahrungen des Prüfers, wobei gerade dieser Nachteil in der Regel bei Erstprüfungen feststellbar ist.[621] Des Weiteren zwingt die Erstellung des Ablaufdiagramms den Prüfer zu einer intensiven Auseinandersetzung mit dem IKS.[622]

Im Falle der Verwendung der Ablaufdiagramme des Unternehmens muss der Prüfer lediglich die Aktualität und die Richtigkeit der Unterlagen nachprüfen, was zu einer erheblichen Zeitersparnis führt.[623]

Der zweite Bestandteil der Systemaufnahme ist die Ermittlung eines idealtypischen, also im Sinne der Jahresabschlussziele "optimalen"[624] IKS. In diesem

618 Vgl. P. Adenauer / Berücksichtigung des ... / S. 137; Vgl. R. Quick / Die Risiken ... / S. 366;Vgl. WP Handbuch 2006 / S. 2009 ff.

619 Vgl. B. Stratmann / Flowcharts / Sp. 378.

620 Vgl. R. Quick / Die Risiken ... / S. 365; Vgl. W. Froehlich / Developing an ... / S. 23.

621 Vgl. A. Strickler / An Appraisal ... / S. 414; Vgl. R. Quick / Die Risiken ... / S. 365.

622 Vgl. R. Quick / Die Risiken ... / S. 365; Vgl. J. Blum / Sequence for ... / S. 53.

623 Neben den Ablaufdiagrammen werden in der Literatur die so genannten "Entity Relationship Diagrams" zur verbesserte Darstellungsmöglichkeit vorgeschlagen. Vgl. L. Mochty / Theoretical and ... / S. 5 f. Eine verbreitete Umsetzung dieser Darstellungsform hat in der Prüferpraxis bis dato jedoch noch nicht stattgefunden.

624 Ein "optimales" IKS hat für jede Fehlermöglichkeit eine entsprechende und angemessene Kontrolle. Jedoch wird es in der Praxis immer individuelle Umstände, besondere Sachverhalte und Tatbestände sowie organisatorische oder personelle Besonderheiten geben, dass ein "optimales IKS" eher ein in der Literatur verwendeter Begriff ist und in der Realität eher begrenzt vorzufinden ist. Vgl. auch W. Knop / Eine Möglichkeit ... / S. 95; Vgl. R. Quick / Die Risiken ... / S. 366.

Zusammenhang analysiert der Prüfer den Buchführungsprozess nach Prozessstellen, an denen, seiner Erfahrung und seinem Verständnis nach, potentielle Fehlerquellen existieren und entsprechende Kontrollen implementiert sein sollten. Dies setzt viel Erfahrung und Best Practices Kenntnisse voraus. Nachdem der Prüfer die notwendigen Kontrollen identifiziert hat, muss er entsprechende Kontrolltechniken entwickeln bzw. ableiten. Diesbezüglich erfragt er zunächst die seitens des Mandanten geplanten Kontrollhandlungen. In einem zweiten Schritt untersucht er die geplanten Kontrollhandlungen dahingehend, ob diese in der Lage und angemessen sind, die Kontrollgründe abzudecken. Im Gegensatz zu dieser Art des Vorgehens wird in der Literatur eine analytische, deduktiv orientierte Vorgehensweise diskutiert. Bei dieser Vorgehensweise erfragt der Prüfer zunächst potentielle Kontrollhandlungen, die die definierten Kontrollgründe abdecken könnten, und in einem zweiten Schritt vergleicht er diese mit dem geplanten IKS.[625]

Ein "optimales" IKS hat für jede Fehlermöglichkeit eine entsprechende und angemessene Kontrolle.[626] Der Prüfer beurteilt also das Design der Kontrollen. Hierbei handelt es sich im allgemeinen Sprachgebrauch der Prüfer um die so genannte Aufbauprüfung.

Die vorläufige Beurteilung des identifizierten geplanten internen Kontrollsystems stellt einen weiteren Bestandteil der Systemprüfung dar. Dabei werden durch die Definition der als notwendig erachteten Kontrollen (also, die Ermittlung des Idealtypischen-Systems) und dem anschließenden Vergleich mit dem geplanten System (Soll-System) Systemstärken und -schwächen identifiziert und die Zuverlässigkeit des IKS beurteilt. Hierbei handelt es sich um den so genannten "reliance test".[627]

Eine Schwachstelle wird in der Form definiert, dass für eine Fehlerart keine Kontrolle entwickelt worden ist oder eine geplante Kontrolle keine systematischen Fehler verhindern kann.[628] Fehler sind durch Aktivitäten von Menschen bedingt, wobei deren potentielle Fehleranfälligkeit nicht durch ex ante definierte

---

625 Vgl. A. Wittmann / Systemprüfung und ... / S. 91 ff.
626 Vgl. W. Knop / Eine Möglichkeit ... / S. 95; Vgl. R. Quick / Die Risiken ... / S. 366.
627 Vgl. A. Cirtin / Risk Analysis ... / S. 707 ff; Vgl. R. Quick / Die Risiken ... / S. 367.
628 Vgl. V. Frühling / Probleme der ... / S. 365.

Kontrollaktivitäten minimiert werden kann.[629] Sollten Fehler zufällig passieren, handelt es sich dabei nicht um eine Schwachstelle.

Je geringer der Einfluss einer Schwachstelle auf das Ergebnis der Buchführung ist, desto geringer sind die negativen Effekte der Schwachstelle auf die Qualität des IKS. Sollte eine Schwachstelle vor dem Jahresabschluss bereinigt werden, beginnt die Systemprüfung an dieser Stelle erneut mit der Systemaufnahme bzw. der Aktualisierung der Ablaufdiagramme.

Basierend auf der vorläufigen Systembeurteilung wird eine vorläufige Prüfungsstrategie entwickelt. Bei der Planung des weiteren Prüfungsablaufs werden die identifizierten Systemstärken und -schwächen als Informationsbasis berücksichtigt. Beachtung finden dabei auch die noch durchzuführenden system- und ergebnisorientierten Prüfungshandlungen. Ein gutes und stark ausgeprägtes IKS hat zur Folge, dass der Umfang ergebnisorientierter Prüfungshandlungen reduziert[630] wird bzw. bestimmte ergebnisorientierte Prüfungshandlungen vor dem Bilanzstichtag im Rahmen der Vorprüfung durchgeführt werden können.[631] Prüfungsgegenstand sind, wie bereits erwähnt, das Buchführungssystem und das integrierte individuelle IKS[632], somit also das Verarbeitungs- und Kontrollsystem.[633]

Bei einem schwachen und fehleranfälligen IKS werden die ergebnisorientierten Prüfungshandlungen ausgedehnt und primär innerhalb der Hauptprüfung durchgeführt.[634] Wenn der Prüfer sich auf Kontrollen verlassen möchte, muss er in einem weiteren Schritt definieren, zu welchem Grad die Kontrollen mindestens durchgeführt werden müssen, damit er die von ihm geplante ergebnisorientierte Prüfungsstrategie rechtfertigen kann.[635] Nach dieser Definition muss er überprüfen, ob sein Vertrauen gerechtfertigt ist. Somit ist die vorläufige Beurteilung durch die eigentliche Systembeurteilung, also die zweite

---

629 Vgl. D. Carmichael / Behavioral Hypotheses .. / S. 237; Vgl. R. Quick / Die Risiken ... / S. 367.

630 Vgl. M. Wolz / Wesentlichkeit im ... / S. 45; IDW PS 300, Tz. 24 i.V.m. PS 312, Tz. 11.

631 Vgl. M. Wolz / Wesentlichkeit im ... / S. 35; Vgl. U. Lefferson / Wirtschaftsprüfung / S. 249; Vgl. J.D. Sullivan / Montgomery`s Auditing / S. 234.

632 Vgl. WP Handbuch 2006 / Abschnitt R/ S. 1959 ff; Vgl. M. Wolz / Wesentlichkeit im ... / S. 66; Vgl. P. Zaeh / Entscheidungsunterstützung in ... / S. 216; Vgl. M. Wolz / Wesentlichkeit im ... / S. 350; Vgl. H. Köster / Computergestützte Prüfungsmethoden / S. 78 ff; R. Quick / Die Risiken ... / S. 38 und 361.

633 Vgl. R. Quick / Die Risiken ... / S. 39 und 253; Vgl. D. N. Ricchiute / Auditing / S. 190.

634 Vgl. J. Loebbecke / Impact and ... / S. 81.

635 Vgl. D. Bruns / Internal Control ... / S. 61; Vgl. R. Quick / Die Risiken ... / S. 368.

Prüfungsphase, zu konkretisieren. Hierbei handelt es sich im allgemeinen Sprachgebrauch der Prüfer um die so genannte Funktionsprüfung, die Prüfung der Wirksamkeit. Bei dem Teilprozess der Ist-Feststellung wird untersucht, welche Vorgehensweise gewählt wird bzw. welches Ergebnis durch betriebliches Handeln erreicht wurde.[636]

Einzelne Ist-Objekte, das sind z.B. Belegnummern, Buchungskontoangaben oder Unterschriften auf Belegen, bzw. ein Komplex von Prüfungsobjekten, wie z.B. Jahresabschlüsse, ergeben das Prüffeld, Prüffeldgruppen bzw. das Prüfgebiet.[637]

4.2.1.2 Prüfungshandlungen und Prüfungsnachweise

Ziel der Durchführung von Prüfungshandlungen ist es, Prüfungsnachweise zur Fundierung der mit hinreichender Sicherheit zu treffenden Prüfungsaussagen zu generieren. Der Begriff "Prüfungsnachweis" ist der deutschen Prüfungslehre fremd. Er kommt aus den in deutschen Prüfungsstandards eingearbeiteten ISA und ist die Übersetzung des Begriffs "audit evidence". Damit sind Informationen gemeint, die der Abschlussprüfer verwendet, um zu Prüfungsfeststellungen zu gelangen.[638] Diesbezüglich müssen die Prüfungsnachweise in quantitativer Hinsicht "ausreichend" und in qualitativer Hinsicht (, d.h. in ihre Aussagekraft und Bestimmtheit) "angemessen" sein.[639]

Hier besteht ein asymmetrischer Zusammenhang: Je geringer das vorgefundene Fehlerrisiko und je höher die Qualität der Prüfungsnachweise, umso wenige Prüfungsnachweise werden benötigt; jedoch kann eine mangelnde Qualität der Prüfungsnachweise nicht zwangsläufig durch eine Erhöhung der Quantität ausgeglichen werden.[640]

Die Anforderungen können aufgrund der unterschiedlichsten Prüfungssituationen nicht allgemein formuliert werden. Demnach hängt die Beurteilung, ob

---

636 Vgl. R. Buchner, Wirtschaftliches Prüfungswesen, S. 225ff.

637 Vgl. Gablers Wirtschaftslexikon, S. 3140.

638 Auf diese Prüfungsfeststellungen stützen sich die in Prüfungsbericht und Bestätigungsvermerk getroffenen Prüfungsaussagen. Vgl. hierzu auch IDW PS 300, Tz.1.

639 Vgl. DW PS 300, Tz.8.

640 Vgl. DW PS 300, Tz.8.

Prüfungsnachweise "ausreichend" und "angemessen" sind von verschiedenen Faktoren ab:

- die Wesentlichkeit des Prüffeldes
- die Beurteilung von Art und Höhe des inhärenten und Kontrollrisikos
- den Erfahrungen des Prüfers
- den Erfahrungen aus vorangegangenen Prüfungen
- den Ergebnissen der laufenden Prüfungen
- der Quelle und Verlässlichkeit der verfügbaren Informationen.[641]

Damit dem Grundsatz der Wesentlichkeit und Wirtschaftlichkeit Genüge getan wird, muss der Prüfer eine Auswahl an Prüfungsnachweisen in der Form optimieren, dass die geforderte hinreichende Sicherheit der Prüfungsaussagen gewährleistet ist.[642]

Dabei kann die Auswahl z.B. im Rahmen der Nachweisprüfung von Vermögensgegenständen durch geeignete Stichprobenbildung erfolgen.[643]

Die Prüfungshandlungen lassen sich grob in die drei Kategorien "Risikobeurteilungen einschließlich Aufbauprüfungen“[644], "Funktionsprüfungen“[645] und "aussagebezogene Prüfungshandlungen“[646]unterteilen.[647]

---

641 Vgl .DW PS 300, Tz.9.

642 Vgl .DW PS 300, Tz.11.

643 Vgl. M. Graumann / Wirtschaftliches Prüfungswesen / S. 192 ff.

644 Soll-Soll-Prüfungen, Im Schrifttum auch Angemessenheits- oder Design-Prüfung genannt. Dabei erfasst der Prüfer den vom Unternehmen vorgesehenen Soll-Zustand des IKS entsprechend der vorhandenen Dokumentation. Diese vergleicht er auf hinreichende Übereinstimmung mit der betriebswirtschaftlichen üblichen Norm. Vgl. IDW PS. 300, Tz.16.

645 Soll-Ist-Prüfungen. Im Schrifttum auch Wirksamkeitsprüfung genannt. Dabei ist das Ziel der Funktionsprüfung, basierend auf den gewonnenen Erkenntnissen eine abschließende Beurteilung der Kontrollrisiken vorzunehmen. Dabei besteht die Prüfung zum einen aus der Komponente "Prüfung der Umsetzung des Systems“. Hierbei wird die tatsächliche Praktizierung durch die Mitarbeiter im operativen Geschäftsablauf überprüft. Und zum anderen aus der Prüfung der Funktionsfähigkeit des Systems. Hier wird festgestellt, ob das vorhandene IKS auch funktionsfähig ist, also in der Lage ist, Fehler zu zu verhindern, zu erkennen und zu beheben. Vgl. auch M Graumann / Wirtschaftliches Prüfungswesen / S. 200 ff.

646 Dienen der Feststellung, ob im Rahmen der Rechnungslegung getroffene Angaben keine wesentlichen Falschaussagen enthalten. Art und Umfang ihrer Durchführung richten sich nach dem Ausgang der Risikobeurteilung und den Feststellungen der Aufbau- und Funktionsprüfung. Vgl. IDW PS 330, Tz.21. Die können unterteilt werden in analytische Prüfungshandlungen und Einzelfallprüfungen. Vgl. IDW PS 330, Tz. 24.

647 Bezüglich der weiteren Ausgestaltung und Arten von Aufbau- und Funktionsprüfungen sowie aussagebezogenen Prüfungshandlungen siehe die Ausführungen in Kapitel 1.3.

Mit Ausnahmen der analytischen Prüfungshandlungen handelt es sich bei den anderen Prüfungshandlungen um Einzelfallprüfungen. Sie werden nicht parallel, sondern je nach Phase der Systemprüfung sukzessive angewandt.[648]

Dabei sind analytische Prüfungshandlungen sog. indirekte Prüfungsmethoden, z.B. Plausibilitätsbeurteilungen von Verhältniszahlen oder Trends, branchenspezifische Vergleichswerte usw.

Je höher das vermutete Kontrollrisiko infolge von Zweifeln an der Zweckmäßigkeit, Wirksamkeit und/oder Funktionsfähigkeit des IKS, umso weniger aussagekräftig sind analytische Prüfungshandlungen und umso mehr Gewicht bekommen Einzelfallprüfungen beigemessen.[649] Die Einzelfallprüfungen gehören zu den direkten Prüfungen, da ein direkter Vergleich zwischen (Soll-Ist-Vergleich) zwischen den Aufzeichnungen der Buchführung und entsprechenden Belegen vorgenommen wird, z.B. Einsichtnahme bzw. Inaugenscheinnahme, Beobachtung, Befragung, Bestätigung usw.[650] Einzelfallprüfungen sind insbesondere dann vorzunehmen, wenn analytische Prüfungshandlungen nicht möglich sind oder keine ausreichende Sicherheit erbringen.

Dabei können Prüfungshandlungen verschiedene Formen annehmen. Folgende Unterscheidungen sind denkbar:

- formelle[651] und materielle Prüfungen[652]
- Vollprüfung[653] und stichprobenweise Prüfung[654]
- progressive[655] und retrograde Prüfung[656]

---

648 Vgl. IDW PS 300, Tz.15 ff.

649 Vgl. auch M Graumann / Wirtschaftliches Prüfungswesen / S. 200 ff.

650 Vgl. IDW PS 312, Tz. 24.

651 sind auf ihre Ordnungsmäßigkeit sowie rechnerische Richtigkeit der Rechnungslegung gerichtet. Ihre Prüfungsaussagen umfassen die Erfassung sämtlicher Geschäftsvorfälle in den Belegen und Büchern; die richtige Buchung des Zahlenmaterials in allen Prozessschritten des Rechnungswesens bis hin zur Übernahme in den Abschluss und die Beachtung der formalen Ordnungsmäßigkeitsprinzipien der Buchführung entsprechend der handelsrechtlichen Vorschriften und sonstigen GoB. Zu den formellen Prüfungen gehören u.a. Abstimmungsprüfungen, Übertragungsprüfungen, rechnerische Prüfungen und Belegprüfungen.

652 sind auf die inhaltliche Richtigkeit und wirtschaftliche Berechtigung der gebuchten Geschäftsvorfälle gerichtet. Ziel dieser Prüfungshandlungen ist der Nachvollzug und die Würdigung von Wertungen wie beispielsweise die Ermittlung von Abschreibungen.

653 umfasst sämtliche Geschäftsvorfälle eines bestimmten Prüffelds oder Zeitabschnitts.

654 umfasst demgegenüber nur Teilbereiche der gesamten Prüfungsmasse, wobei die Festlegung der Teilbereiche bewusst oder zufällig erfolgen kann.

Ergänzend kommen noch die standardisierten und IT-gestützten Prüfungshandlungen sowie die der Einsatz IT-gestützter Prüfungsmethoden hinzu, die im Folgenden auf Grund ihrer Komplexität und Wichtigkeit etwas ausführlicher dargestellt werden.

Standardisierte und IT-gestützte Prüfung

Um die Wirtschaftlichkeit der Prüfung zu erhöhen, setzten auch die Abschlussprüfer IT-gestützte Prüfungstechniken ein. Insbesondere in den Bereichen der Buchführung, in denen die Prüfungsobjekte ebenfalls in elektronischer Form vorliegen.

Standardisierte Prüfungen erfolgen z.B. auf Basis von Checklisten und Fragebögen, welche besonders bei der Prüfung des IKS eingesetzt werden.

Expertensysteme stellen die sog. "intelligente" Form der Fragebögen dar. Dabei handelt es sich um IT-gestützte Systeme, mit Hilfe derer die Problemlösungsfähigkeit menschlicher Experten nachgestellt wird. Der Unterschied zur reinen Datenbank besteht darin, dass sie in der Lage sind, Daten durch Schlussfolgerungen zu verarbeiten, zu verknüpfen, zu verdichten und zu bewerten. Dabei entwickeln die Expertensysteme aus den ihnen übermittelten Eingangsinformationen einen individuellen Fragenkatalog. Die hieraus gezogenen Erkenntnisse werden in einem Regelsystem entsprechend der implementierten "Expertenlogik" verknüpft.[657] Als Resultat erhält der Anwender ein Gesamturteil zusammen mit einer umfassenden Dokumentation des Diagnoseprozesses.[658]

---

655 geht dabei von der Belegprüfung über Grundbücher, Journale zum Hauptbuch und schließlich zum Abschluss.

656 geht vom Abschluss beginnend in umgekehrter Richtung. Im Rahmen von Abschlussprüfungen wird in der Praxis die retrograde Prüfung bevorzugt, wobei sie allein keinen verlässlichen Rückschluss auf die Vollständigkeit der Verarbeitung von Geschäftsvorfällen zulässt. Vor diesem Hintergrund sollte auch ein Teil der Prüfungshandlungen aus progressiven Prüfungen bestehen.

657 Expertensysteme zeichnen sich durch folgende Funktionen aus: a) Das System fragt vom Benutzer bei Bedarf prozessbegleitend solange zusätzliche Informationen ab, bis ein "Muster" erkennbar ist. b) Es ist in der Lage, auch bei völlig unvollständiger Information Schlussfolgerungen zu ziehen - wenn auch weniger valide. c) Der systemseitige Beurteilungs- und Entscheidungsprozess wird auf Basis des Dateninputs durchgeführt sowie die jeweils angewandten Entscheidungsregeln dokumentiert und somit transparent gemacht. d) Dem Anwender werden die Ursachen bestimmter Tatbestände und Entwicklungen systematisch und logisch aufgezeigt.

658 Vgl. M Graumann / Wirtschaftliches Prüfungswesen / S. 272.

Die IT-gestützen Prüfungstechniken, sog. Computer Assisted Auditing Techniques (CAAT), werden u.a dann eingesetzt, wenn konventionelle Prüfungshandlungen einen hohen Zeitaufwand mit sich bringen, gute Kenntnisse des Prüfers hinsichtlich Höhe und Struktur der Fehlerrisiken bestehen, prüfungsrelevante Informationen in maschineller Form verfügbar sind und der Prüfer das IT-System des Mandanten für Prüfungszwecke nutzen kann.[659]

IT-gestützte Prüfungstechniken[660] werden im Bereich der aussagebezogenen Prüfungshandlungen z.B. dann eingesetzt, wenn durch Auswertung kennzahlengestützter Checklisten risikobehaftete Prüffelder identifiziert werden und dies somit zur sachlichen Prüfungsplanung beiträgt. Durch die Ermittlung von Verhältniszahlen oder Trends können Beziehungen der prüfungsrelevanten Daten des Mandanten zu Daten anderer Unternehmen aufgezeigt oder im Rahmen von Zeitreihenanalyse Auffälligkeiten und Schwankungen in Bezug auf die Daten des zu prüfenden Geschäftsjahres, ermittelt werden.

Im Bereich der Einzelfallprüfungen können IT-gestützte Prüfungstechniken den Prüfer z.B. dahingehend unterstützen, das die Stichprobenumfänge oder Soll-Ist-Vergleiche maschinell errechnet werden oder durch die Selektion und Bereitstellung von in maschineller Form vorliegenden Informationen eine Strukturierung der Sichtung von Unterlagen des Mandanten ermöglicht wird.[661]

4.2.1.3 Exkurs: Einsatz IT-gestützter Prüfungsmethoden

Die Abschlussprüfung befindet sich gegenwärtig in einem tiefen Wandel, dessen Hauptursachen in dem nach wie vor problematischen Ausmaß der

---

659 Vgl. IDW PS 330, Tz. 95.

660 Gemäß dem IDW PS 330, Tz. 95 können IT-gestützte Prüfungstechniken grundsätzlich in "IT-Systemprüfungen" und "aussagebezogene Prüfungshandlungen" unterteilt werden. Die "IT-Systemprüfungen" können wiederum in "Aufbauprüfungen" (automatisierte Checklisten und IT-gestützte Beurteilung von IKS und Geschäftsprozessen) und "Funktionsprüfungen" (Beurteilung organisatorischer und technischer Sicherungen sowie Kontrolltests in Geschäftsprozessen) gegliedert werden. Die "aussagebezogenen Prüfungshandlungen" lassen sich in "analytische Prüfungshandlungen" (Analyse von Verhältniszahlen, Trends und Abweichungen; Ermittlung unzulässiger Arbeitsergebnisse; Abgleich von Konzepten mit gespeicherten Daten) und "Einzelfallprüfungen" (Selektion und Bereitstellung gespeicherter Daten, Auswertung von Überwachungsergebnissen, Berechnung von Stichproben) zergliedern. Bezüglich der weiteren Ausgestaltung und Arten von Aufbau- und Funktionsprüfungen sowie aussagebezogene Prüfungshandlungen siehe die Ausführungen in Kapitel 1.3.

661 Vgl. IDW PS 330, Tz. 100.

Erwartungslücke[662] und in neuen Anforderungen an die Unternehmensberichterstattung durch die Globalisierung von Unternehmen und internationalen Kapitalmärkten liegen.[663] Aus einer Reihe damit verbundener gesetzgeberischer Reaktionen resultiert ein erweiterter Prüfungsgegenstand. Aus dem erweiterten Prüfungsgegenstand, der Weiterentwicklung des risikoorientierten Prüfungsansatzes und dem technologischen Fortschritt[664] ergeben sich (un)mittelbar Anforderungen an die von Prüfsoftware bereitzustellende Funktionalität.

Die Integration der IT-Prüfung und die dabei gewonnenen Ergebnisse in der Planung und Durchführung der Jahresabschlussprüfung sowie der Einsatz von Prüfsoftware im Rahmen aussagebezogener Prüfungshandlungen zeigen schnell Schwächen auf. Bei der IT-Prüfung handelt es sich um eine besondere Form der Prüfungstechnik. Dabei definiert der Begriff Prüfungstechnik die bei der Ausführung einer Prüfungsmethode[665] eingesetzten Hilfsmittel.[666] Es existiert eine grundsätzlich Unterscheidung zwischen manuellen und IT-gestützten Prüfungstechniken. IT-gestützte Prüfungstechniken können dabei z.B. aus der Durchführung von Datenanalysen[667] oder der Abbildung von Prüfungsprozessen in kooperativen Arbeitsumgebungen sowie dem Wissensmanagement in allen Bereichen der Jahresabschlussprüfung oder der zeit- und ortsunabhängigen Bereitstellung der Dokumentation von Prüfungsnachweisen (Prüfsoftware im weiteren Sinne) bestehen.[668]

Bei dem Einsatz von Prüfsoftware[669] im Rahmen der Abschlussprüfung existiert ein wesentlicher kritischer Erfolgsfaktor. Hierbei handelt es sich darum, dass IT-

---

662 Vgl. Ruhnke, K. (2002): Geschäftsrisikoorientierte Abschlussprüfung - Revolution im Prüfungswesen oder … in: DB 2002, S. 437.

663 Vgl. Ballwieser, W., Coenenberg, A. G., Wysocki, K. v. (Hrsg.) (2002): Handwörterbuch der Rechnungslegung und Prüfung, 3. Auflage, Stuttgart 2002, S. X (Vorwort der Herausgeber).

664 Vgl. Wiedmann, H. (1999): Neuere Prüfungsansätze vor dem Hintergrund des KonTraG, in: Baetge, J., (Hrsg.): Auswirkungen des KonTraG auf Rechnungslegung und Prüfung, Düsseldorf, 1999, S. 73.

665 Unter Prüfungsmethodik ist eine systematische Vorgehensweise zur Erreichung eines Prüfungsziels zu verstehen. Zu ihrer Umsetzung werden Prüfungshandlungen vorgenommen, die ggf. auch IT-gestützt ausgeführt werden können.

666 Vgl. K. U. Marten / Wirtschaftsprüfung ... / S. 343 ff.

667 Z.B. zur Generierung von Prüfungsnachweisen, also Prüfungssoftware im eigentlichen Sinne.

668 Vgl. A. Nutz / Integrierte Prüfsoftware / S. 5; Vgl. IDW PS 312, Tz. 15.

669 Der von PORTER, WILL und KÖSTER in den 70èr Jahren geprägte Begriff der Prüfprogramme (Vgl. H. Köster / Computergestützte Prüfungsmethoden; Düsseldorf 1094, S. 109; H.J. Will (1970):Zur Anwendung von Prüfprogrammen: Das Aditape System, in: WPg 1970 (S.557-564); W. T. Porter (1969):Generalized Computer Audit Programs, in JoA 1969, Januar, S. 54 ff) ist in

gestützte Prüfungshandlungen auf Basis verlässlicher und qualitätsgesicherter Daten (nur so kann ein positiver Beitrag zu den Zielgrößen der Jahresabschlussprüfung, insbesondere die Faktoren "Urteilssicherheit" und "Wirtschaftlichkeit“[670]) erfolgen, ein Sachverhalt, der bei dem normalen Einsatz von herkömmlicher Prüfsoftware nicht grundsätzlich sichergestellt ist. Da die verschiedenen Mandanten-Systeme in der Praxis aufgrund ihrer Architekturen und Client/Server-Umgebungen sehr heterogen sind, führt dies häufig zu unentdeckt fehlerhaft erstellter oder im schlimmsten Fall sogar manipulierter Datenextrakte in das System der Abschlussprüfer. Dies hat zur Folge, dass Datenanalysen zu nicht aussagefähigen und nicht vertrauenswürdigen Informationen führen.

Die zentrale Forderung nach Zuverlässigkeit und Nachvollziehbarkeit der Prüfungsdatenbasis verlangt nach einer obligatorischen Beurteilung der organisatorischen Prüfungsmaßnahmen und Kontrollen des operativen Mandanten-Systems sowie der Sicherstellung der Integrität der zu Prüfungszwecken verwendeten Daten.[671]

---

der Vergangenheit als Prüfprogramm im Sinne einer Prüfungsstrategie zu Art und Umfang durchzuführender Prüfungshandlungen oder der Prüfung von Programmen fehlinterpretiert worden. Der heute etablierte Begriff der Prüf- oder Prüfungssoftware (im weiteren Sinne) verdeutlicht deren Zweck, der in der Unterstützung des Abschlussprüfers bei der Wahrnehmung seiner Aufgaben im gesamten Prüfungsprozess besteht, besser (Vgl. G. Zepf (2000), Prüfungssoftware, in: G. Ballweiser, A. G. Conenberg, K. v. Wysocki: a.a.O, Sp. 1878). Der Funktions- und Leistungsumfang der in dieser Arbeit untersuchten Prüfsoftware (im eigentlichen Sinne) fokussiert auf die Unterstützung der system- und aussagebezogenen Prüfungshandlungen. Der dazu bereitgestellte Funktions- und Leistungsumfang adressiert den Zugriff auf Mandantendaten, deren analysespezifische Aufbereitung, Auswertung sowie Ergebnispräsentation und Dokumentation (vgl. C.. U. Diehl, A. Nutz (2002): a.a., Sp 473 ff; G. Zepf (2002): a.a.O., Sp. 1882 ff; O. Falk (1993): Fernprüfung - Analyse einer alternativen Prüfungsmethode zur Rationalisierung der Jahresabschlussprüfung durch Datenfernübertragung, Düsseldorf 199, S.244). Hauptsächlich nach der (fehlenden) funktionalen Fokussierung auf spezifische (ggf. mandantenabhängige) Problemstellungen wird zwischen spezieller und genereller Prüfsoftware unterschieden (Vgl. R. Minz (1987): Computergestützte Jahresabschlussprüfung, Düsseldorf 1987, S. 82 ff; H. Hanisch, D. Kempf (1990): Revision und Kontrolle von EDV-Anwendungen im Rechnungswesen, München 1990, S. 457 f; Zepf spricht auch von "funktions- oder branchenspezifischer" und "universeller" Prüfsoftware; G. Zepf (2002): a.a.O., Sp. 1882 ff). Während spezielle Prüfsoftware für branchen- oder mandatsspezifische Aufgabenstellungen entwickelt wurde (Vgl. W. Kraus; K. Nagel (1977): Anforderungen an die Prüfbarkeit computergestützter Informationssysteme - Eine Analyse auf europäischer Basis, in : Journal UEC, S. 128 ff), zeichnet sich generelle Prüfsoftware durch einen vielseitig verwendbaren, generischen Funktions- und Leistungsumfang für einen wiederholten Einsatz in unterschiedlichen Mandaten unabhängig von operativen Informationssystemen aus (Vgl. H. Hanisch (1986): Jahresabschlussprüfung bei Datenbanksystemen, Frankfurt/Berlin/New York 1986, S. 39 ff).

670 Zu weiteren Informationen bezüglich der Zielgrößen der Jahresabschlussprüfung und dem Beitrag, den Prüfsoftware zu diesen leisten kann, vgl. A. Nutz / Integrierte Prüfsoftware /S. 54 ff.

671 Vgl. A. Nutz / Integrierte Prüfsoftware / S. 188.

Eine Vermeidung dieses Problems soll durch die obligatorische Prüfung der operativen rechnungslegungsbezogenen IT-Systeme der Mandanten bezüglich der Integrität, Identität und Konsistenz der darin gespeicherten prüfungsrelevanten Daten erfolgen. Hierbei zeigen sich in der Praxis jedoch Schwächen bei der Ausführung der Prüfungshandlungen, der Integration der Ergebnisse und der sich ggf. daran anschließenden computergestützten Folgeprüfungen. Häufig treten folgende Probleme auf:

- Durch technisch und/oder inhaltlich mangelhafte Extraktionsroutinen werden die Datenübernahmen erschwert oder verhindert.
- Datenextrakte werden analysiert, obwohl die operativen Daten aufgrund erheblicher Konsistenz- und Integritätsdefizite verworfen werden müssten.[672]

Zusätzlich existieren in der Praxis im Bereich der IT-Unterstützung Engpassfaktoren, wie z.B. die unzureichend verfügbaren und unzureichend integrierten IT-Ressourcen sowie die begrenzten IT-Kenntnisse der Abschlussprüfer. Hieraus ergeben sich Konsequenzen in der Form, dass Gestaltung und Durchführung der aussagebezogenen Prüfungshandlungen auf einer unnötig lückenhaften Beurteilung der operativen IT-Systeme und den darin implementierten Kontrollsystemen erfolgt. Diese Defizite sind jedoch nicht allein durch Software zu beheben, sondern machen eine Änderung in der Ausbildung der Wirtschaftsprüfer notwendig.[673]

Neben den erheblichen Problemen existieren seit Mitte der 90èr Jahre vielseitige Änderungen und Aktualisierungen in den Bereichen Rechnungs- und Prüfungswesen. Hinzu kommen technische Weiterentwicklungen und damit erweiterte Anforderungen an den Funktionsumfang von genereller Prüfsoftware. Wesentliche Entwicklungstendenzen sind bspw.:

- Die erhöhte Verantwortung des Abschlussprüfers bei der Aufdeckung von Bilanzdelikten, dolosen Handlungen und sonstigen Gesetzesverstößen gem. § 317 Abs. 1 Satz 3 HGB.

---

[672] Vgl. A. Nutz / Integrierte Prüfsoftware / S. 1.
[673] Vgl. A. Nutz / Integrierte Prüfsoftware / S. VII.

- Die nach KonTraG[674] verstärkt auf ökonomische Risiken auszurichtende Abschlussprüfung.
- Die nach dem KonTraG und dem TransPuG[675] zu intensivierende Zusammenarbeit von Abschlussprüfer und Aufsichtsrat.

Diese Tendenzen haben einen erweiterten Umfang von Fragestellungen gestiegener Komplexität, mit denen der Wirtschaftsprüfer im Rahmen der Jahresabschlussprüfung konfrontiert ist, zur Folge.

Vor diesem Hintergrund und bei der Auswertung der gängigen Literatur zu dieser Problematik geht hervor, dass insbesondere der Einsatz von Business Intelligence-Lösungen[676] und Data Warehouse Domänen den Anforderungen gerecht werden können.

In diesem Zusammenhang muss allerdings beachtet werden, dass der Einsatz Data Warehouse-basierter Prüfsoftware im Einklang mit berufsständischen Grundsätzen der Wirtschaftsprüfung zu stehen hat.[677]

Die Basis-Idee bei dem Design einer generellen Prüfsoftware als unterstützende Anwendungssoftware für den Wirtschaftsprüfer ist der an dem Sprachgebrauch des Prüfungswesens repräsentierten Anforderungen ausgerichtete Funktions- und Leistungsumfang sowie deren effiziente und effektive Erfüllung.

Da der Sprachgebrauch des Rechnungswesens in einem wesentlichen Umfang von dem Vokabular der "Rechnungslegung" determiniert wird und diese ständigen Änderungen unterliegt, erscheint eine Überprüfung der Prüfsoftware bezogen auf die Aktualität als notwendig.[678] Dieser Sachverhalt sowie das veränderte und erweiterte Aufgabengebiet der Wirtschaftsprüfer können durch die aktuell verfügbare Prüfsoftware nicht oder nur unzureichend abgedeckt werden.

---

674 KonTraG = Gesetz zur Kontrolle und Transparenz im Unternehmensbereich.

675 TransPuG = Transparenz- und Publizitätsgesetz.

676 Seit 1999 erfolgte das Design und die Entwicklung des Prototypen einer auf Business Intelligence-Technologie basierenden Prüfsoftware "Continious Audit Analysis and Reporting Suite" (CAARS). Dabei werden in dem Programm in sieben integrierten Modulen die identifizierten Anforderungen aktueller Entwicklungstendenzen berücksichtigt. Dies erfolgt, indem es sowohl entdeckungs- als auch überwachungsorientierte Analyseverfahren auf einer integrierten Datenhaltung zur Verfügung stellt.

677 Vgl. A. Nutz / Integrierte Prüfsoftware / S. 199.

678 Vgl. H.J. Will / Audit Command ... / S. 626.

Es bedarf einer Software, die

- eine qualitätsgesicherte und zugriffsgeschützte perioden- und funktions- bzw. unternehmenseinheitenübergreifende Datenbasis[679] zur
- die integrierte Anwendung einer umfassenden überprüfungs- und entdeckungsorientierten Analysefunktionalität besitzt. Zusätzlich sollte ein deduktives und induktives Prüfungsvorgehen durch einen unterschiedlichen Anwenderkreis mit differenzierten IT-Kenntnissen zur Verfügung gestellt werden.

An dieser Stelle erfolgt ein Verweis auf die weiterführende Literatur von Andreas Nutz, der sich ausgiebig mit diesem Thema in seinem Buch "Integrierte Prüfsoftware" auseinandergesetzt und eine den oben dargestellten Anforderungen entsprechende Prüfsoftware entwickelt hat.[680]

4.2.1.4 Systembeurteilung

Die Prüfungsphase "Systembeurteilung" kann in die folgenden Bereiche

- Transformationsprüfung (Wird das von dem Unternehmen geplante IKS von dem Mitarbeitern entsprechend umgesetzt bzw. praktiziert?),
- Funktionsprüfung (Funktionieren die Kontrollen effektiv?) und
- abschließende Systembeurteilung

unterteilt werden.[681] Die Transformations- und Funktionsprüfung kann z. B. mittels einer Stichprobenauswahl durchgeführt werden. Es sollte jedoch beachtet werden, dass ein wirksam entwickeltes System nicht zwangsläufig zuverlässige Arbeitsabläufe sicherstellt, da mit der Entwicklung alleine nicht dessen Umsetzung gewährleistet ist.[682]

---

679 Bezüglich weiterer Informationen zum Thema Datenqualität und Datenintegrität vgl. auch die Informationen in Kapitel 1.3.

680 Vgl. A. Nutz / Integrierte Prüfsoftware / S. 1 ff.

681 Vgl. WP Handbuch 2006 / S. 1998ff, 2001 ff, 2012 ff und 2030:

682 Vgl. R. Quick / Die Risiken ... / S. 369; Vgl. W. Knop / Eine Prüfungsstrategie ... / S. 348.; Vgl. WP Handbuch 2006 / S. 1961 ff:

Die zur Durchführung von Transformations- und Funktionsprüfungen benötigten Prüfungshandlungen sind in der amerikanischen Literatur auch als so genannte "compliance tests" bekannt und weit verbreitet.[683]

Gegenstand der Transformationsprüfung ist Umsetzung des geplanten IKS. Als Prüfungshandlungen bieten sich hierbei Beobachtungen und Single Purpose Tests an. Potentielle Risiken bzw. Probleme existieren jedoch bei den Beobachtungen in der Form, dass zum einen die beobachteten Mitarbeiter lediglich in dem Beobachtungszeitraum diejenigen Kontrollen bzw. Aktivitäten durchführen, mit denen der Prüfer die tatsächliche Implementierung des geplanten IKS überprüft und zum anderen der Prüfer anwesend sein muss.[684] Mittels des Single Purpose Tests soll festgestellt werden, ob die geplanten Kontrollaktivitäten nachweislich und nachvollziehbar durchgeführt wurden. Demnach werden hier die Kontrollvermerke der Mitarbeiter, welche die Durchführung von Kontrollaktivitäten belegen, auf ihre Existenz hin untersucht.[685] Bei den Single Purpose Tests sollte beachtet werden, dass sie nur zum Zwecke von Systemprüfungen geeignet sind.[686]

Sollte bei der Transformationsprüfung bei den Verarbeitungs- und Kontrollschritten, z.B. aufgrund fehlender Dokumentation, kein sichtbarer und nachprüfbarer Prüfungspfad existieren, kann der Prüfer sich lediglich auf Beobachtungen stützen.[687] Auch hier sollte berücksichtigt werden, dass alleine durch das Vorliegen von Kontroll- und Bearbeitungsvermerken nicht gänzlich bewiesen werden kann, dass die Bearbeitung bzw. Kontrolle entsprechend dem geplanten IKS durchgeführt worden ist.

Ist eine Prüfung ergebnisorientiert, sind die buchungspflichtigen Geschäftsvorfälle, Belege, Buchungen, Jahresabschlussposten, Anhangsangaben und Lageberichtsangaben die Ist-Objekte[688] und werden mit den durch Normen

---

683 Vgl. D. Hatherly / Compliance and ... / S. 378; Vgl. R. Quick / Die Risiken ... / S. 369:

684 Vgl. K. Johnson / Evaluating Internal ... / S. 108; Vgl. IDW PS 300, Tz. 29; Die Aussagekraft von Beobachtungen ist eingeschränkt, da hierdurch Steuerungs- und Überwachungsmaßnahmen nur zum Zeitpunkt der Beobachtung beurteilt werden können. Des weiteren kann unter Umständen aufgrund der Beobachtung des Prüfers der Ablauf dieser Aktivität beeinflusst werden. Vgl. WP Handbuch 2006 / S. 1961, 2001 und 2012.

685 Vgl. H. Wiedmann / Die Prüfung ... / S. 710; Vgl. R. Quick / Die Risiken ... / S. 369.

686 Vgl. R. Quick / Die Risiken ... / S. 369; Vgl. D. Carmichael / Tests of ... / S. 36 ff.

687 Vgl. R. Taylor / Error Analysis ... / S. 80; Vgl. R. Quick / Die Risiken ... / S. 370.

688 Vgl. W. Lück / Lexikon der Rechnungslegung / S. 85.

vorgegebenen Soll-Objekten verglichen.[689] Neben den Bearbeitungsergebnissen werden üblicherweise interne Kontrollprüfungen vorgenommen, bei denen die betrieblichen Abläufe und die für diese Arbeitsabläufe unternehmensintern vorgeschriebenen Kontrollen aufgenommen und bewertet werden.[690]

Wird dagegen der Vergleichsprozess bei einer systemorientierten Prüfung durchgeführt, werden dabei der Systemaufbau und der Systemablauf betrachtet.[691] Auch die systemseitig implementierten Kontrollen werden in die Prüfung mit eingeschlossen.

Sich aus der ergebnisorientierten und der systemorientierten Prüfung ergebenden Abweichungen müssen im Folgenden bewertet und analysiert werden.[692] Werden im Rahmen von Systemprüfungen Schwachstellen identifiziert, kann die Ergebnisprüfung als ergänzende Prüfungshandlung angewandt werden. Die folgende Abbildung – vergleiche diesbezüglich auch R. Buchner, Wirtschaftliches Prüfungswesen, S. 240 - veranschaulicht diesen Zusammenhang.

Durch die Funktionsprüfung kann überprüft werden, ob die einzelnen Systemelemente mit dem erwarteten Erfolg funktionieren. Demnach befasst sich die Funktionsprüfung mit der Qualität des tatsächlich implementierten Systems. Hier ist der Prüfer gezwungen, aus den Arbeitsergebnissen auf die Funktionsfähigkeit des IKS zu schließen.

Im allgemeinen Sprachgebrauch handelt es sich dabei um den Dual Purpose Test. Die Dual Purpose Tests können bei der Systemprüfung und bei dem ergebnisorientierten Teil der Prüfung eingesetzt werden.[693] Die Zuverlässigkeitsprüfung eines IKS, also die Prüfung der Transformation und Funktionsfähigkeit interner Kontrollen, wird nach *E. Stibi* als "Compliance tests" bezeichnet. Diese überprüfen, ob geplante Kontrollen in der Realität implementiert und funktionsfähig sind.

---

689 Vgl. Lefferson, U / Wirtschaftsprüfung / S. 13; Vgl. A. Wagenhofer / Externe Unternehmensrechnung / S. 378f; Vgl. Wiso / Wirtschaftsprüfung / S. 13 ff.

690 Vgl. W. Busse von Colbe, Lexikon der Rechnungswesens, S. 511.

691 Vgl. R. Buchner, Wirtschaftliches Prüfungswesen, S. 166.

692 Vgl. R. Buchner, Wirtschaftliches Prüfungswesen, S. 234ff.

693 Vgl. R. Quick / Die Risiken ... / S. 370.

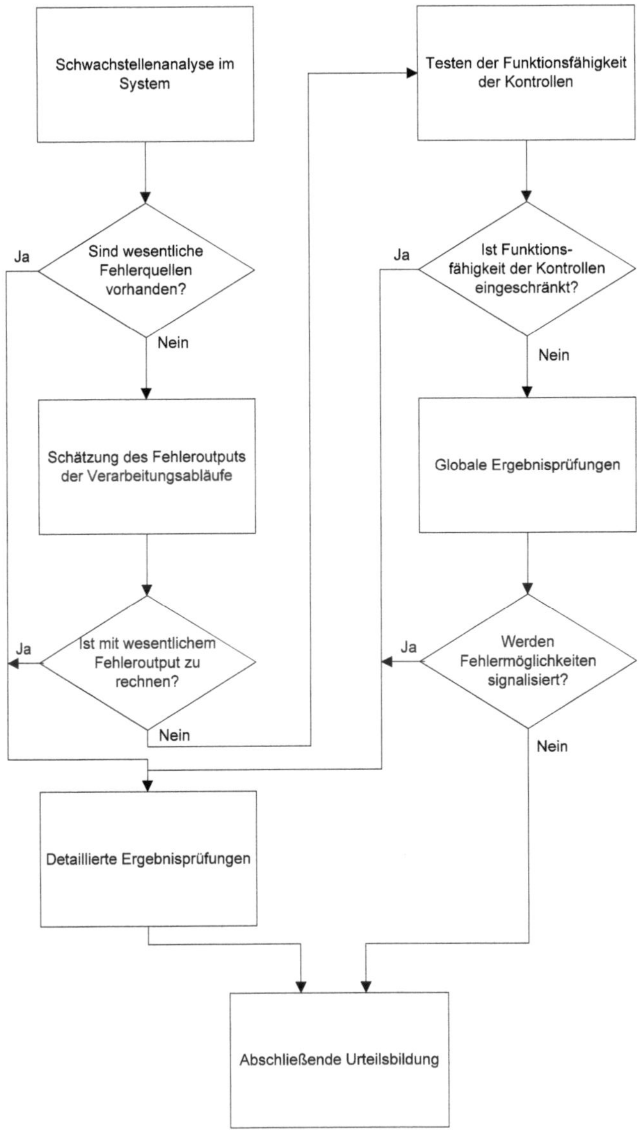

Abbildung 11:Zusammenhang zwischen systemorientierter Prüfung und Ergebnisprüfung

Allerdings bezieht sich die Prüfung immer nur auf eine separate Kontrolle, was eine Aggregation der Einzelergebnisse nach sich zieht, um eine Aussage zur Zuverlässigkeit des IKS in einem gesamten Prüffeld zu erhalten.[694]

Bei der Beurteilung des IKS muss der Abschlussprüfer die Qualität der Prüfungsnachweise berücksichtigen, d. h. eigene Beobachtungen des Abschlussprüfers sind in der Regel aussagekräftiger als die Unterlagen Dritter.[695]

Die Zusammenfassung der beiden Teilprüfungen ist Bestandteil der abschließenden Systembeurteilung.[696] Des Weiteren erfolgt die Abstimmung mit der vorläufigen Systembeurteilung (vgl. in diesem Zusammenhang das Unterkapitel "Systemaufnahme"), und die Ergebnisse stellen die Informationsbasis dar, auf die der Prüfer das weitere Prüfungsvorgehen im ergebnisorientierten Teil stützt. Kann anhand der Systemtests ein wirksames IKS unterstellt werden, kann der Abschlussprüfer die ergebnisorientierten Prüfungshandlungen reduzieren. Im umgekehrten Fall ist das Ausmaß der Prüfungshandlungen zu erhöhen.[697] Die Ergebnisse der Systemprüfungen geben somit Indizien auf Schwachstellen und potentielle Fehlermöglichkeiten, woraus sich wiederum Hinweise für Prüfungsschwerpunkte ableiten lassen.[698]

Obwohl die Funktion und Wirksamkeit einzelner Kontrollen relativ einfach beurteilt werden kann, stellt sich die Beurteilung des vollständigen IKS als relativ schwer dar. Dennoch ist die komplette Beurteilung des IKS notwendig, um die Verknüpfung zwischen System- und Ergebnisprüfung darzulegen. Grundsätzlich wird das Ziel verfolgt, Soll-/Ist-Abweichungen (zu den vorher definierten "Normen") zu identifizieren, deren Auswirkungen zu bewerten und ggf. die Prüfungsplanung entsprechend anzupassen.[699] Innerhalb der Literatur werden sowohl qualitative als auch quantitative Ansätze diskutiert, anhand derer die weitere Analyse und Beurteilung des IKS durchgeführt werden kann. Bei der

694 Vgl. E. Stibi / Prüfungsrisikomodell ... / S. 197.

695 Vgl. auch den IDW PS 300, Tz. 35; Vgl. bei der Verwendung Unterlagen Dritter auch H. Siebert / Möglichkeiten und .. / S. 219 ff und 225 ff; Vgl. C. Swart / Systemprüfung in .. / S. 55 ff.

696 Vgl. WP Handbuch / S. 2030 ff.

697 Vgl. M. Wolz / Wesentlichkeit im ... / S. 45; IDW PS 300, Tz. 24 i.V.m. PS 312, Tz. 11; Vgl. W. Knop / Die Prüfung ... / S. 414; Vgl. R. Quick / Die Risiken ... / S. 370.

698 Vgl. O. Wanik / Internes Kontrollsystem / Sp. 903.

699 Vgl. M. Wolz / Wesentlichkeit im ... / S. 26; Vgl. J. L. Reimers / The Effect ... / S. 192; Vgl. K. Wysocki / Grundlage des ... / S. 123; Vgl. J. Baetge / Möglichkeiten der ... / S. 42 ff.

qualitativen Beurteilung werden häufig die Bewertungsklassen "ausgezeichnet", "gut", "annehmbar", "schwach" und "unzuverlässig" verwendet.[700] Dabei handelt es sich nicht um „fixe“ Bewertungsmöglichkeiten, die Begrifflichkeiten und Anzahl von Bewertungsmöglichkeiten können in der Praxis variieren.

D.h., im Rahmen von Prüfungen werden Urteile abgegeben, inwieweit das interne Kontrollsystem ordnungsgemäß, wirtschaftlich, sicher und qualitativ aufgestellt ist.[701] Die Urteile richten sich nach den Zielen einer Prüfung, die in der folgenden Tabelle dargestellt werden:

Ziele	**Art**
Oberziele	Feststellen von Abweichungen und Schwachstellen, Verbesserung der Sachverhalte
Unterziele	Ordnungsmäßigkeit, Sicherheit, Zweckmäßigkeit, Wirtschaftlichkeit

Tabelle 12: Prüfungsziele angelehnt an Krey [702]

Dazu werden in der Praxis von Prüfungen die Urteile gemäß ihrer Auswirkungen auf die Rechnungslegung in verschiedene Risikoklassen eingestuft. Dabei unterscheidet man zwischen den folgenden Risiken:

- Kein Risiko: Die von dem geprüften Bereich eingerichteten Kontrollmaßnahmen erfüllen die zu stellenden Anforderungen und werden angemessen durchgeführt.
- Geringes Risiko: Die von dem geprüften Bereich eingerichteten Kontrollmaßnahmen entsprechen den genannten Anforderungen nicht in vollem Umfang. Die Auswirkungen stellen jedoch keine wesentliche Beeinträchtigung der Ordnungsmäßigkeit oder Sicherheit dar.

---

700 Vgl. J. Robertson / Auditing / S. 270 und 367; Vgl. J. Willingham / Auditing Concepts ... / S.166; Vgl. R. Quick / Die Risiken ... / S. 372.

701 Vgl. A. Lauterbach, Revision im Informationsmanagement, S. 117.

702 Vgl. S. Krey, Konzeption und Anwendung eines risikoorientierten Prüfungsansatzes in der Internen Revision, S. 28.

- Mittleres Risiko: Die von dem geprüften Bereich eingerichteten Vorkehrungen bzw. Kontrollen sind nicht ausreichend getroffen worden, oder die geplanten Maßnahmen werden in der Praxis nicht angemessen durchgeführt.
- Hohes Risiko: Vom geprüften Bereich wurden keine Vorkehrungen oder Kontrollmaßnahmen eingerichtet und es besteht ein konkretes Risiko, das zu Vermögensverlusten und/oder einer erheblichen Sicherheits- bzw. Ordnungsmäßigkeitsverletzung führen kann.[703]

Diese Risikoeinschätzungen durch die Prüfer können sowohl durch quantitative als auch durch qualitative Größen vorgenommen werden. Unter quantitativen Größen wird die unabhängige Beurteilung durch den Prüfer verstanden. D.h., dass das Risiko anhand von quantitativen Zahlen wie Umsatz, Mitarbeiterzahl o.ä. gemessen werden kann. Die Bewertung von qualitativen Größen dagegen ist abhängig von der Erfahrung der Prüfer und ist somit subjektiv.[704]

Die qualitative Beurteilung bietet u. a. den Vorteil, die Formulierung konkreter Prüfprogramme zu ermöglichen, indem den einzelnen Bewertungsklassen weitere Prüfungsaktivitäten zugeordnet werden. Art und Umfang richten sich dabei nach der identifizierten Qualität des untersuchten IKS.

Um festzustellen, ob eine Abweichung wesentlich ist, fordert das AICPA die separate Analyse aller einzelnen Abweichungen. Wenn nicht mit hinreichender Sicherheit gewährleistet werden kann, dass wesentliche Fehler verhindert, aufgedeckt und korrigiert werden können, handelt es sich laut Definition um einen wesentlichen Fehler. Das AICPA lehnt eine Zusammenfassung von Soll-Ist-Abweichungen zu einem aggregierten Urteil ab.[705] Mittels der Einstufung "wesentliche Schwachstelle" besteht die Möglichkeit, die Kontrollen als "zufrieden stellend" oder "nicht zufrieden stellend" einzustufen.

703 Vgl. W. Lück, Zentrale Tätigkeitsbereiche der Internen Revision, S. 22.
704 Vgl. S. Krey, Konzeption und Anwendung eines risikoorientierten Prüfungsansatzes in der Internen Revision, S. 110.
705 Vgl. R. Quick / Die Risiken ... / S. 372; Vgl. AICPA / Codification of ... / AU §§ 320.76 und 320.77.

Wurden die Kontrollen als "nicht zufrieden stellend" eingestuft, wird sich der Prüfer bei der Planung der ergebnisorientierten Prüfungshandlungen nicht auf die Kontrollen stützen. Das heißt, ergeben sich bereits nach der Verschaffung ausreichender Kenntnisse über das IKS Zweifel an dessen Angemessenheit, wird i. d. R. auf die Durchführung von Funktionsprüfungen verzichtet werden. In diesem Fall und bei einem negativen Ergebnis der durchgeführten Funktionsprüfungen kann hinreichend Prüfungssicherheit lediglich durch aussagebezogene Prüfungshandlungen gewonnen werden.[706] Sollten die Funktionsprüfungen positiv ausfallen, kann der Umfang der aussagebezogenen Prüfungshandlungen[707] reduziert werden.

Vor dem Hintergrund, dass man in der Prüfungspraxis klare und eindeutige Prüfungsergebnisse bevorzugt, findet die qualitative Beurteilung eine weit verbreitete Anwendung. Dies findet sie auch trotz der fehlenden objektiven Kriterien für die Einteilung in die einzelnen Bewertungsklassen.

4.2.1.5 Zusammenfassung Systemprüfung

Bezüglich der Ausgestaltung von (prozessorientierten) IKS-Elementen wird zwischen organisatorischen Sicherungsmaßnahmen und Kontrollen unterschieden.[708] Organisatorische Sicherungsmaßnahmen werden durch laufende, automatische Einrichtungen wahrgenommen. Sie umfassen fehlerverhindernde Maßnahmen, die sowohl in die Aufbau- als auch in die Ablauforganisation eines Unternehmens integriert sind und ein vorgegebenes Sicherheitsniveau gewährleisten sollen.[709]

Kontrollen erfolgen durch Maßnahmen, die in den Arbeitsablauf integriert sind. Erfolgen die Kontrollen durch Überwachungsträger, so können diese sowohl für das Ergebnis des überwachten Prozesses als auch für das Ergebnis der Überwachung verantwortlich sein. Kontrollen sollen die Wahrscheinlichkeit für das

---

706 Vgl. WP Handbuch 2006 / S. 2030; Vgl. IDW PS 330 Tz. 14 und 17.

707 Vgl. WP Handbuch 2006 / S. 2030; Aussagebezogene Prüfungshandlungen setzen sich aus Einzelfall- und analytischen Prüfungshandlungen zusammen.

708 Vgl. IDW PS 260 Tz. 6.

709 Z.B. als Zugriffsbeschränkung im EDV-Bereich, Zahlungsrichtlinien etc.

Auftreten von Fehlern in den Arbeitsabläufen vermindern (präventiv) bzw. auftretende Fehler aufdecken (detektiv).[710]

Bei der Festlegung von Art und Umfang der Kontrolltests im Rahmen der Prüfung des IKS kann Folgendes festgehalten werden:

- Bei der Bestimmung der Frequenz der Kontrolldurchführung ist zwischen manuellen und automatischen Kontrollen zu unterscheiden. Dabei erfolgt die Bestimmung des Stichprobenumfangs auf Basis der Häufigkeit der durchgeführten Kontrolle. Automatische Kontrollen sind einmal (je Ausprägungsform) auf ihre Funktionsfähigkeit hin zu prüfen.
- Bei manuellen Kontrollen ist der Stichprobenumfang größer als bei automatischen Kontrollen.
- Je stärker man sich auf die Kontrolle verlassen möchte, desto mehr Kontrolltests müssen durchgeführt werden.
- Je größer der Prüfungszeitraum (Periode) ist, desto größer ist der Umfang der Kontrolltests (eine Ausnahme hiervon bilden z.B. die jährlichen Kontrollen, die im Rahmen der Jahresabschlusserstellung durchgeführt werden).
- Mit zunehmender Komplexität und Wichtigkeit der Kontrollprozesse steigt auch die Anzahl der Kontrolltests.
- Je anfälliger eine Kontrolle für "Management override" ist, desto größer ist der Stichprobenumfang.

In allen Komponenten spielt IT eine bedeutende Rolle. Im Rahmen der Risikobeurteilung ist bspw. zu hinterfragen, inwiefern IT als Risikofaktor selbst berücksichtigt[711] und inwiefern IT für die Prognose von Eintrittswahrscheinlichkeit und Höhe möglicher Schadensfälle genutzt wird.[712] Kontrollaktivitäten wie die Kontrolle der Richtigkeit, Vollständigkeit und Genehmigung von Vorgängen und zur Funktionstrennung[713] sind in aller Regel IT-gestützt realisiert.

---

[710] Z.B. durch Überprüfung der Vollständigkeit und Richtigkeit von erhaltenen oder weitergegebenen Daten, manuell Soll/Ist-Vergleiche, programmierte Plausibilitätsprüfungen in der Software.

[711] Bspw. bei Release- oder Systemwechseln operativer Informationssysteme.

[712] Vgl. Füser, K., Gleißner, W. (1999): Risikomanagement (KonTraG) - Erfahrungen aus der Praxis, in: DB 1999, S. 757.

[713] Vgl. Prüfungsstandard nach IDW PS 260 Tz. 51.

Grundsätzlich muss durch den Abschlussprüfer festgestellt werden, ob das Unternehmen durch die Einrichtung eines wirksamen IKS auf die identifizierten Risiken entsprechend reagiert hat. Dies hat es, wenn mit hinreichender Sicherheit verhindert wird, dass sich Unternehmensrisiken wesentlich auf die Ordnungsmäßigkeit des Jahresabschlusses oder des Lageberichts auswirken.

Als Ergebnis der Aufbauprüfung hat der Abschlussprüfer eine vorläufige Einschätzung der aus der Konzeption erkennbaren Kontrollrisiken vorzunehmen. Bei einem negativen Prüfungsergebnis ist für die Planung der aussagebezogenen Prüfungshandlungen von einem hohen Kontrollrisiko auszugehen. Bei positivem Ergebnis (niedrigem Kontrollrisiko) ist die Wirksamkeit des IKS durch Funktionsprüfungen zu verifizieren.[714]

In der Praxis werden die Aufbau- und Funktionsprüfungen allerdings nicht in separaten Prüfungen durchgeführt, sondern die einzelnen Bereiche des IKS gleichzeitig auf den Aufbau und die Funktionen hin geprüft. Ziel der Funktionsprüfung ist die "Einholung" von Prüfungsnachweisen dafür, dass die IKS-Regelungen bzw. die eingerichteten organisatorischen Regelungen geeignet sind, Verstöße gegen Kontrollziele und die GoB zu vermeiden, aufzudecken und ggf. zu korrigieren und dass sie während der gesamten Prüfungsperiode angewendet wurden, also funktionsfähig waren.[715] Die Kenntnis darüber dient als Basis der endgültigen Einschätzung der Kontrollrisiken für die Planung von Art und Umfang aussagebezogener Prüfungshandlungen.

4.3 COSO als Rahmenwerk für IKS Prüfungen

4.3.1 Der COSO-Report

Im Folgenden wird der 1992 vom Committee of Sponsoring Organizations of the Treadway Commission (COSO) entwickelte COSO-Report als Rahmenwerk für interne Kontrollsysteme detaillierter beschrieben und die einzelnen Bestandteile näher definiert.

---

714 Vgl. Pfitzer, N., Schmidt, G. (2002): a. a. O., Sp. 2340.
715 Vgl. Pfitzer, N., Schmidt, G. (2002): a. a. O., Sp. 2340 ff.

4.3.1.1 Der COSO-Referenzrahmen

Das Committee of Sponsoring Organizations of the Treadway Commission (COSO) veröffentlichte 1992 den so genannten COSO-Report als Rahmenwerk für interne Kontrollsysteme, der die "Mehrdimensionalität" eines IKS zum Ausdruck bringt.[716]

Im COSO Report (COSO Framework) wird zunächst der Begriff des internen Kontrollsystems definiert und darauf aufbauend das IKS anhand von Zielkategorien und diesen zugeordneten Komponenten und Unternehmenseinheiten dargestellt.

Das COSO Framework wurde in den vergangenen zehn Jahren ebenfalls in die U.S. Wirtschaftsprüfungsstandards integriert. Inzwischen haben über 63 % der US-börsennotierten Unternehmen das COSO Framework als führendes IKS Rahmenwerk eingeführt.[717] Hieraus lässt sich die praktische Verbreitung vom COSO Framework als führendes Rahmenwerk auf dem Gebiet des IKS ableiten.

4.3.1.2 Historie und Definition des Internen Kontrollsystems

In der Praxis und in der Literatur existieren mehrere Definitionen für das interne Kontrollsystem (IKS), wobei sich der überwiegende Teil auf die Ausführungen zum IKS der Finanzberichterstattung konzentriert.

Der IDW PS 261 bietet einen Anhaltspunkt für die allgemeingültige Definition des IKS. Er stimmt im Wesentlichen mit den International Standards on Auditing 315 "Understanding the entity and it`s environment and assessing the risks of material misstatement" und 330 "Auditor`s procedures in response to assessed risks" überein.[718]

---

716 Vgl. S. Illg / Implementierung eines / S. 15; H. Westhausen / Das COSO-Modell ... / S. 102.

717 Vgl. C. Menzies / Sarbanes-Oxley Act / S. 81.

718 Die IFAC ISA 315 und 330 haben im Oktober 2003 die alten IFAC ISA 400 " Risk Assessment and Internal Control" und ISA 401 "Auditing in a Computer Information Systems Environment" abgelöst. Diese Standards sind in Kraft für Prüfungen, die nach dem 15. Dezember 2004 beginnen. Vgl hierzu auch C. Menzies / Sarbanes-Oxley Act ... / S. 74.

COSO definiert das interne Kontrollsystem wie folgt:

"Internal Control is a process, effected by an entity`s board of directors, management and other personnel, designed to provide reasonable assurance regarding the achievement of objectives in the following categories;

- Effectiveness and efficiency of operations,
- Reliability of financial reporting and
- Compliance with applicable laws and regulations."[719]

Vergleichbare Definitionen bieten z. B. der oben genannte IDW PS 261 und ISA 315.[720]

"Das interne Kontrollsystem besteht aus Regelungen zur Steuerung der Unternehmensaktivitäten (internes Steuerungssystem) und Regelungen zur Überwachung der Einhaltung dieser Regelungen (internes Überwachungssystem). Das interne Überwachungssystem beinhaltet prozessintegrierte (organisatorische Sicherungsmaßnahmen, Kontrollen) und prozessunabhängige Überwachungsmaßnahmen, die vor allem von der Internen Revision durchgeführt werden".[721]

Die im Rahmen dieser Arbeit genannten Standards (IDW PS 261 [722], ISA 315 und ISA 330 [723]) sowie die gängige Literatur nehmen Bezug auf die Verlautbarung "Internal Control - Integrated Framework des Committee of Sponsoring Organizations of the Treadway Commission", dem so genannten COSO Report.[724] Der COSO Referenzrahmen (Framework) erfüllt ebenfalls die Voraussetzungen der SEC. Die SEC empfiehlt dessen Benutzung, macht diese jedoch nicht verbindlich, da weitere Nationen ähnliche Konzepte entwickelt haben. Hierunter fällt z. B. das kanadische Rahmenkonzept "Guidance on Control"[725], der sich jedoch im Wesentlichen an das COSO Framework

---

719 Vgl. COSO Report, S. 13.
720 Vgl. K.U. Marten / Systemprüfung / S. 256 ff; Vgl. D. Oehlmann / Der Sarbanes ... / S. 37.
721 Vgl. IDW PS 261, Tz. 19 ff.
722 Vgl. die Ausführungen zum IDW PS 261 im Kapitel "IDW PS 261".
723 Vgl. WP Handbuch 2006 / S. 1951; Vgl. IFAC ISA 315, Tz. 43 ff.
724 Vgl. P. Horvath / Anforderungen an ... / S. 214; Vgl. C. Menzies / Sarbanes-Oxley Act / S. 74.
725 Ein weiteres Rahmenkonzept wäre in diesem Zusammenhang der "Turnbull-Report" aus Großbritannien. Weitere Informationen zum "Turnbull-Report" können folgender Internetadresse entnommen werden: "http: //www.icaew.co.uk" bzw. http://www.frc.org.uk/corporate/internalcontrol.cfm.

anlehnt.[726] Dabei erfolgt die Bewertung des IKS der dazugehörigen Guidance on Assessing Control.[727] Deutsche Unternehmen legen überwiegend das COSO Framework für den Aufbau und die Bewertung des IKS zugrunde, da ein entsprechendes deutsches Rahmenwerk momentan nicht existiert und das COSO Framework allgemein anerkannt ist, um eine Bewertung bezüglich der Wirksamkeit des internen Kontrollsystems der Finanzberichterstattung treffen zu können.[728] Da das COSO Framework schon vor der Einführung des Sarbanes-Oxley Act als geeignetes Rahmenwerk zur Verbesserung der Corporate Governance in Deutschland akzeptiert wurde, ist die Verwendung und der Einsatz des COSO Frameworks sinnvoll.[729]

Ohne ein entsprechendes Rahmenwerk wird keine vollständige Erfüllung der gesetzlichen Anforderungen, z. B. nach Sec 404 des Sarbanes-Oxley Act oder des IDW Prüfungsstandards, möglich sein.[730] Seitens des Abschlussprüfers erfolgt eine Ausrichtung am Rahmenwerk, wenn er sich auf die Wirksamkeit des IKS verlassen möchte.[731]

Gemäß dem COSO Framework ist das interne Kontrollsystem ein Prozess, der von Aufsichtsgremien, Management, und Mitarbeitern ausgeführt wird und das Erreichen der festgelegten Unternehmensziele gewährleistet. Das COSO Framework unterscheidet drei Dimensionen eines IKS: Hierbei handelt es sich um Ziele, Komponenten und Organisationseinheiten.[732]

Für die Zielsetzung existieren im COSO Framework die folgenden drei primären Zielkategorien:[733]

- Sicherung der Wirksamkeit und der Wirtschaftlichkeit der Geschäftstätigkeit (Operations),

---

726 Vgl. CICA; Appendix 1; C. Menzies / Sarbanes-Oxley Act ... / S. 74.
727 Vgl. C. Menzies / Sarbanes-Oxley Act ... / S. 74; Vgl. CICA; § 1.
728 Vgl. C. Denk / Analyse der ... / S. 35; Vgl. H. Buderath / Auswirkungen des ... / S. 48.
729 Vgl. P. Holzer / Corporate Governance/S. 692; Vgl. C. Menzies / Sarbanes-Oxley Act./ S. 75.
730 Vgl. Bayer AG, REX II ... / S. 13.
731 Vgl. KPMG/Sarbanes-Oxley ./S.10; Vgl. WP Handbuch 2006/S 1950 ff; Vgl. IFAC ISA 315, Tz. 43 ff.
732 Vgl. S. Illg / Implementierung eines ... / S. 15; Vgl. T. Büssow / Sarbanes-Oxley Act ... / S. 2439 ff; WP Handbuch 2006 / S. 1951 ff; Vgl. IFAC ISA 315, Tz. 43 ff.
733 Zur detaillierten Erläuterung der Definition des IKS nach dem COSO Framework vgl. Menzies / IKS/ S.76 ff; WP Handbuch 2006 / S. 1952 ff; Vgl. IFAC ISA 315, Tz. 43 ff.

- Ordnungsmäßigkeit und Verlässlichkeit der Finanzberichterstattung (Financial Reporting) und
- Einhaltung von maßgeblichen Gesetzen und Vorschriften (Compliance).[734]

Durch interne Kontrollen kann die Zielerreichung der drei Zielkategorien nicht garantiert werden. Es kann lediglich eine angemessene Prüfungssicherheit hinsichtlich der Aussage über die Wirksamkeit interner Kontrollen erreicht werden, da verschiedene Unsicherheitsfaktoren existieren.[735] Hierbei handelt es sich z. B. um Ermessensspielräume, der ständigen Möglichkeit, dass Fehler auftreten bzw. passieren (z. B. aufgrund menschlichen Versagens)[736] können oder das IKS durch das Zusammenwirken mehrerer Mitarbeiter umgangen wird bzw. ein "Management Override" durchgeführt wird.[737]

Kontrollen müssen fortlaufend ausgeführt werden, um die ordnungsgemäße Funktion des Systems und das Erreichen der Ziele mit hinreichender Sicherheit zu gewährleisten. Daher ist es notwendig, das interne Kontrollsystem fest in die Geschäftsprozesse des Unternehmens einzubinden. Um eine Verdeutlichung des Aufbaus des internen Kontrollsystems zu erreichen, wird das COSO Framework in die fünf Komponenten "Überwachung", "Information und Kommunikation", "Kontrollaktivitäten", "Risikobeurteilung" und "Kontrollumfeld" unterteilt.[738] Vgl. in diesem Zusammenhang auch den IDW PS 261, die folgende Abbildung "Der COSO-Würfel" und die dazugehörigen Detailinformationen.[739]

---

734 Vgl. H. Gelhausen / WP Handbuch 2002 / S. 1167; WP Handbuch 2006 / S. 1952 ff; Vgl. IFAC ISA 315, Tz. 43 ff; Vgl. C. Menzies / Sarbanes-Oxley Act ... / S. 77, Vgl. C. Menzies / Sarbanes-Oxley Act / S. 76 ff; Für das "Committee of the Sponsoring Organizations" hat Compliance etwas mit der Einhaltung von Gesetzen und Regeln zu tun, von denen Unternehmen betroffen sind. Vgl. hierzu auch den COSO Report auf Seite 121. Vgl. bezüglich Compliance das WP Handbuch 2006 / S. 2012.

735 Vgl. D. Oehlmann / Der Sarbanes ... / S. 38; Vgl. M. Ramos / How to ... / S. 32 ff.

736 Vgl. WP Handbuch 2006 / S. 2001; Vgl. IFAC ISA 315, Tz. 64.

737 Vgl. COSO Report, S. 15; Vgl. D. Oehlmann / Der Sarbanes ... / S. 38; Vgl. WP Handbuch 2006 / S. 1983; Vgl. IFAC ISA 240 (rev.), Tz. 63.

738 Vgl. C. Menzies / Sarbanes-Oxley Act ... / S. 78 ff; Vgl. C. Denk / Analyse der ... / S. 36; WP Handbuch 2006 / S. 1952 ff; Vgl. C. Menzies / Sarbanes-Oxley und ... / S. 345 ff; Vgl. IFAC ISA 315, Tz. 43 ff.

739 Bei diesen Komponenten handelt es sich um die sogenannten COSO-Komponenten (COSO = Committee of Sponsoring Organisations of the Treadway Commission Internal Control-Integrated Framework), die ein international anerkanntes Rahmenwerk für interne Kontrollsysteme darstellen. Vgl. C. Menzies / Sarbanes-Oxley Act / S. 74 ff; Vgl. WP Handbuch 2006 / S. 1952; Vgl. IFAC ISA 315 Tz. 43, Vgl. IDW PS 261, Tz. 29.

Die dritte Dimension des COSO Frameworks beinhaltet die Organisationseinheiten (Units) und Geschäftsprozesse (Activities) der Unternehmen. Anhand dieser Unterteilung soll eine Modifikation dieses unternehmensübergreifenden Modells auf das jeweilige Unternehmen ermöglicht werden.

Der Aufbau des COSO Frameworks ist in Form eines Würfels dargestellt (vgl. folgende Abb. "Der COSO-Würfel")

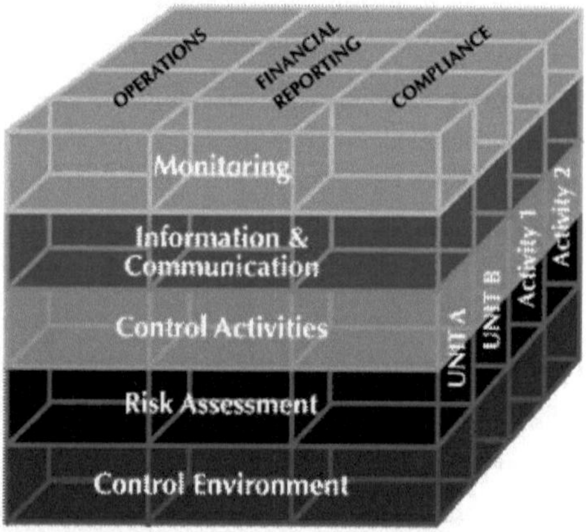

Abbildung 12:Der COSO-Würfel

Bei den bereits erwähnten 5 Komponenten handelt es sich um:

- **Kontrollumfeld (control environment):** Das Kontrollumfeld stellt den Rahmen dar, innerhalb dessen die Grundsätze, Verfahren und Maßnahmen des IKS eingeführt und angewendet werden und ist damit die Grundlage aller Komponenten des IKS. Es ist geprägt durch die Grundeinstellungen im Unternehmen, das Problembewusstsein der Mitarbeiter sowie das Verhalten der Unternehmensleitung in Bezug auf das IKS.[740] Ein günstiges Kontrollumfeld ist Voraussetzung, aber noch keine Gewährleistung, für die Wirksamkeit des IKS.[741] Die meisten Unregelmäßigkeiten entstehen im finanziellen Bereich durch unbeabsichtigte Fehler und nicht durch Unterschlagungen. Es bleibt festzuhalten, dass die Grundsätze, Richtlinien, Anweisungen, Hand-

[740] Vgl. KPMG / Sarbanes-Oxley ... / S. 10; Vgl. S. O. Carlsen / Interne Kontrollsysteme . / S. 12

[741] Vgl. IDW PS 261 Tz. 30 und 43 ff; Vgl. C. Menzies / Sarbanes-Oxley Act / S. 78; Vgl. H. Gelhausen / WP Handbuch 2002 / S. 1168.

habungen usw. wertlos sind, wenn bei den Beteiligten nicht der Wille und das Verständnis vorhanden sind, diese auszuführen.[742]

- **Risikobeurteilung (risk assessments),** wobei die potentiellen Unternehmensrisiken u. a. in finanzielle, rechtliche, leistungswirtschaftliche oder strategische Risiken unterteilt werden können, die sich auf die Ordnungsmäßigkeit und Verlässlichkeit der Rechnungslegung auswirken können. Diese Risiken können unternehmensinterne, aber auch -externe Ursachen haben (z.B. unternehmensinterne Umstrukturierungen, schnelles Unternehmenswachstum, Veränderungen in den eingesetzten IT-Systemen, Einsatz neuer Technologien, personelle Veränderungen usw.). Durch den Einsatz einer Risikobeurteilung erfolgt eine Identifizierung, Analyse und Bewertung[743] dieser Risiken. Diese Risikobeurteilung kann z.B. anhand einer Risikomatrix bzw. Risk Map[744]erfolgen und ist Basis für die Entscheidung der Unternehmensleitung zum Umgang mit den Risiken unternehmerischer Betätigung[745] und wie viele Risiken das Unternehmen verkraften kann.[746] Demnach muss das Gesamtunternehmensrisiko in einem vertretbaren und akzeptablen Ausmaß gehalten werden.[747] Diesbezüglich müssen geeignete Risikosteuerungsmaßnahmen eingeleitet und durchgeführt werden. Die Risikobeurteilung setzt jedoch voraus, dass vorher Ziele definiert worden sind.[748] Diesbezüglich stellen das Verfahren und die Ergebnisse der Risikobeurteilung des Unternehmens im Bereich der Rechnungslegung den Ausgangspunkt für die Risikobeurteilung des Abschlussprüfers dar, die er im Rahmen seiner Prüfungsplanung durchzuführen hat und von der Risikobeurteilung der Unternehmensleitung abweichen kann.[749] Zur Verdichtung der Risikobeurteilung auf Gesamtunternehmensebene sind die Einzelrisiken zu einem Gesamtrisiko zu aggregieren. Eine einfache Addition ist nur ausnahmsweise dann korrekt, wenn die Einzelrisiken unabhängig voneinander auftreten. Dies ist in der Praxis meist nicht gegeben, da z.B. Risiken aus

---

742 Vgl. C. Denk / Analyse der … / S. 36 ff; Ernst & Young / Preparing for … / S. 16; Vgl. WP Handbuch 2006 / S. 2002; Vgl. IFAC ISA 315, Tz. 75.

743 Vgl. C. Denk /Analyse der /S. 12 ff; vgl. B. Kromschröder/Grundsätze risikoorientierter/S.1574.

744 Vgl. P. Horvath / Controlling / S. 782; Vgl. C. Denk / Analyse der … / S. 12, Vgl. IDW PS 330.

745 Vgl. KPMG / Sarbanes-Oxley / S. 10; Vgl. S. T. Root / Beyond COSO… / S. 123 ff.

746 Vgl. Ernst & Young / Preparing for … / S. 13.

747 Vgl. B. Kromschröder/Grundsätze risikoorientierter/S. 1575;Vgl. C. Denk / Analyse der/S. 13.

748 Vgl. C. Menzies / Sarbanes-Oxley Act / S. 79.

749 Vgl. IDW PS 261 Tz. 31 und 45 ff; Vgl. C. Menzies / Sarbanes-Oxley Act / S. 79 ff; Vgl. WP Handbuch 2006 / S. 2002; Vgl. IFAC ISA 315, Tz. 77.

den externen Marktbedingungen oder aus Mängeln im Geschäftsführungsinstrumentarium verschiedene einander bedingte Einzelrisiken auslösen.

Die Risikobeurteilungen müssen in allen wesentlichen Teilen in angemessener Weise erfolgen. Dem Prüfer muss dabei plausibel sein,

- ob alle Risiken erfasst worden sind, die sich auf die Ordnungsmäßigkeit und Verlässlichkeit des Rechnungswesens auswirken können,
- auf welche Weise die Unternehmensleitung zu Risikobeurteilungen kommt und
- wie die Risiken über die Einrichtung organisatorischer Regelungen bewältigt werden sollen.[750]

Bezüglich der Vollständigkeit der Risikoidentifikation können auch Risikoklassifizierungen nach unternehmensexternen bzw. -internen Ursachen herangezogen werden, die z.B. Risiken aufgrund von z.B. neuen geänderten rechtlichen Vorschriften, neuen EDV-Systemen oder personellen Veränderungen berücksichtigen.

- **Kontrollaktivitäten (control activities)** sind Grundsätze und Verfahren, die gewährleisten sollen, dass die Entscheidungen der Unternehmensleitung umgesetzt werden. Sie sind Gegenmaßnahmen zur Bewältigung der identifizierten Risiken[751], die gewährleisten sollen, dass die definierten Organisations- und Prozessziele erreicht werden.[752] Hier erfolgt eine Beurteilung, ob die Kontrollaktivitäten geeignet sind, wesentliche Fehler in der Rechnungslegung zu verhindern bzw. aufzudecken und entsprechend zu korrigieren.[753] Bei den Kontrollaktivitäten kann es sich z. B. um den Vergleich interner mit externen Daten und Kennzahlen, die Kontrolle der Richtigkeit, Vollständigkeit und Genehmigung von Vorgängen und der Funktionstrennung handeln. Mittels der Funktionentrennung soll verhindert werden, dass Personen (i.d.R. Einzelpersonen) die Möglichkeit haben, dolose Handlungen vorzunehmen und diese zu verschleiern.[754] Aufgabe dieser Kontrollaktivitäten ist

---

750 Vgl. IDW PS 261, Tz. 45 ff.
751 Vgl. N. Färber / Adaption des ... / S. 158; Vgl. S. Illg / Implementierung eines ... / S. 16.
752 Vgl. S. Illg / Implementierung eines ... / S. 16; Vgl. H. Westhausen / Das COSO-Modell .../ S. 99, Vgl. IDW PS 261, Tz. 32.
753 Besonders soll vermieden werden, dass einzelne Personen durch unentdeckte Vornahme von dolosen Handlungen eine Schädigung des Unternehmens herbeiführen.
754 Vgl. IDW PS 261, Tz. 52.

es, sicherzustellen, dass die Vermögensgegenstände oder Schulden zu einem bestimmten Zeitpunkt vorhanden sind, die Ereignisse und Geschäftsvorfälle im Unternehmen erst nach deren tatsächlichem Eintritt erfasst werden und Vermögensgegenstände und Schulden zutreffend bewertet wurden.[755] Im Rahmen der Erstellung der Prüfungsstrategie und der Festlegung des Prüfprogramms muss der Abschlussprüfer sich mit den wesentlichen Kontrollaktivitäten[756] befassen, da er nicht jede Kontrollaktivität in allen Prüffeldern, bezogen auf jede Aussage in der Rechnungslegung, beurteilen muss.[757] Es kann für den Prüfer sinnvoll sein, zwischen fehlervermeidenden (Präventivkontrollen = Fehler werden von vornherein verhindert) und fehleraufdeckenden (Detektivkontrollen = nachgelagerte Kontrollen, die die Richtigkeit und Vollständigkeit der Verarbeitungsergebnisse sicherstellen) zu differenzieren.[758] Kann in einem Unternehmen eine Funktionentrennung nicht durchgängig gewährleistet werden, so wird das daraus resultierende Kontrolldefizit i.d.R. durch unmittelbar von Seiten des Managements durchgeführte Kontrollaktivitäten ausgeglichen (sog. nachgelagerte Kontrollen oder auch kompensierende Kontrollen). Demnach kann sich der Abschlussprüfer nicht auf ein existierendes IKS stützen, er muss von einem erhöhten Fehlerrisiko ausgehen und den Umfang der aussagebezogenen Prüfungshandlungen erhöhen. Die relevanten Formen der Kontrollen und ihre Ziele gemäß IDW PS 261, Tz. 52 ff können wie folgt festgelegt werden:

- Analyse von Sachverhalten und Entwicklungen (z.B. Vergleich interner mit externen Daten sowie Kennzahlensysteme).
- Kontrolle der Richtigkeit, Vollständigkeit und Genehmigung von Vorgängen (z.B. Rechenzentrumskontrollen, Kontrollen im Zusammenhang mit der Beschaffung und Wartung von Software).
- Kontrollen zur Sicherung von Vermögenswerten und Aufzeichnungen.

---

755 Vgl. C. Denk / Analyse des ... / S. 38, Vgl. IDW PS 261, Tz. 53.

756 Kontrollaktivitäten sind gem. IDW PS 261, Tz. 51 für den Abschlussprüfer dann relevant (wesentlich), wenn sie sich auf bedeutsame Risiken beziehen und in Verbindung mit Risiken sind, bei denen lediglich aussagebezogene Prüfungshandlungen nicht zur Erlangung ausreichender Prüfungsicherheit genügen.

757 Vgl. IDW PS 261 Tz. 32; Vgl. C. Menzies / Sarbanes-Oxley Act / S. 79 ff; Vgl. M. Wolz / Wesentlichkeit im ... / S. 89 ff, Vgl. IDW PS 261, Tz. 49 ff.

758 Vgl. IDW PS 261 Tz. 54.

- Funktionstrennung zur Gewährleistung, dass genehmigende, ausführende, verwaltende und abrechnende Funktionen durch unterschiedliche Personen wahrgenommen werden.

Die Ziele sind dabei:

- Vorhandensein von Vermögenswerten oder Schulden zu einem definierten Zeitpunkt.
- Zutreffende Zuordnung des wirtschaftlichen Eigentums an Vermögensgegenständen oder bestehenden Verpflichtungen des Unternehmens zu einem bestimmten Zeitpunkt.
- Erfassung von Ereignissen und Geschäftsvorfällen im Unternehmen erst nach deren tatsächlichem Eintritt.
- Vollständige Erfassung der Vermögensgegenstände und Schulden, der Geschäftsvorfälle und Ereignisse sowie der im Jahresabschluss und im Lagebericht geforderten Angaben.
- Zutreffende Bewertung der Vermögensgegenstände und Schulden.
- Zutreffende betragsmäßige Erfassung von Geschäftsvorfällen und Ereignissen sowie zeitliche Abgrenzung von Ein- und Auszahlungen.
- Darstellung und Berichterstattung entsprechend der anzuwendenden Rechnungslegungssätze.[759]

- **Information und Kommunikation (information and communication)** als Instrument, um die für die unternehmerischen Entscheidungen der Unternehmensleitung benötigten Informationen in geeigneter und zeitlicher Form zu sammeln, aufzubereiten, auszuwerten und an die entsprechenden Stellen weiterzuleiten. Hierbei handelt es sich z. B. um mündliche Berichterstattung, Organisationshandbücher, Verfahrensanweisungen oder Richtlinien usw., die der Einführung, Erfassung, Bearbeitung und Berichterstattung von Unternehmenstransaktionen dienen.[760] Bestandteil der betrieblichen Informationssysteme ist das Rechnungslegungssystem. Dieses setzt sich aus Aufzeichnungen und Methoden zusammen, die die Erfassung und Verarbeitung von Geschäftsvorfällen, den Nachweis über die vorhandenen Vermögensgegenstände und Schulden sowie die Erfassung der für den Anhang und den Lagebericht erforderlichen Angaben betreffen. Der Informati-

---

[759] Vgl. M. Graumann / Wirtschaftliches Prüfungswesen / S. 190 ff.

[760] Vgl. KPMG / Sarbanes-Oxley / S. 10; Vgl. H. Westhausen / Das COSO-Modell .../ S. 99.

onsweg sollte jedoch in alle Richtungen erfolgen, also von der untersten Ebene bis hin zur Geschäftsführung bzw. Vorstand, da durch die beobachteten Änderungen in den Geschäftsprozessen alle Mitarbeiter einen Beitrag zur Verbesserung des IKS leisten können.[761] Der Abschlussprüfer hat das betriebliche Informationssystem zu prüfen, um beurteilen zu können, ob dieses alle rechnungslegungsrelevanten Informationen erfasst und verarbeitet.[762] Anhand der Kenntnisse des Abschlussprüfers bezüglich des Rechnungslegungssystems, bei dem es sich um einen Teil des betrieblichen Informationssystems handelt, können verschiedene Informationen gewonnen werden. Dabei handelt es sich u.a. um die Geschäftsvorfallarten im Unternehmen, die Geschäftsvorfallauslöser, die Übersicht der Buchführungsunterlagen und der relevanten Konten, die Organisation des Rechnungslegungsprozesses inkl. Aufstellung des Abschlusses und Lageberichts.[763]

- **Überwachung des IKS (monitoring)** zur Beurteilung der Wirksamkeit des internen Kontrollsystems bezüglich seiner Angemessenheit und kontinuierlichen Funktionsbereitschaft, die Anpassung an neue Gegebenheiten, durch die Mitarbeiter des Unternehmens[764] und die Beseitigung identifizierter Mängel im IKS auf geeignete Weise.[765] In diesem Zusammenhang muss der Abschlussprüfer auch die wesentlichen auf die Überwachung des IKS bezogenen Maßnahmen beurteilen, bei denen es sich z. B. um die Prüfung des IKS durch die Interne Revision, die Prüfung des IKS durch einen externen Prüfer oder die spontane Prüfung einzelner Regelungen des IKS bspw. durch die Unternehmensleitung handelt.[766] Die Überwachungsmaßnahmen können sowohl prozessintegriert (z. B. der Abgleich von betrieblichen Statistiken mit Daten der Finanzbuchhaltung oder die Abstimmung von Zahlungs-

---

761 Vgl. P. Winkler / Interne Revision … / S.10; Vgl. C. Denk / Analyse des … / S. 38, Vgl. IDW PS 261, Tz. 56 ff.

762 Vgl. IDW PS 261 Tz. 33; Vgl. C. Menzies / Sarbanes-Oxley Act / S. 79 ff; Vgl. WP Handbuch 2006 / S. 2002; Vgl. IFAC ISA 315, Tz. 81.

763 Vgl. IDW PS 261 Tz. 57.

764 Vgl. C. Denk / Analyse des … / S. 38; Vgl. KPMG / Sarbanes-Oxley / S. 12.

765 Vgl. WP Handbuch 2006 / S. 2002; Vgl. K. Marten / Wirtschaftsprüfung / S. 262.

766 Vgl. IDW PS 261 Tz. 34 und 59 - 60; Vgl. C. Menzies / Sarbanes-Oxley Act / S. 80 ff; Vgl. in diesem Zusammenhang auch den IDW Prüfungsstandard: Berücksichtigung der Arbeiten der internen Revision im Rahmen der Abschlussprüfung (IDW PS 321); Bei diesen Komponenten handelt es sich um die sogenannten COSO-Komponenten (COSO = Committee of Sponsoring Organisations of the Treadway Commission Internal Control-Integrated Framework), die ein international anerkanntes Rahmenwerk für interne Kontrollsysteme darstellen.; Vgl. S. Schmidt / Externe Qualitätskontrollen.../ S. 98 ff.

eingängen mit Rechnungsbeträgen) oder prozessunabhängig (z. B. Prüfungshandlungen der Internen Revision) erfolgen.[767]

Jede einzelne der fünf Komponenten (Kontrollumfeld, Risikomanagement, Kontrollaktivitäten, Information und Kommunikation, Überwachung) trägt zum Erreichen der Ziele bei. Die Komponenten stehen in einer Wechselbeziehung zueinander und betreffen sowohl die Gesamtorganisation als auch einzelne Unternehmenseinheiten und Prozesse.

ie sind mit wenigen Änderungen auf alle Unternehmensarten und -größen anwendbar. An diesen Komponenten sollten sich sowohl die Unternehmen, die das IKS einrichten, als auch die Abschlussprüfer richten.[768] Das Fehlen einer der fünf Komponenten hat ein ineffektives internes Kontrollsystem zur Folge.[769]

Die nachfolgende Tabelle "Bestandteile eines IKS" stellt eine Gegenüberstellung der Bestandteile eines IKS nach dem COSO Framework und den wesentlichen IKS-Prüfungsstandards für Jahresabschlussprüfungen (IDW PS 261 und IFAC ISA 315) dar.

COSO Framework	**IFAC ISA 315**	**IDW PS 261**
Control Environment	The control environment	Kontrollumfeld
Risk Assessment	The entity`s risk assessment process	Risikobeurteilung
Information & Communication	The information system, including the related business processes, relevant to financial reporting, and communication	Information und Kommunikation
Control Activities	Control activities	Kontrollaktivitäten
Monitoring	Monitoring of controls	Überwachung des internen Kontrollsystems

Tabelle 13:Bestandteile eines IKS

767 Vgl. C. Menzies / Sarbanes-Oxley Act / S. 89; Vgl. IDW PS 261, Tz. 34.
768 Vgl. COSO Report, S. 5; Vgl. K.U. Marten / Systemprüfung / S. 261; Vgl. D. Oehlmann / Der Sarbanes ... / S. 39; Vgl. C. Menzies / Sarbanes-Oxley und ... / S. 345 ff.
769 Vgl. COSO Report, S. 5.

Zur Prüfungsdurchführung bzw.- unterstützung kann auch Data Warehouse basierte Prüfsoftware verwendet werden, für die keine wesentlichen rechtlichen Hürden existieren.

Unternehmen sehen sich mit einer Vielzahl von Risiken[770] konfrontiert. Diese können positive und/oder negative Auswirkungen auf die Unternehmensentwicklung haben. Mit Hilfe eines Risikomanagements[771] existiert ein Instrument, den mit den Risiken zusammenhängenden Unsicherheiten aktiv zu begegnen. Hierdurch besteht für die Unternehmen die Möglichkeit, mögliche Schäden durch unvorhergesehene Risiken zu minimieren bzw. potentielle positive Effekte, die ebenfalls mit dem Eintritt von Risiken einhergehen können, zu nutzen. Das im Unternehmen implementierte Risikomanagement definiert mehrere Maßnahmen, die es dem Unternehmen ermöglichen, Risiken aktiv zu überwachen, zu steuern und zu regulieren. Diese Maßnahmen sollen einer risiko- und wertorientierten Unternehmensführung Rechnung tragen.

Die Komplexität der Aufgaben und Zielsetzungen des Risikomanagements, die hohe Anzahl unternehmerischer Risiken sowie die Wichtigkeit der Umsetzung und des Erreichens der Unternehmensziele begründen die Notwendigkeit eines standardisierten Rahmenwerks für eine effektive Ausgestaltung eines unternehmensweiten Risikomanagements.[772] Vor diesem Hintergrund wurde durch das Committee of Sponsoring Organisations of the Treadway Commission mit COSO II[773] ein Rahmenwerk[774] für die Gestaltung und Anwendung eines unternehmensweiten Risikomanagements entwickelt. COSO II erweitert das auf die Definition und Bewertung des internen Kontrollsystems ausgerichtete COSO I Rahmenwerk[775] um wesentliche Komponenten des unternehmensweiten Risikomanagements. Auf eine detailliertere Beschreibung des Risikomanage-

---

770 Anm.: Gemäß ISO / IEC Guide 73 (2002) ist Risiko als die Kombination aus der Wahrscheinlichkeit, dass ein Ereignis eintritt, und dessen Konsequenzen definiert.

771 Weitere Informationen zum Risikomanagement können auch Guido Neubeck / Prüfung von Risikomanagementsystemen / IDW-Verlag entnommen werden.

772 Anm.: Es existiert ein Vielzahl von Rahmenwerken und Standards für Risikomanagement in Unternehmen. Als Beispiel kann der „Risk Management Standard" von AIRMIC, ALARM, IRM sowie der Australia / New Zealand Risk Management Standard 4360:2000 genannt werden.

773 Vgl. COSO Report S.1 ff.

774 Anm.: Im Zusammenhang mit dem COSO II Framework wird vielfach von Enterprise Risk Management (ERM) gesprochen, das die englische Bezeichnung für unternehmensweites Risikomanagement darstellt.

775 Vgl. C. Menzies / Sarbanes-Oxley Act ... / S. 75. zu COSO I und dessen Anwendung.

ments und COSO II wird im Rahmen dieser Arbeit verzichtet und es erfolgt ein Verweis auf die entsprechende Literatur.

War die Abschlussprüfung traditionell in erster Linie auf die Aufdeckung von Unrichtigkeiten der Rechnungslegung ausgerichtet,[776] so ist die Prüfungsdurchführung (spätestens) mit dem Einbeziehen des Risikomanagementsystems in den Prüfungsgegenstand auf alle Bereiche der unternehmerischen Prozesse auszuweiten.[777] Als Herzstück der Weiterentwicklung der Prüfungsansätze wird immer wieder eine umfassendere Betrachtung der Geschäftsrisiken durch Prozessanalysen, die über das Financial Accounting hinausgehen, genannt.[778]

4.3.1.3 Zusammenfassung COSO-Report

Deutsche Unternehmen legen überwiegend das COSO Framework für den Aufbau und die Bewertung des IKS zugrunde, da ein entsprechendes deutsches Rahmenwerk momentan nicht existiert und das COSO Framework allgemein anerkannt ist, um eine Bewertung bezüglich der Wirksamkeit des internen Kontrollsystems der Finanzberichterstattung treffen zu können.[779] Da das COSO Framework schon vor der Einführung des Sarbanes-Oxley Act als geeignetes Rahmenwerk zur Verbesserung der Corporate Governance in Deutschland

---

776 Vgl. Claussen, C. P. (1998): Wie verändert das KonTraG das Aktiengesetz?, in: DB, 1998, S. 181; sogar die in Management Lettern gegebenen Hinweise sind vorrangig auf das Rechnungswesen ausgerichtet [vgl. Bell, T. (1997): Auditing Organisations Through a Strategic-Systems Lens, Urbana-Champaign 1997, S. 59], obwohl sie als weder in Inhalt noch Form normierte Kommunikationsinstrumente die Möglichkeit bieten, die Unternehmensleitung auf während der Prüfung festgestellte Sachverhalte auch außerhalb der Rechnungslegung aufmerksam zu machen [vgl. IDW (Hrsg.) (2000a): a. a. O., S. 698 ff.].

777 Vgl. Böcking, H.-J., Orth, C. (1998): a. a. O., S. 359; Lück, W. (1998): a. a. O., S. 9; Schindler, J., Rabenhorst, D. (1998): Auswirkungen des KonTraG auf die Abschlussprüfung, in BB 1998, S. 1892; Brebeck, F., Hermann, D. (1997): a. a. O., S. 390; Dörner, D., Schwegler, I. (1997): Anstehende Änderungen der externen Rechnungslegung sowie deren Prüfung durch die Wirtschaftsprüfer, in: DB 1997, S. 287.

778 So sind die Identifizierung und Beurteilung von (ökonomischen) Risiken, die sich aus den Geschäftsprozessen der Mandanten ergeben, explizit Bestandteil der Prüfungsansätze der großen Wirtschaftsprüfungsgesellschaften wie in "The KPMG Business Audit", "The Performance Audit" von PwC und der "Global Audit Methodology" von Ernst & Young [vgl. Wiedmann, H. (1999): a. a. O., S. 87 ff.]. Ähnlich äußert sich der schweizerische Berufsstand Behr, G. (1998): Megatrends in der Wirtschaftsprüfung - der Berufsstand im chancenreichen Wandel, in: Der Schweizer Treuhänder 1998, S. 422; oder auch Züger, R. (1998): Der "moderne" Prüfungsansatz - Merkpunkte für eine zeitgemäße Abschlussprüfung, in: Der Schweizer Treuhänder, 1998, S. 448.

779 Vgl. C. Denk / Analyse der ... / S. 35; Vgl. H. Buderath / Auswirkungen des ... / S. 48.

akzeptiert wurde, ist die Verwendung und der Einsatz des COSO Frameworks sinnvoll.[780] Analog hierzu wurde das COSO Framework in den vergangenen Jahren auch in die U.S. Wirtschaftsprüfungsstandards integriert. Da zwischenzeitlich mehr als 63 % der US-börsennotierten Unternehmen das COSO Framework als führendes IKS Rahmenwerk eingeführt haben und umsetzten, lässt sich die praktische Verbreitung vom COSO Framework als führendes Rahmenwerk auf dem Gebiet des IKS ableiten.[781]

Die Ziele des COSO-Reports sind weitestgehend deckungsgleich mit den in der Literatur beschriebenen Anforderungen an ein IKS (idealtypisches Modell bzw. "Soll-Modell"). Die gängige Literatur verweist in diesem Zusammenhang häufig auf den COSO-Report als Referenzmodell, was die allgemeine Akzeptanz und die theoretische wie auch praktische Anwendung - sowohl national als auch international - unterstreicht und belegt. Dieser Sachverhalt kann auch analog bei den regulatorischen Vorgaben und Anforderungen festgestellt werden, die das COSO Framework, vgl. in diesem Zusammenhang z.B. den IDW PS 261 oder IFAC ISA 315, als Rahmenwerk zugrunde legen.

Zusammenfassend kann festgehalten werden, dass jede einzelne der fünf Komponenten (Kontrollumfeld, Risikomanagement, Kontrollaktivitäten, Information und Kommunikation, Überwachung) zum Erreichen der Ziele des COSO-Reports beiträgt. Die Komponenten stehen in einer Wechselbeziehung zueinander und betreffen sowohl die Gesamtorganisation als auch einzelne Unternehmenseinheiten und Prozesse. Sie sind mit wenigen Änderungen auf alle Unternehmensarten und -größen anwendbar.

4.4 Das Kontrollrisiko

Das Risiko, dass in einem Prüffeld existierende wesentliche Fehler durch das IKS nicht verhindert (präventive Kontrollen) oder identifiziert (detektive Kontrollen) werden, wird im allgemeinen Sprachgebrauch als Kontrollrisiko definiert.[782]

---

780 Vgl. C. Menzies / Sarbanes-Oxley Act . / S. 75, Vgl. P. Holzer / Corporate Governance / S. 692; Vgl. C. Menzies / Sarbanes-Oxley Act . / S. 77 ff.

781 Vgl. C. Menzies / Sarbanes-Oxley Act / S. 81.

782 Vgl. M. Grobstein / Auditing. A Risk ... / S. 238; Vgl. C.U. Diehl / Strukturiertes Prüfungsvorgehen ... / S. 194; Vgl. R. Quick / Die Risiken ... / S. 37 ff; Vgl. M. Wolz / Wesentlichkeit im ... / S. 55 und 89 ff.

In diesem Zusammenhang stellt es das Komplement zum Wirkungsgrad der internen Kontrollen dar, die bei der Ermittlung des Prüfungsrisikos[783] besonders berücksichtigt werden. Die Festlegung des Prüfungsrisikos erfolgt nach pflichtgemäßem Ermessen des Prüfers. Hierbei werden die eingerichteten internen Kontrollen berücksichtigt.[784] Bezüglich der Vermeidung bzw. der Aufdeckung wesentlicher Fehler stellt das Kontrollrisiko eine Funktion der Wirksamkeit der internen Kontrollen dar.

Die internen Kontrollen und deren Wirksamkeitsgrad sollten je Prüffeld individuell definiert und bewertet werden. Da der Wirkungsgrad der internen Kontrollen in jedem einzelnen Prüffeld unterschiedlich ist, macht eine übergreifende Bewertung für das gesamte Unternehmen hier keinen Sinn. Des Weiteren sollte berücksichtigt werden, dass starke interne Kontrollen in einem Prüffeld nicht die automatisch schwachen Kontrollen in einem anderen Prüffeld kompensieren.[785]

D.h, mit abnehmender Bedeutung eines Prüffeldes sinkt das inhärente Risiko. Die Bedeutung hängt in erster Linie von der wertmäßigen Größe des Prüffeldes ab. Je größer ein Prüffeld, desto größer sein Einfluss auf die Finanz- und/oder Ertragslage des Unternehmens und desto größer kann ein Fehler sein, d.h. mit zunehmender Größe des Prüffeldes steigt die Wahrscheinlichkeit für wesentliche Fehler. Neben der Größe beeinflussen aber auch die Anzahl und das Volumen der Transaktionen, die im Laufe des Geschäftsjahres im Prüffeld anfallen, dessen Bedeutung. Wichtige Prüffelder sollten während der Prüfung identifiziert und angemessen berücksichtigt werden.

Wenn der Abschlussprüfer in seiner Prüfungsstrategie beabsichtigt, sich auf die in einem Prüffeld vorhandenen internen Kontrollen zu stützen, muss er deren Wirksamkeit mittels einer Systemprüfung bewerten und gleichzeitig ein Verständnis über die Kontrollstruktur gewinnen.[786] Eine Reduzierung des Kontrollrisikos erfolgt durch wirksame interne Kontrollen. Im Gegenzug erhöhen unwirksame interne Kontrollen das Kontrollrisiko.

---

[783] Vgl. C & L Deutsche Revision / Prüfungsrichtlinien / S. 16 ff.
[784] Vgl. R. Quick / Die Risiken ... / S. 37 ff; Vgl. M. Stilwell / A Model ... / S. 67; Vgl. WP Handbuch 2006 / S. 1955.
[785] Vgl. R. Hermanson / Auditing Theory ... / S. 342; Vgl. R. Quick / Die Risiken ... / S. 37 ff.
[786] Vgl. J. D. Sullivan / Montgomery`s Auditing / S. 234; Vgl. R. Quick / Die Risiken ... / S. 38 ff.

Falls der Abschlussprüfer das Kontrollrisiko falsch einschätzt bzw. bewertet, kann dies zur Konsequenz haben, dass er auf die Funktionsfähigkeit und Wirksamkeit des IKS zu Unrecht vertraut bzw. diese zu Unrecht ablehnt.[787] Die Informationen, die der Abschlussprüfer bei der Aufnahme der Kontrollstruktur erhoben hat, bilden die Basis für die Einschätzung des Kontrollrisikos.[788] Nach der primären Schätzung des Kontrollrisikos und der Durchführung der Systemprüfung muss seitens des Abschlussprüfers festgelegt werden, ob eine weitere Senkung des Kontrollrisikos notwendig ist. Wenn das Kontrollrisiko weiter verringert werden soll, muss er zusätzliche Prüfungshandlungen durchführen und das Risiko erneut auf dieser Basis schätzen. Die Schätzung des Kontrollrisikos kann qualitativ und quantitativ erfolgen, wobei bei der qualitativen Schätzung beispielsweise eine Brandbreite von einem Minimum- zu einem Maximumwert und bei der quantitativen Schätzung beispielsweise ein Prozentsatz verwendet werden kann.

Wenn in einem Prüffeld die Kontrollen unwirksam sind oder keine Kontrollen existieren, ist der Ansatz eines maximalen Kontrollrisikos angemessen.[789] Gleiches gilt, wenn die Kosten für die Durchführung von systemorientierten Prüfungshandlungen den marginalen Nutzen, also die Verringerung ergebnisorientierter Prüfungshandlungen, übersteigen.[790] Der Prüfer benötigt, auch wenn das Kontrollrisiko auf 100 % geschätzt worden ist, eine gewisse Basis an Informationen bezüglich der Kontrollstruktur. Diese Informationen sind notwendig, um die verschiedenen Fehlerarten zu identifizieren und angemessene ergebnisorientierte Prüfungshandlungen zu planen.[791]

Wenn man das Kontrollrisiko mit dem niedrigsten Prozentsatz (in der Praxis handelt es sich hierbei i. d. R. um ein minimales Kontrollrisiko von 10 %) angibt, quantifiziert man es mit dem geringsten Risikograd, mit dem das Kontrollrisiko bewertet werden kann.[792] Da interne Kontrollen nie eine vollständige Sicherheit gewährleisten können, kann das Kontrollrisiko nie Null sein. Ebenso erlauben die Grundsätze ordnungsmäßiger Abschlussprüfung kein vollständiges Vertrauen in die internen Kontrollen, da selbst bei wirksamen internen Kontrollen

---

787 Vgl. R. Quick / Die Risiken ... / S. 44; Vgl. D. Dörner / Audit Risk / Sp. 83.

788 Vgl. WP Handbuch 2006 / S. 1955.

789 Vgl. L. F. Konrath / Auditing Concepts .. / S. 189; Vgl. M. Wolz / Wesentlichkeit im . / S. 89 ff.

790 Vgl. C. W. Thomas / Auditing. Theory and ... / S. 164; Vgl. R. Quick / Die Risiken ... / S. 42.

791 Vgl. R. Quick / Die Risiken ... / S. 42; Vgl. R.M. Steinberg / Implementing SAS ... / S. 64.

792 Vgl. J.J. Tucker / An Early ... / S. 32; Vgl. R. Quick / Die Risiken ... / S. 43.

immer ein gewisses Kontrollrisiko existiert.[793] Ursache für dieses Risiko sind inhärente Einschränkungen, die in jedem System vorhanden sind. Beispiele hierfür sind unvollständige Kontroll- und Arbeitsanweisungen, menschliches Versagen[794], mangelnde Sorgfalt, Ablenkung und Ermüdung oder Kontrollen, die bewusst vom Management umgangen werden.[795]

Das Kontrollrisiko existiert, ebenso wie das inhärente Risiko, unabhängig vom Prüfungsprozess. Dabei obliegt dem Mandanten die Verantwortung, das Kontrollrisiko zu kontrollieren, da der Prüfer es zwar schätzen, seine Höhe jedoch nicht beeinflussen kann. Ob das Prüffeld wesentliche Fehler enthält, wird gemeinsam vom inhärenten Risiko und vom Kontrollrisiko bestimmt. Da es in der Praxis schwer ist, das Kontrollrisiko unabhängig vom inhärenten Risiko zu bewerten, wird häufig eine kombinierte Analyse der beiden Risikofaktoren vorgenommen. Auf Grundlage der Ergebnisse werden Art, Zeitpunkt und Umfang der durchzuführenden ergebnisorientierten Prüfungshandlungen festgelegt.

Theoretisch können die beiden Risiken differenziert werden, was sich in der Praxis jedoch aufgrund der hohen Interdependenzen als schwierig erweist. Demnach werden beide Risiken i. d. R. zusammen berücksichtigt. In der Planungsphase einer Prüfung sollten sie jedoch getrennt voneinander betrachtet werden, da das inhärente Risiko die Planung systemorientierter Prüfungshandlungen zur Schätzung des Kontrollrisikos beeinträchtigt.[796]

Das Risiko, dass die Prüfungshandlungen nicht zur Aufdeckung eines wesentlichen Verstoßes bzw. einer wesentlichen Unrichtigkeit führen, wird, wie bereits mehrfach beschrieben, als Entdeckungsrisiko definiert. Dies ist der wesentliche Unterschied zum inhärenten[797] und Kontrollrisiko, die unabhängig von der Prüfung existieren. Im Gegensatz hierzu steht das Entdeckungsrisiko

---

793 Vgl. R. Quick / Die Risiken ... / S. 43; Vgl. IDW Fachgutachten 1/1988 des HFA / Grundsätze ordnungsmäßiger ... / S. 14.

794 Vgl. WP Handbuch 2006 / S. 2001 i.V.m. IFAC ISA 315, Tz. 64.

795 Vgl. W. G. Kell / Modern Auditing / S. 85; Vgl. E. Woolf / Auditing Today / S. 97; Vgl. R. Quick / Die Risiken ... / S. 43.

796 Vgl. J. D. Sullivan / Montgomery`s Auditing / S. 227 ff ; Vgl. R. Quick / Die Risiken ... / S. 44; Vgl. H. Siebert / Möglichkeiten und ... / S. 47 ff und 50 ff.

797 Auf das inhärente Risiko soll an dieser Stelle nicht weiter eingegangen werden.

im direkten Zusammenhang mit den Prüfungsaktivitäten des Abschlussprüfers und können somit direkt von diesem beeinflusst werden.[798]

Die Entscheidung des Abschlussprüfers über Art und Umfang der vorzunehmenden aussagebezogenen Prüfungshandlungen, um das Entdeckungsrisiko auf ein vertretbares Maß zu reduzieren, hängt von dessen Einschätzung des innewohnenden Risikos und des Kontrollrisikos ab.[799] Sollte der Abschlussprüfer beispielsweise das innewohnende und das Kontrollrisiko als gering einschätzen, kann er ein hohes Entdeckungsrisiko akzeptieren. Diesbezüglich kann er einen kleinen Umfang an aussagebezogenen Prüfungshandlungen durchführen und dennoch zu einem akzeptablen Prüfungsrisiko gelangen.

Im Anschluss an die durchgeführten Funktionsprüfungen hat der Abschlussprüfer eine abschließende Beurteilung der Wirksamkeit des IKS und der damit zusammenhängenden Kontrollrisiken durchzuführen. In diesem Zusammenhang muss er vor dem Ende der Prüfungshandlungen beurteilen, ob die originäre Beurteilung der Kontrollrisiken durch die zwischenzeitlichen Prüfungsergebnisse bestätigt wurde oder ggf. Modifikationen an der Beurteilung vorgenommen werden müssen

4.4.1 Die Quantifizierung des Kontrollrisikos

Zur Quantifizierung des Kontrollrisikos werden in der Literatur neben dem Scoring-Modell[800] auch analytische Ansätze diskutiert.[801] Hierzu gehören u. a.

---

798 Vgl. WP Handbuch 2006 / S. 1955; Vgl. AICPA SAS 47.82.

799 Die Abhängigkeit lässt sich anhand einer Tabelle verdeutlichen. Bezüglich dieser Tabelle verweise ich an dieser Stelle auf das WP Handbuch 2006 / S. 1955 i.V.m. AICPA SAS 47, Appendix: Illustration of the Interrelationschip of the Components of Audit Risk.

800 Bei den sog. Scoring -Verfahren handelt es sich um Punktbewertungsverfahren bei Entscheidungsproblemen. Dabei stehen bei der ermittelten "optimalen" Lösung nicht nur Kosten- und Erlösaspekte im Vordergrund, sondern insbesondere qualitative Überlegungen werden berücksichtigt. Dabei besteht die Vorgehensweise in der Regel aus sechs Stufen (1) Zielermittlung, (2) Zielgewichtung, (3) Punktevergabe für die verschiedenen Varianten, (4) Multiplikation von Gerichten mit den individuellen Punkten (zugehörigen), (5) Ermittlung der gewichteten maximalen Punktzahl und (6) Sensitivitätsanalyse (Verfahren zur Bewältigung des Unsicherheitsproblems bei Investitionsentscheidungen. Dabei wird gezeigt, welche Variablen besonders bedeutsam sind und demnach besonders sorgfältig überwacht und prognostiziert werden sollten. Parallel lassen sich auch besonders kritische Werte ermitteln). Das Scoring-Verfahren wird auch als Management-Technik eingesetzt, z.B. im Bereich der Länderrisikoanalyse bei Auslandsgeschäften. Vgl. Woll. A. / Wirtschaftslexikon / S. 615 ff.

das Modell von *Yu*, das Modell von *Cushing* und seine Erweiterungen, komplexere Zuverlässigkeitsmodelle von *Baetge*, das Modell von *Hömberg* und das Simulationsmodell von *Sperl*.[802] Die verschiedenen Modelle zur Quantifizierung des Kontrollrisikos werden im Folgenden näher erläutert.

4.4.2 Analytische Ansätze zur Quantifizierung des Kontrollrisikos

Bei dem Modell von *Yu* erfolgt die Ermittlung der Eintrittswahrscheinlichkeiten von potentiellen Fehlerarten. Die Ermittlung erfolgt unter dem Einsatz der Markoff-Ketten Theorie, als Bestandteil der Theorie stochastischer Prozesse. Demnach handelt es sich hierbei um ein Modell für Zufallsexperimente. Man kann diese als eine Folge nacheinander gelagerter Versuche und den damit zusammenhängenden Beobachtungen betrachten.[803] Dabei unterstellt er, dass die in einem Teilsystem des Rechnungswesen installierten Verarbeitungs- und Kontrollvorgänge - von der Datenerfassung, über die Verarbeitung bis hin zur Ausgabe - eine Abfolge von Zufallsexperimenten eines stochastischen Prozesses sind. Dabei stellen die Ergebnisse der installierten Verarbeitungs- und Kontrollvorgänge Fehlerzustände des Systems dar.[804] Die Ausbildung und damit auch die Qualifikation der ausführenden Person bestimmt das Ergebnis der einzelnen Verarbeitungs- bzw. Kontrollschritte. Dabei muss jedoch berücksichtigt werden, dass die Aktivitäten der handelnden Person von der Qualität (insbesondere die Fehlerhöhe) der zur Verfügung stehenden Unterlagen abhängig ist.[805] Des Weiteren sollten Probleme berücksichtigt werden, die das Modell von *Yu* beeinflussen. Dabei handelt es sich u.a. um das Problem der Veränderlichkeit der Übergangswahrscheinlichkeit, das Problem bei der Schätzung der erforderlichen Wahrscheinlichkeiten für die Anfangsvektoren sowie die Übergangs- und Kontrollmatrizen und das Problem bei der Schätzung der Modellparameter (die Modellkomplexität ist abhängig von der Anzahl der möglichen Fehlerzustände).[806] Bei Lösung dieser Probleme kann mittels dieses Modells eine problemadäquate Beurteilung des Kontrollrisikos erfolgen, da der Prüfer

---

801 Vgl. E. Stibi / Prüfungsrisikomodell und … / S. 195 ff.

802 Vgl. E. Stibi / Prüfungsrisikomodell und … / S. 195 ff.; Vgl. R. Quick / Die Risiken .. / S. 375 – 415.

803 Vgl. R. Quick / Die Risiken ... / S. 375 ff; Vgl. F. Ferschl / Markovetten / S.2.

804 Yu teilt bei der Verarbeitung von Geschäftsvorfällen diese in ihre jeweiligen Verarbeitungs- und Kontrollschritte auf. Vgl. Yu, S. / A Markovian Model .../ S. 101, Vgl. R. Quick / Die Risiken ... / S. 377.

805 Vgl. Yu, S. und Netter, J. / A Stochastic Model .../ S. 273 – 295.

806 Vgl. R. Quick / Die Risiken ... / S. 384 ff.

neben den Fehlerwahrscheinlichkeiten bei den Prozessergebnissen basierend auf den jeweiligen Outputvektoren auch die Fehlerwahrscheinlichkeiten nach den einzelnen Verarbeitungs- und Kontrollschritten kennt. Dieser Sachverhalt versetzt ihn in die Lage, gezielte Schwachstellenanalysen durchzuführen um darauf aufbauend konkrete Informationen für die Planung der ergebnisorientierten Prüfungshandlungen zu erhalten.[807]

Die Zuverlässigkeitstheorie bildet die Grundlage für das Modell von *Cushing*. Dabei sollen mittels der Verwendung von Methoden der Zuverlässigkeitstheorie bei der Kontrollanordnung die Ausfall- bzw. Funktionswahrscheinlichkeiten[808] ermittelt werden. Dabei existieren verschiedene Gestaltungs- bzw. Modellvarianten, die von "eine Kontrolle - ein Fehler" bis hin zu "mehrere Kontrollen - mehrere Fehler" erweitert werden können, wobei immer nur eine Beurteilung der auf einen Verarbeitungsschritt sich anschließenden Kontrolle erfolgt. Außen vor bleibt dabei die Beurteilung eines zusammenhängenden Verarbeitungs- und Kontrollprozesses.[809] Demnach können Zuverlässigkeiten nur für Kontrollen und nicht für Verarbeitungsschritte ermittelt werden.[810]

Das Modell von *Cushing* bietet diverse Erweiterungsoptionen an. Diese umfassen u.a. die Auswirkung von Kontrollen auf die Eintrittswahrscheinlichkeit von Fehlern und verschiedener Kontrollzeitpunkte. *Cushing* beabsichtigt mit seinem Modell mittels der Wahrscheinlichkeiten für den Eintritt, das Entdecken und die Korrektur einzelner Fehlerarten, die Verlässlichkeit eines IKS Bestandteils und somit ein quantitatives Beurteilungsmaß zu ermitteln. Dies erfolgt analog im Modell von *Yu*. Unterschiede zwischen den Modellen von *Cushing* und *Yu* existieren in der Form, dass *Cushing* nur das Verhalten der Kontroll- bzw. Korrekturträger berücksichtigt, wogegen *Yu* zusätzlich die reinen Verarbeitungsschritte mit in die Untersuchung einbezieht. Ein weiterer Unterschied besteht darin, dass *Yu* die Fehleranteilswahrscheinlichkeiten für die einzelnen Fehlerarten separat berechnet, wogegen *Cushing* die Kontrollqualität in einer Größe darstellt. Des Weiteren untersucht *Cushing* nur die einfache Form eines internen Kontrollsystems mit lediglich einer Kontrollaktivität, wogen *Yu* eine Reihe zusammenhängender Verarbeitungs- und Kontrollschritte untersucht und

---

807 Vgl. S. Yu / A Stochastic Model .... / S. 287; Vgl. R. Quick / Die Risiken ... / S. 386.
808 ... (als Komplementär zu den Ausfallwahrscheinlichkeiten) ....
809 Vgl. R. Quick / Die Risiken ... / S. 386 ff.
810 Vgl. B. Cushing / A Mathematical ..../ S. 36. Das Modell unterstellt, dass ein IKS-Bestandteil jeweils einen Verarbeitungs- und einen bis mehrere Kontroll- und Korrekturschritte beinhaltet.

berücksichtigt.[811] Ein weiteres Unterscheidungsmerkmal zwischen den beiden Modellen liegt in ihrer Flexibilität bezüglich der Abbildung des Fehlerverhaltens, wonach das Modell von Cushing nur verwendet werden kann, wenn die möglichen Fehlerarten unabhängig voneinander auftreten.[812]

In einer seiner Erweiterungen analysiert *Cushing* den Einfluss von Systembestandteilen vor dem Hintergrund der Systemzuverlässigkeit. Ohne Berücksichtigung bleiben dabei funktionale Verflechtungen der einzelnen Systembestandteile. In diesem Zusammenhang muss berücksichtigt werden, dass die Zuverlässigkeit eines Teilsystems des Rechnungswesens zum einen durch die individuellen Verarbeitungs- und Kontrollschritte und zum anderen durch die einzelnen Systemstrukturen tangiert wird.[813] Bei der Koppelung separater Systemkomponenten kann nach *Bodnar* zwischen zwei grundlegenden Formen differenziert werden. Hierbei handelt es sich um die serielle[814] und parallele[815] Koppelung.[816] Die Kontrollanordnungsart beeinflusst die Berechnung der Zuverlässigkeit eines IKS. An einem Beispiel dargestellt, berechnet sich die Zuverlässigkeit seriell angeordneter Kontroll- und Verarbeitungselemente durch das Produkt der Einzel-Zuverlässigkeiten.[817] Für weitere Ausführungen zu diesen beiden Koppelungsformen verweise ich an dieser Stelle auf die weiterführende Literatur von G. Bodnar.[818]

Bei der Entwicklung komplexerer Zuverlässigkeitsmodelle durch *Baetge* dient das Modell von *Cushing* als Basismodell, wobei jedoch viele Modifikationen an dem Modell durchgeführt worden sind.[819] Dabei ist der Fokus, neben der Berücksichtigung der Zuverlässigkeit, auch auf die wirtschaftliche Gestaltung sowie die empirische Analyse von Überwachungsaktivitäten gerichtet. Dabei sind im Wesentlichen die Modifizierungen im Bereich der Zuverlässigkeitsbeur-

---

811 Vgl. R. Quick / Die Risiken ... / S. 390 ff.

812 Vgl. B. Cushing / A Mathematical ..../ S. 29.

813 Vgl. R. Quick / Die Risiken ... / S. 397 ff; Vgl. E. Stibi / Prüfungsrisikomodell und .../ S. 195 ff.

814 Bei einer seriellen Koppelung existiert nur dann ein fehlerfreies System, wenn alle Systembestandteile fehlerfrei agieren.

815 Im Gegensatz zur seriellen Koppelung arbeitet ein aus mehreren Systembestandteilen bestehendes System auch denn schon fehlerfrei, wenn lediglich ein Systembestandteil fehlerfrei arbeitet.

816 Eva Stibi unterscheidet bei der Kontrollanordnung in serielle, parallele und rückgekoppelte Anordnungen.Vgl. E. Stibi / Prüfungsrisikomodell und ... / S. 198.

817 Vgl. G. Bodnar / Internal Control Systems / S. 756; Vgl. E. Stibi / Prüfungsrisikomodell und ... / S. 198.

818 Vgl. G. Bodnar / Reliability .../ S. 749 ff; Vgl. R. Quick / Die Risiken ... / S. 398.

819 Vgl. J. Baetge / Überwachungstheorie .../ 2038 ff.

teilung des untersuchten IKS von Bedeutung, da diese für die Quantifizierung des Kontrollrisikos berücksichtigt werden.[820] Eine wesentliche Modifikation liegt dabei z.B. in dem Modell von *Baetge / Mochty* in der Unterscheidung zwischen "partiell-rückgekoppelten Kontrollanordnungen"[821] und "total-rückgekoppelten Kontrollanordnungen"[822]. *Eva Stibi* unterscheidet bei der Kontrollanordnung in serielle, parallele und rückgekoppelte Anordnungen.[823] Bei den Ergebnissen der Modelle handelt es sich um pessimistische Schätzungen, was die geringe Bemessung der Vorteilhaftigkeit einzelner Kontrollbestandteile belegt. In den Modellen erfolgt keine Berücksichtigung der Mitarbeiterlernkurven basierend auf den Kontrollergebnissen sowie die Zunahme der Bearbeitungsqualität, die bei der Implementierung einer neuen Kontrolle erfolgt.[824]

Grundlage des Modells von *Hömberg* ist eine Analyse des internen Kontrollsystems. Aus den Ergebnissen dieser Analyse soll eine a priori-Verteilung des Gesamtfehlerwertes entwickelt werden. Das Ergebnis der a priori-Verteilung des Gesamtfehlerwertes dient - unter Anwendung des *Bayesschen* Theorems - als Eingabewert für eine Ergebnisprüfung.[825] Nach Hömberg erfolgt die Beurteilung des IKS in 9 Schritten: (1) Identifizierung des implementierten IKS sowie der alternativen Kontrollsituationen; (2) Schätzung einer a priori-Verteilung für die Umsetzung des IKS; (3) Befolgungstest; (4) Unter Anwendung des *Bayesschen* Theorems wird aus den Informationen der Schritte 2 und 3 eine posteriori-Verteilung berechnet, die die Verteilung des Anteils für jede Kontrollsituation definiert; (5) Ermittlung der individuellen Anteile fehlerhafter Bearbeitungsergebnisse bezogen auf die Menge aller Verarbeitungsergebnisse für jede Kontrollsituation; (6) Berechnung einer Verteilung für die Anzahl der fehlerhaften Verarbeitungsfälle, die die Kontrollsituation tangieren auf Basis der Info`s der Schritte 4 und 5; (7) Ermittlung der Verteilung des durchschnittlichen

---

820 Vgl. R. Quick / Die Risiken ... / S. 402.

821 Bei der partiell-rückgekoppelten Kontrollanordnung werden lediglich die fehlerhaften Verarbeitungsunterlagen zur Korrektur zurückgegeben. Vgl. J. Baetge; L. Mochty / Die Zuverlässigkeit ..../ S. 1 ff.; Vgl. R. Quick / Die Risiken ... / S. 402; Vgl. E. Stibi / Prüfungsrisikomodell und ... / S. 198; Vgl. G. Bodnar / Internal Control Systems / S. 756; Vgl. E. Stibi / Prüfungsrisikomodell und ... / S. 195 ff.

822 Bei der total-rückgekoppelten Kontrollanordnung werden die kompletten Verarbeitungsunterlagen unter Hervorhebung der Fehler zur Korrektur zurückgegeben. Vgl. J. Baetge; L. Mochty / Die Zuverlässigkeit ... / S.1 ff.; Vgl. R. Quick / Die Risiken ... / S. 402.

823 Vgl. E. Stibi / Prüfungsrisikomodell ... / S. 198.

824 Vgl. J. Baetge / Die Zuverlässigkeit... / S. 27; Vgl. R. Quick / Die Risiken ... / S. 406.

825 Vgl. R. Hömberg / Ein Vorschlag .... / S. 451 ff.; Als Basis für die Berechnung der Fehlerfortpflanzung setzt Hömberg das Modell von Yu/ Netter ein, vgl. diesbezüglich auch R. Quick / Die Risiken ... / S. 407.

Fehlerwerts eines fehlerhaften Bearbeitungsfalls für die verschiedenen implementierten Kontrollen; (8) für jede Kontrollsituation erfolgt die Berechnung der Gesamtfehlerwertverteilung und (9) für alle Bearbeitungsfälle erfolgt die Berechnung der Gesamtfehlerwertverteilung.[826]

Bei dem Modell von Hömberg sollten folgende Einschränkungen beachtet werden: Es existieren keine Informationen über die Verknüpfungsregeln, die in den einzelnen Arbeitsschritten anzuwenden sind; ausschließlich sich in monetären Fehlern niederschlagende Kontrollen werden berücksichtigt und Unterstellung fehlerfreier Korrekturschritte.[827]

Sperl untersucht die Simulationstechnik dahingehend, wie sie für die Ermittlung des Fehleroutputs bei Verarbeitungsabläufen einsetzbar ist.[828] Durch den Versuch, der betragsmäßigen Schätzung des Gesamtfehlers im Systemoutput erfolgt mittels der Simulationstechnik eine globale Bewertung der Kontrollen eines Teilsystems.[829] Demnach stellt die Qualitätsmaßgröße das realisierte Fehlerausmaß dar. Dabei ist nach *Sperl* das zielgerichtete Experimentieren an Modellen, die eine Nachbildung der Realität darstellen, eine Simulation, die in einem weiteren Schritt der Analyse stochastischer Problemstellungen dient.[830] Dabei simuliert *Sperl* das Systemverhalten mittels eines Simulationsmodells. Dies erfolgt in der Form, dass er verschiedene Informationen ermittelt und im Modell abbildet. Bei diesen Informationen handelt es sich um angedachte Verarbeitungsaktivitäten, angedachte Kontrollaktivitäten, potentielle Verarbeitungsfehler sowie die Beziehungen zwischen den Verarbeitungs- und Kontrollaktivitäten.[831] Eine grundlegende Voraussetzung für die Generierung verwertbarer Ergebnisse der Simulation ist die vollständige Erfassung der Fehlermöglich-

---

826 Da es sich hier um eine a priori-Verteilung handelt, ist sie für eine Ergebnisprüfung einsetzbar. Vgl. R. Quick / Die Risiken ... / S. 408 - 409.

827 Vgl. R. Quick / Die Risiken ... / S. 410.

828 D. Burns war der erste, der im Zusammenhang mit der Jahresabschlussprüfung die Simulationsmethodik für die Ermittlung und der sich daran anschließenden Beurteilung des IKS eingesetzt hat. Vgl. in diesem Zusammenhang auch David Burns / Audit evidence evaluation using computer simulation with special emphasis on ascertaining the reliability of accountig data, Dissertation Indiana University … / S.10 ff

829 Vgl. A. Sperl / Prüfungsplanung / S. 130 ff.

830 Vgl. T. Ellinger / Operations Research … / S. 12.

831 Weitere Informationen zu diesem Experiment können folgender Quelle entnommen werden: Vgl. D. Burns / Internal Control…/ S. 64 ff.

keit und der Verarbeitungs- sowie Kontrollschritte. Mittels der Monte-Carlo-Simulation erzeugt *Sperl* künstlich Zufallsprozesse.[832]

In dem Simulationsmodell von *Sperl* werden keine Übergangs- bzw. bedingten Wahrscheinlichkeiten vorgegeben. Dieser Sachverhalt stellt den wesentlichen Unterschied zu den Modellen von *Yu* und *Cushing* dar. Demnach müssen unbedingte Wahrscheinlichkeiten für jeden einzelnen Verarbeitungs- und Kontrollschritt geschätzt werden. Diese Modifikation hat zur Folge, dass die Abbildung des Systems wesentlich vereinfacht wird. Die Beurteilung des internen Kontrollsystems nach dem Fehlerausmaß und nicht mit Hilfe der Fehleranteile ist eine zusätzliche Besonderheit des Modells nach *Sperl*.[833]

Bei dem Simulationsmodell von Sperl sollten folgende Besonderheiten berücksichtigt werden: Wenn die Kenngröße "Fehlerausmaß" zur Systembeurteilung eingesetzt wird, muss der Prüfer eine Fehleranalyse dahingehend durchführen, welche Kontrolle in welchem Ausmaß versagt hat.[834] Wenn im Rahmen der Simulation Kontrollen involviert werden, die Verarbeitungsfehler vollständig erkennen und korrigieren, würden diese als unwirksam eingruppiert werden, da der Gesamtfehlerwert durch die Implementierung von Kontrollen nicht verändert wird.[835] Die Transformation des internen Kontrollsystems in ein EDV-System ist mit einem sehr hohen Aufwand verbunden.[836]

Den wesentlichen Vorteil seines Simulationsmodells sieht Sperl darin, dass es auch bei komplexen Beziehungsstrukturen des Systems verwendbar bleibe, im Gegensatz zu den analytischen Modellen. Es müsse jedoch berücksichtigt werden, dass die Simulationsergebnisse nicht so zuverlässig wären wie Stichprobenergebnisse. Dies liegt an den realen Grundgesamtheiten, jedoch könnten tendenzielle Aussagen über den realen Fehleroutput abgeleitet werden. Zusammenfassend kann jedoch festgehalten werden, dass der hier beschrie-

---

832 Die Monte-Carlo-Methode, die auf Zufallszahlen beruht, erzeugt über die Simulation konkreter Verarbeitungs- und Kontrollfehler künstliche generierte Stichprobenergebnisse. Durch diese Methode soll sichergestellt werden, dass die Grundgesamtheit repräsentativ abgebildet wird. Vgl. hierzu auch T. Witte / Simulationstheorie / S. 25 ff; Vgl. R. Quick / Die Risiken .. / S. 412 ff.

833 Vgl. R. Quick / Die Risiken ... / S.412.

834 Vgl. R. Quick / Die Risiken ... / S. 414.

835 Vgl. A. Wittmann / Systemprüfung und .../ a.a.O. S. 82.

836 Vgl. R. Quick / Die Risiken ... / S. 414 ff.

bene Simulationsansatz für die zieladäquate IKS-Bewertung nur bedingt geeignet ist.[837]

4.4.3 Das Scoring-Modell

Ein in der Literatur diskutiertes Scoring-Modell stellt das von GENE R. BROWN entwickelte Scoring-Modell dar. Hierbei wird das im Unternehmen implementierte IKS unter Verwendung eines Fragebogens beurteilt.[838] Dieser Fragebogen beinhaltet ein idealtypisches IKS, d. h., er enthält lediglich Fragen, die für die Prüfung des IKS relevant sind und so formuliert sind, dass man nur mit Ja/Nein antworten kann (geschlossene Fragestellung). Alternativ hierzu können auch Fragebögen mit offenen Fragestellungen eingesetzt werden, innerhalb derer auch Verfahren und Lösungen aufgenommen und bewertet werden können.[839] Um die unterschiedliche Bedeutung für die Qualität des IKS berücksichtigen bzw. gewichten zu können, werden den einzelnen Fragen Soll-Punktwerte[840] zugeordnet. Wenn eine Übereinstimmung zwischen dem idealtypischen IKS und dem tatsächlich implementierten IKS besteht (d. h., die seitens des Unternehmens geplante Kontrolle ist implementiert, wird durchgeführt und funktioniert wie geplant), erhält sie im Rahmen der Bewertung die volle Punktzahl, also den vollen Score. Sollte dem nicht so sein und somit eine Schwachstelle bestehen, werden lediglich weniger oder eine reduzierte Anzahl an Punkten vergeben. Durch die Addition[841] der Ist-Punkte ergibt sich eine Gesamtpunktzahl. Diese wird in Beziehung gesetzt zur Soll-Punktzahl. Hierdurch ergibt sich eine Kennzahl bezogen auf die Wirksamkeit des IKS. Das umgekehrte Verfahren bei der Vergabe und der sich daran anschließenden Auswertung der Punkte ist analog und sinngemäß. D.h., auch eine Bewertung von 0 = "sehr gut" bis hin zur maximalen Punktzahl = "sehr schlecht" ist möglich und führt letztendlich zum gleichen Ergebnis.

---

837 Vgl. R. Quick / Die Risiken ... / S.414.

838 Vgl. R. Quick / Die Risiken ... / S. 373; Vgl. G. Brown / Objective Internal ... / S. 50 bis 56; Vgl. J. Bankmann / Möglichkeiten der ... / S. 395 und 396; Vgl. WP Handbuch 2006 / S. 2008; . H. Kircherer / Grundsätze Ordnungsmäßiger ... / S. 247.

839 Vgl. WP Handbuch 2006 / S. 2008.

840 Vgl. E. Stibi / Prüfungsrisikomodell ... / S. 191 ff.

841 Vgl. WP Handbuch 2006, Seite 2011, Tz. 272 (Beurteilung der Angemessenheit des internen Kontrollsystems).

$$\text{IKS Wirksamkeit} = \frac{\text{Summe der Ist-Punkte}}{\text{Summe der Soll-Punkte}}$$ [842]

Ein dokumentiertes idealtypisches-IKS auf Seiten des Abschlussprüfers ist Voraussetzung für die Anwendung eines solchen Scoring-Modells. In der Praxis kann beobachtet werden, dass die Systemaufnahme seitens des Abschlussprüfers durch den Einsatz von Fragebögen eine weit verbreitete und gelebte Methodik darstellt.[843] Vor diesem Hintergrund dürfte die Voraussetzung eines "dokumentierten idealtypischen-IKS" i.d.R. als erfüllt betrachtet werden.[844]

Diese Methodik setzt jedoch voraus, dass bei der Systemaufnahme gegebene Antworten nicht übernommen werden, da diese sich auf das geplante IKS beziehen, während die Fragen auch die praktizierten Kontrollen sowie deren Funktionsfähigkeit berücksichtigen.

Die Kontrollen innerhalb eines IKS haben unterschiedliche Gewichtungen. Dabei sind einige Kontrollen wichtig (Keycontrols = Schlüsselkontrollen) und einige sind sekundär bzw. ergänzende Kontrollen, die u. a. durch weitere oder übergeordnete Kontrollen (High Level Controls[845]) kompensiert werden können. Die Keycontrols sind für die Sicherstellung einer ordnungsgemäßen Verarbeitung unerlässlich.[846] Dieser Sachverhalt zwingt den Prüfer dazu, jede Kontrolle dahingehend zu überprüfen, wie ihre Bedeutung für das Erreichen eines ordnungsgemäßen Verarbeitungsergebnisses ist. Aus dem Ergebnis dieser Überprüfung muss er anschließend den Gewichtungsfaktor definieren, wobei er diese Gewichtung nach subjektivem Ermessen durchführt.[847]

---

842 Vgl. R. Quick / Die Risiken ... / S. 373.

843 Vgl. W. Kronenberger / Die Auswertung ... / S. 219; Vgl. WP Handbuch 2006 / S. 2031 ff. In dem WP Handbuch werden auf den genannten Seiten für die wesentlichen Transaktionskreise auch sogenannte Transaction Cycles Fragebögen bzw. beispielhafte Fragestellungen für den Berufsstand vorgegeben (System- und Funktionsprüfungen). Vgl. WP Handbuch 2006, Seite 2141, Tz. 737 (Systemprüfung) i.V.m. IDW PS 330, Tz. 98; Vgl. E. Stibi / Prüfungsrisikomodell ... / S. 192.

844 Vgl. R. Quick / Die Risiken ... / S. 373; Vgl. WP Handbuch 2006 / S. 2008 und 2030 ff. Durch die Verwendung von Checklisten / Prüfprogramme soll zum einen eine einheitliche Prüfungsdurchführung und Prüfungsqualität durch alle Mitarbeiter sichergestellt werden und des Weiteren soll sie die Basis für eine angemessene Beaufsichtigung der Prüfungsdurchführung (unter besonderer Berücksichtigung der Berufsgrundsätze) gewährleisten. Vgl. WP Handbuch 2006, Seite 1969, Tz. 124 (Erstellung und Dokumentation des Prüfungsplans); Vgl. §§ 24b Abs. 1, 38 Berufssatzung WP/vBP; VO 1/2005, TZ.24 ff.

845 Vgl. WP Handbuch 2006 / S. 2030 ff; Vgl. V. Menzies / Sarbanes-Oxley Act.

846 Vgl. J. Blum / Sequence for ... / S. 54; Vgl. R. Quick / Die Risiken ... / S. 374.

847 Vgl. G. Braun / Objective Internal ... / S. 52; Vgl. R. Quick / Die Risiken ... / S. 374.

Eine Standardisierung würde bewirken, dass der Subjektivitätseinfluss dadurch eingegrenzt wird, dass die Gewichtung nicht bei jeder IKS-Bewertung neu vorgenommen werden muss. Würde die Gewichtung durch mehrere erfahrene Prüfer gemeinsam durchgeführt werden, würde die Objektivität bei der Quantifizierung der IKS-Qualität gesteigert werden. Nur wenn die Frage mit „Ja" beantwortet worden ist, wird die gewichtete Kontrolle bei dem abschließenden Urteil des Prüfers berücksichtigt.[848] Dies ist der wesentliche Nachteil des Scoring-Modells. Somit ist eine „Nein"-Antwort ohne Belang und wird bei der abschließenden Urteilsbildung nicht berücksichtigt. Dies hat zur Folge, dass das Fehlen einer Kontrolle bzw. die mangelnde Funktionalität einer Keycontrol sich im gleichen Maße auf den Wirksamkeitsgrad des IKS auswirkt wie das einer weniger wichtigen Kontrolle.

Dieser Nachteil tritt jedoch nicht bei Fragebögen mit offenen Fragestellungen auf, da hier auch Zwischenlösungen bzw. Zwischenergebnisse möglich sind. Dies beinhaltet den Vorteil, dass alle Antworten und somit alle Kontrollen, unabhängig davon, ob sie nicht vorhanden sind bzw. eine mangelnde Funktionalität aufweisen, in der Bewertung des IKS berücksichtigt werden.

Somit muss der Prüfer im Rahmen der Planung der ergebnisorientierten Prüfungsaktivitäten zum einen den Wirkungsgrad des IKS und zum anderen die Auswirkung fehlender bzw. nicht ordnungsgemäß arbeitender Kontrollen auf die Ordnungsmäßigkeit des Jahresabschlusses berücksichtigen.[849]

Vergleicht man die Anwendung des Scoring-Modells mit einer qualitativen Beurteilung, erfolgt durch das Scoring-Modell eine Standardisierung des Beurteilungsprozesses. Es ist nachvollziehbar, wie das Urteil entstanden ist, da zum einen der Beurteilungsmaßstab (der verwendete Fragebogen) und zum anderen die Gewichtung, die der Prüfer der Kontrolle zuordnet, für alle offen liegen und somit auch für dritte nachvollziehbar sind. Sollte ausschließlich die Höchstpunktzahl bzw. der Punktzahl „0" vergeben werden, wird eine zusätzliche Objektivierung erzielt.[850]

---

848 Vgl. R. Quick / Die Risiken ... / S. 374.

849 Vgl. R. Quick / Die Risiken ... / S. 375; Vgl. D. Mini / Internal Control ... / S.112.

850 Vgl. E. Stibi / Prüfungsrisikomodell ... / S. 173 ff; Vgl. V. Peemöller / Über die ... / S. 234; Vgl. R. Quick / Die Risiken ... / S. 375.

Durch die Möglichkeit, auch Zwischenwerte zu vergeben, wirkt sich das subjektive Ermessen stärker auf das Urteil aus, was von Vorteil ist, um die Prüfer nicht schon im Vorfeld in ihrer Bewertung und Urteilsfindung zu beschränken. Die Subjektivität beinhaltet jedoch den Nachteil, dass die Vergleichbarkeit der Ergebnisse erschwert wird. Dies kann z. B. an unterschiedlichen Erfahrungen und damit verbundenen Gewichtungen der einzelnen Prüfer, aber auch personenneutral an verschiedenen Branchenspezifika liegen. Die eindeutige Formulierung der Fragen ist eine zwingende Voraussetzung dafür, dass man diesen Vorteil nutzen kann.

Die Verwendung von Scoring-Modellen ist in der Praxis sehr weit verbreitet und überzeugt durch seine hohe Praktikabilität.[851] Durch Anwendung des Modells kann der Prüfer einen Qualitätsvergleich des IKS zu verschiedenen Zeitpunkten machen, indem er eine Gegenüberstellung der verschiedenen Wirksamkeitsgrade durchführt.[852]

Unter Berücksichtigung der oben dargestellten Vor- und Nachteile wurde in dem Kapitel "Ein Modell zur Prüfung des Ist-IKS anhand des idealtypischen IKS" eine Checkliste auf der Basis von offenen Fragestellungen erstellt, welches sich an das oben genannte Scoring-Modell von GENE R.BROWN anlehnt und dieses vom grundsätzlichen Vorgehen bzw. der grundsätzlichen Anwendung her als Basis nimmt.

4.4.4 Zusammenfassung der Ergebnisse der Anforderungen an ein idealtypisches IKS

Die Analyse des Kontrollrisikos dient dem Abschlussprüfer zur Beschaffung von Informationen für die Planung und die Durchführung seiner Prüfungshandlungen. Dabei beinhaltet sie die Aspekte: Die Identifikation und die Bewertung von Kontrollrisiken.

Die Identifikation von Kontrollrisiken dient dem "Sich-Bewusstmachen" von Kontrollrisiken im Jahresabschluss. Der Abschlussprüfer kann sich auf diese

851 Vgl. B. Göckeritz / Vorläufige Beurteilung des Internen Kontrollsystems ... / Bd. 2523; Vgl. R. Quick / Die Risiken ... / S. 375.

852 Vgl. E. Stibi / Prüfungsrisikomodell ... / S. 192; Vgl. R. Quick / Die Risiken ... / S. 375; Vgl. G. Brown / Objective Internal ... / S. 53.

Weise einen ersten Eindruck davon verschaffen, mit welchen Fehlern er im jeweiligen Prüffeld zu rechnen hat. Hieraus lassen sich Anhaltspunkte für die konkrete Ausgestaltung und den zeitlichen Einsatz von Prüfungshandlungen gewinnen.

Zur Identifikation von Kontrollrisiken ist der Abschlussprüfer auf die Formulierung von Fehlerhypothesen angewiesen. Dies folgt aus dem Umstand, dass die Identifikation von Fehlerrisiken aufgrund der Komplexität der Ursache-Wirkung-Beziehungen der Fehlerentstehung einer vereinfachten Sichtweise des Fehlerentstehungsprozesses bedarf. Unter Fehlerhypothesen lassen sich bedingte Regeln verstehen, die eine Verbindung zwischen einem Fehlerindikator und möglichen Fehlern nach Art, Zeit und Ort herstellen. Diese Verbindung beruht im Wesentlichen auf dem Erfahrungswissen des Abschlussprüfers und muss daher seinem pflichtgemäßen Ermessen überlassen werden. Betriebsbesichtigungen, Befragungen von Mitarbeitern, Auswertungen von Dokumenten sowie analytische Prüfungshandlungen dienen dem Abschlussprüfer als Instrumente zur Gewinnung der Fehlerindikatoren.

Die vereinfachte Sichtweise des Fehlerentstehungsprozesses bei der Verwendung von Fehlerhypothesen führt dazu, dass sich eine zu Beginn der Prüfung abgegebene Fehlerhypothese im Verlauf der Prüfung als unzutreffend erweisen kann; denn die zugrundeliegenden Ursache-Wirkungszusammenhänge werden zwangsläufig nicht vollständig berücksichtigt. Die Verwendung von Fehlerhypothesen erfordert daher, dass die zu Beginn der Prüfung gebildeten Hypothesen im Verlauf der Prüfung ständig überprüft und an neue Prüfungserkenntnisse angepasst werden.

Die Bewertung von Kontrollrisiken erfolgt durch die Bildung von Wahrscheinlichkeiten für wesentliche Kontrollfehler. Die Ermittlung dieser Wahrscheinlichkeiten erfolgt pro Prüffeld (Fehlerort) und Prüfungsziel (Fehlerart). Der Abschlussprüfer verschafft sich durch die Ermittlung von Fehlerwahrscheinlichkeiten die Informationen, die er benötigt, um seine Prüfungshandlungen gezielt in die Bereiche zu lenken, die besonders fehlerrisikobehaftet sind.

Die Bildung der Wahrscheinlichkeiten für das Kontrollrisiko erfordert die Bestimmung von Wahrscheinlichkeiten für das Auftreten wesentlicher Fehler in

Geschäftsvorfällen, Kontensalden oder Jahresabschlussposten (inkl. den dahinter liegenden IT-Systemen). Für Zwecke der Prüfungsplanung müssen diese Wahrscheinlichkeiten in der Regel unter Vernachlässigung der Wesentlichkeit ermittelt werden, da zweckgerechte Aussagen zur Wesentlichkeit von Fehlern im Allgemeinen erst im Verlauf der Prüfung getroffen werden können. Die zu Beginn der Prüfung gebildeten Fehlerwahrscheinlichkeiten sind daher auf der Grundlage der im weiteren Verlauf der Prüfung gewonnenen Informationen entsprechend anzupassen.

Die Ermittlung von Fehlerwahrscheinlichkeiten orientiert sich maßgeblich an der Verlässlichkeit des IKS.

Die Wahrscheinlichkeiten für das Kontrollrisiko sind vom Abschlussprüfer auf der Grundlage von Wahrscheinlichkeitshypothesen subjektiv zu ermitteln. Der Abschlussprüfer trägt durch die Abgabe subjektiver Wahrscheinlichkeitsurteile dem Umstand Rechnung, dass analytische Modelle fehlen, die eine Ableitung der gesuchten Wahrscheinlichkeiten aus den verfügbaren Daten gestattet. Ist sich der Abschlussprüfer der Prämissen bewusst, die er seinen Wahrscheinlichkeitsurteilen zugrunde gelegt hat, lässt sich zu mindestens erreichen, dass seine Einschätzungen konsistent und für einen Dritten nachvollziehbar sind.

Unter Abwägung der oben dargestellten Vor-/Nachteile und Einschränkungen der verschiedenen Modelle sowie der Tatsache, dass es sich bei dem von *G. Brown* konzipierten Scoring-Modell um ein relativ einfaches Verfahren zur Quantifizierung des Kontrollrisikos handelt, soll auf die analytischen Ansätze im Rahmen dieser Arbeit nicht weiter eingegangen werden.

Die Entscheidung wird durch den Sachverhalt unterstützt, dass die Verwendung von Scoring-Modellen - gerade durch ihre Einfachheit und der damit verbundenen Verwendbarkeit sowie Anwendbarkeit - in der Praxis weit verbreitet ist und das im Rahmen dieser Arbeit zu entwickelnde System eine reelle Chance zur Umsetzung durch den Berufsstand der Wirtschaftsprüfer bekommt.[853]

---

[853] Durch die Verwendung der Formulierung "... mehr als Addieren deren einzelner Beiträge zur Sicherstellung der Vollständigkeit und Richtigkeit der Rechnungslegung und des Jahresabschlusses" im WP Handbuch 2006 läßt sich ableiten, dass seitens der WP-Gesellschaften Scoring-Modelle eingesetzt werden, deren Aufgabe es ist, IKS-Bestandteile und

Deutsche Unternehmen legen überwiegend das COSO Framework für den Aufbau und die Bewertung des IKS zugrunde, da ein entsprechendes deutsches Rahmenwerk momentan nicht existiert und das COSO Framework allgemein anerkannt ist, um eine Bewertung bezüglich der Wirksamkeit des internen Kontrollsystems der Finanzberichterstattung treffen zu können. Analog hierzu wurde das COSO Framework in den vergangenen Jahren auch in die U.S. Wirtschaftsprüfungsstandards integriert.

Da zwischenzeitlich mehr als 63% der US-börsennotierten Unternehmen das COSO Framework als führendes IKS Rahmenwerk eingeführt haben und umsetzten, lässt sich die praktische Verbreitung vom COSO Framework als führendes Rahmenwerk ("Best Practice" des Berufsstands) auf dem Gebiet des IKS ableiten. Dabei wurde COSO vor dem Hintergrund der Prinzipal-Agent-Theorie plausibilisiert. Eine detaillierte analytische und wissenschaftliche Untersuchung von COSO war nicht Gegenstand der Arbeit.

Die Ziele des COSO-Reports sind weitestgehend deckungsgleich mit den in der Literatur beschriebenen Anforderungen an ein IKS (idealtypisches Modell bzw. "Soll-Modell"). Die gängige Literatur verweist in diesem Zusammenhang häufig auf den COSO-Report als Referenzmodell, was die allgemeine Akzeptanz und die theoretische als auch praktische Anwendung - sowohl national als auch international - unterstreicht und belegt.

Zusammenfassend kann festgehalten werden, dass jede einzelne der fünf IKS-Komponenten (Kontrollumfeld, Risikomanagement, Kontrollaktivitäten, Information und Kommunikation, Überwachung) zum Erreichen der Ziele des COSO-Reports beiträgt. Die Komponenten stehen in einer Wechselbeziehung zueinander und betreffen sowohl die Gesamtorganisation, als auch einzelne Unternehmenseinheiten und Prozesse. Sie sind mit wenigen Änderungen auf alle Unternehmensarten und -größen anwendbar.

Die vorläufige Beurteilung des erhobenen geplanten IKS ist Bestandteil der Systemerfassung. Im Rahmen der Festlegung der als notwendig erachteten

---

-funktionsweisen zu bewerten und somit das Kontrollrisiko zu quantifizieren. Vgl. WP Handbuch 2006, Seite 2011, Tz. 272 (Beurteilung der Angemessenheit des internen Kontrollsystems). Vgl. E. Stibi / Prüfungsrisikomodell ... / S. 191 ff; Vgl. Vgl. R. Quick / Die Risiken ... / S. 375; Vgl. G. Brown / Objective Internal ... / S. 53.

Kontrollen, hierbei handelt es sich um die Ermittlung des idealtypischen IKS, und dem Abgleich mit dem geplanten IKS, können Systemstärken als auch Systemschwächen identifiziert werden. In einem weiteren Schritt kann die Zuverlässigkeit des internen Kontrollsystems beurteilt werden.[854]

Bei der Abstimmung bzw. dem Vergleich der Anforderungen an ein internes Kontrollsystem sowie dem Aufbau einer Systemprüfung zwischen dem Soll-Modell von WP Gesellschaften und dem idealtypischen Modell aus der Literatur sind keine wesentlichen Unterschiede identifiziert worden, die zu einer Über- bzw. Unterdeckung der gesetzlichen Vorgaben mit den entsprechenden Interpretationen der unterschiedlichen Interessensgruppen führen. Die gängige Literatur weisst noch mal explizit darauf hin, dass nicht alle Informationen von gleicher Bedeutung für die Jahresabschlussadressaten sind. Dies hat zur Folge, dass der Jahresabschlussprüfer bei der Prüfungsplanung bzw. bei der Festlegung der Prüfungsstrategie nicht alle Jahresabschlussinformationen, und somit auch das mit diesen Informationen im Zusammenhang stehende IKS, in der Prüfung berücksichtigen müssen.

Eine weitere Abweichung besteht in der Form, dass in der Praxis die Aufbau- und Funktionsprüfungen nicht in separaten Prüfungen durchgeführt, sondern die einzelnen Bereiche des IKS vor dem Hintergrund der Effizienzsteigerung gleichzeitig auf den Aufbau und die Funktionen hin geprüft werden. Gegenstand der Beschreibung der wesentlichen Prüfungsstandards IDW RS FAIT 1, IDW PS 261 und IDW PS 330 im Kapitel 3 war die Darstellung der seitens der Wirtschaftsprüfer durchzuführenden Prüfungs- bzw. Kontrollaktivitäten. Vergleicht man die IDW Prüfungsaktivitäten mit den in dem idealtypischen Modell dargestellten Prüfungsaktivitäten, lassen sich auch hier keine wesentlichen Unterschiede identifizieren. Unterschiede bestehen lediglich darin, dass in der Literatur einige ergänzende Prüfungsaktivitäten bzw. Prüfungstools beschrieben werden. Hierbei handelt es sich beispielsweise um Belegflussprüfungen am IT-System, die zwar ergänzend oder alternativ ausgeführt werden können, aber nicht zu wesentlich anderen Erkenntnissen oder einer höheren Prüfungssicherheit führen werden. Die Risikobeurteilung kann z.B. anhand einer Risikomatrix bzw. Risk Map erfolgen und wäre damit Basis für die Ent-

---

[854] Vgl. R. Quick / Die Risiken … / S. 367.

scheidung der Unternehmensleitung zum Umgang mit den Risiken unternehmerischer Betätigung und wie viele Risiken das Unternehmen verkraften kann.

Weitere Tools sind die verbalen und/oder visuellen "Entscheidungstabellen", die "Fragebogentechnik" und die "Ablaufdiagramme", die bei der Prüfung des IKS in der Praxis weit verbreitete Techniken darstellen. Somit kann zusammenfassend festgehalten werden, dass die regulatorischen Vorgaben und Vorgehensweisen keine wesentlichen Abweichungen zu der gängigen und aktuellen Literatur aufweisen und als Basis für die Entwicklung des im folgenden Kapitel 5 dargestellten Modells zur Prüfung des Ist-IKS anhand des idealtypischen IKS in Form einer Checkliste zur Prüfung der Ordnungsmäßigkeit herangezogen werden können.

Aufgrund dessen können bei der Systemprüfung und der damit verbundenen Ermittlung des Kontrollrisikos die Anforderungen und die vorgeschlagenen Prüfungshandlungen der allgemeinen regulatorischen Vorgaben sowie des IDW verwendet werden.Die Prüfungsziele bei der Ordnungsmäßigkeitsprüfung einer IT-gestützten Buchführung (hier am Beispiel der ERP® Standardsoftware SAP® R/3®) können demnach wie folgt festgehalten werden:

Prüfungsziel:[855]	**Anforderungen:**[856]
Verfahrensanweisung	• Verfahrensanweisung • Nachvollziehbarkeit • Aufbewahrungsfristen[857]

[855] Die detaillierte Darstellung der Inhalte der einzelnen Prüfungsziele basierend auf den regulatorischen Anforderungen kann der Tabelle "Prüfungsziele der Ordnungsmäßigkeitsprüfung" im Kapitel 3 entnommen werden.

[856] Die Zuordnung der regulatorischen Anforderungen kann der Tabelle "Prüfungsziele der Ordnungsmäßigkeitsprüfung" im Kapitel 3 entnommen werden.

[857] **Verfahrensanweisung:** Vgl. R. Schuppenhauer / Grundsätze / S. 59 ff; Vgl. S. Brinkmann / Finanzwesen mit SAP® R/3® / S. 79 ff; Vgl. R. Buchner / Rechnungslegung und ... / S. 114; Vgl. R.Quick / Das Risiko ... / S. 356; Vgl. WP Handbuch 2006 / S. 2004 ff; Vgl. KPMG / Sarbanes-Oxley / S. 10; Vgl. H. Westhausen / Das COSO-Modell .../ S. 99 **Nachvollziehbarkeit:** Vgl. WP Handbuch 2006 / S. 2018; Vgl. V. Peemöller / Über die Technik der ... / S. 229 ff; **Aufbewahrungsfristen:** Betrifft Verfahrensanweisungen und -dokumentationen sowie zum Verständnis der Buchführung erforderliche Unterlagen. Vgl. W. Eisele / Technik des ... / S. 539 ff; Buchungs- und andere betriebwirtschaftliche Belege unterliegen bestimmten handels- und steuerrechtlichen Nachweis- und Aufbewahrungsfristen und stellenweise auch bestimmten Aufbewahrungsformen. Für Urkunden und urkundenähnliche Dokumente gelten besondere Aspekte. Vgl. diesbezüglich auch J. Gulbins /Rechtliche Aspekte der Archivierung / S. 1 ff.; Vgl. M. Graumann / Wirtschaftliches Prüfungswesen / S. 627.

Prüfungsziel:[855]	**Anforderungen:**[856]
Richtig-, Vollständig- und Periodengerechtigkeit	• Nachvollziehbarkeit • Richtigkeit • Vollständigkeit • Periodengerechtigkeit[858]
Aufbewahrungsfristen	• Aufbewahrungsfristen [859]
Genehmigung und Änderungsprotokollierung	• Änderungsprotokollierung • Genehmigung • Nachvollziehbarkeit [860]
Integrität und Freigabeverfahren	• Integrität • Freigabeverfahren [861]

858 Aus der Literatur abgeleitete Anforderungen sind: **Richtigkeit und Vollständigkeit:** Beleg, Journal- und Kontenfunktion = GOB Konformität > hier insbesondere die Nachvollziehbarkeit der buchungspflichtigen Geschäftsvorfälle von der Entstehung bis zur Verarbeitung. Die Buchungen müssen einzeln und nach Konten sortiert durchgeführt werden. Dabei sind die Konten nach Kontensummen oder Salden fortzuschreiben und nach Abschlusspositionen lesbar darzustellen. Vgl. C. Menzies / Sarbanes-Oxley Act / S. 79 ff; Vgl. M. Wolz / Wesentlichkeit im ... / S. 89 ff; **Nachvollziehbarkeit:** Vgl. WP Handbuch 2006 / S. 2018; Vgl. V. Peemöller / Über die Technik der ... / S. 229 ff; **Periodengerechtigkeit:** Vgl. BMF-Schreiben 1995, Abschnitt 3.1; Vgl. C. Denk / Analyse des ... / S. 38.

859 Aus der Literatur abgeleitete Anforderungen sind: A**ufbewahrungsfristen:** J. Gulbins /Rechtliche Aspekte der Archivierung / S. 1 f; W. Eisele / Technik des ... / S. 539 ff.; Vgl. M. Graumann / Wirtschaftliches Prüfungswesen / S. 627.

860 Aus der Literatur abgeleitete Anforderungen sind: **Änderungsprotokollierung und Genehmigung:** Vgl. T. Nagel / Risikoorientierte Jahresabschlussprüfung / S. 39; Vgl. WP Handbuch 2006 / S. 2018 ff; Vgl. G. Wähner / Handbuch für ../ S. 105 ff; Vgl. C. Swart / Systemprüfung in ... / S. 73 ff; **Nachvollziehbarkeit:** Vgl. WP Handbuch 2006 / S. 2018;Vgl. V. Peemöller / Über die Technik der ... / S. 229 ff.

861 Aus der Literatur abgeleitete Anforderungen sind: **Integrität:** Band 16 der Schriftenreihe des Instituts für Revisionswesen der Westfälischen Wilhelms-Universität Münster. Hrsg. Ulrich Lefferson. Düsseldorf 1983, S. 215; vgl. A.Kemper, A.Eickler, Datenbanksysteme, S. 155; vgl. R. Schaarschmidt, Archivierung in Datenbanksystemen, S. 118; vgl. D. Abts, W. Mülder, Grundkurs Wirtschaftsinformatik, S. 157ff.; Vgl. BMF-Schreiben 1995, Abschnitt 6.2; Vgl. BBK / Verfahrensdokumentation / S. 1101 ff; Vgl. R. Schuppenhauer / Grundsätze / S. 176 ff; Vgl. SAP® AG® / Leitfaden Datenschutz / S. 16 ff; Vgl. SAP® AG® / Prüfleitfaden FI / S. 35 ff; Vgl. SAP® AG® / R/3® Sicherheitsleitfaden Band II / S. 28 **Freigabeverfahren:** Vgl. M Graumann / Wirtschaftliches Prüfungswesen / S. 256 ff; Vgl. AWV / GoBS vom 7.11.1995 / S. 17; Vgl. BBK / Verfahrensdokumentation / S. 1101 ff; Vgl. R. Schuppenhauer / Grundsätze / S. 176 ff; Vgl. SAP® AG® / Leitfaden Datenschutz / S. 16 ff; Vgl. SAP® AG® / Prüfleitfaden FI / S. 35 ff; Vgl. SAP® AG® / R/3® Sicherheitsleitfaden Band II / S. 28.

Prüfungsziel:[855]	Anforderungen:[856]
Übereinstimmung Nebenbuch- und Hauptbuch	• Übereinstimmung Nebenbuch und Hauptbuch • Nachvollziehbarkeit • Richtigkeit • Vollständigkeit [862]
Funktionentrennung und Berechtigungskonzept	• Funktionentrennung und Berechtigungskonzept [863]

Tabelle 14:Aus Literatur abgeleitete Anforderungen an die Prüfungsziele

Die Ergänzung dieser Prüfungsziele um die dazugehörigen Fragestellungen erfolgt in dem folgenden Kapitel "Ein Modell zur Prüfung des Ist-IKS anhand des idealtypischen IKS" dort im Abschnitt "Checkliste zur Prüfung der Ordnungsmäßigkeit".

---

862 Aus der Literatur abgeleitete Anforderungen sind: **Richtigkeit und Vollständigkeit:** Beleg, Journal- und Kontenfunktion = GOB Konformität > hier insbesondere die Nachvollziehbarkeit der buchungspflichtigen Geschäftsvorfälle von der Entstehung bis zur Verarbeitung. Die Buchungen müssen einzeln und nach Konten sortiert durchgeführt werden. Dabei sind die Konten nach Kontensummen oder Salden fortzuschreiben und nach Abschlusspositionen lesbar darzustellen. Vgl. C. Menzies / Sarbanes-Oxley Act / S. 79 ff; Vgl. M. Wolz / Wesentlichkeit im ... / S. 89 ff; **Nachvollziehbarkeit:** Vgl. WP Handbuch 2006 / S. 2018; Vgl. V. Peemöller / Über die Technik der ... / S. 229 ff.

863 Aus der Literatur abgeleitete Anforderungen sind: **Funktionentrennung und Berechtigungskonzept:** Vgl. W. Eisele / Technik des ... / S. 537 ff; WP Handbuch 2006 / S. 1998 ff; Vgl. M Graumann / Wirtschaftliches Prüfungswesen / S. 256 ff; Vgl. AWV / GoBS vom 7.11.1995 / S. 17; Vgl. BBK / Verfahrensdokumentation / S. 1101 ff; Vgl. R. Schuppenhauer / Grundsätze / S. 176 ff; Vgl. SAP® AG® / Leitfaden Datenschutz / S. 16 ff; Vgl. SAP® AG® / Prüfleitfaden FI / S. 35 ff; Vgl. SAP® AG® / R/3® Sicherheitsleitfaden Band II / S. 28.

5. Ein Modell zur Prüfung des Ist-IKS anhand des idealtypischen IKS

Im Folgenden wird ein Modell zur Prüfung des Ist-IKS anhand des idealtypischen IKS vorgestellt. Im Rahmen dieser Themenstellung wurde eine Checkliste zur Prüfung der Ordnungsmäßigkeit und ein Verfahren zu deren Bewertung und Analyse entwickelt. Nicht Gegenstand dieser Checkliste ist die Prüfung auf Prozess-Ebene (z.B. Einkaufs- oder Verkaufsprozess).

5.1 Der Einsatz von Checklisten in der Prüfung

"Detaillierte, formularmäßige Auflistungen von Prüfungspunkten und Prüfungshandlungen, die dem Prüfer als Leitfaden dienen", werden in der Literatur als Checklisten[864] bezeichnet. Weitere Tools sind verbale und/oder visuelle "Entscheidungstabellen“[865], die "Fragebogentechnik“[866] und "Ablaufdiagramme“[867], die bei der Prüfung des IKS[868] in der Praxis weit verbreitete Techniken darstellen. Daneben existieren noch weitere Techniken, auf die im Rahmen dieser Arbeit jedoch nicht weiter eingegangen wird.[869]

Dabei zielt der Einsatz von Checklisten auf die Vereinfachung komplexer Sachverhalte, die Standardisierung von Prüfungsdurchführungen und die Steigerung der Prüfungseffizienz.[870] Der Einsatz von Checklisten ist gängige Praxis, insbesondere im Rahmen von Systemprüfungen.[871] Grundsätzlich kann zwischen manuellen und IT-gestützten Checklisten unterschieden werden.

Manuelle Checklisten werden in der Praxis zum einen durch die verschiedenen Revisorengruppen (i.d.R. Wirtschaftsprüfungsgesellschaften oder Interne Revi-

864 Vgl. K.-P. Sauer / Fragebögen als ... / Sp. 851.
865 Vgl. R. Quick / Die Risiken ... / S. 362; Vgl. R. Büchi / Entscheidungstabellen / S. 9 ff; Vgl. W. Elben / Entscheidungstabellentechnik S. 10 – 12.
866 Vgl. H. Kircherer/ Grundsätze..... / S. 247; Vgl. R. Quick / Die Risiken ./ S. 363.
867 Vgl. D. Borchert / Transaction Flow ... / Sp. 1939 - 1950; Vgl. P. Burkel / Prüfung der ... / S. 61 und 233; Vgl. R. Quick / Die Risiken ... / S. 364 ff.
868 Detaillierte Informationen zum Thema "Fragebogentechnik", "Entscheidungstabellen" und "Ablaufdiagramme" können dem Kapitel "Systemaufnahme" entnommen werden.
869 Eine Auflistung weiterer Techniken bieten u.a. A. Alvin / Auditing: an ... / S. 302 - 305 und O. Whittington / Principles of ... / S. 240 – 248.
870 Vgl. K.-P. Sauer / Fragebögen als ... / Sp. 850.
871 Vgl. G. Zepf / Prüfsoftware / Sp. 1881 und A. Nutz / Integrierte Prüfsoftware / S. 48; vgl. beispielsweise den IDW Prüfungshinweis IDW PH 9.330.1 "Checkliste zur Abschlussprüfung bei Einsatz von Informationstechnologie".

sionen von Unternehmen) und zum anderen durch Interessenverbände bzw. Verbände erstellt (z.B. die Prüfungshinweise des IDW, wie beispielsweise den IDW Prüfungshinweis: Checkliste zur Abschlussprüfung bei Einsatz von Informationstechnologie > IDW PH 9.330.1) und ihren Mitgliedern und/oder Mitarbeitern zur Verfügung gestellt. Sinn des Einsatzes von Checklisten ist, standardisierte, einheitliche und vergleichbare (somit auch mess- und bewertbare) Prüfungshandlungen bzw. Prüfungsverfahren sowie Ergebnisse - soweit wie möglich - sicherzustellen.

Relativ vollständige und systematische IT-gestützte Checklisten zur Ausgestaltung und Prüfung interner Kontrollsysteme sind die Produkte "Pro Audit Advisor" und "COBIT Advisor 3rd Edition (Audit)" der Firma Methodware.[872] Dabei werden die Inhalte und Vorgehensweise der COSO-Methode durch "Pro Audit Advisor", die Inhalte und Vorgehensweise der COBIT-Methode durch "COBIT-Advisor 3rd Edition (Audit)" abgebildet.[873] Beide Produkte lokalisieren für die vom Anwender anhand kritischer Erfolgsfaktoren aus Revisions-, Controlling- oder Managementaspekten identifizierten, in das IKS einzubeziehenden Prozesse. Dabei werden potentielle Kontrollziele vorgegeben und in Form von in die Arbeitsabläufe zu integrierenden Kontrollen konkretisiert. So wird ein unternehmensspezifisches Soll-Modell des zu implementierenden Kontrollsystems erstellt. Diese Spezifikation kann ebenfalls für die Prüfungsplanung, Prüfungsdurchführung und Dokumentation der verschiedenen Kontrollaspekte, deren Erfüllung und eine sich daran anschließende (subjektive) Risikoeinstufung verwendet werden. Auf Basis der Gesamtheit der jeweils subjektiven Risikoeinschätzungen entwickeln die Tools eine Risikoreihenfolge. Mittels dieser Risikoreihenfolge können Prüfungsergebnisse abgeleitet und begründet aber zusätzlich auch Folgeprüfungen geplant und durchgeführt werden.[874]

Es existiert eine Vielzahl weiterer IT-gestützter Checklisten und Expertensysteme (Checklistenähnlich). Dabei wird seit Anfang der 80er Jahre der Einsatz von Expertensystemen als Teildisziplin der künstlichen Intelligenz, als Unter-

---

872 Vgl. im Internet: Methodware (o.V.): Standards, Methodologies ... / URL:http://www.methodware.com.
873 Vgl. COSO Kapitel "Der COSO Report", Vgl. ISAFC (2000 c) / Control Objectives . / S. 152.
874 Vgl. A. Nutz / Integrierte Prüfsoftware / S. 48.

stützung bei komplexen Problemstellungen im Rahmen der Jahresabschlussprüfung,[875] diskutiert.[876]

Ein Computerprogramm, das die Problemlösungsfähigkeit von Experten simuliert, wird von MERTENS und DRÄGER als "Expertensystem" definiert.[877] Dabei besteht das primäre Ziel und der Zweck des Einsatzes von Expertensystemen in der Abschlussprüfung in der Unterstützung / Automation des Beurteilungsprozesses und der Objektivierung der Urteilsbildung vor dem Hintergrund einer hohen Qualität[878] sowie eine effiziente Revisorenausbildung.[879] Durch formale Verknüpfung prozeduraler und deklarativer Wissensbestandteile verarbeitet das Expertensystem die Inhalte der Wissensbasis mittels allgemeiner Schlussfolgerungsverfahren (sog. Inferenzen).[880] Die Eignung der formalen Logik bei einer Vielzahl von Inferenzen, stellt bei komplexen Problemstellungen einen Engpassfaktor dar. Dies liegt an der Tatsache, dass nicht alle realen Sachverhalte in einer formalen Form der Wissensrepräsentation, hier also eindeutigen "Wenn-Dann-Regeln", dargestellt werden können.[881] Mit zunehmender Komplexität von Problemen nimmt die Bedeutung von Erfahrungswissen zu. Hier können die im Rahmen der Problemlösung ausgeführten mentalen Prozesse nicht eindeutig beobachtet oder sogar erfasst werden, da Entscheidungen häufig unbewusst getroffen werden.[882] Nach Meinung von KLEINHANS kann es in Fällen von Formalisierungen zu Defiziten in der Ergebnisqualität kommen.[883] Dies kann der Grund dafür sein, dass die hohen Erwartungen zum Ende der 80er Jahre an den Anwendungsumfang und die Leistungsfähigkeit[884] nicht erfüllt wurden[885] und momentan lediglich wenige Systeme eingesetzt

---

875 Vgl. F. Lehnert / Künstliche Intelligenz / S. 237.

876 Vgl. A. Borthick / Artificial Intelligence ... / S. 1 ff; vgl. J. Esser / EDV-gestützte Prüfungsplanung / S. 672 ff; vgl. J. Hansen, W. Messier / Expert Systems ... / 357 ff; vgl. M. Schumann, S. Wittmann, P. Mertens / Expertensysteme zur Unterstützung des Wirtschaftsprüfers? / S. 517 ff.

877 Vgl. P. Mertens, U. Dräger / Expertensysteme / SP. 725; vgl. A. Nutz / Integrierte Prüfsoftware / S. 31.

878 Vgl. A. Drexl, F. Salewski / Grundlagen für eine ... / S. 765 und 771.

879 Vgl. P. Mertens, U. Dräger / a.a.O., SP. 728.

880 Die gängigste Form sind "Wenn-Dann-Regeln".

881 Vgl. M. Reinfrank / Formeln und Modelle / S. 27.

882 Vgl. K. Ruhnke / Expertensysteme aus Prüfungswerkzeug / S. 129.

883 Vgl. A. Kleinhans / Wissensverarbeitung im Management / S. 113.

884 Vgl. R. Minz / a.a.O. / S.211 ff.

885 Vgl. T. Davenport, L. Prusak / a.a.O. / S. 186, vgl. J. Schulz, P. Mertens / Untersuchung wissensbasierter... / S. 56.

werden.[886] Weitere Gründe dafür, dass Expertensysteme in der Abschlussprüfung nicht in dem erwarteten Umfang eingesetzt werden, sind z.B.

- der große Entwicklungs- und Pflegeaufwand der Wissensbasis,[887]
- die Einschränkung auf gut strukturierte und formal beschreibbare, (Entscheidungsfindungs-) Prozesse und
- der Einsatz statisch ermittelter Lösungsfindung, basierend auf subjektiven und ggf. alten Expertenmeinungen.

Die Vorteile von Expertensystemen sind z.B. die Steigerung der Ausbildungseffizienz, indem sie unerfahrenen Prüfern einen strukturierten Einstieg in neue Aufgabengebiete ermöglichen.[888]

Parallel zur Problematik bei Expertensystemen liegt die Einschränkung (IT-gestützter) Checklisten in einer unterschiedlich stark ausgeprägten Kombination aus Komplexität, fehlender Systematik und Unvollständigkeit. Dagegen stehen bei den Fragebögen die erleichterte Prüfungstätigkeit und Realisierung von Standardisierungs- und Effizienzsteigerungseffekten von Prüfungshandlungen. Grundsätzlich besteht bei Fragebögen das Risiko, dass Bewertungen und Urteile auf der Basis von durch Suggestivfragen beeinflussten Auskünften vorgenommen werden.[889] Um zu verhindern, dass eine scheinvollständige Aussage auf der Basis schematisch abgearbeiteter, das mandatsindividuelle Prüfungsrisiko nicht adäquat adressierender Fragen erfolgt, sind die in Checklisten bereitgestellten Leitfäden individuell zu spezifizieren.[890] Dagegen bestehen Zweifel daran, dass komplexe Prüfungshandlungen in standardisierten Formularen dargestellt und zusammengefasst werden können,[891] was empirische Untersuchungen anscheinend bestätigen können.

---

886 Für einen kompakten Überblick bezüglich der bekanntesten Systeme "PARIS" und "REVEREX" vgl. P. Mertens, U. Dräger / a.a.O. / Sp. 729, vgl. R. Langel / Konzeption eines ... / S. 10 ff, K. Füser / a.a.O. / S. 65 ff.

887 Der Entwicklungs- und Pflegeaufwand der Wisssensbasis konnte nicht nachhaltig reduziert werden.

888 Vgl. A. Nutz / Integrierte Prüfsoftware / S. 32 und 33.

889 Vgl. R. Schuppenhauer / a.a.O. / Abschnitt B. Tz. 161, Vgl. A. Nutz / Integrierte Prüfsoftware / S. 49.

890 Vgl. A. Nutz, B. Hamberger / a.a.O. / Sp. 1714; Vgl. F. Lehnert / Künstliche Intelligenz / S. 237; Vgl. A. Borthick / Artificial Intelligence ... / S. 1 ff; vgl. J. Esser / EDV-gestützte Prüfungsplanung / S. 672 ff; vgl. J. Hansen, W. Messier / Expert Systems ... / 357 ff; vgl. M. Schumann, S. Wittmann, P. Mertens / Expertensysteme zur Unterstützung des Wirtschaftsprüfers? / S. 517 ff.

891 Vgl. K. Sauer, S. Bohnert / a.a.O. / Sp. 854.

Bei der Auswertung der Studie von PINCUS kann festgehalten werden, dass die Einschätzung der Wahrscheinlichkeit von wesentlichen Falschaussagen im Jahresabschluss, die auf Verstößen basieren, durch Prüfer, die mandatsindividuelle Faktoren anstatt von Checklisten zur Risikoeinschätzung benutzten, besser war als die der Prüfer, die eine größere Anzahl von in Checklisten enthaltenen (Standard-)Faktoren zur Prüfung verwendeten.[892]

5.2 Checkliste zur Prüfung der Ordnungsmäßigkeit

Eine Anforderung an ein elektronisches Datenverarbeitungssystem zur Durchführung von Jahresabschlüssen ist die Konsistenz mit den Grundsätzen ordnungsgemäßer Buchführung. Diese wurde der hier untersuchten Standardsoftware SAP® R/3® im Rahmen einer Ordnungsmäßigkeitsprüfung durch die ehemalige Wirtschaftsprüfungsgesellschaft Arthur Anderson zertifiziert (vgl. hierzu auch Kapitel "Softwarezertifikat von SAP® R/3® - Aussagen zur Ordnungsmäßigkeit von Dritten).

Aufgrund dessen wird im Rahmen dieser Checkliste nicht auf die Auslieferungsversion als solche, sondern auf die Installation (Einbettung in das IT-Umfeld des Unternehmens) vor Ort, die Schnittstellen des Basis- bzw. Kernsystems zu den Unternehmenseinheiten bzw. -besonderheiten (Customizing), die Datenkonsistenz und die ordnungsgemäße Anwendung vor Ort eingegangen (vor- und nachgelagerte Aufbau- und Ablauforganisation). Vor diesem Hintergrund und der Berücksichtigung der in den vorangegangenen Kapiteln beschriebenen Prüfung des IKS und dem sich hieraus ableitenden Kontrollrisiko auf der Anwendungsebene wurde die folgende Checkliste entwickelt.

Diese Checkliste sollte einheitlich für alle identifizierten Prüffelder angewendet werden und beinhaltet die wesentlichen übergreifenden (modulunabhängigen) Prüfungsaktivitäten bzw. Fragestellungen,[893] die zur Aufnahme des IKS und somit zur Beurteilung des Kontrollrisikos verwendet werden können. Weiterhin ermöglicht diese Checkliste, nach Durchführung der Kontrolltests, die

---

892 Vgl. K. Pincus / The Efficacy of a ... / S.161.

893 Prüfungsaktivitäten und Prüfungsfragen sind im Rahmen dieser Arbeit als analog zu sehen. Diesbezüglich wird hier im Folgenden einheitlich von "Prüfungsaktivität" gesprochen.

Identifikation von weiteren potentiellen Risikofeldern, die durch den Abschlussprüfer bei der Erstellung seiner weiteren, aktualisierten Prüfungsplanung und Prüfungsdurchführung (Festlegung von Art und Umfang der aussagebezogenen Prüfungshandlungen, um das notwendige Maß an Prüfungssicherheit zu erlangen) auf der Geschäftsprozessebene (z.B. Einkaufs- und/oder Verkaufsprozess) berücksichtig werden sollten.

Das im Rahmen dieser Arbeit entwickelte Modell stellt eine Entscheidungshilfe für Prüfer dar, um das Prüfungsvorgehen zu strukturieren und nachvollziehbar zu machen. Das heißt, es ist die Vorgabe von Vorgehensweisen, anhand derer die Prüfer ihr "Professional Judgement" transparent und nachvollziehbar machen. Wenn er unter Berücksichtigung des Ergebnisses ein anderes Prüfungsvorgehen wählt, muss er dieses entsprechend begründen und nachvollziehbar dokumentieren.

Die zur Prüfungsdurchführung empfohlenen Reports, Anwendungskontrollen und Prüfungsaktivitäten sollen sinnvoll in das im Rahmen dieser Arbeit entwickelte Verfahren eingebettete Vorschläge darstellen. Dabei soll dieses Modell gesetzliche Vorgaben und Rahmenbedingungen beachten und den risikoorientierten Prüfungsansatz[894] berücksichtigen.

Das hier beschriebene Modell soll nicht der Optimalzustand sein, sondern lediglich eine Entscheidungshilfe bzw. Unterstützung darstellen. Es erhebt keinen Anspruch auf Vollständigkeit, sondern muss bei jeder Prüfung auf die individuellen Belange und Verhältnisse des zu prüfenden Unternehmens angepasst werden (z.B. nach Organisationsform, Industrieausrichtung usw.).

In diesem Zusammenhang soll jedoch nochmals drauf hingewiesen werden, dass die allgemeinen Computerkontrollen (sog. ITGC, die bei der IT-Systemprüfung im Wesentlichen die Bereiche "Rechnungslegungsrelevante IT-Infrastruktur" und "Rechnungslegungsrelevante IT-Anwendung" tangieren) und die seitens Arthur Andersen bereits zertifizierten Bereiche der Standardsoftware SAP® R/3® nicht mehr in der oben aufgeführten Checkliste bzw. den oben

[894] Vgl. G. Wähner / Handbuch für ... / S. 93 ff.

aufgeführten Prüfungszielen berücksichtigt worden sind (hierzu gehört u.a. die Beleg-, Journal- und Kontenfunktion[895]).

Wir befinden uns im Rahmen dieser Arbeit bei der IT-Systemprüfung im Bereich der "Rechnungslegungsrelevanten IT-gestützten Geschäftsprozesse".

Des Weiteren wird unterstellt, dass sowohl die eingegebenen und verarbeiteten Daten, die Schnittstellen sowie die SAP® R/3® eigenen Reports, Transaktionen und Tabellen vertrauenswürdig sind. Vgl. hierzu das entsprechende Testat von Arthur Andersen im Kapitel "Softwarezertifikat von SAP® R/3® - Aussagen zur Ordnungsmäßigkeit von Dritten".[896]

Die Sicherheitsanforderungen[897], die notwendige Voraussetzung für die Verlässlichkeit der in der Buchführung, dem Jahresabschluss und in dem Lagebericht beinhalteten Daten sind, sind zu gewährleisten und werden als gegeben unterstellt. Somit sind sie nicht Gegenstand der Prüfungsziele.[898]

---

895 Bezüglich der Erfüllung der Beleg-, Journal- und Kontenfunktion seitens des SAP® R/3® Systems vgl. auch die Ausführungen zur Beleg-, Journal- und Kontenfunktion im Kapitel "Prüfungsnormen basierend auf den GoBS".

896 In diesem Zusammenhang soll jedoch nochmals drauf hingewiesen werden, dass die allgemeinen Computerkontrollen (sog. ITGC) und die seitens Arthur Andersen bereits zertifizierten Bereiche der Standardsoftware SAP® R/3® nicht mehr in diesen nachfolgenden Checklisten bzw. den oben aufgeführten Prüfungszielen berücksichtigt worden sind. Ebenfalls wird die Erfüllung der Beleg-, Journal- und Kontenfunktion vorausgesetzt. Vgl. diesbezüglich auch die Ausführungen zur "Beleg-, Journal- und Kontenfunktion". Des Weiteren wird unterstellt, dass sowohl die eingegebenen und verarbeiteten Daten, die Schnittstellen sowie die SAP® R/3® eigenen Reports, Transaktionen und Tabellen vertrauenswürdig sind. Vgl. hierzu das entsprechende Testat von Arthur Andersen im Kapitel "Softwarezertifikat von SAP® R/3® - Aussagen zur Ordnungsmäßigkeit von Dritten".

897 Folgende Sicherheitsanforderungen müssen erfüllt sein, damit IT-Systeme die Voraussetzung für eine ordnungsmäßige Buchführung erfüllen: Datensicherheit, Datenschutz (vgl. in diesem Zusammenhang auch den IDW Prüfungsstandard: Ziele und allgemeine Grundsätze der Durchführung von Abschlussprüfungen (IDW PS 200), Tz. 8), Vertraulichkeit (Durch entsprechende Maßnahmen im Bereich der Vertraulichkeit soll die Einhaltung von Datenschutzgesetzen - z.B. Bundesdatenschutzgesetz und Telekommunikations-Datenschutzverordnung - sichergestellt werden. Dabei ist insbesondere die Einhaltung des Bundesdatenschutzgesetzes im Rahmen des Sicherheitskonzeptes zu beschreiben und zu gewährleisten sowie durch den Sicherheitsbeauftragten zu überwachen. Vgl. hierzu auch M. Wolz / Zertifizierung und ... / S. 75), Integrität, Verfügbarkeit (z.B. Back-up-Verfahren zur Notfallvorsorge), Autorisierung, Authentizität und Verbindlichkeit (vgl. IDW RS FAIT 1 / S.5-7).

898 Vgl. in diesem Zusammenhang auch den IDW Prüfungsstandard: Ziele und allgemeine Grundsätze der Durchführung von Abschlussprüfungen (IDW PS 200), TZ 8). Um die sich aus diesem Sachverhalt ergebenden Sicherheitsanforderungen zu gewährleisten, muss vom Buchführungspflichtigen ein Sicherheitskonzept generiert, installiert und bei Bedarf aktualisiert werden. Bestandteil des Sicherheitskonzeptes ist die Aufnahme und Bewertung aller im System und der mit dem Einsatz des Systems im Zusammenhang stehenden Sicherheitsrisiken. Für die identifizierten und bewerteten Risiken müssen entsprechende technologische und

Zugrundegelegt wurden hierbei die im Kapitel 3 und 4 abgeleiteten Prüfungsziele, die um die genannten offenen Fragestellungen ergänzt wurden.[899]

- **Verfahrensanweisung:**[900] Existieren schriftlich fixierte Verfahrensanweisungen bzw. -dokumentationen bezogen auf die Anlage und Pflege der Stammdaten und steuerungs- sowie rechnungslegungsrelevanten Einstellungen, der durchzuführenden Kontrollen und Prüfungshandlungen sowie den damit zusammenhängenden Korrekturmaßnahmen bei Differenzen und den Verantwortlichkeiten? Werden diese Verfahrensanweisungen bzw. -dokumentationen entsprechend der gesetzlichen Anforderungen aufbewahrt?
- **Richtig-, Vollständig- und Periodengerechtigkeit:**[901] Durch welches Verfahren wird seitens des Unternehmens sichergestellt, dass die Stammdaten und steuerungs- sowie rechnungslegungsrelevanten Einstellungen zu richtigen, periodengerechten und vollständigen Buchungen führen?

---

organisatorische Maßnahmen entwickelt werden, um die ordnungsmäßige und sichere Abwicklung der IT-gestützten Geschäftsprozesse sicherzustellen.

899 Zur Nachvollziehbarkeit der Ableitung der Prüfungsziele erfolgt die Verlinkung mit der analysierten und ausgewerteten betriebswirtschaftlichen und Prüfungsliteratur sowie den regulatorischen Vorgaben und den relevanten berufsständischen Prüfungsstandards.

900 Regulatorische und aus der Literatur abgeleitete Anforderungen sind: **Verfahrensanweisung:** § 238 Abs.1 HGB, RS FAIT 1, Tz. 18 und 53 ff, IDW PS 261, Tz. 54 und 91, R. Schuppenhauer / Grundsätze / S. 59 ff; Vgl. S. Brinkmann / Finanzwesen mit SAP® R/3® / S. 79 ff; Vgl. R. Buchner / Rechnungslegung und ... / S. 114; Vgl. R.Quick / Das Risiko ... / S. 356; Vgl. WP Handbuch 2006 / S. 2004 ff; Vgl. KPMG / Sarbanes-Oxley / S. 10; Vgl. H. Westhausen / Das COSO-Modell .../ S. 99. **Nachvollziehbarkeit:** Vgl. WP Handbuch 2006 / S. 2018; § 238 Abs.1 HGB, RS FAIT 1, Tz. 51, 53 ff und 61 ff; Vgl. V. Peemöller / Über die Technik der ... / S. 229 ff. **Aufbewahrungsfristen:** § 257 Abs. 1 Nr.1 HGB i.V.m. § 147 AO, RS FAIT 1, Tz. 18 und 26; Betrifft Verfahrensanweisungen und -dokumentationen sowie zum Verständnis der Buchführung erforderliche Unterlagen. Vgl. W. Eisele / Technik des ... / S. 539 ff; Buchungs- und andere betriebwirtschaftliche Belege unterliegen bestimmten handels- und steuerrechtlichen Nachweis- und Aufbewahrungsfristen und stellenweise auch bestimmten Aufbewahrungsformen. Für Urkunden und urkundenähnliche Dokumente gelten besondere Aspekte. Vgl. diesbezüglich auch J. Gulbins /Rechtliche Aspekte der Archivierung / S. 1 ff.

901 Regulatorische und aus der Literatur abgeleitete Anforderungen sind: **Nachvollziehbarkeit:** Vgl. WP Handbuch 2006 / S. 2018; § 238 Abs.1 HGB, RS FAIT 1, Tz. 51, 53 ff und 61 ff; Vgl. V. Peemöller / Über die Technik der ... / S. 229 ff.; **Richtigkeit und Vollständigkeit:** §§ 238 und 239 Abs.2 HGB; RS FAIT 1, Tz. 23, 25, 27, 30 und 95; IDW PS 261, Tz. 22, 52 und 54; IDW PS 330, Tz. 17 und 83; Beleg, Journal- und Kontenfunktion = GOB Konformität > hier insbesondere die Nachvollziehbarkeit der buchungspflichtigen Geschäftsvorfälle von der Entstehung bis zur Verarbeitung. Die Buchungen müssen einzeln und nach Konten sortiert durchgeführt werden. Dabei sind die Konten nach Kontensummen oder Salden fortzuschreiben und nach Abschlusspositionen lesbar darzustellen. Vgl. IDW PS 261 Tz. 32; Vgl. C. Menzies / Sarbanes-Oxley Act / S. 79 ff; Vgl. M. Wolz / Wesentlichkeit im ... / S. 89 ff, Vgl. IDW PS 261, Tz. 49 ff **Periodengerechtigkeit:** § 239 Abs.2 HGB; RS FAIT 1, Tz. 23, 28 und 41; IDW PS 261, Tz. 22 und 53; Vgl. BMF-Schreiben 1995, Abschnitt 3.1; Vgl. C. Denk / Analyse des ... / S. 38.

- **Aufbewahrungsfristen:**[902] Werden die Änderungsprotokolle der Stammdaten und die Änderungsprotokolle der rechnungslegungs- und steuerungsrelevanten Einstellungen entsprechend der gesetzlichen Vorgaben und Aufbewahrungspflichten bzw. -fristen archiviert?
- **Genehmigung und Änderungsprotokollierung:**[903] Durch welches Verfahren wird seitens des Unternehmens sichergestellt, dass Änderungen an den Stammdaten und den steuerungs- sowie rechnungslegungsrelevanten Einstellungen genehmigt, vollständig und richtig erfasst und verarbeitet werden und nachvollziehbar sind?
- **Integrität und Freigabeverfahren:**[904] Durch welches Verfahren wird seitens des Unternehmens sichergestellt, dass alle Änderungen an den Stammdaten und den steuerungs- sowie rechnungslegungsrelevanten Einstellungen getestet und durch die Fachabteilung freigegeben werden?
- **Übereinstimmung Neben- und Hauptbuch:**[905] Durch welches Verfahren wird seitens des Unternehmens sichergestellt, dass die Bewe-

902 Regulatorische und aus der Literatur abgeleitete Anforderungen sind: **Aufbewahrungsfristen:** § 257 Abs. 1 Nr.1 HGB i.V.m. § 147 AO; IDW RS FAIT 1, Tz. 18, 26 und 64; IDW PS 330, Tz. 19, 60 und 61; Vgl. J. Gulbins /Rechtliche Aspekte der Archivierung / S. 1 f; W. Eisele / Technik des ... / S. 539 ff.

903 Regulatorische und aus der Literatur abgeleitete Anforderungen sind: **Änderungsprotokollierung:** RS FAIT 1, Tz. 32; IDW PS 330, Tz. 57, 76, 79 und 80; **Genehmigung:** RS FAIT 1, Tz. 96 und 104; IDW PS 330, Tz. 50; Vgl. auch T. Nagel / Risikoorientierte Jahresabschlussprüfung / S. 39; Vgl. FAMA 1/1987 / Abschnitt B, II; Vgl. WP Handbuch 2006 / S. 2018 ff; Vgl. G. Wähner / Handbuch für ../ S. 105 ff; Vgl. C. Swart / Systemprüfung in ... / S. 73 ff; **Nachvollziehbarkeit:** Vgl. WP Handbuch 2006 / S. 2018; § 238 Abs. 1 Satz 2 HGB; IDS RS FAIT 1, Tz. 18, 25, 31, 51 und 53 ff; IDW PS 330, Tz. 77; Vgl. V. Peemöller / Über die Technik der ... / S. 229 ff.

904 Regulatorische und aus der Literatur abgeleitete Anforderungen sind: **Integrität:** RS FAIT 1, Tz. 23 und 35; IDW PS 330, Tz. 79 und 82; Band 16 der Schriftenreihe des Instituts für Revisionswesen der Westfälischen Wilhelms-Universität Münster. Hrsg. Ulrich Lefferson. Düsseldorf 1983, S. 215; vgl. A.Kemper, A.Eickler, Datenbanksysteme, S. 155; vgl. R. Schaarschmidt, Archivierung in Datenbanksystemen, S. 118; vgl. D. Abts, W. Mülder, Grundkurs Wirtschaftsinformatik, S. 157ff.; Vgl. BMF-Schreiben 1995, Abschnitt 6.2; Vgl. AWV / GoBS vom 7.11.1995 / S. 17; Vgl. BBK / Verfahrensdokumentation / S. 1101 ff; Vgl. R. Schuppenhauer / Grundsätze / S. 176 ff; Vgl. SAP® AG® / Leitfaden Datenschutz / S. 16 ff; Vgl. SAP® AG® / Prüfleitfaden FI / S. 35 ff; Vgl. SAP® AG® / R/3® Sicherheitsleitfaden Band II / S. 28 **Freigabeverfahren:** RS FAIT 1, Tz 96, 101, 102 und 103; IDW PS 330, Tz. 22, 39, 77, 78 und 81; Vgl. M Graumann / Wirtschaftliches Prüfungswesen / S. 256 ff; Vgl. AWV / GoBS vom 7.11.1995 / S. 17; Vgl. BBK / Verfahrensdokumentation / S. 1101 ff; Vgl. R. Schuppenhauer / Grundsätze / S. 176 ff; Vgl. SAP® AG® / Leitfaden Datenschutz / S. 16 ff; Vgl. SAP® AG® / Prüfleitfaden FI / S. 35 ff; Vgl. SAP® AG® / R/3® Sicherheitsleitfaden Band II / S. 28.

905 Regulatorische und aus der Literatur abgeleitete Anforderungen sind: **Nachvollziehbarkeit:** Vgl. WP Handbuch 2006 / S. 2018; § 238 Abs.1 HGB, RS FAIT 1, Tz. 51, 53 ff und 61 ff; Vgl. V. Peemöller / Über die Technik der ... / S. 229 ff.; **Richtigkeit und Vollständigkeit:** §§ 238 und 239, Abs. 2 HGB; Beleg, Journal- und Kontenfunktion = GOB Konformität > hier insbesondere die Nachvollziehbarkeit der buchungspflichtigen Geschäftsvorfälle von der Entstehung bis zur Verarbeitung. Die Buchungen müssen einzeln und nach Konten sortiert durchgeführt werden. Dabei sind die Konten nach Kontensummen oder Salden fortzuschreiben und nach

gungsdaten vollständig und richtig auf den Nebenbuchkonten erfasst und von dort aus auf die richtigen Hauptbuchkonten weitergeleitet werden?

- **Funktionentrennung und/bzw. Berechtigungskonzept:**[906] Auf welche Art und Weise wird durch das Unternehmen sichergestellt, dass lediglich berechtigte Benutzer Zugang zu den Stammdaten und steuerungs- sowie rechnungslegungsrelevanten Einstellungen haben und ihr Verantwortungsbereich ihren Aufgaben entsprechend abgegrenzt ist? Existiert diesbezüglich ein verbindliches Berechtigungskonzept und ist dieses im System umgesetzt?

In der folgenden Checkliste werden zu den oben entwickelten Prüfungszielen mögliche Prüfungshandlungen grob in Form von systemtechnischen Prüfungshandlungen - IT-gestützt wie beispielsweise die Ausführung von Reports - und/oder Einzelfallprüfungen zugeordnet. Dabei müssen die einzelnen Komponenten des Buchführungssystems, wie beispielsweise das Hauptbuch, nach Wesentlichkeitsgesichtspunkten in Prüffelder unterteilt werden.

Die detaillierte und eindeutige Zuordnung und Benennung von Prüfungsaktivitäten (z.B. die Benennung der einzusetzenden Reports und Abstimmlisten) ist prüffeldspezifisch und muss dort individuell erfolgen und angepasst werden.

Im Rahmen dieser Arbeit, in der zur Veranschaulichung der praktischen Anwendung der Checkliste exemplarisch der Bereich der Sachkonten Stammdaten dargestellt wird, ist dieser Bereich mit der Überschrift "Kritische Untersuchung Sachkonten" gekennzeichnet worden.

Bezüglich genereller und detaillierterer Informationen zu verschiedenen Arten von Prüfungshandlungen (Prüfungsinstrumente und -methoden), verweise ich

---

Abschlusspositionen lesbar darzustellen; WP Handbuch 2006 / S. 2017; W. Meyer / Die GoB für.../ S. 22 ff; RS FAIT 1, Tz. 23, 25, 27, 30, 42, 49 und 51; IDW PS 261, Tz. 22 und 57; IDW PS 330, Tz. 17, 22, 81, 82 und 83; Vgl. IDW PS 261 Tz. 32; Vgl. C. Menzies / Sarbanes-Oxley Act / S. 79 ff; Vgl. M. Wolz / Wesentlichkeit im ... / S. 89 ff.

906 Regulatorische und aus der Literatur abgeleitete Anforderungen sind: **Funktionentrennung und Berechtigungskonzept:** IDW FAIT 1, Tz. 8, 23, 78, 81, 82, 84, und 106; IDW PS 330, Tz. 22, 57 und 58; W. Eisele / Technik des ... / S. 537 ff; WP Handbuch 2006 / S. 1998 ff; Vgl. M Graumann / Wirtschaftliches Prüfungswesen / S. 256 ff; Vgl. AWV / GoBS vom 7.11.1995 / S. 17; Vgl. BBK / Verfahrensdokumentation / S. 1101 ff; Vgl. R. Schuppenhauer / Grundsätze / S. 176 ff; Vgl. SAP® AG® / Leitfaden Datenschutz / S. 16 ff; Vgl. SAP® AG® / Prüfleitfaden FI / S. 35 ff; Vgl. SAP® AG® / R/3® Sicherheitsleitfaden Band II / S. 28.

an dieser Stelle auf die Ausführungen in den vorangegangenen Kapiteln "Systemaufnahme", "Prüfungshandlungen und Prüfungsnachweise" sowie "Systembeurteilung".

Prüfungsziel:	**Prüfungsaktivität / Kontrolltest:**
Verfahrensanweisung: Existieren schriftlich fixierte Verfahrensanweisungen bzw. –dokumentationen bezogen auf die Anlage und Pflege der Stammdaten und steuerungs- sowie rechnungslegungsrelevanten Einstellungen, der durchzuführenden Kontrollen und Prüfungshandlungen sowie die damit zusammenhängenden Korrekturmaßnahmen bei Differenzen und den Verantwortlichkeiten? Werden diese Verfahrensanweisungen bzw. -dokumentationen entsprechend der gesetzlichen Anforderungen aufbewahrt?	Einzelfallprüfungen (Prüfung, ob die Verfahrensanweisung bzw. -dokumentationen wie beschrieben umgesetzt wurde, z.B. durch Beobachtung, Interview, Nachvollziehen, Zeigenlassen usw.)
Richtig-, Vollständig- und Periodengerechtigkeit: Durch welches Verfahren wird seitens des Unternehmens sichergestellt, dass die Stammdaten und steuerungs- sowie rechnungslegungsrelevanten Einstellungen zu richtigen, periodengerechten und vollständigen Buchungen führen?	Systemtechnische Prüfungshandlungen zum Beispiel in Form der Ausführung und Auswertung von prüffeldspezifischen SAP® R/3® Reports i.V.m. Einzelfallprüfungen in Form der Auswertung von SAP® R/3® Tabellen oder SAP® R/3® Saldenlisten.

Prüfungsziel:	Prüfungsaktivität / Kontrolltest:
Aufbewahrungsfristen: Werden die Stammdatenänderungsprotokolle und die Änderungsprotokolle der rechnungslegungs- und steuerungsrelevanten Einstellungen entsprechend der gesetzlichen Vorgaben und Aufbewahrungspflichten bzw. -fristen archiviert?	Einzelfallprüfungen (Prüfung, ob die relevanten Unterlagen und Dokumentationen entsprechend den gesetzlichen Aufbewahrungsfristen archiviert wurden, z.B. durch Beobachtung, Nachprüfung oder Inaugenscheinnahme)
Genehmigung und Änderungsprotokollierung: Durch welches Verfahren wird seitens des Unternehmens sichergestellt, dass Änderungen an den Stammdaten und den steuerungs- sowie rechnungslegungsrelevanten Einstellungen genehmigt, vollständig und richtig erfasst und verarbeitet werden und nachvollziehbar sind?	Systemtechnische Prüfungshandlungen zum Beispiel in Form der Ausführung und Auswertung von SAP® R/3® Änderungsreports/ Änderungsprotokollierungen i.V.m. Einzelfallprüfungen in Form der Auswertung von SAP® R/3® Tabellen oder SAP® R/3® Änderungshistorien sowie dem dazugehörigen Genehmigungsverfahren.
Integrität und Freigabeverfahren: Durch welches Verfahren wird seitens des Unternehmens sichergestellt, dass alle Änderungen an den Stammdaten und den steuerungs- sowie rechnungslegungsrelevanten Einstellungen getestet und durch die Fachabteilung freigegeben werden?	Systemtechnische Prüfungshandlungen zum Beispiel in Form der Ausführung und Auswertung von SAP® R/3® Änderungsreports/ Änderungsprotokollierungen i.V.m. Einzelfallprüfungen in Form der Bewertung des Test- und Freigabeverfahrens durch die betroffene Fachabteilung.

Prüfungsziel:	Prüfungsaktivität / Kontrolltest:
Übereinstimmung Nebenbuch- und Hauptbuch: Durch welches Verfahren wird seitens des Unternehmens sichergestellt, dass die Bewegungsdaten vollständig und richtig auf den richtigen Nebenbuchkonten erfasst von dort aus auf die richtigen Hauptbuchkonten weitergeleitet werden?	Systemtechnische Prüfungshandlungen zum Beispiel in Form der Ausführung und Auswertung von SAP® R/3® Konten-Saldenlisten und SAP® R/3® Abstimmreports zwischen Hauptbuch und Nebenbüchern i.V.m. Einzelfallprüfungen z.B. in Form von Saldenbestätigungsaktionen einzelner Debitoren oder Kreditoren.
Funktionentrennung und Berechtigungskonzept: Wie wird durch das Unternehmen sichergestellt, dass lediglich berechtigte Benutzer Zugang zu den Stammdaten und steuerungs- sowie rechnungslegungsrelevanten Einstellungen haben und ihr Verantwortungsbereich ihren Aufgaben entsprechend abgegrenzt ist? Existiert diesbezüglich ein verbindliches Berechtigungskonzept und ist dieses im System umgesetzt?	Systemtechnische Prüfungshandlungen zum Beispiel in Form der Ausführung und Auswertung von SAP® R/3® Berechtigungsabfragen in Verbindung mit Einzelfallprüfungen zum Beispiel in Form der Durchsicht, Analyse und Prüfung des Berechtigungskonzeptes..

Tabelle 15:Checkliste zur Prüfung der Ordnungsmäßigkeit

5.3 Bewertung der Checkliste

Um die im vorherigen Unterabschnitt genannten Prüfungsziele der Checkliste zu bearbeiten, können u. a. seitens des Herstellers standardmäßig ausgelieferte Reports und Transaktionen ausgeführt sowie Tabellen analysiert bzw. ausgewertet werden. In diesem Zusammenhang existieren im Wesentlichen drei Modellelemente. Hierbei handelt es sich um die Materiality, das inhärente

Risiko[907] und das Kontrollrisiko.[908] Da sich diese Arbeit der Prüfung der Ordnungsmäßigkeit des SAP® R/3® Systems widmet, sind die Modellelemente Materiality[909] und inhärentes Risiko[910] nicht Gegenstand dieses Modells. Soweit sich im Rahmen der Untersuchung Sachverhalte bzw. Erkenntnisse ergeben, die Rückschlüsse bzw. Zusammenhänge auf die Materiality bzw. das inhärente Risiko erkennen lassen, werde ich an den entsprechenden Stellen darauf hinweisen.

Um die Ergebnisse der Prüfungsaktivitäten betreffend ihrer Auswirkung, also dem Kontrollrisiko, bewerten bzw. einstufen zu können, kann je Prüffeld (Px) und Prüfziel die "Bewertungs- bzw. Einstufungstabelle" verwendet werden. Innerhalb dieser Tabelle können die Risikoeinstufungen entsprechend gewichtet werden. Das Risiko auf Prüffeldebene wird zur Generierung der Prüfungs-

---

907 Das inhärente Risiko beschreibt die Anfälligkeit eines Prüffeldes für wesentliche Fehler, unter der Annahme, dass keine internen Kontrollen existieren, die vertrauenswürdig sind.

908 Das Kontrollrisiko ist als das Risiko definiert, dass in einem Prüffeld vorkommende wesentliche Fehler durch die internen Kontrollen nicht verhindert oder aufgedeckt werden. Es stellt das Komplement bezogen auf den Wirkungsgrad der internen Kontrollen dar. Die Bewertung des Kontrollrisikos basiert auf dem Studium und der Bewertung der internen Kontrollen durch den Prüfer. Dabei sollte die Wirksamkeit der internen Kontrollen getrennt für jedes Prüffeld festgelegt werden. Eine Gesamtbewertung für das gesamte Unternehmen ist nicht immer sinnvoll, da der Grad der Kontrolle zwischen den Prüffeldern variieren kann. Des Weiteren ist zu beachten, dass Stärken in einem Prüffeld nicht die Schwächen in einem anderen Prüffeld ausgleichen. Wirksame interne Kontrollen reduzieren das Kontrollrisiko und unwirksame interne Kontrollen erhöhen das Kontrollrisiko. In diesem Zusammenhang stellen beispielsweise unangemessene Dokumentationen oder unangemessene Zugriffsbeschränkungen eine Kontrollschwäche dar. Das Kontrollrisiko besteht unabhängig vom Prüfungsprozess. Es liegt in der Verantwortung des Unternehmens, das Kontrollrisiko zu überwachen. Der Prüfer kann es zwar schätzen aber nicht seine Höhe beeinflussen. Vgl. auch I. Gleim / Auditing / S. 224 ff.

909 Das HGB enthält keine Bestimmungen über die Durchführung der Prüfung, also auch keine Vorschrift, welche die Beachtung des Grundsatzes der Materiality fordert. Es gilt jedoch als anerkannter Grundsatz ordnungsmäßiger Abschlussprüfung, dass die Festlegung von Art und Umfang der Prüfungshandlungen unter Beachtung des Grundsatzes der Materiality zu erfolgen hat. Dies betrifft die Prüfungsplanung, Prüfungsdurchführung, die Urteilsbildung und die Berichterstattung. Auf der Ebene der Prüfungsdurchführung hilft der Grundsatz der Materiality bei der Entscheidung, ob ein identifizierter Fehler wesentlich ist. Vgl. hierzu W. Gafford / Materiality ... / S. 109 ff. Die Bestimmung von Materiality-Grenzwerten und die Aufteilung dieser für den gesamten Abschluss formulierten Grenzen auf die einzelnen Prüffelder stellt grundsätzlich einen wesentlichen Bestandteil der Prüfungsplanung und der Bemessung des prüffeldbezogenen Aussagegehalts dar. Da die Festlegung der Materiality-Grenzen von Unternehmen zu Unternehmen und z. B. das Fehlen von Verfahrensdokumentationen oder Berechtigungskonzepten nicht wertmäßig bemessen werden kann, da es sich hier um formale Verstöße gegen die Ordnungsmäßigkeit der Buchführung handelt, soll die Berücksichtigung der Materiality nicht Gegenstand dieser Arbeit sein.

910 Die inhärenten Risiken können u. a. in makroökonomische, brachenspezifische und mandantenspezifische Risikofaktoren klassifiziert werden. Da diese Klassifizierung jedoch von Unternehmen zu Unternehmen heterogen sind, soll die Berücksichtigung bzw. Beurteilung des inhärenten Risikos nicht Gegenstand dieser Arbeit sein. Da es in der Praxis oft schwer ist, zwischen dem inhärenten und dem Kotrollrisiko zu unterscheiden, werden bei Prüfungen in Einzelfällen kombinierte Schätzungen vorgenommen. Vgl. auch L. Graham / Audit Risk / S. 38 ff und M. Grobstein / A Risk Analysis ... / S. 1 ff.

strategie für das entsprechende Prüffeld verwendet. Dabei ist das individuelle Prüfungsrisiko i. d. R. größer Null, da ein Risikoniveau von 0 % auch bei einer Vollprüfung wahrscheinlich nicht erreicht werden kann, es aber dennoch relativ niedrig sein kann. In diesem Zusammenhang existiert bei den Prüfern die Einstellung, dass das individuelle Prüfungsrisiko in normalen Situationen 5% sein soll und je nach Sachverhalt stellenweise auch Werte bis zu 10% gerechtfertigt sein können.[911] Zur Bemessung des Risikos wird im Folgenden ein Scoring-Modell vorgeschlagen. Scoring-Modelle sind Hilfsmittel, die primär zur Beurteilung qualitativer Merkmale angewandt werden, bei denen eine direkte Messung nicht oder nur schwer durchführbar ist. Dabei wird für jeden Risikofaktor ein entsprechender Punktwert ermittelt (vgl. hierzu die folgenden Ausführungen). Das Kontrollrisiko ergibt sich durch Gewichtung dieser Punktwerte mit dem vorgeschlagenen Gewichtungsfaktor und Addition der gewichteten Punktwerte.[912] Zur Bewertung des Kontrollrisikos sind die bekanntesten Ansätze zum einen die multiplikative Verknüpfung und zum anderen die additive Verknüpfung. Die multiplikative Verknüpfung hat die Voraussetzung, dass zwei oder mehrere Ereignisse gemeinsam auftreten und die Ergebnisse abhängig voneinander sind. Häufig werden die Wahrscheinlichkeiten mit Hilfe von Ergebnisbäumen darstellt, anhand derer die Einzelwahrscheinlichkeiten für den jeweiligen Strang des Ergebnisbaumes miteinander multipliziert werden. Dabei gilt die folgende Formel:

$$p(y|x) = p(x,y) / p(x) \text{ und } p(x,y) = p(x) * p(y|x).$$ [913]

wobei:

p für Wahrscheinlichkeit (probability) steht

x / y jeweils für eigene Attribute

Durch die multiplikative Verknüpfung können die "Nachteile auf einem Attribut nicht durch Vorteile auf einem anderen Attribut ausgeglichen werden."[914]

---

911 Auf Prüffeldebene kann das Prüfungsrisiko als das Risiko beschrieben werden, dass wesentliche Fehler, nachdem der Prüfer alle für notwendig erachteten Prüfungshandlungen abgeschlossen hat, unentdeckt bleiben. Vgl. diesbezüglich R. Quick / Die Risiken der ... / S. 28.

912 Vgl. R. Quick /Die Risiken der ... / S. 348 ff; D. Miltz / A Risk-Based Allocation ... / S. 49 ff.

913 Vgl. A. Posch / Entscheidungslehre Teil1 / S. 13ff.

914 Vgl. K. Sachse / Seminar "Luftfahrtpsychologie" WS 04/05 / S. 4.

Die Attribute wären im Kontext der vorliegenden Arbeit die zu analysierenden Prüfziele für die verschiedenen Prüfgebiete. Ist eine Kompensation der Risikoeinschätzung in den einzelnen Prüffeldern beabsichtigt, dann ist dieser Ansatz nicht zielführend.

Die additive Verknüpfung unterstellt, dass im Gegensatz zur multiplikativen Verknüpfung, irgendeins von zwei oder mehreren Ereignissen eintritt. Dabei ist zu beachten, dass die einzelnen Kriterien des jeweiligen Risikobereiches funktional voneinander unabhängig sind und identisch dimensionierte Risikogrößen besitzen. Dies wird auch in der folgenden Formel dargestellt:

$$p(x \text{ oder } y) = p(x) + p(y) - p(x,y)$$ [915]

Additive Verknüpfungen werden mit Hilfe von Ursachenbäumen, auch Fehlerbäume genannt, dargestellt.[916]

Durch die Addition der einzelnen Kontrollrisiken der jeweiligen Prüffelder kommt es zu einem Kompensationseffekt zwischen Prüffeldern mit einem hohen Risiko und Prüffeldern mit einem geringen Risiko bei der Beurteilung des Gesamtrisikos.[917]

Grundsätzlich muss berücksichtigt werden, dass die Einstufung bzw. Einschätzung u. a. auf den persönlichen Erfahrungswerten der Prüfer beruhen, die jedoch quantitativ nicht gemessen werden können.

Zusammenfassend kann festgehalten werden, dass die additive Verknüpfung handhabbar ist und gut zum Verständnis der Prüfer passt. Dies insbesondere vor dem Hintergrund, dass eins von mehreren Ereignissen eintritt, die Kriterien unabhängig voneinander sind und die einzelnen Kontrollrisiken (Vor- und Nachteile) - bei identisch dimensionierter Risikogröße - sich gegenseitig

---

915 Vgl. A. Posch / Entscheidungslehre_WS0506_Teil1 / S. 15.

916 Vgl. A. Posch / Entscheidungslehre_WS0506_Teil1 / S. 15ff.

917 Sowohl die additive als auch die multiplikative Verknüpfung sind Bestandteil der "Theorie der Anspruchsanpassung". Beide Formen der Verknüpfung beruhen auf einer rationalen Auswahl und Beurteilung entsprechender Kriterien zur Bestimmung des Risikos. Dies zeigt sich auch in der vorherrschenden Auffassung der ökonomischen Theorie. So kann wirtschaftliches Verhalten durch Optimierungsansätze beschrieben werden. Unbegrenzte Denk- und Rechenfähigkeiten werden dabei unterstellt. Allerdings entspricht dieser Ansatz nicht der Wirklichkeit, da von einer eingeschränkten Rationalität auszugehen ist. SELTEN ist der Auffassung, dass die an (...) "die Ziele gerichteten Ansprüche durch Anspruchsanpassung an die Entscheidungsergebnisse angepasst werden. Oder die_"Anspruchsanpassung als natürliches Verhalten eines eingeschränkt rational handelnden Individuums",(...) betrachtet werden kann (vgl. hierzu auch Vgl. M. Braulke /Einführung in die Wirtschaftswissenschaft / S. 2).

kompensieren. Bei der multiplikativen Verknüpfung hingegen treten mehrere Ereignisse parallel auf und sind abhängig voneinander, was jedoch nicht immer übergreifend gegeben ist. Die einzelnen Kontrollrisiken (Vor- und Nachteile) kompensieren sich nicht gegenseitig. Dies insbesondere bei Extremwerten, wenn z.B. ein bewertetes Kriterium den Wert "Null" annimmt, die ganze Gleichung "Null" wird.[918] Bei Abwägung der Vor- und Nachteile der additiven und multiplikativen Verknüpfung wird im Folgenden ein additives Modell verwendet.[919]

Bei dem hier beschriebenen Modell handelt es sich demnach um ein additives Modell. Die Anwendung des additiven Modells setzt, wie bereits beschrieben, identisch dimensionierte Risikogrößen und die funktionale Unabhängigkeit der Additiva voraus. Diese beiden Größen werden für den weiteren Verlauf der Arbeit als erfüllt/gegeben unterstellt. Des Weiteren können im Einzelfall sehr unterschiedliche Faktoren einfließen. Diese können u. a. das geprüfte Unternehmen selbst, dessen Branche und ggf. dessen Herkunftsland betreffen.[920] Die Einstufung hat nach dem pflichtgemäßen Ermessen des Prüfers zu erfolgen.[921] Dabei ist sie abhängig von der Bedeutung des betreffenden Prüffeldes bzw. der in dem betroffenen Prüffeld vorkommenden Fehlerart.

Das Risiko kann quantitativ (z. B. 5% , 6% oder 10%) und qualitativ (z. B. gering, mittel oder hoch)[922] geschätzt werden. Das bewertete Ergebnis, also die Risikoeinstufung, ist dabei subjektiv. Dabei ist das Ergebnis u. a. davon abhängig, wie intensiv der Prüfer mit dieser Aufgabe vertraut bzw. trainiert ist. Dies

---

918 Vgl. E. Stibi / Prüfungsrisikomodell ... / S. 192.

919 Durch die Verwendung der Formulierung "... Addieren deren einzelner Beiträge zur Sicherstellung der Vollständigkeit und Richtigkeit der Rechnungslegung und des Jahresabschlusses" im WP Handbuch 2006 läßt sich ableiten, dass bei den seitens der WP-Gesellschaften eingesetzten Scoring-Modelle zur Bewertung des Kontrollrisiko im Rahmen der Jahresabschlussprüfung die additive Verknüpfung eine gängige Praxis darstellt. Vgl. WP Handbuch 2006, Seite 2011, Tz. 272 (Beurteilung der Angemessenheit des internen Kontrollsystems). Vgl. E. Stibi / Prüfungsrisikomodell ... / S. 191 ff; Vgl. R. Quick / Die Risiken ... / S. 375; Vgl. G. Brown / Objective Internal ... / S. 53.

920 Vgl. H.E. Büschgen / Handbuch Rating / S. 56 ff; Bei dem Einsatz eines Scoring-Models muss versucht werden, alle für das Kontrollrisiko relevanten Risiken zu berücksichtigen und die Prüffelder sowie -ziele aus verschiedenen Blickwinkeln zu untersuchen und zu bewerten.

921 Je geringer die Aggregationsstufe ist, um so identischer sind die Risikoeinstufungen verschiedener Prüfer. Diesbezüglich sollte auch berücksichtigt werden, dass bei der Betrachtung des Prüfungsrisikos auf der niedrigsten Aggregationsstufe ggf. die notwendige Datenbasis zur Risikoeinschätzung auf dieser Ebene fehlen kann. Vgl. auch R.Quick / Die Risiken der ... / S. 30.

922 Vor dem Hintergrund, dass man in der Prüfungspraxis klare und eindeutige Prüfungsergebnisse bevorzugt, findet die qualitative Beurteilung eine weit verbreitete Anwendung. Dies findet sie auch trotz der fehlenden objektiven Kriterien für die Einteilung in die einzelnen Bewertungsklassen.

hat zur Folge, dass verschiedene Prüfer mit hoher Wahrscheinlichkeit zu unterschiedlichen Ergebnissen kommen.[923]

Der quantitative Ansatz zwingt den Prüfer zum einen zu einem hohen Maß an Sorgfalt, zum anderen erhöht es jedoch das Verständnis bezogen auf das Prüfungsrisiko und stellt einen konsistenten Ansatz zur Risikoanalyse dar. Die qualitative Prüfung beinhaltet das erhöhte Risiko, dass Prüfungen unwirtschaftlich sind oder ein zu geringer Prüfungsumfang durchgeführt wird, da es dem individuellen Ermessen des Prüfers unterliegt, aus den Daten eine Aussage bezogen auf den Prüfungsumfang zu generieren.[924] Durch die Quantifizierung wird die Wahrscheinlichkeit der Durchführung eines unangemessenen Prüfungsumfangs minimiert und somit auch die Wirtschaftlichkeit der Prüfung verbessert. Gegen die Quantifizierung spricht, dass sie wesentliche qualitative risikobeeinflussende Faktoren vernachlässigt und bei der Quantifizierung des Prüfungsrisikos zur Festlegung angemessener Prüfungshandlungen nicht im ausreichenden Maß hilfreich ist.[925]

Basierend auf den Schwierigkeiten im Rahmen der Quantifizierung der Risikokomponenten erfolgt seitens der Literatur mehrfach der Vorschlag einer qualitativen Beurteilung als Alternative zur präziseren Quantifizierung der Risikokomponenten.[926] Demzufolge soll im Folgenden ebenfalls die qualitative Beurteilung der Risikokomponenten zu Grunde gelegt werden.

Demnach kann festgehalten werden, dass der Abschlussprüfer in den Bereichen, in denen nach seiner ersten Einschätzung das Interne Kontrollsystem als verlässlich beurteilt wird, Funktionstests der implementierten Kontrollmaßnahmen durchführt.[927] Die Notwendigkeit dieser Tests ergibt sich aus dem Umstand, dass ein Internes Kontrollsystem kein deterministisches System darstellt.[928] Der Systemablauf ist bei deterministischen Systemen vollständig vorhersehbar.[929] Werden Personen in Verarbeitungsabläufen tätig, ist damit zu rechnen, dass Kontrollaufgaben nur unzureichend wahrgenommen werden.

---

923 Vgl. J. Colbert / Audit Risk / S. 54 ff; Vgl. G. Holstrum / Audit Risk Model... / S. 276 ff; Vgl. R. Quick / Die Risiken der ... / S. 111 ff.

924 Vgl. R. Quick / Die Risiken der ... / S. 31.

925 Vgl. J. Peters / A Knowledge-Based ... / S. 26 ff; Vgl. J. Boritz / Managing Audit Risk / S. 39; Vgl. R. Quick / Die Risiken der... / S. 31.

926 Vgl. E. Stibi / Prüfungsrisikomodell ... / S. 209; I. Charles / Audit Risk / S. 98; Vgl. IDW WP Handbuch 1992 / Band I, Abschnitt P, Rn. 64.

927 Vgl. A. Arens / Auditing. An Integrated Approach. / S. 302 und 310 - 313; Vgl. D. Taylor / Auditing. Integrated Concepts and Procedures / S. 336 ff; Vgl. W. Wallace / Auditing / S. 19.

928 Vgl. U. Lefferson / Wirtschaftsprüfung / S.234.

929 Vgl. A. Sperl / Prüfungsplanung / S. 99.

Aufgrund der sich daraus ergebenden Stochastizität des Systemablaufs kann auf der Grundlage des Ergebnisses der Walk-Throug Tests[930] nicht auf die Kontinuität des Systemverhaltens geschlossen werden.[931] Aus diesem Grund ist das Ausmaß der Befolgung der identifizierten Kontrollmaßnahmen im gesamten Betrachtungszeitraum durch entsprechende Tests zu ermitteln. Eine Prüfung der Funktionsfähigkeit der Kontrollmaßnahmen kann aufgrund der großen Anzahl der zu beurteilenden Vorgänge lediglich als Stichprobenprüfung vorgenommen werden. Die während einer zuvor festgelegten Testperiode angefallenen Verarbeitungsergebnisse (nach Kontrollmaßnahmen) werden dabei auf ihre Ordnungsmäßigkeit überprüft.[932] Der hierbei ermittelte Fehleranteil in den Verarbeitungsprozessen ist ein Indikator für die Funktionsfähigkeit der Kontrollmaßnahmen im Betrachtungszeitraum.[933]

Die Beurteilung einzelner Kontrollmaßnahmen ist für den Abschlussprüfer wenig hilfreich. Zur Schaffung der Anknüpfungspunkte für die ergebnisorientierte Prüfung müssen vielmehr Aussagen über einzelne Kontrollmaßnahmen zu einer Gesamtaussage verknüpft werden. Zu diesem Zweck muss eine Gesamtaussage über die Wirksamkeit der Kontrollmaßnahmen pro Prüffeld getroffen werden. ADENAUER[934] schlägt hierfür ein Verfahren vor, das ausgehend von Fehleranteilen einzelner Testergebnisse die Ermittlung eines aggregierten Fehleranteils pro Prüffeld ermöglicht.

Bei der Ermittlung von Wahrscheinlichkeiten auf der Grundlage aggregierter Fehleranteilswerte ist zu beachten, dass die Wirksamkeit der Kontrollmaßnahmen lediglich mittelbar in den fehlerhaften Verarbeitungsprozessen zum Ausdruck kommt. Eine ausschließlich an den Verarbeitungsergebnissen orientierte Betrachtung berücksichtigt nicht, dass Kontrollmaßnahmen mit gleichem Fehleranteil bei unterschiedlichem inhärenten Risiko auch unterschiedlich zu beurteilen sind. Der Abschlussprüfer muss daher bei der Beurteilung des Kontrollrisikos auf der Grundlage aggregierter Fehleranteile auch das inhärente Risiko betrachten. Aus Gründen der Zweckmäßigkeit wird vorgeschlagen, subjektive Wahrscheinlichkeiten nicht einzelnen Fehleranteilen, sondern Intervallen

---

930 Bei einem Walk Throug Test wird ein Prozess, beispielsweise der Einkauf, von seiner Entstehung (Bedarfsermittlung) bis zu seiner Fertigstellung (Buchung auf den entsprechenden Konten) begleitet, die Kontrollen aufgenommen und deren Aufbau (Design) und Funktionsfähigkeit geprüft.

931 Vgl. G. Schade / Zur Konkretisierung ... / S. 139.

932 Vgl. A. Sperl / Prüfungsplanung / S. 157.

933 Vgl. P. Adenauer/Berücksichtigung des / S. 151 ff; Vgl. L. Graham/ Audit Risk - Part III/S. 40.

934 Vgl. P. Adenauer / Berücksichtigung des ... / S. 187 - 196; Zu alternativen Verfahren siehe R. Hömberg / Ein Vorschlag ... / 481 - 500; J. Baetge / Die Zuverlässigkeit ... / 1 – 63.

zwischen zwei Fehleranteilen zuzuordnen.[935] Für die Bildung von Intervallen und die Zuordnung von Wahrscheinlichkeiten zu den jeweiligen Intervallen lassen sich keine allgemeingültigen Angaben machen, da bei der Ableitung der Wahrscheinlichkeiten aus den einzelnen Fehleranteilen das inhärente Risiko zu berücksichtigen ist. Aus dem Spektrum möglicher Beurteilungen lässt sich folgendes Beispiel anführen (Vgl. Tabelle "Beispiel zur Bemessung von Wahrscheinlichkeiten für das Kontrollrisiko").

Fehleranteil in den Verarbeitungsergebnissen (in % oder realen Zahlen)	Wahrscheinlichkeit für das Kontrollrisiko
0 bis 2 %	Niedrig / Gering
2 bis 4 %	Mittel
mehr als 4 %	Hoch [936]

Tabelle 16:Bsp. Bemessung Wahrscheinlichkeiten für das Kontrollrisiko

Bei der qualitativen[937] Schätzung werden von Praktikern in der Regel zwischen drei und vier Wahrscheinlichkeitsstufen verwendet. Mögliche Wahrscheinlichkeitsstufen zur Bewertung des Kontrollrisikos sind beispielsweise:

- kein Risiko (K)[938]
- geringes Risiko (G)
- mittleres Risiko (M)
- hohes Risiko (H)[939]

Bei der Wahrscheinlichkeitsstufe "kein Risiko" sollte grundsätzlich beachtet werden, dass dieses praktisch gesehen nicht eintreten kann. In der Praxis wird kein Abschlussprüfer - schon vor dem Hintergrund der Berücksichtigung der inhärenten Risiken oder der Hochrechnung der Ergebnisse von Einzelfallprü-

---

935 Vgl. P.Adenauer / Berücksichtigung des ... / S. 192; Vgl. A. Sperl / Prüfungsplanung / S. 160.

936 Quelle: In Anlehnung an Patrick Adenauer: Berücksichtigung des Internen Kontrollsystems bei der Jahresabschlussprüfung. Bergisch Gladbach und Köln 1989, S. 192.

937 Als Vorteil der qualitativen Methode ist zu sehen, dass damit die Formulierung konkreter Prüfprogramme möglich ist. Diesbezüglich werden mit den unterschiedlichen Beurteilungsklassen jeweils ergänzende Prüfungsschritte zugeordnet. Art und Umfang richten sich nach dem Ergebnis . Vgl. hierzu auch R. Quick / Die Risiken der ... / S. 372, Vgl. E. Stibi / Prüfungsrisikomodell ... / S. 211.

938 Die Möglichkeit, dass kein Risiko besteht, ist ein rein theoretisches Modell, da erfahrungsgemäß immer ein latentes Restrisiko existiert (z. B. bei Einzelfallprüfungen). Auch ein unmögliches Ereignis hat nicht automatisch eine Wahrscheinlichkeit von Null. Vor diesem Hintergrund sind die Grenzen zwischen "kein Risiko" und "geringes Risiko" schwimmend.

939 Vgl. E. Stibi / Prüfungsrisikomodell ... / S. 209; Vgl. J. Robertson / Auditing / S. 270 ff; Vgl. Vgl. WP Handbuch 2006 / S. 1955.

fungen auf die Grundgesamtheit - die Aussage treffen, dass "kein Risiko" existiert. Diesbezüglich wird im weiteren Verlauf dieser Arbeit auf die Wahrscheinlichkeitsstufe "kein Risiko" verzichtet.

Die Anzahl der Wahrscheinlichkeitsstufen sind subjektive Wahrscheinlichkeitsschätzungen basierend auf dem pflichtgemäßen Ermessen und werden durch das subjektive Urteil des Prüfer und bzw. oder durch die Vorgaben der Prüfungsgesellschaft definiert.[940] Die Ermittlung der Punktwerte kann mit Hilfe der im Folgenden dargestellten Bewertungs- bzw. Einstufungstabelle erfolgen. Dabei wird jedem Prüfungsziel ein Wert zwischen 1 und 3 zugeordnet, wobei der Wert 1 eine im Hinblick auf das Kontrollrisiko sehr günstige und der Wert 3 dagegen sehr ungünstige Konstellation darstellt. Der Wert 2 ist ein Zwischenwert.[941]

Folgende Gewichtung könnte beispielsweise bei dem qualitativen Ansatz durchgeführt werden:

1 Punkt: geringes Risiko (G)
2 Punkte: mittleres Risiko (M)
3 Punkte: hohes Risiko (H)[942]

Die einzelnen Prüfungsziele der Checkliste können in den verschiedenen Prüffeldern unterschiedlich hohe Auswirkungen haben und somit unterschiedlich wichtig sein.[943] Dabei ist zusätzlich zu beachten, dass die Anzahl der Risikofaktoren, die ein gegebenes Prüffeld in einer gegebenen Prüfungsperiode beeinflussen, sehr groß und von Prüffeld zu Prüffeld und von Periode zu Periode unterschiedlich sein kann.

Um diesem Sachverhalt gerecht zu werden, können beispielsweise Multiplikatoren eingesetzt werden. Mittels dieser Multiplikatoren besteht die Möglichkeit, die ggf. notwendige Berücksichtigung der Wichtigkeit durchführen zu können.

---

940 Vgl. R. Quick / Die Risiken der ... / S. 34 ff.

941 Vgl. R. Quick / Die Risiken der ... / S. 348 ff; Vgl. M. Gattinger / Kosten-Nutzen-Überlegungen ... / S. 154 ff.

942 Die Studie von Brewer verwendet eine 5-Punkte-Skala zur Beurteilung der Bedeutung bestimmter Risikoindikatoren. Er begründet diese Einstufung damit, dass Prüfer nicht in der Lage sind, Risikobeurteilungen detaillierter zu differenzieren. Vgl. C. Brewer / The Nature of .../ S. 36 ff; Vgl. R. Quick / Die Risiken der ... / S. 299.

942 Vgl. R. Quick / Die Risiken der ... / S. 293 ff; J. Ramage / An Empirical Study ... / S. 77 ff.

943 Vgl. J. Peters / A Knowledge-Based ... / S. 30 ff.

Folgende Multiplikatoren könnten beispielsweise verwendet werden:

Multiplikator Wert "1":	Standard
Multiplikator Wert "2":	mittlere Priorität
Multiplikator Wert "3":	hohe Priorität

Um das gesamte Kontrollrisiko je Prüffeld einstufen zu können, muss neben der individuellen Risikoeinstufung je Prüfungsaktivität (bezogen auf die einzelnen Prüfziele) in der Checkliste eine Gesamtaggregation je Prüffeld vorgenommen werden.[944]

Somit muss eine Gesamtbewertung des Kontrollrisikos für die Prüfungsziele 1 bis 7 durchgeführt werden. Als Ergebnis der Gesamtbewertung erhält man je Tabelle, also je Prüffeld, eine absolute Zahl.

Aus dieser Gesamtbewertung, die eine Gesamtrisikoeinstufung bezogen auf das Kontrollrisiko des kompletten Prüffeldes darstellt, wird, unter Berücksichtigung der benötigten Prüfungssicherheit, das Ausmaß bzw. der Umfang der sich daran anschließenden, aussagebezogenen Prüfungsaktivitäten (analytische Prüfungshandlungen und/oder Einzelfallprüfungen) definiert.[945]

Dieser Sachverhalt muss analog je Prüfungsziel angewandt werden.

Diese kann wie folgt aussehen:

1 bis 21 Punkte:	geringes Kontrollrisiko (G)
22 bis 42 Punkte:	mittleres Kontrollrisiko (M)
43 bis 63 Punkte:	hohes Kontrollrisiko (H)

Die Ermittlung der Punkteverteilung für die Definition des Umfangs bzw. des Ausmaßes der aussagebezogenen Prüfungshandlungen kann der folgenden Graphik entnommen werden.

---

944 Es sollte berücksichtigt werden, dass immer 100 % je Prüffeld verteilt/vergeben werden.

945 Vgl. R. Quick / Die Risiken der ... / S. 42 ff; Vgl. C. Thomas / Auditing / S. 164 ff.

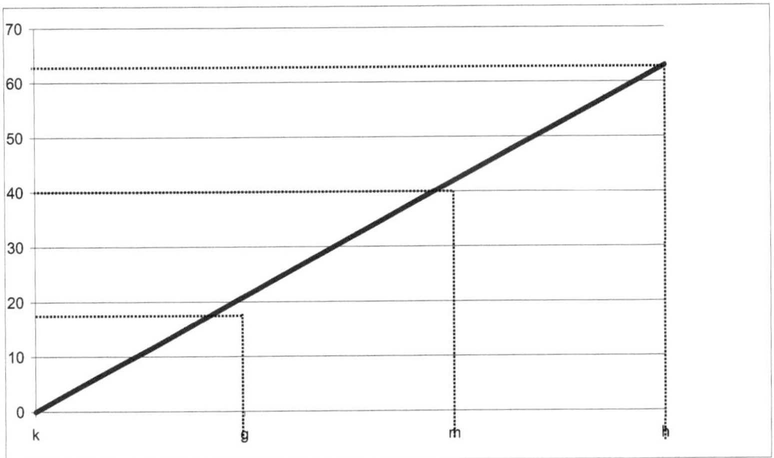

Abbildung 13:Risikobeurteilung einzelnes Prüffeld

Der folgenden Tabelle "Umfang bzw. Ausmaß der aussagebezogenen Prüfungshandlungen" kann entnommen werden, welche ergänzenden aussagebezogenen Prüfungshandlungen (Einzelfallprüfungen und analytische Prüfungshandlungen[946]) bezogen auf die Risikoklassifizierung durchgeführt werden sollten, um das notwendige Maß an Prüfungssicherheit zu erlangen.

Zu berücksichtigen sind hierzu die weiterführenden Informationen in dem folgenden Abschnitt.

Risikoeinstufung:	Aussagebezogene Prüfungshandlungen:
Geringes (G)	Analytische Prüfungshandlungen i.V.m. einer geringen Stichprobe an Einzelfallprüfungen.
Mittleres (M)	Mix aus analytischen Prüfungshandlungen und Einzelfallprüfungen (erhöhter Umfang).
Hohes (H)	Einzelfallprüfungen (hoher Umfang) i.V.m. analytischen Prüfungshandlungen um u.a. generelle Plausibilitätsprüfungen und Tendenzen zu untersuchen.[947]

Tabelle 17:Umfang/Ausmaß der aussagebezogenen Prüfungshandlungen

Durch die inhärenten Beschränkungen jeder Kontrollstruktur existiert permanent die Möglichkeit, dass wesentliche Fehler nicht durch die internen Kontrollen

946 Vgl. J. Leichti / An Investigation … / S. 20.
947 Vgl. R. Quick / Die Risiken der ... / S. 49 ff.

aufgedeckt oder verhindert werden. Deshalb sollten grundsätzlich aussagebezogene Prüfungshandlungen durch den Prüfer durchgeführt werden.[948] Vgl. hierzu die Ausführungen in dem sich anschließenden Abschnitt. Weiterhin ist beachten, dass, wenn auf Prüffeldebene einzelne Prüfungsziele ein mittleres bzw. hohes Risikopotential haben, obwohl das gesamte Prüffeld z.B. als "geringes Risiko" eingestuft wird, seitens des Abschlussprüfers je Sachverhalt abgewogen werden muss, ob zusätzliche aussagebezogene Prüfungshandlungen durchgeführt werden müssen.

Sollten jedoch die im Rahmen der Vorprüfung durchgeführten analytischen Prüfungshandlungen zu der Erkenntnis führen, dass weitere analytische Prüfungshandlungen zu keiner Steigerung der Kontrollsicherheit führen, brauchen die vor dem Hintergrund der Wirtschaftlichkeit nicht erneut oder lediglich in einem kleineren Umfang durchgeführt werden.

Um das Kontrollrisiko für die gesamte Prüfung, also für das komplette zu prüfende Unternehmen einstufen zu können, muss neben der individuellen Risikoeinstufung je Prüffeld eine Gesamtaggregation auf Unternehmensebene vorgenommen werden. Das heißt, es muss eine Gesamtbewertung des Kontrollrisikos für die Prüffelder "P1" bis "Pn" durchgeführt werden.

Im Rahmen der Aggregation der Teilrisiken zum Gesamtrisiko bestehen grundsätzlich die Möglichkeiten der Addition oder der Multiplikation der jeweiligen Teilrisiken der einzelnen Prüffelder. Untersuchungen haben dabei gezeigt, dass in der Praxis die Prüfer bei der Abschätzung des Gesamtrisikos nicht das multiplikative Modell einsetzen, sondern der additiven Verknüpfungsregel folgen.[949]

Dies erfolgt in der Form, dass die absoluten Werte der einzelnen Prüfungsziele je Prüffeld zu einem absoluten Gesamtwert addiert werden. Bei diesem Modell wird unterstellt, dass die einzelnen Prüffelder die gleiche Priorität haben und somit keine Multiplikatoren mehr eingesetzt werden müssen.

Diesbezüglich kann die "Übergreifende Bewertungs- bzw. Einstufungstabelle" genutzt werden.

---

948 Vgl. W. Kell / Modern Auditing / S. 86.

949 Vgl. S. Daniel / Some Empirical Evidence... / S. 177 ff.; Vgl. F. Buckless / Modeling External Ausitors ... / S. 137 ff; Vgl. R. Quick / Die Risiken der ... / S. 93 ff.

Prüfungsziel:	Prüfungsaktivität	Risikoeinstufung Gering (G)	Mittel (M)	Hoch (H)
Verfahrensanweisung				
Richtig-, Vollständig- und Periodengerechtigkeit				
Aufbewahrungsfristen				
Genehmigung und Änderungsprotokollierung				
Integrität und Freigabeverfahren				
Übereinstimmung Nebenbuch und Hauptbuch				
Funktionentrennung und Berechtigungskonzept				
Gesamtwert:				

Tabelle 18:Übergreifende Bewertungs- bzw. Einstufungstabelle

In diesem Zusammenhang stellt diese Gesamtbewertung, analog zur Prüffeldebene, eine Gesamtrisikoeinstufung bezogen auf das Kontrollrisiko aller Prüffelder dar.

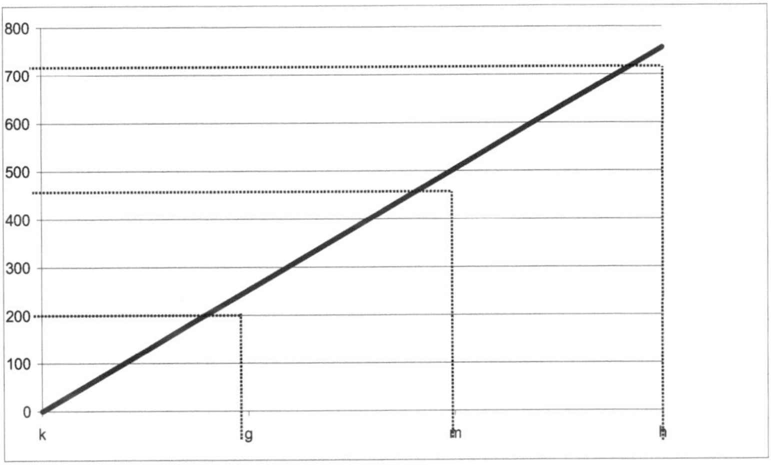

Abbildung 14:Gesamtrisikobeurteilung aller Prüffelder

Diese kann z. B. bei 12 Prüffeldern[950] wie folgt aussehen:

1 bis 252 Punkte: geringes Kontrollrisiko (G)
253 bis 504 Punkte: mittleres Kontrollrisiko (M)
505 bis 756 Punkte: hohes Kontrollrisiko (H)

Die Ermittlung der Punkteverteilung für die Definition des Umfangs bzw. Ausmaßes der aussagebezogenen Prüfungshandlungen kann der oeben dargestellten Graphik „Gesamtrisikobeurteilung aller Prüffelder" entnommen werden.

Wie bereits erwähnt, müssen nach Abschluss der Prüfung der einzelnen Prüffelder die Prüfungsrisiken je Prüffeld festgelegt werden. Um das Gesamtrisiko feststellen zu können, müssen die jeweiligen Prüfungsrisiken aggregiert werden. Hierbei ist festzuhalten, dass Leitfäden bezogen auf die Aggregation von Teilrisiken nur in geringem Umfang existieren. Die oben angegebene Gesamtrisikobeurteilung bietet die Möglichkeit, ein sich aus der Aggregation der Einzelrisiken (je Prüffeld) ergebenes zusätzliches Risikopotential zu identifizieren. Dies würde wiederum zu einer Anpassung der Prüfungsplanung auf Prüffeldebene führen, was zusätzliche Prüfungsaktivitäten nach sich ziehen kann.[951] Setzt man das ermittelte wertmäßige Kontrollrisiko (CR) ins Verhältnis zu dem maximalen Wert, erhält man die rechnerische Größe, die benötigt wird, um das übergeordnete Prüfungsrisiko (AR) - mittels multiplikativer Verknüpfung (siehe Kapitel "Einfluss der aussagebezogenen Prüfungshandlungen auf das Prüfungsrisiko) zu errechnen. Gleiches Verfahren gilt auf Prüffeldebene. Dabei muss jedoch auch berücksichtigt werden, dass je stärker die Daten aggregiert sind, desto eher die Möglichkeit besteht, dass wesentliche Unrichtigkeiten durch gegenläufige Faktoren ausgeglichen werden und verdeckt werden. Wenn die Analyse auf aggregierten Zahlen beruht, nimmt die Aussagekraft der Ergebnisse mit der Größe, Diversifizierung und Komplexität des Geschäfts des Mandanten ab. D.h., Untersuchungen auf der Ebene von Prüffeldern führen zu einer höheren Genauigkeit als Untersuchungen auf der Ebene des gesamten Unternehmens. Der Prüfer sollte daher bei seinen Analysen auf Detailgrößen zurückgreifen.

---

950 Im Rahmen der folgenden Arbeit wurden in der Komponente Finanzbuchhaltung insgesamt 12 Prüffelder identifiziert.

951 Vgl. R. Quick / Die Risiken der ../S. 32 ff. ; Vgl. J. Sullivan / Montgomery`s Auditing /S. 240 ff.

Die Verlässlichkeit des internen Kontrollsystems bestimmt maßgeblich, ob der Abschlussprüfer zur Ermittlung von Fehlerwahrscheinlichkeiten ausschließlich auf das inhärente Risiko abstellt oder in die Ermittlung der Fehlerwahrscheinlichkeit auch das Kontrollrisiko einbezieht.

Die Ermittlung von Fehlerwahrscheinlichkeiten erfolgt in Bereichen, in denen der Abschlussprüfer kein verlässliches internes Kontrollsystem vorfindet, auf der Grundlage des inhärenten Risikos. Der Abschlussprüfer geht in diesem Fall von einem maximalen Kontrollrisiko (100%) aus. Er berücksichtigt auf diese Weise, dass das zu prüfende Unternehmen keine oder nicht in ausreichendem Maße Kontrollmaßnahmen installiert hat, um das Fehlerrisiko zu reduzieren.

In den Bereichen, in denen der Abschlussprüfer ein verlässliches Kontrollsystem antrifft, entspricht es einer wirtschaftlichen Durchführung der Prüfung, bei der Ermittlung von Fehlerwahrscheinlichkeiten auch das Kontrollrisiko zu berücksichtigen.[952] Der Abschlussprüfer trägt dadurch dem Umstand Rechnung, dass das zu prüfende Unternehmen in ausreichendem Maße Kontrollmaßnahmen installiert hat, um das Fehlerrisiko zu reduzieren.[953]

Ermittelt der Abschlussprüfer die Fehlerwahrscheinlichkeit unter Berücksichtigung des Kontrollrisikos, sind die zunächst getrennt ermittelten Wahrscheinlichkeiten für das inhärente Risiko und das Kontrollrisiko zu einer Wahrscheinlichkeit zusammenzufassen. Für die Bildung dieser Wahrscheinlichkeiten wird in den Audit Risk Modellen eine multiplikative Verknüpfung der Wahrscheinlichkeiten für das inhärente Risiko und das Kontrollrisiko vorgeschlagen.[954] Diese Form der Bildung von Fehlerwahrscheinlichkeiten setzt voraus, dass das inhärente Risiko und das Kontrollrisiko stochastisch unabhängig sind.[955]

---

[952] Siehe hierzu auch das Institut der Wirtschaftsprüfer in Deutschland e.V. : FG 1/1988. Grundsätze ordnungsmäßiger Durchführung von Abschlussprüfungen. In: Die Fachgutachten und Stellungnahmen des IDW. Düsseldorf. Stand 1995, S. 15.

[953] Interne Kontrollsysteme sind vorwiegend bei Bilanzpositionen anzutreffen, denen Massengeschäftsvorfälle zugrunde liegen, z.B. Forderungen und Verbindlichkeiten aus Lieferungen und Leistungen oder Vorräte; bei Bilanzpositionen, denen keine Massengeschäftsvorfälle zugrunde liegen, z.B. immaterielle Vermögensgegenstände oder Rechnungsabgrenzungsposten, ist in der Regel kein Internes Kontrollsystem vorhanden. Vgl. G. Förschle / Risikoorientiertes Prüfungsvorgehen. / Rn. 175.

[954] Siehe hierzu die Audit Risk Modelle bei Theodore J. Mock und Iian Vertinsky: Risk Assessment in Accounting and Auditing. Hrsg. The Canadian Certified General Accoutants` Research Foundation. Research Monograph No.10. Vamcouver 1085, S. 42.

[955] Vgl. E. Stibi / Prüfungsrisikomodelle und risikoorientierte ... / S. 138 – 146.

Die Unabhängigkeit dieser beiden Risiken ist bislang jedoch umstritten.[956] Darüber hinaus setzt die Multiplikation beider Wahrscheinlichkeiten quantitative Wahrscheinlichkeiten voraus. Im Rahmen der Jahresabschlussprüfung ist es jedoch im Allgemeinen nicht möglich, das inhärente Risiko und das Kontrollrisiko exakt zu quantifizieren.[957]

Für qualitative Wahrscheinlichkeiten des inhärenten Risikos und des Kontrollrisikos ist bislang ungelöst, wie diese zu einer Wahrscheinlichkeit für das Fehlerrisiko zusammenzufassen sind. Die Bildung von Fehlerwahrscheinlichkeiten unter Berücksichtigung des Kontrollrisikos muss daher dem pflichtgemäßen Ermessen des Abschlussprüfers überlassen werden.

Des Weiteren sollte berücksichtigt werden, dass bei der Aggregation bzw. bei der Allokation ein Risiko in der Form der Gesamtbeurteilung auf die einzelnen Prüffelder besteht. Es besteht darin, dass unwesentliche Fehler für sich selber zwar unkritisch sind, jedoch die Summe aller unwesentlichen Fehler sehr wohl ein Risiko darstellen können. Somit besteht das immanente Risiko, dass die Aufmerksamkeit von kritischen Risikofaktoren abgelenkt wird, die keiner objektiven Quantifizierung zugänglich sind.[958] Um diesem Problem Rechnung zu tragen, wird in der Literatur vorgeschlagen, das Prüfungsrisiko je Prüffeld auf das gleiche Niveau wie das Gesamtprüfungsrisiko festzulegen oder alternativ eine Aggregation des Gesamtprüfungsrisikos proportional zur Größe des Prüffeldes festzulegen. Offen ist die Frage, wie die individuellen Prüfungsrisiken aus den einzelnen Prüffeldern kombiniert werden können.[959]

Wenn man ein Scoring-Modell und somit eine Bewertung bzw. Einschätzung auf eine unter dem Prüffeld liegende Ebene einsetzt, kommen weitere Aggregationsprobleme hinzu. Hier tritt das Problem ein, dass einzelne Risikokomponenten auf verschiedene Fehlerarten unterschiedlich reagieren und das Bewertungsmodell auf der disaggregierten Ebene einzelner Fehlerarten innerhalb eines Prüffeldes angewandt werden müsste. In diesem Fall würde ein

---

956 Vgl. E. Stibi / Prüfungsrisikomodelle und risikoorientierte ... / S. 148 - 153; Vgl. B. Cushing / Analytical Approaches ... / S. 29 – 30.

957 Vgl. Institut der Wirtschaftsprüfer in Deutschland e.V. (Hrsg.): Wirtschaftsprüfer-Handbuch 1996. Band 1. 11. Auflage, Düsseldorf 1996, S. 1316.

958 Vgl. L.H. Bollen / The Allocation of ... / S. 7 ff.; W. Frühauf / Die Urteilsbildung bei ... / S. 39; R. Quick / Die Risken der ... / S. 128.

959 Vgl. J. Colbert / Audit Risk ... / S. 55 ff.

duales Aggregationsproblem bestehen, da in einem ersten Schritt zunächst die Beurteilung der verschiedenen Fehlerarten innerhalb eines Prüffeldes zu einem Urteil über das Prüffeld zu aggregieren wäre und in einem zweiten Schritt die Teilurteile der einzelnen Prüffelder zu einem Gesamturteil über die Ordnungsmäßigkeit des Jahresabschlusses zusammengefasst werden müssten.[960]

Ergänzend fordert die additive Verknüpfung, dass die einzelnen Faktoren in ihrer Einflussnahme auf das Kontrollrisiko voneinander unabhängig sind, was jedoch nicht durchgängig gewährleistet ist. Des Weiteren müssen alle Faktoren, die die Höhe des Kontrollrisikos beeinflussen, vollständig in dem Scoring-Modell berücksichtigt sein. Auf der anderen Seite dürfen keine Faktoren enthalten sein, die keine Auswirkungen auf das Kontrollrisiko haben. Um eine genaue Bestimmung durchführen zu können, müssen beide Voraussetzungen erfüllt sein. Bei der praktischen Umsetzung, also der Ermittlung der Faktoren, stellt man die Schwierigkeit bei der Konstruktion des Scoring-Modells fest. Für ein Scoring-Modell spricht die einfache Anwendung, wenn die Beurteilungs- und Fragebögen erst einmal erstellt sind. Die Fragebogentechnik[961] und Scoring-Modelle sind in der Theorie und Praxis verhältnismäßig weit verbreitet. Ein weiterer Vorteil besteht in der einfachen Art der Auswertung des Verfahrens, die auch durch die EDV unterstützt werden kann. Die ermittelten Ergebnisse sind leicht nachzuvollziehen und zu überprüfen.[962]

Im Vergleich zu einer quantitativen Beurteilung wird durch die Anwendung des Scoring-Modells eine Standardisierung des Beurteilungsprozesses erreicht und das Zustandekommen des Urteils ist nachvollziehbar. Die Nachvollziehbarkeit liegt darin begründet, dass der Beurteilungsmaßstab (der Fragebogen) und die Bedeutung, die der Prüfer den einzelnen Kontrollen beimisst (durch die Gewichtungsfaktoren), offenliegen. Würde man ausschließlich die Höchstpunktzahl bzw. den Punktwert 0 vergeben, würde eine weitere Objektivierung erreicht werden. Durch die Vergabe von Zwischenwerten hat der Prüfer die Möglichkeit,

---

960 Vgl. J. Colbert / Audit Risk .../ S. 55 ff.; Vgl. B. Cushing / Analytical Approaches ... / S. 28 ff.; Vgl. R. Lea / Modeling of the ... / S. 152 ff.

961 Detaillierte Informationen zum Thema "Fragebogentechnik" können dem Kapitel "Systemaufnahme" entnommen werden.

962 Vgl. H. Sabel / Produktpolitik in absatzwirtschaftlicher ... / S. 97 ff.

sein subjektives Ermessen stärker bei der Urteilsbildung einfließen zu lassen. Dies setzt jedoch voraus, dass die Fragen eindeutig formuliert sind.[963]

Dieses Verfahren zeichnet sich durch seine hohe Praktikabilität aus. Zusätzlich kann der Prüfer die Ergebnisse im Zeitablauf durch die Gegenüberstellung der verschiedenen Ergebnisse vergleichen und bewerten.[964]

5.4 Einfluss der aussagebezogenen Prüfungshandlungen auf das Prüfungsrisiko

Die Unternehmensleitung des geprüften Unternehmens ist verantwortlich für die wahrheitsgetreue Darstellung der im Jahresabschluss und im Lagebericht enthaltenen Informationen.[965] Durch den Abschlussprüfer soll die Verlässlichkeit der in Jahresabschluss und Lagebericht enthaltenen Aussagen zur Rechnungslegung mit hinreichender Sicherheit bestätigt und insoweit deren Glaubhaftigkeit erhöht werden. Dabei erfolgt die Risikoeinschätzung auf der Ebene der einzelnen relevanten Aussagen in der Rechnungslegung. Entsprechend sind hierauf die Prüfungshandlungen auszurichten.

Bei den Aussagen zur Rechnungslegung handelt es sich dabei um:

- Accuracy (Richtigkeit)
- Completeness (Vollständigkeit)
- Cutoff (Abgrenzung)
- Existence (Vorhandensein)
- Occurrence (Eintritt)
- Classification (Ausweis)
- Transparency (Darstellung)
- Rights and Obligations (Wirtschaftliches Eigentum und Verpflichtung)
- Valuation (Bewertung)

---

963 Vgl. V. Peemöller / Über die Technik der ... / S. 229 ff.
964 Vgl. G. Brown / Objective Internal Control ... / S. 53 ff.
965 Vgl. ISA 500.5.

Die Prüfungsnachweise müssen ausreichend und angemessen sein, damit die Prüfungsfeststellungen mit hinreichender Sicherheit getroffen werden können.[966] Dies gilt sowohl für die Prüfung des IKS als auch für aussagebezogene Prüfungshandlungen. Mit "ausreichend" ist der quantitative Maßstab und "angemessen" der qualitative Maßstab zur Einschätzung über den erforderlichen Umfang der einzuholender Prüfungsnachweise zu verstehen. Beide Maßstäbe gehören zusammen: Demnach kann eine größere Anzahl voneinander unabhängiger Prüfungsnachweise deren geringere Verlässlichkeit kompensieren. Grundsätzlich sind für jede Aussage in der Rechnungslegung Prüfungsnachweise einzuholen. Art, Zeitpunkt und Umfang der hierzu erforderlichen aussagebezogenen Prüfungshandlungen sind - neben der Beurteilung des inhärenten und des Kontrollrisikos - abhängig von der jeweils zu beurteilenden Aussage in der Rechnungslegung. Auf eine bestimmte Aussage in der Rechnungslegung gerichtete Prüfungsnachweise können dementsprechend den Verzicht auf Prüfungsnachweise zu anderen Aussagen in der Rechnungslegung nicht ausgleichen.

So gleicht z.B. ein auf das Vorhandensein eines Vermögensgegenstandes gerichteter Prüfungsnachweis nicht die Notwendigkeit zur Einholung eines auf die Bewertung des Vermögensgegenstandes gerichteten Prüfungsnachweises aus. Allerdings können die einzelnen durchgeführten Prüfungshandlungen gleichzeitig als Prüfungsnachweise für mehr als eine Aussage in der Rechnungslegung dienen. So kann z.B. der Geldeingang nach dem Abschlussstichtag einen Prüfungsnachweis sowohl für das Vorhandensein der Forderung als auch für deren Bewertung darstellen. Bei der Auswahl der durchzuführenden Prüfungshandlungen ist nach dem Grundsatz der Wirtschaftlichkeit das Verhältnis zwischen den Kosten zur Erlangung der Prüfungsnachweise und dem Nutzen der erlangten Informationen zu berücksichtigen.[967] Prüfungshandlungen, die zur Erlangung von Prüfungsnachweisen erforderlich sind, dürfen jedoch nicht alleine deshalb unterlassen werden, weil mit ihrer Durchführung Schwierigkeiten und Kosten verbunden sind.

Die Abgabe eines zutreffenden Bestätigungsvermerks setzt das Entdecken von wesentlichen Fehlern in Geschäftsvorfällen, Kontensalden oder Jahresab-

[966] Vgl. ISA 500.5 ff.
[967] Vgl. ISA 500.13.

schlussposten (inkl. der unterstützenden IT Systeme) voraus. Das Entdeckungsrisiko müsste demnach möglichst gering gehalten werden, um das Risiko der Abgabe eines unzutreffenden Bestätigungsvermerks ebenfalls minimal zu halten. Dies wäre jedoch unwirtschaftlich. Der Abschlussprüfer bezieht aus diesem Grund das Fehlerrisiko in die Beeinflussung des Entdeckungsrisikos ein. Er ist dabei bestrebt, das Entdeckungsrisiko in Abhängigkeit vom Fehlerrisiko so zu beeinflussen, dass ein akzeptables Prüfungsrisiko gerade nicht überschritten wird.

Das Entdeckungsrisiko in der Ausprägung des personenbezogenen Risikos kann nicht in diesen Risikoausgleich einbezogen werden. Dies ist auf den Umstand zurückzuführen, dass sachgerechte Prüfungsentscheidungen eine Minimierung des personenbezogenen Risikos voraussetzen.[968] Der Risikoausgleich findet daher lediglich zwischen dem Fehlerrisiko und dem Verfahrensrisiko statt.

Der Abschlussprüfer greift zur Festlegung seiner verfahrensbezogenen Maßnahmen auf die Erkenntnisse aus der Fehlerrisikoanalyse zurück. Er legt entsprechend dieser Erkenntnisse seine Maßnahmen pro Prüffeld (Fehlerort) und Prüfungsziel (Fehlerart) in Abhängigkeit von der Wahrscheinlichkeit wesentlicher Fehler so fest, dass ein vorgegebenes Prüfungsrisiko nicht überschritten wird. Der Abschlussprüfer prüft auf diese Weise in Bereichen mit einem hohen Fehlerrisko intensiver als in Bereichen mit einem geringen Fehlerrisiko bzw. akzeptiert in Bereichen mit einem geringen Fehlerrisiko ein höheres verfahrensbezogenes Risiko.

Das verfahrensbezogene Risiko kann der Abschlussprüfer durch die Festlegung von Art, Umfang und Zeitpunkt seiner Prüfungshandlungen sowie durch die Wahl seiner Informationsquellen beeinflussen. Diese Maßnahmen sind auf eine Beeinflussung der Bestimmungsfaktoren des verfahrensbezogenen Risikos gerichtet. Es handelt sich daher um ursachenbezogene Maßnahmen.[969]

---

968 C. Diehl / Risikoorientierte Abschlussprüfung / S. 1115.

969 Zum Begriff der ursachenbezogenen Risikobewältigungsmaßnahmen siehe S. Härterich / Risk Management ... / S. 157; Vgl. C. Imboden / Risikohandhabung. Ein .../ S. 255.

Durch die Art der Prüfungshandlungen wird bestimmt, welche Prüfungsobjekte direkt (Einzelfallprüfungen[970]) oder indirekt (analytische Prüfungshandlungen[971]) geprüft werden. Mit der Festlegung des Umfangs der Prüfungshandlungen entscheidet der Abschlussprüfer darüber, wie viele Prüfungsobjekte eines Prüffelds von ihm geprüft werden. Durch die Wahl des Zeitpunkts der Prüfungshandlungen wird bestimmt, auf welchen Zeitpunkt sich die gewonnenen Prüfungsinformationen beziehen. Als Zeitpunkte kommen der Bilanzstichtag oder Zeitpunkte während des Geschäftsjahrs in Betracht. Mit der Wahl der Informationsquelle wird festgelegt, in welchem Umfang Beobachtungen, Befragungen oder Dokumente zur Informationsgewinnung herangezogen werden.

Die Maßnahmen zur Beeinflussung des verfahrensbezogenen Risikos werden vom Abschlussprüfer im Allgemeinen nicht isoliert, sondern kombiniert eingesetzt. Dies ergibt sich einerseits aus sachlichen Zwängen und andererseits aus prüfungstaktischen Überlegungen: Die sachlichen Zwänge bestehen darin, dass die Wahl der Informationsquelle einen Bestandteil der Prüfungshandlungen[972] des Abschlussprüfers darstellt.

Er wird daher seine Prüfungshandlungen immer in Verbindung mit einer der genannten Informationsquellen durchführen. Prüfungstaktische Überlegungen können beispielsweise darin bestehen, Einzelfallprüfungen und analytische Prüfungshandlungen zu kombinieren, um beweiskräftige Prüfungsinformationen zu erhalten. Der Abschlussprüfer nutzt insoweit die Tatsache, dass die aus Einzelfallprüfungen gewonnenen Erkenntnisse einen höheren Stellenwert besitzen, wenn sie zusätzlich durch Informationen aus analytischen Prüfungshandlungen ergänzt werden. GRAHAM[973] führt in diesem Zusammenhang wie folgt aus:

"Even when the intention of performing analytical review procedures is not to substantially reduce the detail testing they can still enhance the audit effectiveness by corroborating the results of other audit procedures."

---

970 Formen der Einzelfallprüfung können z.B. sein: Beobachtung, Befragung (Interview), Einsichtnahme in Unterlagen, Überprüfung von IT-Systemeinstellungen, IT-Systemauswertungen, Bestätigung, Inaugenscheinnahme von Vermögenswerten, Rechnerische Überprüfung und Erneute Durchführung/Nachvollzug.

971 Formen der analytischen Prüfungshandlungen können z.B. sein: Plausibilitätsbeurteilungen von Verhältniszahlen und Schwankungen sowie Trend- und Kennzahlenanalysen.

972 Zum Begriff der Prüfungshandlungen siehe W. Lück / Lexikon der ... / S. 604.

973 Vgl. L. Graham / Audit risk ... / S. 45.

Der Abschlussprüfer muss bei der Beeinflussung des verfahrensbezogenen Risikos beachten, dass durch die Wahl seiner Informationsquelle die Beweiskraft seiner Prüfungsinformationen in gewissen Grenzen festliegt. Dies ist darauf zurückzuführen, dass die Beweiskraft von Prüfungsinformationen aus Befragungen und Dokumenten durch Faktoren bestimmt wird, die er zumindest auf kurze Sicht nicht beeinflussen kann. Zu diesen Faktoren zählen beispielsweise die Qualität des internen Kontrollsystems sowie die Qualifikation des Erstellers von Prüfungsinformationen.[974] Der Abschlussprüfer ist daher nicht in der Lage, das verfahrensbezogene Risiko beliebig zu beeinflussen.

Audit Risk Modelle bilden die theoretische Grundlage der Überlegungen zur Beeinflussung des verfahrensbezogenen Risikos.[975] Bereits im Jahre 1972 wurde vom amerikanischen Berufsstand im Appendix A zum Statement on Auditing Procedures (SAP) No. 54 ein Vorläufer der derzeit in der Literatur diskutierten Audit Risk Modelle vorgestellt.[976] Hierbei wurde von folgendem Ansatz ausgegangen:[977]

$$\mathbf{S = 1 - \frac{(1-R)}{(1 - C)}} \qquad \mathbf{(1)}$$

wobei: S = Sicherheit aus ergebnisorientierten Prüfungshandlungen
R = gewünschte Prüfungssicherheit (der gesamten Prüfung)
C = Vertrauen in das Interne Kontrollsystem

Die Idee dieses Ansatzes bestand darin, die erforderliche Sicherheit aus ergebnisorientierten Prüfungshandlungen (S) in Abhängigkeit vom Vertrauen in das Interne Kontrollsystem (C) und in Abhängigkeit von der angestrebten Prüfungssicherheit der Gesamtprüfung (R) festzulegen.

---

974 Vgl. H. Löw / Informationsprozesse bei .../ S. 225 ff; Vgl. A. Sperl / Prüfungsplanung / S.70 ff; Vgl. J. Hagest / Zur Logik ... / S. 51 ff.

975 Vgl. C. Diehl / Risikoorientierte Abschlussprüfung/ S.1115 ff; Vgl. H. Wiedmann / Der risikoorientierte .../ S. 18 ff; Vgl. R. Adams / Risks in ... / 101 ff; Vgl. L. Graham / Audit Risk / S. 12 ff; Vgl. J. Theodore / Risk Assessment … / S. 39 ff; Vgl. C. Brumfield / Business Risk … / S. 60 ff; Vgl. B. Cushing / Analytical Procedures … / S. 23 ff.

976 Vgl. L. Graham / Audit Risk / S. 16; Vgl. B. Cushing / Analytical Procedures… / S. 25.

977 Zitiert nach B. Cushing / Analytical Procedures … / S. 25.

STRINGER[978] schlug 1975 eine Erweiterung dieses Ansatzes vor. Er unterteilte die gewünschte Sicherheit aus ergebnisorientierten Prüfungshandlungen in die Sicherheit aus Einzelfallprüfungen (D) und die Sicherheit aus analytischen Prüfungshandlungen (A) unter Verwendung folgender Gleichung:

S = 1 - (1 - A) * (1 - D) **(2)**

wobei: S = Sicherheit aus ergebnisorientierten Prüfungshandlungen
A = Sicherheit aus analytischen Prüfungshandlungen
D = Sicherheit aus Einzelfallprüfungen

Durch Einsetzen dieses Ausdrucks in die Gleichung **(1)** ergibt sich unter Auflösung nach R:

R = 1 - (1 - C) * (1 - A) * (1 - D) **(3)**

wobei: R = gewünschte Prüfungssicherheit (der gesamten Prüfung)
C = Vertrauen in das Interne Kontrollsystem
A = Sicherheit aus analytischen Prüfungshandlungen
D = Sicherheit aus Einzelfallprüfungen

Die einzelnen Faktoren der Gleichung (3) stehen bereits für das Kontrollrisiko (1 - C), das Risiko aus der analytischen Prüfung (1 - A) sowie das Risiko aus der Einzelfallprüfung (1 - D).

Dies lässt erkennen, dass es lediglich eines kleinen Schrittes bedurfte, um die Abwendung vom Denken in Sicherheitskategorien zu vollziehen. Die Überlegungen wurden dennoch bis zu diesem Zeitpunkt vom Sicherheitsgedanken geprägt. ANDERSON[979] schlug 1977 den Einbezug des inhärenten Risikos in die bisherigen Modellüberlegungen vor.

[978] Vgl. K. Stringer / Statistical Technique ... / S. 3.
[979] Vgl. R. Anderson / The Interrelationship ... / S. 86.

Dies bedeutete zugleich die endgültige Abkehr vom Denken in Sicherheitskategorien. ANDERSON[980] führte hierzu aus:

"... the concept of an appropriate degree of assurance from the audit opinion can be examined in terms of the complement of such assurance: the risk of undetected misstatements remaining in the audited financial statements."

In der Folgezeit wurden in der Literatur[981] weitere Vorschläge zur Bildung von Audit Risk Modellen unterbreitet. In Anlehnung an MOCK/VERTINSKY[982] lassen sich insbesondere folgende Ansätze unterscheiden:

(1) AR = CR * AP * TD

(2) AR = IR * CR * AP * TD

(3) AR = IR * CR * AP * (TDs + TDns)

wobei:	AR	=	Prüfungsrisiko
	IR	=	Inhärentes Risiko
	CR	=	Kontrollrisiko
	AP	=	Analytisches Risiko
	TD	=	Risiko aus der Einzelfallprüfung
	TDs	=	Stichprobenrisiko aus der Einzelfallprüfung
	TDns	=	Nicht-Stichprobenrisiko aus der Einzelfallprüfung

Im Mittelpunkt der derzeitigen Diskussion in der Literatur steht der zweite Ansatz.[983] Dieser geht auf den Vorschlag des amerikanischen wirtschaftsprüfenden Berufsstands (AICPA) zurück, der in seinem Appendix zum SAS 39 "Audit Sampling" niedergelegt ist.

Dieser Vorschlag stellt durch seine Abkehr vom Sicherheitsdenken und durch den Einbezug des inhärenten Risikos in die Modellüberlegungen eine Weiterentwicklung des Modells in SAP No. 54 dar.

---

980 Vgl. R. Anderson / The Interrelationship ... / S. 86.

981 Vgl. D. Leslie / Dollar-Unit-Sampling / S. 297 ff, Vgl. T. Mock / Risk Assessment ... / S. 42.

982 Vgl. T. Mock / Risk Assessment ... / S. 42.

983 Vgl. C. Diehl / Risikoorientierte Abschlussprüfung / S. 1115 ff; Vgl. H. Wiedmann / Der risikoorientierte ... / S.197 ff; Vgl. O. Paris / New Wine ... / S. 82.

Danach müssen wesentliche Fehler eine Reihe von "Kontrollpunkten" passieren, um unerkannt in den Jahresabschluss zu gelangen (Prüfungsrisiko). Auf einer ersten Stufe wird ein Teil dieser Fehler durch das Interne Kontrollsystem vom Jahresabschluss ferngehalten. Fehler, die diesen "Kontrollpunkt" passieren, werden zum Teil durch den Abschlussprüfer im Rahmen seiner Prüfungshandlungen entdeckt und durch das zu prüfende Unternehmen korrigiert. Lediglich die auch durch den Abschlussprüfer nicht entdeckten Fehler gelangen in den Jahresabschluss.

Werden, wie im Modell unterstellt, alle vom Abschlussprüfer aufgedeckten Fehler durch das zu prüfende Unternehmen korrigiert, erstreckt sich das Prüfungsrisiko auf die im Rahmen der Jahresabschlussprüfung nicht entdeckten, wesentlichen Fehler. Eine Festlegung des Prüfungsrisikos auf 5 % (overall audit risk) führt den Abschlussprüfer dann zu der Endaussage, dass mit einem Sicherheitsgrad von 95% keine wesentlichen Fehler im geprüften Jahresabschluss enthalten sind.[984]

Die Grundidee des Audit Risk Modells bestand ursprünglich darin, den Stichprobenumfang für die Einzelfallprüfungen zu bestimmen.[985] Dadurch sollte das Risiko von Fehlurteilen sowohl auf der Ebene der individuellen Prüffelder als auch auf der Gesamtebene des Jahresabschlusses minimal gehalten werden.[986]

Das nachfolgende Beispiel illustriert das Vorgehen:

AR = 0,05 (95 % Prüfungssicherheit)
IR = 0,75
CR = 0,50
AP = 0,50

$$\mathbf{TD = \frac{AR}{(IR * CR * AP)} = \frac{0{,}005}{0{,}75 * 0{,}50 * 0{,}50} = 0{,}26}$$

984 Vgl. H. Wiedmann / Der risikoorientierte ... / S. 16.
985 Vgl. L. Graham / Audit Risk / S. 18.
986 Allgemein wird von einem tolerablen Risikoniveau von 5 % auf beiden Ebenen ausgegangen. Vgl. H. Wiedmann / Der risikoorientierte ... / S. 16.

Der Abschlussprüfer legt zunächst das Prüfungsrisiko fest (AR hier: 5%). Danach bestimmt er die Werte für das inhärente Risiko (IR hier: 75%) und das Kontrollrisiko (CR hier: 50%). In einem weiteren Schritt entscheidet er darüber, welche ergebnisorientierten Prüfungshandlungen er durchführt, um das akzeptierte Prüfungsrisiko (AR hier: 5%) nicht zu überschreiten bzw. die angestrebte Prüfungssicherheit zu erreichen. Dabei ist von ihm zu bedenken, dass Einzelfallprüfungen sehr zeitaufwendig (und somit auch kostenintensiv) sind und ihr Gewinn an Prüfungssicherheit pro Zeiteinheit (z.B. Tage) im Vergleich zu analytischen Prüfungshandlungen eher gering ist. Der Abschlussprüfer wird daher aus Wirtschaftlichkeitsgesichtspunkten zunächst analytische Prüfungshandlungen durchführen.

Nachdem der Abschlussprüfer seine analytischen Prüfungshandlungen durchgeführt und das Risiko aus der analytischen Prüfung (AP hier: 50%) bestimmt hat, kann er in einem weiteren Schritt durch Einsetzen der bisherigen Werte in die Gleichung des Audit Risk Modells unter Auflösung der Gleichung nach "TD" (Risiko aus der Einzelfallprüfung) das akzeptierte Risiko für seine Einzelfallprüfungen ermitteln (TD hier: 26%). Dieses Risiko darf nicht überschritten werden, wenn das Gesamtprüfungsrisiko nicht höher als 5% betragen soll.

In einem abschließenden Schritt ermittelt der Abschlussprüfer auf der Grundlage des Risikos aus der Einzelfallprüfung den nötigen Stichprobenumfang für seine Einzelfallprüfung.[987] Der Prüfungsumfang wird so gewählt, dass der nötige Sicherheitsgrad (hier: 74%) gerade erreicht wird.

Die Zusammenhänge zwischen den einzelnen Risiken werden anhand dieses Beispiels ohne weiteres erkennbar.

- Je kleiner das inhärente Risiko und das Kontrollrisiko sind, desto größer darf bei gegebenem Risiko aus analytischen Prüfungshandlungen das Risiko aus der Einzelfallprüfung sein, um dennoch ein vorgegebenes Prüfungsrisiko nicht zu überschreiten.

[987] Vgl. C. Diehl / Strukturiertes Prüfungsvorgehen ... / S. 198 ff; Vgl. R. Adams / A Model ... / S. 122; Vgl. R. Adams / Risks in ... / S. 102.

Die Mindeststichproben sind abhängig von der Menge der akzeptierbaren Fehler und der zu generierenden Prüfungssicherheit. Umso wichtiger die Eigenschaft ist, die in dem jeweiligen Verfahren geprüft wird, und umso größer die gewünschte Prüfungssicherheit sein soll, desto größer muss der Mindeststichprobenumfang sein und desto niedriger wird die annehmbare Fehlerhäufigkeit sein. Liegt die Fehlerquote im erwarteten und tolerierbaren Bereich, kann das Prüfungsziel als erfüllt angesehen werden und eine Ausweitung der Stichprobe bzw. des Stichprobenumfangs entfällt.

Auch wenn Fehler grundsätzlich toleriert werden können, bedeutet dies jedoch nicht automatisch, dass Fehler akzeptiert werden müssen. Bei der Festlegung der tolerierbaren Fehler ist die Art des durchgeführten Tests von entscheidender Bedeutung. So wäre es beispielsweise bei einem Test der Abstimmung wichtiger Konten nicht korrekt, irgendeinen Fehler im Rahmen der Bankenabstimmung zu akzeptieren.

Die Auswahl der einzelnen Stichprobenelemente sollte als reine Zufallsauswahl erfolgen.

Die Ermittlung des Stichprobenumfangs und der Stichprobenauswahl sowie die Festlegung der Toleranzgrenze für identifizierte Fehler soll hier nicht Gegenstand der Arbeit und somit der folgenden Beispiele sein. Sie werden zur Vereinfachung als gegeben unterstellt.

5.5 Beispiele zum Einsatz der Ordnungsmäßigkeitscheckliste

Zur Generierung von Beispielen und somit zum besseren Verständnis wird eine mittelgroße Gesellschaft in der Gesellschaftsform einer GmbH (Gesellschaft mit beschränkter Haftung) aus dem Industrie-Segment IP-Metals zugrunde gelegt.

Diese Gesellschaft produziert Stahl und verkauft diesen sowohl an Zwischenhändler als auch direkt an Endkunden. Teilweise wird der gehandelte Stahl auch zugekauft. Das Geschäftsjahr ist gleich dem Kalenderjahr. Prüfungsgegenstand sind die Forderungen (Kunden) und Verbindlichkeiten (Lieferanten), also der Bereich Kontokorrente.

Im Rückkehrschluss auf die Anforderungen der GoB, wie beispielsweise die Vollständigkeit, Richtigkeit, Nachvollziehbarkeit, Periodengerechtigkeit usw., lassen sich folgende Risiken im Bereich der Kontokorrente ableiten:

- Bei unsachgemäßer Handhabung der Aktivitäten bzw. der Anlage und Pflege der Einstellungen im Bereich der Kontokorrentenstamm- und Steuerungsdaten besteht das Risiko, dass die ordnungsgemäße Buchung und somit die vollständige, richtige und periodengerechte Erfassung, Zuordnung und Weiterverarbeitung von Daten nicht vorgenommen werden kann (z.B. durch die Anlage von Dubletten, falsche Zahlungsbedingungen, falsche Kreditlimits) und das Hauptbuch nicht mit dem Nebenbuch abstimmbar ist (z.B. durch direkte Buchung auf dem Sachkonto, Änderung an der automatischen Kontenfindung, falsche Belegarten usw.). Dadurch können fehlerhafte oder unvollständige Ergebnisse erzeugt werden und es zu einem Verlust der Nachvollziehbarkeit bzw. des Audit Trails (z.B. in Form einer Belegflussprüfung) kommen. Dies beeinträchtigt die Ordnungsmäßigkeit der Buchführung und kann zu fehlerhaften Informationen führen, die als Basis für Entscheidungen der Unternehmensleitung dienen.

<u>Annahme:</u>

Es wird unterstellt, dass :

- die Berechtigungen ordnungsgemäß vergeben worden sind,
- eine hohe und gesicherte Datenqualität gegeben ist,
- die vorbereitenden analytischen Prüfungshandlungen sowie die Aufbau- und Funktionsprüfung des IKS durchgeführt wurden. Dabei werden zunächst die Prüfungshandlungen des IKS für den Bereich Kontokorrente (Debitoren/ Kreditoren) beispielhaft anhand der Checkliste vorgestellt (vgl. hierzu die Tabelle "Beispiel Checkliste zur Prüfung der Ordnungsmäßigkeit Kontokorrente" im Folgenden). Um die verschiedenen Risikoeinstufungen und den Umfang der sich daraus ableitenden aussagebezogenen Prüfungshandlungen darzustellen, werden im Folgenden die verschiedenen Ergebnisvarianten (abhängig von der simulierten vorgefundenen Fehleranzahl) beschrieben.

Im Rahmen der Prüfung des IKS wurden 100 Stichproben gezogen. Um die einzelnen Risikoeinstufungen symbolisch darstellen zu können, unterstellen wir, dass im Durchgang:

a) 1 Fehler,
b) 3 Fehler und
c) 6 Fehler
d) unterschiedliche Fehlerhäufigkeiten (Durchschnittsausprägung)

je Prüfziel identifiziert worden sind.

Zur Ableitung der vorgefundenen Fehler in die Risikoeinstufung "gering", "mittel" und "hoch" wird die folgende Tabelle zugrunde gelegt.

Fehleranteil in den Verarbeitungsergebnissen (in % oder realen Zahlen)	Wahrscheinlichkeit für das Kontrollrisiko
0 bis 2 %	Niedrig / Gering
2 bis 4 %	Mittel
mehr als 4 %	Hoch[988]

Tabelle 19:Bsp. Bemessung Wahrscheinlichkeiten für das Kontrollrisiko

Somit haben die Durchgänge a - c folgende Risikoeinstufung:

a) 1 Fehler (= 1% Fehleranteil) > entspricht der Risikoeinstufung "Gering",
b) 3 Fehler (= 3% Fehleranteil) > entspricht der Risikoeinstufung "Mittel" und
c) 6 Fehler (= 6% Fehleranteil) > entspricht der Risikoeinstufung "Hoch",
d) unterschiedliche Fehlerhäufigkeiten (Durchschnittsausprägung) > siehe Ausführungen zu Prüffeld 4 auf den folgenden Seiten.

Die Ermittlung des Stichprobenumfangs und der Stichprobenauswahl sowie die Festlegung der Toleranzgrenze für identifizierte Fehler soll hier nicht Gegenstand der Arbeit und somit dieser Beispiele sein. Sie werden als zur Vereinfachung als gegeben unterstellt.

988 Quelle: In Anlehnung an Patrick Adenauer: Berücksichtigung des Internen Kontrollsystems bei der Jahresabschlussprüfung. Bergisch Gladbach und Köln 1989, S. 192.

Zur Prüfung des IKS für den Bereich Kontokorrente wurden folgende Aktivitäten durchgeführt:

Prüfungsziel:	Prüfungsaktivität:
Verfahrensanweisung: Existieren schriftlich fixierte Verfahrensanweisungen bzw. -dokumentationen bezogen auf die Anlage und Pflege der Stammdaten und steuerungs- sowie rechnungslegungsrelevanten Einstellungen, der durchzuführenden Kontrollen und Prüfungshandlungen sowie die damit zusammenhängenden Korrekturmaßnahmen bei Differenzen und den Verantwortlichkeiten? Werden diese Verfahrensanweisungen bzw. –dokumentationen entsprechend der gesetzlichen Anforderungen aufbewahrt?	In der Regel existieren bei den Gesellschaften entsprechende Verfahrensdokumentationen. Im Rahmen der Prüfung wird jedoch des Öfteren festgestellt, dass diese Unterlagen nicht übergreifend, nachvollziehbar oder ausreichend detailliert dokumentiert sind. Im Rahmen der Prüfung wurden die Verfahrensanweisungen, die den Bereich „Kontokorrente" betreffen, aufgenommen und ausgewertet. Dabei erfolgte eine Prüfung dahingehend, ob alle relevanten Sachverhalte und Aktivitäten inkl. der Rollen angemessen, vollständig und nachvollziehbar durch das Unternehmen dokumentiert wurden.
Richtig-, Vollständig- und Periodengerechtigkeit: Durch welches Verfahren wird seitens des Unternehmens sichergestellt, dass die Stammdaten und steuerungs- sowie rechnungslegungsrelevanten Einstellungen zu richtigen, periodengerechten und vollständigen Buchungen führen?	Es wurden die Kreditorensaldenliste (Report "RFKSLD00") und die Debitorensaldenliste (Report "RFDSLD00") mit dem Belegjournal (Report "RFBELJ00") gegeneinander abgestimmt. Des Weiteren wurden mittels der Transaktionen "FK03" (Anzeige Kreditorenstammsatz) und "FD03" (Anzeige Debitorenstammsatz) die in den Stammsätzen hinterlegten Hauptbuchkonten (auf diese werden die auf das Nebenbuchkonto gebuchten Werte weitergeleitet) überprüft.
Aufbewahrungsfristen: Werden die Stammdatenänderungsprotokolle und die Änderungsprotokolle der rechnungslegungs- und steuerungsrelevanten Einstellungen	Es wurde geprüft, ob Stammdatenänderungsprotokolle und die Änderungsprotokolle der steuerungs- und rechnungslegungsrelevanten Einstellungen den gesetzlichen Anforderungen entsprechend aufbewahrt

Prüfungsziel:	Prüfungsaktivität:
entsprechend der gesetzlichen Vorgaben und Aufbewahrungspflichten bzw. -fristen archiviert?	wurden. In diesem Zusammenhang wurden die o.g. Protokolle stichprobenartig durch den Prüfer eingesehen und bewertet.
Genehmigung und Änderungsprotokollierung: Durch welches Verfahren wird seitens des Unternehmens sichergestellt, dass Änderungen an den Stammdaten und den steuerungs- sowie rechnungslegungsrelevanten Einstellungen genehmigt, vollständig und richtig erfasst und verarbeitet werden und nachvollziehbar sind?	Die Ergebnisse der Reports "RFDABL00“ zur Analyse der Debitorenänderungen und „RFKABL00“ zur Analyse der Kreditorenänderungen wurden mit den dokumentierten Änderungs- bzw. Genehmigungsformularen sowie den dazugehörigen Unterschriftenregelungen abgestimmt. Weiterhin wurde stichprobenartig geprüft, ob für die vorgenommenen Änderungen eine schriftlich dokumentierte Genehmigung vorlag.
Integrität und Freigabeverfahren: Durch welches Verfahren wird seitens des Unternehmens sichergestellt, dass alle Änderungen an den Stammdaten und den steuerungs- sowie rechnungslegungsrelevanten Einstellungen getestet und durch die Fachabteilung freigegeben werden?	Es wurde stichprobenartig geprüft, ob für die Änderungen an den Stammdaten und den steuerungs- sowie rechnungslegungsrelevanten Einstellungen Testrichtlinien existieren, Tests durchgeführt und deren Ergebnisse dokumentiert wurden sowie eine Freigabe durch den betroffenen Fachbereich erfolgt ist. Weiterhin wurde geprüft, ob diese schriftlich fixierte Freigabe ordnungsgemäß archiviert wurde und die Unterschriftenregelungen eingehalten worden sind.
Übereinstimmung Nebenbuch- und Hauptbuch: Durch welches Verfahren wird seitens des Unternehmens sichergestellt, dass die Bewegungsdaten vollständig und richtig auf den richtigen Nebenbuchkonten erfasst und von dort aus auf die richtigen Hauptbuchkonten weitergeleitet werden?	In diesem Bereich wurden mittels der Transaktionen "FK03" (Anzeige Kreditorenstammsatz) und "FD03" (Anzeige Debitorenstammsatz) die in den Stammsätzen hinterlegten Mitbuchkonten (Hauptbuchkonten, auf die die auf den Nebenbuchkonten gebuchten Werte weitergeleitet bzw. mitgebucht werden) auf ihre Richtigkeit und Vollständigkeit hin überprüft. In einem weiteren Schritt wurde die

Prüfungsziel:	Prüfungsaktivität:
	Tabelle "T044Z" (Kontokorrentkonten mit geänderten Mitbuchkonto) zur Identifizierung von Kontokorrentkonten mit geänderten Mitbuchkonto ausgewertet. Des Weiteren wurde mittels des Reports "SAPF190" (Abstimmanalyse Finanzbuchhaltung - Große Umsatz-probe) geprüft, ob wertmäßige Differenzen zwischen den Nebenbüchern und dem Hauptbuch existieren. Ergänzend erfolgte ein Abgleich der Sachkontensaldenliste (Report "RFSSLD00") mit der Kreditorensaldenliste (Report "RFKSLD00") und der Debitorensaldenliste (Report "RFDSLD00"). Bei identifizierten Differenzen wurden diese mittels der Reports "RFDOPO00" (Debitoren offene Posten) und "RFKOPO00" (Kreditoren offene Posten) analysiert.
Funktionentrennung und Berechtigungskonzept: Wie wird durch das Unternehmen sichergestellt, dass lediglich berechtigte Benutzer Zugang zu den Stammdaten und steuerungs- sowie rechnungslegungs-relevanten Einstellungen haben und ihr Verantwortungsbereich ihren Aufgaben entsprechend abgegrenzt ist? Existiert diesbezüglich ein verbindliches Berechtigungskonzept und ist dieses im System umgesetzt?	Die Verantwortlichkeiten wurden anhand der Organigramme und Arbeitsplatzbeschreibungen aufgenommen und mit dem Berechtigungskonzept abgestimmt. Des Weiteren wurden die Reports "RFDABL00“ (Debitorenänderungen) und „RFKABL00“ (Kreditorenänderungen) analysiert. Die Personen, die die Änderungen vorgenommen haben, wurden mit dem Berechtigungskonzept abgestimmt.

Tabelle 20:Bsp. Checkliste zur Prüfung Ordnungsmäßigkeit Kontokorrente

Prüffeld 1: Minimalausprägung (geringes Kontrollrisiko) > Durchgang "a":

Prüfungsziel:	Prüfungsaktivität	Risikoeinstufung Gering (G)	Mittel (M)	Hoch (H)
Verfahrensanweisung		1		
Richtig-, Vollständig- und Periodengerechtigkeit		1		
Aufbewahrungsfristen		1		
Genehmigung und Änderungsprotokollierung		1		
Integrität und Freigabeverfahren		1		
Übereinstimmung Nebenbuch und Hauptbuch		1		
Funktionentrennung und Berechtigungskonzept		1		
Gesamtwert:		**7**		

Tabelle 21:Minimalausprägung (geringes Kontrollrisiko)

7 (Gesamtwert) mal 3 (maximale Gewichtung) = 21

1 bis 21 Punkte: geringes Kontrollrisiko (G)
22 bis 42 Punkte: mittleres Kontrollrisiko (M)
43 bis 63 Punkte: hohes Kontrollrisiko (H)

CR = 21 im Verhältnis zu 63 = **0,33**

Aussagebezogene Prüfungshandlungen:

Es sollten analytische Prüfungshandlungen i.V.m. einer geringen Stichprobe an Einzelfallprüfungen zur Verprobung dahingehend durchgeführt werden, dass wirklich nur ein geringes Risiko existiert, die Einstufung verlässlich ist sowie die benötigte Prüfungssicherheit gewährleistet ist.

Prüffeld 2: Mittlere Ausprägung (mittleres Kontrollrisiko) > Durchgang "b":

		Risikoeinstufung		
Prüfungsziel:	**Prüfungsaktivität**	**Gering (G)**	**Mittel (M)**	**Hoch (H)**
Verfahrensanweisung			2	
Richtig-, Vollständig- und Periodengerechtigkeit			2	
Aufbewahrungsfristen			2	
Genehmigung und Änderungsprotokollierung			2	
Integrität und Freigabeverfahren			2	
Übereinstimmung Nebenbuch und Hauptbuch			2	
Funktionentrennung und Berechtigungskonzept			2	
Gesamtwert:			14	

Tabelle 22:Mittlere Ausprägung (mittleres Kontrollrisiko)

14 (Gesamtwert) mal 3 (maximale Gewichtung) = 42

1 bis 21 Punkte: geringes Kontrollrisiko (G)
22 bis 42 Punkte: mittleres Kontrollrisiko (M)
43 bis 63 Punkte: hohes Kontrollrisiko (H)

CR = 42 im Verhältnis zu 63 = **0,66**

Aussagebezogen Prüfungshandlungen:

Hier sollte ein Mix aus analytischen Prüfungshandlungen und Einzelfallprüfungen (hier jedoch ein höherer Stichprobenumfang als bei der Einstufung "Geringes Risiko") durchgeführt werden, um die benötigte Prüfungssicherheit zu erlangen.

Prüffeld 3: Maximalausprägung (hohes Kontrollrisiko) > Durchgang "c":

		Risikoeinstufung		
Prüfungsziel:	**Prüfungsaktivität**	**Gering (G)**	**Mittel (M)**	**Hoch (H)**
Verfahrensanweisung				3
Richtig-, Vollständig- und Periodengerechtigkeit				3
Aufbewahrungsfristen				3
Genehmigung und Änderungsprotokollierung				3
Integrität und Freigabeverfahren				3
Übereinstimmung Nebenbuch und Hauptbuch				3
Funktionentrennung und Berechtigungskonzept				3
Gesamtwert:				21

Tabelle 23:Maximalausprägung (hohes Kontrollrisiko)

21 (Gesamtwert) mal 3 (maximale Gewichtung) = 63

1 bis 21 Punkte: geringes Kontrollrisiko (G)
22 bis 42 Punkte: mittleres Kontrollrisiko (M)
43 bis 63 Punkte: hohes Kontrollrisiko (H)

CR = 63 im Verhältnis zu 63 = **1**

Aussagebezogen Prüfungshandlungen:

Hier sollten verstärkt Einzelfallprüfungen (hoher Stichprobenumfang) i.V.m. analytischen Prüfungshandlungen erfolgen, um u.a. generelle Plausibilitätsprüfungen durchzuführen und Tendenzen zu untersuchen, um die benötigte Prüfungssicherheit zu erlangen.

Prüffeld 4: Durchschnittsausprägung (durchschnittliches Kontrollrisiko):

Prüfungsziel:	Prüfungsaktivität	Risikoeinstufung		
		Gering (G)	Mittel (M)	Hoch (H)
Verfahrensanweisung		1		
Richtig-, Vollständig- und Periodengerechtigkeit		1		
Aufbewahrungsfristen		1		
Genehmigung und Änderungsprotokollierung			2	
Integrität und Freigabeverfahren		1		
Übereinstimmung Nebenbuch und Hauptbuch		1		
Funktionentrennung und Berechtigungskonzept				3
Gesamtwert:		**10**		

Tabelle 24:Durchschnittsausprägung (durchschnittliches Kontrollrisiko)

10 (Gesamtwert = 1+1+1+2+1+1+3 = 10) mal 3 (maximale Gewichtung) = 30

1 bis 21 Punkte: geringes Kontrollrisiko (G)
22 bis 42 Punkte: mittleres Kontrollrisiko (M)
43 bis 63 Punkte: hohes Kontrollrisiko (H)

CR = 30 im Verhältnis zu 63 = **0,48**

Aussagebezogen Prüfungshandlungen:

Obwohl bei diesem Beispiel, wie es in der Praxis häufig anzutreffen ist, die Gesamteinstufung des Prüffeldes "geringes Kontrollrisiko" (mit minimaler Gewichtung) bzw. "mittleres Risiko " (bei maximaler Gewichtung) ist, müssten bei den Prüfungszielen

- 1, 2, 3, 5 und 6 zusätzliche analytische Prüfungshandlungen in Verbindung mit einer geringen Stichprobe an Einzelfallprüfungen erfolgen. Vgl. die Ausführungen zu "Prüffeld 2: Minimalausprägung (geringes Kontrollrisiko)".
- 4 ein Mix aus analytischen Prüfungshandlungen und einem erhöhten Umfang an Einzelfallprüfungen durchgeführt werden. Vgl. die Ausführungen zu "Prüffeld 3: Mittlere Ausprägung (mittleres Kontrollrisiko)".
- 7 zusätzliche Einzelfallprüfungen (hoher Stichprobenumfang) i:V.m. analytischen Prüfungshandlungen erfolgen, um u.a. generelle Plausibilitätsprüfungen durchzuführen und Tendenzen zu untersuchen. Vgl. die Ausführungen zu "Prüffeld 4: Maximalausprägung (hohes Kontrollrisiko)".

Die Durchführung dieser Aktivitäten erfolgen vor dem Hintergrund der Generierung einer ausreichenden Prüfungssicherheit.

Gesamtaggregation (Summe der oben genannten 4 Prüffelder):

	Risikoklassifizierung/Punkte		
Prüffeld	**Gering (G)**	**Mittel (M)**	**Hoch (H)**
Prüffeld 1 (geringes Risiko)	21		
Prüffeld 2 (mittleres Risiko)		42	
Prüffeld 3 (hohes Risiko)			63
Prüffeld 4 (durchschnittliches Risiko)		30	
Gesamtwert:	**21**	**72**	**63**

Tabelle 25:Gesamtaggregation (Summe aller Prüffelder)

Gesamtwert über alle Prüffelder: 21 (G) + 72 (M) + 63 (H) = 156

1 bis 84 Punkte: geringes Kontrollrisiko (G)
85 bis 168 Punkte: mittleres Kontrollrisiko (M)
169 bis 252 Punkte: hohes Kontrollrisiko (H)

CR = 156 im Verhältnis zu 252 = **0,62**

Aussagebezogen Prüfungshandlungen:

Obwohl bei diesem Beispiel, wie es in der Praxis häufig anzutreffen ist, die Gesamteinstufung des Unternehmens "mittleres Kontrollrisiko" ist, müssten bei den Prüffeldern

- 1 zusätzliche analytische Prüfungshandlungen i.V.m. einer geringen Stichprobe an Einzelfallprüfungen erfolgen. Vgl. die Ausführungen zu "Prüffeld 2: Minimalausprägung (geringes Kontrollrisiko)".
- 2 und 4 ein Mix aus analytischen Prüfungshandlungen und einem erhöhten Umfang an Einzelfallprüfungen durchgeführt werden. Vgl. die Ausführungen zu "Prüffeld 3: Mittlere Ausprägung (mittleres Kontrollrisiko)".
- 3 zusätzliche Einzelfallprüfungen (hoher Stichprobenumfang) i.V.m. analytischen Prüfungshandlungen erfolgen, um u.a. generelle Plausibilitätsprüfungen durchzuführen und Tendenzen zu untersuchen. Vgl. die Ausführungen zu "Prüffeld 4: Maximalausprägung (hohes Kontrollrisiko)".

Die Durchführung dieser Aktivitäten erfolgt vor dem Hintergrund der Generierung einer ausreichenden Prüfungssicherheit. Im Folgenden wird eine Auswahl möglicher aussagebezogene Prüfungshandlungen (analytische Prüfungshandlungen und Einzelfallprüfungen) angeboten, die im Bereich der Kontokorrente durchgeführt werden können. Aus diesen Aktivitäten können, in Abhängigkeit der erstellten Risikoeinstufungen und dem notwendigen Maß an Prüfungssicherheit, die entsprechenden Aktivitäten selektiert werden. Hierbei sollte das Ergebnis aus dem ermittelten Prüfungsrisikos berücksichtigt werden.

Folgende aussagebezogene Prüfungshandlungen sollten - je nach Grad der Risikoeinstufen - durchgeführt werden:

Risikoeinstufung:	Aussagebezogene Prüfungshandlungen:
Geringes (G)	Analytische Prüfungshandlungen i.V.m. einer geringen Stichprobe an Einzelfallprüfungen.
Mittleres (M)	Mix aus analytischen Prüfungshandlungen und Einzelfallprüfungen (erhöhter Umfang).
Hohes (H)	Einzelfallprüfungen (hoher Umfang) i.V.m. analytischen Prüfungshandlungen um u.a. generelle Plausibilitätsprüfungen und Tendenzen zu untersuchen.[989]

Tabelle 26:Risikoeinstufung

[989] Vgl. R. Quick / Die Risiken der ... / S. 49 ff.

Aussagebezogene Prüfungshandlungen:

Basierend auf der im Vorfeld durchgeführten Risikoeinschätzung des IKS, schließen sich aussagebezogene Prüfungshandlungen an, um ein ausreichendes Maß an Prüfungssicherheit für das jeweilige Prüffeld und letztendlich auch bezogen auf das gesamte zu prüfende Unternehmen zu erhalten. Weitere aussagebezogene Prüfungshandlungen können dabei analytische[990] Prüfungshandlungen (z.B. in Form von Plausibilitätsbeurteilungen von Verhältniszahlen und Schwankungen, Trend-, Regressions- und Kennzahlenanalysen sowie die kritische Durchsicht) und Einzelfallprüfungen (z.B. in Form von Beobachtung, Befragung (Interview), Einsichtnahme in Unterlagen, Überprüfung von IT-Systemeinstellungen, IT-Systemauswertungen, Bestätigung, Inaugenscheinnahme von Vermögenswerten, rechnerische Überprüfung und erneute Durchführung/Nachvollzug) sein. Beispielhaft könnten hier in diesem Beispiel folgende Aktivitäten durchgeführt werden:

Analytische Prüfungshandlungen:[991]

- Umsatzentwicklung in Bezug auf die Entwicklung der Forderungen (im lfd. Geschäftsjahr oder im Vergleich zum Vorjahr).
- Umsatzentwicklung (Vorjahr zu aktuellem Jahr bzw. zu Vormonaten).
- Plausibilisierung der Umsatzerlöse anhand der verkauften Stückzahlen und der Durchschnittserlöse je Produktgruppe.
- Entwicklung Forderungen und Verbindlichkeiten zum Vorjahr.
- Analyse Umfang Einzelwertberichtigungen (auch im Verhältnis zum Vorjahr).
- Analyse Umfang Pauschalwertberichtigungen (auch im Verhältnis zum Vorjahr).

---

990 Analytische Prüfungshandlungen umfassen bspw. Vergleiche zu beurteilender Daten mit: a) Informationen aus Vorjahren (innerbetriebliche Vergleiche). b) vom Unternehmen erwarteten Ergebnissen (Budgetierung und Prognosen). c) Erwartungen des Abschlussprüfers über die Fortentwicklung im Unternehmen. d) branchenspezifische Kennzahlen, wie z.B. das Verhältnis von Umsätzen zu den Forderungen des Unternehmens verglichen mit Branchendurchschnittszahlen oder verglichen mit anderen Unternehmen vergleichbarer Größe in derselben Branche (zwischenbetriebliche Vergleiche).

991 Analytische Prüfungshandlungen werden auf der Basis der folgenden 4 Arbeitsschritte vorgenommen: 1) Erwartungsbildung auf der Grundlage des Branchenwissens und Gesprächen mit dem Mandanten. 2) Definition von wesentlichen Abweichungen und Schwellenwerten. 3) Berechnung der Abweichungen. 4)Untersuchung der wesentlichen Abweichungen.

- Vergleich des Prozentsatzes der Pauschalwertberichtigungen auf Forderungen. [992]
- Unterjährige Analyse bezüglich der Jahresverkehrswerte.
- Eine Analyse der Kennzahl "durchschnittliches Kundenziel" ermöglicht Aussagen über das Alter der Forderungen am Abschlussstichtag bzw. mögliche Kreditrisiken durch sich verschlechternde Bonität der Kunden.
- Saldenbestätigungen[993] für Forderungen bzw. Verbindlichkeiten aus Lieferungen und Leistungen (einschließlich Forderungen gegen verbundene Unternehmen).[994]

Einzelfallprüfungen:

- Zusammenstellung der Verbindlichkeiten/Forderungen aus Lieferungen und Leistungen (inkl. Vorjahresvergleich) erstellen und die rechnerische Richtigkeit der Zusammenstellung prüfen.
- Abstimmung der Salden mit den Sachkonten und der Bilanz des Berichtsjahres sowie der Vorjahressalden mit den Vorjahres- Arbeitspapieren (soweit vorhanden). Differenzen müssen geklärt werden.
- Kreditoren-Saldenliste bzw. Debitoren-Saldenliste (inkl. Altersgliederung des Kunden) oder Liste der offenen Posten erstellen und Abstimmung deren Endsummen mit der Zusammenstellung nach Sachkonten der Verbindlichkeiten/Forderungen aus Lieferungen und Leistungen. Sollten hier wesentli-

---

[992] Dies kann eine ausreichende Prüfungshandlung im Hinblick auf das Prüfungsziel Bewertung der Forderungen sein, sofern keine weiteren Risiken zu beachten sind. Bei wesentlichen Posten darf der Abschlussprüfer sein Prüfungsurteil nicht nur auf die Ergebnisse analytischer Prüfungshandlungen stützen. Dabei sollte beachtet werden, dass sich der Begriff der Wesentlichkeit nicht nur auf quantitative, sondern auch auf qualitative Merkmale, bei denen es sich um Sachverhalte handelt, die kritische Prüfungsgebiete sind, bezieht. Vgl. hierzu auch IDW PS 312; Tz. 12.

[993] Ist die Höhe der Verbindlichkeiten/Forderungen aus Lieferungen und Leistungen absolut oder relativ von Bedeutung, sollten zur Prüfung ihres Nachweises Saldenbestätigungen eingeholt werden. Der Stichtag und der Umfang dieser Prüfungshandlung sollte unter Berücksichtigung der Ergebnisse aus der Beurteilung der Kontrollrisiken im Hinblick auf den erfolderlichen Sicherheitsgrad erfolgen. Sollten die Saldenbestätigungen zu einem bestimmten Stichtag, z.B. Bilanzstichtag erfolgen, handelt es sich um Nachweisprüfungen; erfolgen sie unterjährig, handelt es sich um Funktionsprüfungen.

[994] Auf die Einholung von Saldenbestätigungen kann verzichtet werden, wenn die Forderungen unwesentlich für den Jahresabschluss sind; die Verwendung der Bestätigungen ineffektiv wäre: Tatsächliche Erfahrungen aus der Vergangenheit oder bei vergleichbaren Mandaten ergaben, dass die Rücklaufquote zu gering ist oder dass die Antworten nicht verlässlich sind; der Nachweis aufgrund der Art der Erfassung, Verwaltung und Abwicklung der Salden in anderer Weise einfacher und mit mindestens gleicher Sicherheit erbracht werden kann.

che Differenzen auftreten, sollten diese vom zuständigen Verantwortlichen überprüft und genehmigt worden sein.

- Prüfung, ob Rückstellungen für potentielle Risiken bzw. ausstehende Rechnungen im erforderlichen Umfang gebildet worden sind.[995]
- Bei debitorischen Kreditoren sollten die Salden der in der Saldenliste ausgewiesenen debitorischen Kreditoren in Stichproben abgestimmt und die Ursachen (Überzahlungen, nachträgliche Gutschriften, Falschbuchungen) analysiert werden.
- Kritische Durchsicht der Saldenliste und Untersuchung wesentlicher und ungewöhnlicher Posten (z.B. hohe Einzelsalden, debitorischen Kreditoren oder kreditorische Debitoren).
- Es sollte überprüft werden, ob die debitorischen Kreditoren in die sonstigen Vermögensgegenstände umgegliedert worden sind.
- Es sollte überprüft werden, ob die kreditorischen Debitoren in die sonstigen Verbindlichkeiten umgegliedert worden sind.
- Überprüfung, ob Rabatte, Umsatzprämien, Preisnachlasse und Wertberichtigungen aktivisch abgesetzt sind (bei Forderungen).
- Prüfung, ob Forderungen mit einer Restlaufzeit von mehr als einem Jahr in der Bilanz vermerkt wurden.

Sollten Saldenbestätigungen unbeantwortet bleiben, können folgende alternative Prüfungshandlungen durchgeführt werden:

- Identifizierung, ob sich indirekt eine Anerkennung der ausgewiesenen Verbindlichkeiten aus Zahlungsvorgängen nach dem Bilanzstichtag ergibt (Prüfung des Zahlungsausgleichs).
- Prüfung der zum unbezahlten Teil eines Lieferantenkontos gehörenden Unterlagen, wie Bestellungen und Lieferscheine usw. (Belegprüfung)

Für weitere Informationen bezüglich der unterschiedlichen Methoden und entsprechend unterschiedlichen Verfahrens- und Prüfungsrisiken bei den analytischen Prüfungshandlungen und Einzelfallprüfungen (aussagebezogene Prüfungshandlungen) verweise ich auf die Ausführungen in den Kapiteln "Prüfungsnachweise", "Prüfungssicherheit durch aussagebezogene Prüfungshand-

[995] Soweit die ausstehenden Verbindlichkeiten z.B. aufgrund von Auftragsbestätigungen oder fest vereinbarter Abnahmepreise betragsmäßig bekannt sind, muss ein Ausweis unter den Verbindlichkeiten aus Lieferungen und Leistungen erfolgen.

lungen", "Analytische Prüfungshandlungen", Einzelfallprüfungen" und "Zusammenfassung Erwartungen an die Buchführung".

5.6 Zusammenfassung Checkliste zur Ordnungsmäßigkeitsprüfung

Der Buchführungspflichtige (hier die Unternehmensleitung) muss im Rahmen der Erfüllung der Ordnungsmäßigkeitsvorschriften u.a. ein wirkungsvolles IKS einrichten und für die Einhaltung der dort getroffenen Regelungen sorgen. Die originäre Aufgabe des IKS ist die permanente Sicherstellung der Ordnungsmäßigkeit der Rechnungslegung sowie die Gewährleistung, Fehler im Vorfeld zu verhindern bzw. aufgetretene Fehler zu identifizieren, zu analysieren und zu kontrollieren. Ziel ist eine hohe und sichere Qualität sowie Vertrauenswürdigkeit der für die verschiedenen Finanzmarktteilnehmer erstellten Informationen über das Unternehmen.

Vor diesem Hintergrund spielt auch die Berechtigungsvergabe eine wesentliche Rolle in den zu prüfenden Systemen. In diesem Zusammenhang ist der Teil des IKS, der die "Verlässlichkeit und Ordnungsmäßigkeit der externen Berichterstattung" zum Gegenstand bzw. zur Zielsetzung hat, in Summe für die Jahresabschlussprüfung relevant.

Um die Einhaltung der gesetzlichen Anforderungen an die Ordnungsmäßigkeit eines IT-gestützten Buchführungssystems zu überprüfen, ist in diesem Kapitel im Abschnitt "Checkliste zur Prüfung der Ordnungsmäßigkeit" eine Checkliste entwickelt worden, die die wesentlichen, übergreifenden Prüfungsaktivitäten bzw. Fragestellungen (Prüfungsziele) beinhaltet, die zum einen die Bewertung der Einhaltung der Ordnungsmäßigkeit und zum anderen die Identifikation von potentiellen Risikofeldern ermöglicht. Hierbei ist jedoch zu beachten, dass die übergreifenden Prüfungsaktivitäten bzw. Fragestellungen, je nach Buchhaltungsbereich (bzw. Prüffeld), um spezifische Prüfungsaktivitäten bzw. Fragestellungen ergänzt werden müssen.

Bei dem Einsatz der oben genannten Checkliste und der anschließenden Auswertung und Analyse der Ergebnisse sollten im Vorfeld folgende Sachverhalte berücksichtigt werden, die die Funktionalität und Aussagekraft tangieren:

- Die in dem Kapitel "Erwartungen an die Buchführung seitens des Finanzmarktes" dargestellten Erwartungslücken können nicht abschließend abgedeckt bzw. eliminiert werden.
- Abhängig davon, ob man bei der Prüfung der einzelnen Prüffelder objekt- (z.B. auf Ebene der Debitoren oder Kreditoren) oder funktionsbezogen (z.B. Durchführung Kreditmanagement oder Zahllauf) vorgeht - die Vorgehensweise legt der Abschlussprüfer in seiner Prüfungsstrategie fest - kann es zu Überschneidungen oder Unterlassungen kommen.[996]
- Vereinzelt können Prüfungsziele in den diversen potentiellen Prüffeldern nicht bearbeitet werden, da sie dort nicht vorkommen oder nicht effektiv geprüft werden können.[997]
- Aussagebezogene Prüfungsaktivitäten können bei vereinzelten Prüfungszielen in den verschiedenen Prüffeldern nicht oder nur begrenzt durchgeführt werden, weil sie dort nicht wirtschaftlich sind oder nicht zur Steigerung der Prüfungssicherheit führen.[998]
- In der Literatur wird häufig eine qualitative Beurteilung des Kontrollrisikos (z.B. gering, mittel und hoch) vorgeschlagen, was bei der Entwicklung dieses Modells ebenfalls zugrunde gelegt worden ist. In einem zweiten Schritt werden diese qualitativen Beurteilungen jedoch in quantitative Risiken umgewandelt (übersetzt), um die Anwendung des Prüfungsrisikomodells umsetzen zu können.
- Es besteht das Risiko, dass bei dem Einsatz von Stichproben der Abschlussprüfer einen wesentlichen Fehler nicht entdeckt, weil er keine vollständige Prüfung aller Geschäftsvorfälle durchführt (sampling risk).
- Das Nicht-Stichprobenrisiko stellt eine Restgröße aller Ursachen dar, die nicht unter das Stichprobenrisiko subsumiert werden können, z.B. mangelnde Sorgfalt des Abschlussprüfers bzw. schlechte Ausbildung oder der Grad der Zuverlässigkeit der einer Prüfungshandlung zugrundeliegenden Informationsquelle (non-sampling risk).
- Es sollte berücksichtigt werden, dass, wenn auf Prüffeldebene einzelne Prüfungsziele ein mittleres bzw. hohes Risikopotential haben, obwohl das

---

996 Dies kann in seinen Extremausprägungen zur Folge haben, dass Prüfungsaktivitäten doppelt durchgeführt werden (ineffizient) oder notwendige Prüfungsaktivitäten unterlassen werden (mangelhafte Qualität der Prüfung und somit des Gesamtergebnisses).

997 Beispielhaft sei hier die Periodengerechtigkeit in dem Prüffeld "Bilanz- und GuV-Struktur" genannt.

998 z.B aussagebezogene Prüfungshandlungen bei den Prüfungszielen "Verfahrensanweisung" und "Aufbewahrungsfristen".

gesamte Prüffeld z.B. als "geringes Risiko" eingestuft wird, seitens des Abschlussprüfers je Sachverhalt abgewogen werden muss, ob zusätzliche aussagebezogene Prüfungshandlungen in diesen Bereichen durchgeführt werden müssen.

Die Einschränkung (IT-gestützter) Checklisten liegt in einer unterschiedlich stark ausgeprägten Kombination aus Komplexität, fehlender Systematik und Unvollständigkeit. Der zusammenfassende positive Aspekt von Fragebögen ist die erleichterte Prüfungstätigkeit und Realisierung von Standardisierungs- und Effizienzsteigerungseffekten von Prüfungshandlungen. Dagegen bestehen Zweifel daran, dass komplexe Prüfungshandlungen in standardisierten Formularen dargestellt und zusammengefasst werden können, was empirische Untersuchungen bestätigen.

Weiterhin besteht bei Fragebögen das Risiko, dass Bewertungen und Urteile auf der Basis von durch Suggestivfragen beeinflusster Auskünfte vorgenommen werden. Diesbezüglich sollten die in Checklisten bereitgestellten Leitfäden kundenindividuell spezifiziert werden. Zusätzliche Prüfungsaktivitäten zur Reduzierung der Erwartungslücke und somit zur Erhöhung der Informationsdichte und Prüfungssicherheit können z.B. in Form von aussagebezogenen Prüfungshandlungen erfolgen.

Bei diesen Prüfungshandlungen kann zusammenfassend festgehalten werden:

- Je höher die Effizienz der Einzelfallprüfungen ist, desto niedriger ist der Vorteil der Systemprüfung.
- Je größer die direkten Kosten je Einheit einer Einzelfallprüfung sind, desto eher ergibt sich ein Vorteil der Systemprüfung.
- Je höher die Wahrscheinlichkeit für das Vorliegen lückenhafter Kontrollen ist, desto niedriger ist der Vorteil der Systemprüfung.
- Je größer die Zusatzkosten für eine Manipulation durch das Management bei dichten Kontrollen sind, desto eher ist eine Systemprüfung angemessen.
- Je höher die Nachteile des Managers bei entdeckter Verzerrung sind, desto niedriger ist der Vorteil einer Systemprüfung.

Des Weiteren sollte berücksichtigt werden, dass bei der Aggregation bzw. bei der Allokation ein Risiko in der Form der Gesamtbeurteilung auf die einzelnen Prüffelder besteht. Es besteht darin, dass unwesentliche Fehler für sich selber zwar unkritisch sind, jedoch die Summe aller unwesentlichen Fehler sehr wohl ein Risiko darstellen können.

Weiterhin sollte beachtet werden, dass die Prüfung zu einem Urteil über die Zulässigkeit der Rechungslegung führen soll. Es ist ein Gesamturteil, das sich aus einer Vielzahl von Einzelurteilen zusammensetzt. Sollten durch die Integration in dem IT-gestützten Buchführungssystem auch vor- und nachgelagerte Module rechnungslegungsrelevante Daten erzeugen und weiterverarbeiten, sind auch diese Teilsysteme, insbesondere die Schnittstellen, auf ihre Ordnungsmäßigkeit hin zu überprüfen.

Demnach muss bei diesen Teilsystemen ebenfalls die Checkliste angewandt werden. Zusätzlich muss der Datentransfer zwischen diesen Systemen geprüft werden. Prüfungsziel ist hier die Sicherstellung der Datenidentität und Datenintegrität.

6. Umsetzung der Checkliste am Beispiel SAP® R/3®

Die SAP® AG® hat ihren Sitz in Walldorf (Deutschland). Das Kürzel "SAP®" steht für "Systeme, Anwendungen und Produkte in der Datenverarbeitung". Bei der genannten Software handelt es sich um eine Standardsoftware.[999]

6.1 Produkte der SAP® AG® und der Integrationsgedanke

Im Wesentlichen können die von der SAP® AG® angebotenen Produkte in zwei gängige Hauptprodukte unterschieden werden. Bei diesen Produkten handelt es sich um das Softwarepaket SAP® R/2® (Großrechner-Architektur) und SAP® R/3® (Client Server Architektur). Da die Applikation SAP® R/2® in der Praxis durch SAP® R/3® abgelöst worden ist, wird im Weiteren nur das SAP® R/3® System beschrieben.

6.1.1 SAP® R/3®

Das "R" steht in dem Begriff SAP® R/3® für "Realtime" und soll signalisieren, dass eine sofortige Buchung und Aktualisierung der Datenbestände erfolgt.[1000] Eine solch zeitnahe Verarbeitung, Aktualisierung und damit verbundene Bereitstellung der Daten in allen involvierten Modulen ist das Ergebnis und gleichzeitig auch das Erfolgsrezept dieses hoch integrativen Systems.[1001] Bei der Entwicklung dieses Systems wurden verschiedene Mindestanforderungen berücksichtigt. Bei diesen Mindestanforderungen handelt es sich unter anderem um

- die komplette Übersicht über alle in einer Gesellschaft anfallenden Vorgänge inklusive der Nachvollziehbarkeit und der Verfügbarkeit aller zusammenhängender betriebswirtschaftlicher Daten. Dabei sollten die Daten über

---

999 Vgl. A. Engels / SAP® R/3® kompakt / S. 27 ff; In den Ursprüngen stellt die SAP® AG® eine Host-basierte Version (für den Einsatz auf einem Großrechner) zur Verfügung, die im Rahmen der rasanten Weiterentwicklung im IT Bereich durch eine Client-Server Version abgelöst wurde bzw. wird. Bei der Host-basierten Version handelt es sich um das System SAP® R/2®, bei der Client-Server Version handelt es sich um das System SAP® R/3®.

1000 Vgl. R. Odenthal / Einführung in das ... / S. 45.

1001 Vgl. CDI / SAP® R/3® Basissystem / S. 15 ff.

alle vorhandenen Organisationseinheiten und Prozessstufen hinweg verfügbar sein.

- bei der Entwicklung der betriebswirtschaftlichen Anwendungen die Berücksichtigung der Kundenanforderungen. In diesem Zusammenhang sollten alle betroffenen Branchen und Länder involviert sein.
- die Einführung einer eindeutigen Schichtenarchitektur inklusive der Differenzierung zwischen Basis- und Anwendungsebene und somit die Trennung der Anwendungslösungen von systemnahen Funktionen.[1002]

Die wesentlichen Leistungsmerkmale der SAP® R/3® Software sind die Funktionalität, Internationalität, Branchenneutralität, Anpassungsfähigkeit durch Customizing, Integration und die Bedieneroberfläche.[1003]

6.1.2 Integrationsgedanke

Die Anforderungen an betriebswirtschaftliche Systeme sind hoch und wachsen ständig, da es für Unternehmen von größter Bedeutung ist, zur Analyse und Weiterverarbeitung auf einen zuverlässigen und aktuellen Datenbestand zuzugreifen.[1004] Integrierte Systeme beinhalten den Vorteil, dass Daten lediglich einmal erfasst werden müssen und dann allen produktiven Bereichen zur Verfügung stehen und somit weiterverarbeitet werden können.[1005]

Wie sich aus dem Begriff "modularer Aufbau" ableiten lässt, besteht das SAP® R/3® System aus einer Vielzahl von einzelnen Modulen, die betriebswirtschaftliche Einheiten darstellen. Die Verbindung dieser Module erfolgt über das Basismodul (Modul BC®). Die SAP® R/3®-Software bietet die Möglichkeit, einmalig erfasste Geschäftsvorfälle allen integrierten Modulen zur Verfügung zu stellen. Durch diese Integration erfolgt die Verbindung historisch funktional getrennter Betriebsbereiche zu einem Prozessnetz.

Der Vorteil einer integrativen Software besteht somit darin, dass die Organisation der Informationsflüsse gut und rational strukturiert ist. Da bei einer

---

[1002] Vgl. S. Brinkmann / Finanzwesen mit SAP® R/3® / S. 21 ff.

[1003] Vgl. CDI / SAP® R/3® Basissystem /S. 16ff; Vgl. CDI / SAP® R/3® Gemeinkosten Controlling /S. 21ff.

[1004] Vgl. CDI / SAP® R/3® Gemeinkosten Controlling / S. 112 ff.

[1005] Vgl. T. Guddat / Entwurf und Realisierung.../ S.39.

integrierten Software alle beteiligten Module auf den gleichen Datenbestand zurückgreifen, muss an dieser Stelle lediglich eine einmalige Speicherung unter Verzicht auf die Haltung von redundanten Datenbeständen durchgeführt werden. Durch die zentrale Datenspeicherung wird ein redundanzfreier und einheitlicher Datenbestand, auf den alle Module zugreifen können, gewährleistet.[1006] Diese einmalige Speicherung hat den Vorteil, dass die benötigten Daten schnell und aktuell zur Verfügung stehen und dadurch, dass nicht mehrere Datenspeicher benötigt werden, finanzielle Mittel gespart werden. Sollten Auswertungen vorgenommen werden, ist zu beachten, dass auf die gleichen Datenbestände zurückgegriffen wird und bei der Ausführung der gleichen Auswertung mit den gleichen Selektionsparametern bei allen abfragenden Stellen das gleiche Datenwerk ausgewertet wird.

Als ein weiterer Vorteil kann hier angeführt werden, dass durch die Integration der verschiedenen betriebswirtschaftlichen Prozesse in einer Software die Schnittstellen zu externen Systemen minimiert werden. Das Problem mit Schnittstellen tritt dann auf, wenn Softwareprodukte unterschiedlicher Hersteller eingesetzt, zur Kommunikation verknüpft und auch entsprechend unterstützt werden müssen. Die dort verarbeiteten Daten müssen jeweils separat gespeichert werden. Dies kann zu einem höheren Ressourceneinsatz führen. Nicht zu vergessen ist das potentielle Risiko, mit unterschiedlichen, fehlerhaften, unvollständigen, veralteten oder unabgestimmten Datenbeständen zu arbeiten.

Die Integration bringt Vorteile mit sich, stellt im Gegenzug hierzu aber auch gewisse Anforderungen an die Unternehmen, die zweifellos, zumindest mittelfristig, zu einem Mehraufwand führen. Bei diesen Vorteilen handelt es sich unter anderem um:

- die einmalige Erfassung,
- die redundanzfreie Datenhaltung,
- den Rückgriff auf einen einheitlichen Datenbestand,
- die Aktualität der Daten und
- die Minimierung der Schnittstellen.

[1006] Vgl. R. Odenthal / Einführung in das ... / S. 19 ff.

Bei Anforderungen, die die Software mit sich bringt und zu einem Mehraufwand bei den Unternehmen führt, handelt es sich z.B. um das notwendige Vorhandensein guter IT-Kenntnisse (führt in der Regel zu hohen Schulungskosten), ein gutes Prozessverständnis bzw. gute Prozesskenntnisse der betroffenen Anwender und die Berücksichtigung von Wechselwirkungen, die im Rahmen der Implementierung und der damit verbundenen komplexen Tests auftreten.[1007]

Da die beiden letzten beschriebenen Aktivitäten erfahrungsgemäß sehr zeitintensiv sind, führt dies oft zu starken Doppelbelastungen der bei der Implementierung der Software involvierten Mitarbeiter der einzelnen Fachabteilungen. Dies hat zur Folge, dass diese Mitarbeiter optimalerweise im Rahmen der Implementierungsphase vom Tagesgeschäft freigestellt werden oder das Tagesgeschäft in einem begrenzteren Umfang parallel abwickeln müssen.[1008]

Die SAP® AG® bietet mit dem Client-Server Produkt SAP® R/3® ein modulares betriebswirtschaftliches Verwaltungs-IT-System für die Windows-Umgebung an. Innerhalb dieses Programmpakets kann der Kunde aus folgenden Programmmodulen (Hauptmodule) wählen, die ihrerseits wieder aus Unterkomponenten[1009] bestehen. In der folgenden Tabelle wird gezeigt, welche Produkte innerhalb einer Gesellschaft beispielsweise Einsatz finden können.[1010]

Modul:	**Beschreibung (Englisch):**	**Beschreibung (deutsch):**
BC	Basic Components	Basis
CA	Cross Application	Anwendungsübergreifende Funktionen
FI	Financial Accounting	Finanzwesen
FI-AA	Assets Management	Anlagenwirtschaft
TR	Treasury	Treasury
IM	Capital Investment Management	Investitionsmanagement

[1007] Vgl. A. Engels / SAP® R/3® kompakt / S. 13 ff.
[1008] Vgl. S. Brinkmann / Finanzwesen mit SAP® R/3® / S. 41 ff.
[1009] Siehe Anhang Datei Abkürzungsverzeichnis.
[1010] Vgl. A. Baumeister / Controlling-Aufgaben / S. 1 ff.

Modul:	Beschreibung (Englisch):	Beschreibung (deutsch):
CO	Controlling	Controlling
EC	Enterprise Controlling	Unternehmenscontrolling
HR	Human Resources	Personalabrechnung und –management
MM	Materials Management	Materialwirtschaft
SD	Sales and Distribution	Vertrieb
PP	Production Planning and control	Produktionsplanung und –steuerung
PM	Plant Management	Instandhaltung
QM	Quality Management	Qualitätsmanagement
PS	Project System	Projekt-System[1011]
SM	Service Management	Service Management[1012]

Tabelle 27:Übersicht SAP® Module

Wie bereits erwähnt, setzen sich diese Hauptmodule wiederum aus mehreren Untermodulen zusammen. Um diesen Aufbau zu verdeutlichen, sind in der nachfolgenden Tabelle exemplarisch die wesentlichsten Untermodule des Hauptmoduls FI (Finanzwesen) aufgelistet.

Untermodul:	Beschreibung:	Beschreibung:
FI-GL	General Ledger	Hauptbuch
FI-AP	Accounts Payable	Kreditoren (Lieferanten)
FI-AP	Accounts Receivable	Debitoren (Kunden)
FI-SL	Special Purpose Ledger	Spezielle Ledger
FI-LC	Consolidation	Konsolidierung
FI-AA	Assets Accounting	Anlagenbuchhaltung

Tabelle 28:Wesentliche Untermodule des Moduls FI (Finanzbuchhaltung)

Die Module bzw. die Komponenten greifen auf eine einheitliche Organisationsstruktur und dieselben Datenbestände zurück, wodurch die Integration deutlich wird.

1011 Vgl. R. Odenthal / Einführung in das ... / S. 18.
1012 Vgl. CDI / SAP® R/3® Gemeinkosten Controlling / S. 25 ff.

Neben den oben aufgelisteten Standard-Modulen existieren zusätzlich sogenannte **Branchenlösungen**. Hierbei handelt es sich um eine Erweiterung des R/3®-Standardsystems und kann eine oder alle Komponenten einer R/3®-Anwendung enthalten. Beispiele für Branchenlösungen sind z.B. Öffentliche Verwaltung, Gesundheitswesen, Banken, Konsumgüter, Industrie I und II, Automotive usw. Bei der Entwicklung dieser Branchenlösungen wird zwischen dem Unternehmen, welches die Standardsoftware auf seine individuellen Erfordernisse anpassen bzw. die Standardfunktionalitäten erweitern möchte, und der SAP® AG® ein Entwicklungsvertrag geschlossen, und beide Unternehmen entwickeln in einer Kooperation (sogenanntes SDP = Strategic development Project) die neuen Funktionalitäten. In der Regel werden diese Erweiterungen in den nächsten Releaseständen dann als zusätzlicher Standard an alle SAP® Kunden ausgeliefert.[1013]

6.2 Finanzbuchhaltung (Modul FI®)

Der Großteil aller Unternehmen nutzt elektronische Datenverarbeitungssysteme zur Abbildung und Abwicklung ihrer Geschäftsprozesse. Werden Daten aus diesen elektronischen Datenverarbeitungssystemen zur externen Rechnungslegung herangezogen, unterliegen sie in Deutschland den Grundsätzen ordnungsmäßiger Buchführung. Diesbezüglich gelten die formellen und materiellen Anforderungen an die Ordnungsmäßigkeit einer Buchführung auch für die Systeme, die die Daten erstellen, verarbeiten, verwalten, speichern und auswerten.

Durch den modularen Aufbau der Software SAP® R/3® besteht die Möglichkeit, alle wesentlichen betriebswirtschaftlichen Anwendungsgebiete eines Unternehmens abzubilden. Der hohe Integrationsgrad hat zur Folge, dass entscheidungsvorbereitende bzw. -relevante Informationen in einer hohen Qualität kurzfristig zur Verfügung stehen. Gerade bei dem Modul FI® (Finanzbuchhaltung) wird die Integration besonders deutlich, da dieses Modul Werte und Mengen aus vor- bzw. nachgelagerten SAP®-Modulen erhält bzw. direkt an sie weiterleitet. Die Daten dieses Moduls werden letztendlich zur Erstellung der Gewinn- und Verlustrechnung und der Bilanz verwendet.

[1013] Vgl. ASAP World Consultancy / SAP® R/3® / S 139 ff.

Die Ausführungen beschränken sich dabei auf die relevanten Funktionalitäten des Moduls FI, in dem Daten für Zwecke der Bilanzierung abschließend verarbeitet werden. Damit soll der Leser in die Lage versetzt werden, den Aufbau und die Funktionalitäten dieses Moduls zu verstehen und anhand der daraus gewonnenen Erkenntnisse die mit dem Einsatz des Moduls verbundenen potentiellen Risiken für die Ordnungsmäßigkeit der Buchführung zu identifizieren bzw. abzuleiten. Diese Risiken werden dargestellt sowie Prüfungsaktivitäten anhand einer Checkliste zur Prüfung der Ordnungsmäßigkeit und weitere mögliche spezielle Prüfungsaktivitäten und Anwendungskontrollen für deren Eliminierung innerhalb dieses Kapitels beschrieben.

6.2.1 Definition und Ziele der Finanzbuchhaltung

Die Finanzbuchhaltung, im Sprachgebrauch auch "Geschäftsbuchhaltung", "kaufmännische Buchhaltung" oder "pagatorische Buchhaltung" genannt, hat die Funktion, den außerbetrieblichen Werteverzehr einer Gesellschaft aus Geschäftsbeziehungen zur Umwelt (hierbei kann es sich u.a. um Kunden, Lieferanten usw. handeln) und die damit verbundenen Veränderungen der Vermögens- und Kapitalverhältnisse zu erfassen. Als Resultat liefert die Finanzbuchhaltung das notwendige Zahlenmaterial, das zur Erstellung der Gewinn- und Verlustrechnung (GuV) sowie der Bilanz benötigt wird. Aus diesen wiederum können sich die Lage und der Gesamterfolg des Unternehmens ableiten.[1014]

Der Begriff Rechnungswesen kann z.B. wie folgt definiert werden: „Das Rechnungswesen ist ein System zur Ermittlung, Darstellung und Auswertung von Daten über gegenwärtige und zukünftige wirtschaftliche Tatbestände und Vorgänge im Betrieb sowie die gegenwärtigen und zukünftigen wirtschaftlichen Beziehungen zu seiner Umwelt“.[1015] Das betriebliche Rechnungswesen ist die zentrale Komponente, mit der diejenigen Daten eines Unternehmens erfasst, gesteuert und verteilt werden, die für dessen betriebliches Ergebnis relevant sind. Hierbei unterscheidet man grundsätzlich das externe Rechnungswesen (bei SAP® R/3® Modul FI® = Finanzbuchhaltung) und das interne Rechnungswesen (bei SAP® R/3® Modul CO® = Controlling). Das externe Rechnungswesen deckt die Haupt- und Geschäftsbuchhaltung inklusive den

---

1014 Vgl. Gabler Wirtschaftslexikon/1993/ 3. Band/ S. 1136 und 1137.
1015 Vgl. W. Teichmann / Grundlagen der Kostenrechnung / S. 8.

gesetzlich vorgeschriebenen Nebenbüchern ab. Das interne Rechnungswesen bildet die Kosten- und Leistungsrechnung ab.[1016] Somit existieren grundsätzlich zwei Zielgruppen, die mit Informationen aus dem Rechnungswesen arbeiten. Bei diesen Zielgruppen handelt es sich zum einen um die unternehmensexternen (z.B. Benutzer, die mit veröffentlichten Daten arbeiten, die den rechtlichen Anforderungen genügen und bei denen die Daten aus FI kommen) und die unternehmensinternen (z.B. Benutzer, die aus allen Ebenen und Bereichen des Unternehmens kommen und die Informationen bzw. Daten zu unternehmensinternen Zwecken benötigen. Diese Daten bzw. Informationen kommen in der Regel aus CO).[1017]

Das Modul FI ist eine zentrale Komponente innerhalb der Standardsoftware SAP® R/3® Durch die Integration in eine Software, die alle betriebswirtschaftlichen Bereiche beinhaltet, werden Datenbestände von anderen Teilkomponenten und Modulen an FI und von FI wiederum an andere Teilkomponenten und Module weitergeleitet. Dies bedeutet im praktischen Einsatz, dass störanfällige, kosten-, ressourcen- und wartungsintensive sowie in der Regel zeitverschiebende Schnittstellen weitestgehend überflüssig und ausgetauscht werden können. Bedingt durch den modularen Aufbau der Software, kann das Modul FI auch separat eingesetzt werden.[1018]
Die Fortschreibung des Hauptbuchs erfolgt aus folgenden Nebenbüchern:

1. FI-interne Nebenbücher: Debitoren, Kreditoren, Anlagenwirtschaft, Reisemanagement[1019]
2. Materialwirtschaft mit Einkauf, Bestandsverwaltung und Rechnungsprüfung
3. Produktion mit dem PPS-System und der Instandhaltung
4. Vertrieb
5. Personalwirtschaft (periodische Datenübernahme in maschineller Form)

Das Modul FI selber leitet die Wertebewegungen im Rahmen des Integrationsgedankens an das Modul CO bzw. das Controlling weiter. Um eine Durchleitung

---

[1016] Vgl. G. Keller / SAP® R/3® Prozessorientiert.../ S. 72 ff; Vgl. CDI / SAP® R/3® Gemeinkosten Controlling / S. 105 ff.
[1017] Vgl. G. Förschle /Kostenrechnung/S.1 ff; Vgl. ASAP World Consultancy /SAP® R/3® /S 133 ff.
[1018] Vgl. A. Engels / SAP® R/3® kompakt / S. 117.
[1019] TV = Travelmanagement, welches im Rahmen dieser Arbeit nicht näher erläutert wird.

der Buchungen durch alle Systeme zu ermöglichen, sind folgende Voraussetzungen zu erfüllen:

- Nutzung eines gemeinsamen Kontenplans
- Mitführung von Zusatzkontierungen bei der Belegerfassung (z B. Kostenstelle, Auftrag, Projekt usw.)
- Einzelbelegbuchung nach einem durchgängigen Belegkonzept.[1020]

Im folgenden Diagramm sind die wesentlichen Bestandteile, aus dem sich die SAP® R/3® Finanzbuchhaltung zusammensetzt, aufgelistet.

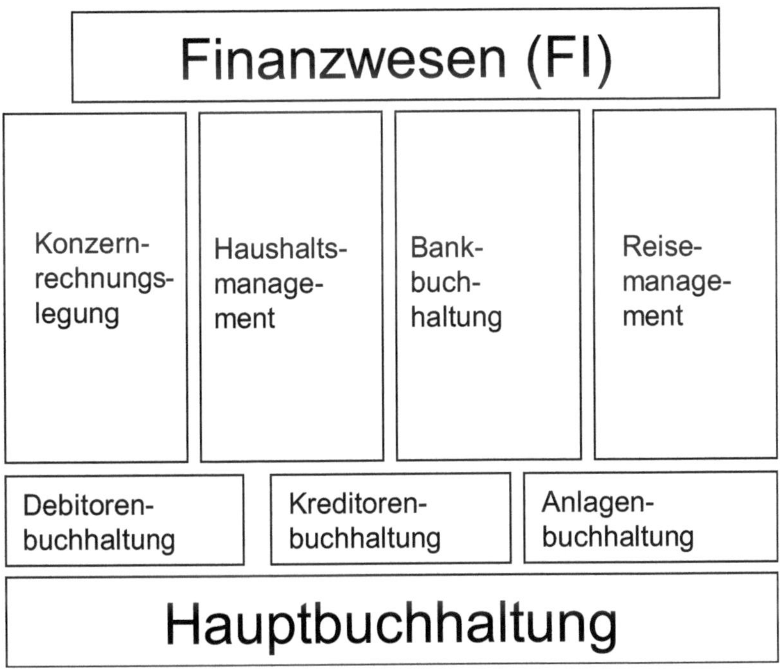

Abbildung 15:Wesentliche Bestandteile der SAP® R/3® Finanzbuchhaltung

Im Rahmen dieses Kapitels werden Funktionalitäten und kritische Systemeinstellungen diskutiert und wesentliche Tabellen, Transaktionen und Berechtigungen sowie Reports zur Überprüfung der im Kapitel zwei genannten Systemanforderungen vorgestellt.

[1020] Vgl. ASAP World Consultancy / SAP® R/3® / S 314 ff.

Im Anschluss an die Beschreibung der einzelnen Funktionalitäten werden potentielle Risiken, die im Rahmen der Prüfung durchzuführenden Prüfungsaktivitäten sowie Anwendungskontrollen beschrieben, diskutiert und aufgelistet.

Eine weitere Zielstellung dieses Kapitels ist eine detaillierte Analyse der Systemeinstellungen und der Datenhaltung in dem betroffenen Modul FI. Risikofaktoren für die Ordnungsmäßigkeit der Buchführung werden identifiziert und hieraus resultierende Prüfungshandlungen abgeleitet.

Das Primärrisiko besteht in der Form, die vollständige, zeitgerechte und formal richtige Erfassung und Verarbeitung der Geschäftsvorfälle von ihrer Entstehung bis zu ihrem abschließenden Ausweis auf den Konten in der Finanzbuchhaltung zu gewährleisten.

Bei großen Organisationen und den damit verbundenen Funktionstrennungen sowie der Unwissenheit der Anwender bezüglich der vielseitigen Funktionalitäten des Systems und aufgrund der hohen Integration des SAP®- Systems existiert grundsätzlich ein potentielles Fehlerrisiko.

Durch die Beleg-, Journal- und Kontenfunktionalität des SAP®-Systems wird die Nachvollziehbarkeit der einzelnen Geschäftsvorfälle systemseitig grundsätzlich gewährleistet. Um das Zusammenspiel bzw. das Verfahren bei der Erfassung der Geschäftsvorfälle und der sich daran anschließenden Verarbeitung und Buchung in dem SAP®-System nachvollziehen zu können, ist eine entsprechende Verfahrensdokumentation zu erstellen. Diesbezüglich soll sichergestellt werden, dass durch manuelle und maschinelle Kontrollen (IKS) bei den vor- und nachgelagerten aufbau- und ablauforganisatorischen Aktivitäten Fehler verhindert bzw. minimiert, also Risiken identifiziert und abgewehrt werden.

Die Forderung der gegenseitigen Abstimmung und Ergänzung der manuellen und der maschinellen Kontrollen wird durch die Komplexität der bei den Buchführungspflichtigen vorhandenen Abläufe und Strukturen im Wesentlichen unterstützt. Im Gegensatz zu den fest im System definierten maschinellen Kontrollen können die manuellen Kontrollen ggf. umgangen, be- bzw. unbewusst ausgelassen oder manipuliert werden. Die Sicherung der Ordnungsmäßigkeit und Verlässlichkeit der externen und internen Rechnungslegung stehen im Hauptfokus der Revisoren.[1021]

Grundsätzlich muss durch den Abschlussprüfer festgestellt werden, ob das Unternehmen durch die Einrichtung eines wirksamen IKS`s auf die identifizierten Risiken entsprechend reagiert hat. Dies hat es, wenn mit hinreichender Sicherheit verhindert wird, dass sich Unternehmensrisiken wesentlich auf die Ordnungsmäßigkeit des Jahresabschlusses oder des Lageberichts auswirken.

6.2.2 FI-Komponenten im Überblick

Bei der SAP® R/3® Software sind die in der folgenden Tabelle aufgelisteten FI-Komponenten im Einsatz.

Komponente	Englische Bezeichnung	Deutsche Bezeichnung
FI-AA	Asset Accounting	Anlagenbuchhaltung
FI-AA-AA	Basic Functions	Grundfunktionen
FI-AA-CP	Group Requirements	Konzernanforderungen
FI-AA-IS	Information System	Informationssystem
FI-AA-LM	Leasing Processing	Leasingabwicklung
FI-AA-SVA	Special Valuation	Spezielle Bewertung
FI-AP	Accounts Payable	Kreditorenbuchhaltung
FI-AP-AP	Basic Functions	Grundfunktionen
FI-AP-IS	Information System	Informationssystem
FI-AR	Accounts Receivable	Debitorenbuchhaltung
FI-AR-AR	Basic Functions	Grundfunktionen
FI-AR-CR	Credit Management	Kreditmanagement
FI-AR-IS	Information System	Informationssystem
FI-BL	Bank Accounting	Bankbuchhaltung
FI-BL-BF	Basic Functions	Basisfunktionen
FI-BL-BM	Cash Balance Management	Bestandsdisposition

[1021] (z.B. Buchführung, Jahresabschluss und Lagebericht. Diese Teile des IKS sind für die Abschlussprüfung von Bedeutung. Insbesondere vor dem Hintergrund, dass die Geschäftsvorfälle in Übereinstimmung mit den gesetzlichen Vorschriften vollständig und zeitnah, in der richtigen Höhe, in der richtigen Buchungsperiode und auf den richtigen Konten erfasst werden, Buchungsunterlagen richtig und vollständig sind oder verlässliche Informationen zeitnah bereitgestellt werden.)

Komponente	Englische Bezeichnung	Deutsche Bezeichnung
FI-BL-IS	Information System	Informationssystem
FI-BL-MD	Master Data	Stammdaten
FI-BL-PT	Payment Transactions	Zahlungsverkehr
FI-FM	Funds Management	Haushaltsmanagement
FI-FM-AF	Additional Functions	Weitere Funktionen
FI-FM-BD	Basis Data	Basisdaten
FI-FM-BU	Budgeting	Budgetierung und Verfügbarkeitskontrolle
FI-FM-IN	Actual Update and Commitment Update	Ist- und Obligofortschreibung
FI-FM-IS	Information System	Informationssystem
FI-FM-PO	Postings	Buchung
FI-GL	General Ledger Accounting	Hauptbuchhaltung
FI-GL-B	Company Code Consolidation	Buchungskreiskonsolidierung
FI-GL-BA	Business Area Accounting	Geschäftsbereichsbuchhaltung
FI-GL-GP	Preparation for Consolidation	Konsolidierungsvorbereitung
FI-GL-CU	Foreign Currency Accounting	Währungsbuchhaltung
FI-GL-FL	Flexible Structures	Flexible Strukturen
FI-GL-GL	Basic Functions	Grundfunktionen
FI-GL-IS	Information System	Informationssystem
FI-LC	Consolidation	Konsolidierung
FI-LC-DD	Remote Data Entry	Dezentrale Erfassung
FI-LC-IS	Information System	Informationssystem
FI-LC-IS-EV	Evaluation	Auswertungen
FI-LC-LC	Basic Functions	Grundfunktionen
FI-SL	Special Purpose Ledger	Spezielle Ledger
FI-SL-IS	Information System	Informationssystem
FI-SL-SL	Basic Functions	Grundfunktionen
FI-SL-VSR	Validation, Substitution and Rules	Validierung, Substitution und Regeln
FI-TV	Travel Management	Reisemanagement

Komponente	Englische Bezeichnung	Deutsche Bezeichnung
FI-TV-COS	Travel Expenses	Reisekosten
FI-TV-IPY	Integration, With Payroll	Integration Personalabrech-nung
FI-TV-PL	Travel Planning	Reiseplanung

Tabelle 29:FI-Komponenten

Aus dieser Auflistung werden zu einigen wesentlichen Komponenten zum besseren Verständnis auszugsweise weitere Erläuterungen gegeben.

FI-GL (General Ledger) ist das Hauptbuch. Es enthält die Aufzeichnungen aller buchungsrelevanten Geschäftsvorfälle unter sachlichen Gesichtspunkten auf Sachkonten. Das Hauptbuch enthält aus Gründen der Übersichtlichkeit häufig nur Sammelbuchungen, wobei der detailliertere Buchungsstoff in den Nebenbüchern geführt wird. Die Komponente Hauptbuch hat unter anderem folgende Aufgaben:

- Gesamtdarstellung des externen Rechnungswesens
- freie Wahl der Kontengliederung
- Verbindung zu den Nebenbuchhaltungen
- jederzeitige Online-Auswertungsmöglichkeit
- Erstellung des Jahresabschlusses

FI- AR (Accounts Receivable) ist die Debitorenbuchhaltung (Nebenbuchhaltung). Hier werden alle Geschäftsvorfälle dokumentiert, die die Beziehungen zu Kunden betreffen. Die SAP®-Debitorenbuchhaltung hat unter anderem folgende Aufgaben:

- Einzelverwaltung buchhalterischer Kundendaten
- Real-Time Ausweis der Forderungen im Hauptbuch

FI- AP (Accounts Payable) steht für Kreditorenbuchhaltung (Nebenbuchhaltung). Hier werden alle Geschäftsvorfälle dokumentiert, die die Beziehungen zu Lieferanten betreffen. Die Kreditorenbuchhaltung hat unter anderem folgende Funktionalitäten:

- Einzelverwaltung buchhalterischer Lieferantendaten
- Real-Time Ausweis der Verbindlichkeiten im Hauptbuch

FI-AA (Asset Accounting) stellt die Anlagenbuchhaltung (Nebenbuchhaltung) dar und hat unter anderem folgende Aufgaben:

- Abbildung verschiedener Anlagenklassifikationen
- Abschreibungssimulation und -durchführung

FI-LC (Legal Consolidation) ist die gesetzliche Konsolidierung. Die gesetzliche Konsolidierung hat unter anderem folgende Funktionalitäten:

- Kapital- und Schuldenkonsolidierung
- Ertrags-/Aufwandskonsolidierung,[1022] Zwischenergebniseliminierung[1023]

6.2.3 Integration zu anderen Modulen

Die Finanzbuchhaltung stellt ein zentrales Modul dar. In der Finanzbuchhaltung enden alle Geschäftsvorfälle und können dort auf verschiedenen kumulierten Stufen betrachtet, ausgewertet und zur Erstellung von Berichten genutzt werden. Somit ist die Finanzbuchhaltung Empfänger von Daten aus einer Reihe anderer Module. Bei diesen Daten handelt es sich z.B. um:

- Eingangsrechnungen aus der Rechungsprüfung aus dem Modul MM (auch wenn diese organisatorisch in den meisten Unternehmen in der Finanzbuchhaltung angesiedelt sind).
- Anlagenbewegungen in jeglicher Art und Weise (z.B. AfA, Zugänge, Abgänge, Umlagerungen usw.).
- Warenbewegungen aus dem Modul MM (hierbei kann es sich zum einen um Warenzugänge, z.B. durch Käufe, aber auch um Warenverbräuche, z.B. im Rahmen der Produktion, handeln.[1024]
- Fakturen aus dem Modul SD (Ausgangsrechnungen).
- Lohn- und Gehaltsabrechnungsdaten aus dem Modul HR.[1025]

1022 Vgl. ASAP World Consultancy / SAP® R/3® / S 133 ff.
1023 Vgl. CDI / SAP® R/3® Gemeinkosten Controlling / S.106 ff.
1024 Vgl. CDI / SAP® R/3® Gemeinkosten Controlling / S. 112 ff.

Das Modul FI ist in der SAP®-Landschaft aber nicht nur der Empfänger, sondern auch Sender von Daten.[1026] Bei diesen Daten handelt es sich beispielsweise um die auf den Aufwandskonten in FI gebuchten Beträge, die verursachungsgerecht z.B. mit der Zusatzkontierung Kostenstelle oder Innenauftrag an das Modul CO bzw. mit der entsprechenden Projektkontierung an das Modul PS weitergeleitet werden.[1027]

6.2.4 Grundlegende Einstellung

Bei den grundlegenden Einstellungen sollen im Rahmen dieser Arbeit lediglich der Implementation Guide®, über den das generelle Customizing vorgenommen wird und die Zusatzkontierung, die die Schnittstelle zwischen FI und CO darstellt, näher erläutert werden.

6.2.4.1 Implementation Guide (IMG®)

In der Dokumentation der SAP® werden die IMGs® (Einführungsleitfäden) als sogenanntes „zentrales Element des Customizing“ bezeichnet. Bei ordnungsgemäßem und konsequentem Einsatz stellen sie die operative Schaltstelle und Checkliste für die Einführungsaktivitäten und die die Einführung unterstützenden Funktionen dar. Zu diesen Funktionen gehören u.a. der direkte Aufruf der Customizing-Transaktionen, die Erstellung der Projektdokumentation durch die Erstellung und Zuordnung von Notizen zu den einzelnen Aktivitäten, die Erfassung eigener projektspezifischer Statusinformationen und der direkte Aufruf der R/3® Dokumentationen zu den jeweiligen Aktivitäten.[1028] Die Standardsoftware SAP® R/3® wird grundsätzlich in Form einer Auslieferungsversion an den Mandanten ausgeliefert. Das Referenzmodell stellt dabei lediglich die generellen Abläufe dar. Für eine Anpassung dieser Standardsoftware an die kundenspezifischen Erfordernisse dient der Einführungsleitfaden (Implementation Management Guide). Diese Anpassungen werden auch Customizing bzw. Parametrisierung der Software genannt.[1029] Der IMG® wird online gepflegt. Vom

---

1025 Vgl. B. Rockefeller / SAP® R/3® FI / S. 30 ff.
1026 Vgl. A. Engels / SAP® R/3® kompakt / S. 13 ff.
1027 Vgl. A. Engels "SAP® R/3® kompakt" S.118 ff; Vgl. R. Möhrlen/ SAP® R/3® Controlling/ S. 378 ff.
1028 Vgl. CDI/SAP® R/3® Basissystem/S. 334 ff;Vgl. SAP® AG® /"Leitfaden Datenschutz R/3®" / 14 ff.
1029 Vgl. T. Guddat/Entwurf und Realisierung.../ S.15 ff; Vgl. F. Klenger /Kostenstellenrechnung / S. 118ff; Vgl. A. Engels / SAP® R/3® kompakt / S. 103 ff.

organisatorischen Aufbau her ist er nach den verschiedenen vorhandenen Anwendungsbereichen gegliedert. Innerhalb dieser Anwendungsbereiche sind die Funktionen wiederum grob nach der Reihenfolge der seitens SAP® empfohlenen Abarbeitung sortiert.[1030] Des Weiteren kann er den Anwender bei der Systemdokumentation und der Projektdokumentation unterstützen.[1031]

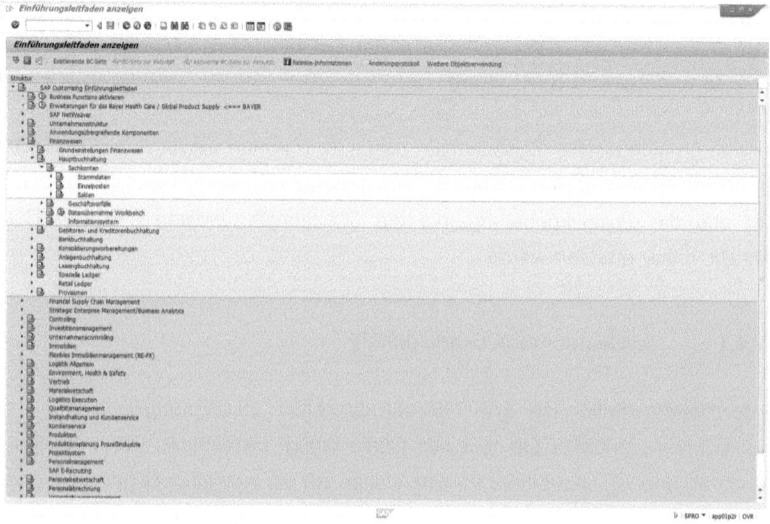

Screenshot 1:Übersicht IMG®

Zu beachten ist jedoch, dass die Anzahl der abzuarbeitenden Aktivitäten verhältnismäßig umfassend ist. Diesbezüglich sollte im Rahmen der Einführung geprüft und definiert werden, welche Einstellungen benötigt und welche standardmäßig vorgegebenen Einstellungsmöglichkeiten nicht benötigt werden.

Von dem Hauptverzeichnis wird in einer detaillierteren Sicht auf untergeordnetere Knoten verwiesen, bis man letztendlich bei der tatsächlichen Aktivität endet. Von dort aus kann man die einzelnen Customizing-Transaktionen starten oder in die standardmäßig hinterlegten Dokumentationen verzweigen.[1032]

1030 Vgl. ASAP World Consultancy / SAP® R/3® / S. 922 ff.
1031 Vgl. G. Keller / SAP® R/3® Prozessorientiert.../ S. 210 ff.
1032 Vgl. R. Möhrlen / SAP® R/3® Controlling / S. 421 ff.

Die Customing-Transaktionen sind durch ein spezielles Berechtigungskonzept geschützt. Die Customizing-Transaktionen sollten restriktiv an die zuständigen Mitarbeiter verteilt werden. Gerade bei Änderungen am bzw. im Customizing sollte man sich der Gefahr bewusst sein, dass solche Änderungen schwerwiegende Konsequenzen nach sich ziehen können und je nach Änderungen komplette Funktionalitäten bewusst oder unbewusst gelöscht oder verändert werden können. Stellenweise können auch gewünschte systemtechnisch eingerichtete Kontrollen umgangen werden.[1033]

Grundsätzlich sind verschiedene Einführungsleitfäden zu unterscheiden. Bei diesen Einführungsleitfäden handelt es sich um:

- **SAP®-Referenzleitfaden** (= "Referenz-IMG®". Er ist der Ausgangspunkt beim Customizing des SAP®-Systems. Inhaltlich enthält er den kompletten Funktionsumfang sowie die Einstellaktivitäten der gesamten SAP®-Module.)
- **Unternehmensleitfaden** (= "Unternehmens-IMG®". Hierbei handelt es sich um den individuell auf den Mandanten zugeschnittenen IMG®. D.h., die Module, die nicht beim Mandanten eingesetzt werden, sind nicht Bestandteil dieses IMGs®.)
- **Projektleitfaden** (Bei dem Projektleitfaden handelt es sich zum einen um einzelne Teilbereiche des oben genannten Unternehmens-IMG® und zum anderen um Teilprojekte im Rahmen der Implementierung in der Gesellschaft.)[1034]
- **Releasespezifische Einführungsleitfäden** (Diese Einführungsleitfäden können z.B. beim Releasewechsel eingesetzt werden. In diesem Zusammenhang können diese Unterschiede und Neuerungen zwischen zwei Release-Ständen beinhalten.)[1035]

6.2.4.2 Zusatzkontierung (Schnittstelle zwischen FI und CO)

Die im Modul FI im eingesetzten Kontenplan „XXXX“ eingerichteten Aufwands- und Ertragskonten müssen im Modul CO als primäre Kostenart angelegt sein. Dadurch wird erreicht, dass bei einer Kostenbuchung in FI eine Mitkontierung

---

[1033] Vgl. F. Klenger/Kostenstellenrechnung/S. 119ff; Vgl. A. Blume Projektkompass SAP®/S 53 ff.

[1034] Vgl. S. Brinkmann / Finanzwesen mit SAP® R/3® / S. 102ff; Vgl. F. Klenger / Kostenstellenrechnung / S. 120 ff.

[1035] Vgl. CDI / SAP® R/3® Basissystem / S. 334 ff; Vgl. A. Engels / SAP® R/3® kompakt / S. 103 ff.

(auch Zusatzkontierung genannt) auf ein echtes Kosten- bzw. Kontierungsobjekt in CO (Kostenstelle, Innenauftrag, PSP-Element oder Wertfeld in CO-PA) zwingend erforderlich wird. Ansonsten erscheint eine Fehlermeldung und die Buchung wird nicht ausgeführt (SAP®-Standard).Sollten entsprechende Buchungen nicht von FI an CO weitergeleitet werden, kommt es zu einem Datenschiefstand zwischen dem externen und dem internen Rechnungswesen. In jedem System können die verschiedenen SAP® Komponenten einzeln aktiviert werden.[1036]

6.2.5 Datenarten der Finanzbuchhaltung

Die in dem System vorhandenen Daten können grundsätzlich in zwei Kategorien unterteilt werden. Bei diesen beiden Kategorien handelt es sich zum einen um die Stammdaten und zum anderen um die Bewegungsdaten. Die grundsätzliche Unterscheidung zwischen den Stammdaten und den Bewegungsdaten besteht darin, dass die Daten, die dauerhaft benötigt werden, als Stammdaten und die Informationen, die aus Belegen abgeleitet werden, als Bewegungsdaten definiert werden.[1037] Neben den Stamm- und Bewegungsdaten existieren zusätzlich die Steuerungsdaten, die jedoch keinen direkten Einfluss auf betriebswirtschaftliche Vorgänge haben. Sie sind abhängig von jeder einzelnen Installation und können auch individuell eingestellt werden.[1038] Hierbei können Steuerungsdaten z.B. die Anzahl der Transaktionen je Benutzer, die Anzahl der Buchungskreise oder die Texte für Fehlermeldungen und die Online-Hilfe sein.[1039]

Die Bewegungsdaten können in der Finanzbuchhaltung auf den dort eingesetzten Konten, den Sachkonten, wiedergefunden werden. Der Begriff Sachkonto stammt aus der doppelten Buchführung und beschreibt ein Konto, das über die Bilanz (Bestandskonto) bzw. über die Gewinn- und Verlustrechnung (Erfolgskonto) abgeschlossen wird. Auch die Bilanzkonten "Forderungen aus Lieferungen und Leistungen" (Debitorenkonto = Summe aller Debitoren) und

---

1036 Transaktion für Anzeige: OKKP.

1037 Vgl. Sabine Hefner "SAP® R/3® Finanzbuchhaltung" S. 104 ff.

1038 Vgl. A. Engels / SAP® R/3® kompakt / S. 48 ff; Vgl. F. Klenger /Kostenstellenrechnung / S. 131 ff; Vgl. CDI / SAP® R/3® Gemeinkosten Controlling / S. 110 ff.

1039 Die detaillierte Beschreibung der Steuerungsdaten soll jedoch nicht Gegenstand dieser Arbeit sein.

"Verbindlichkeiten aus Lieferungen und Leistungen" (Kreditorenkonto = Summe aller Kreditoren) sind Sachkonten.[1040] Im Gegensatz zu den Sachkonten handelt es sich bei den Personenkonten um ein Synonym für die "Kontokorrentkonten". Diese setzen sich zusammen aus Lieferantenkonten (Kreditoren) und Kundenkonten (Debitoren). Die Personenkonten werden in der Regel in der Nebenbuchhaltung einzelpostenbezogen geführt und zusätzlich OP-verwaltet (OP = Offene Posten). Im Rahmen der Abschlusserstellung können Saldenlisten angefertigt werden.[1041]

Diese Saldenlisten stellen eine Zusammenstellung aller Salden der einzelnen Personenkonten der Nebenbuchhaltung dar. Sie werden zur Abstimmung der Nebenbuchhaltung mit der Hauptbuchhaltung eingesetzt. Die Summe aller Debitorensalden muss mit dem Gesamtsaldo des Hauptbuchkontos (Sachkontos) "Forderungen aus Lieferungen und Leistungen" und die Summe aller Kreditorensalden mit dem Gesamtsaldo des Hauptbuchkontos (Sachkontos) "Verbindlichkeiten aus Lieferungen und Leistungen" übereinstimmen. Durch die Fortschreibung der einzelnen in der Nebenbuchhaltung gebuchten Beträge auf die entsprechenden Hauptbuchkonten auf Summenebene (Einzelposten werden zur verbesserten Übersichtlichkeit lediglich im Nebenbuch geführt), dürften zwischen den Nebenbüchern und den betroffenen Hauptbuchkonten theoretisch keine Differenzen auftreten. Sollten jedoch Differenzen vorhanden sein, sind diese zu identifizieren, zu analysieren, zu korrigieren und zu dokumentieren.[1042]

Bei Stammdaten handelt es sich im Bereich der betrieblichen Datenverarbeitung um die wesentlichen Basisdaten eines Unternehmen, die für einen definierten Zeitraum fix sind bzw. sein sollen. Solche Daten können z.B. Artikelnummern, Konditionen, Einkaufspreise/Rahmenverträge oder Debitoren bzw. Kreditoren sein. Eine Aktualisierung dieser Daten findet in der Regel nicht permanent, sondern periodisch statt.[1043]

[1040] Vgl. Gabler Wirtschaftslexikon/ Band 6 S. 2866.
[1041] Vgl. Gabler Wirtschaftslexikon/ Band 6 S. 2573.
[1042] Vgl. Gabler Wirtschaftslexikon/ Band 6 S. 2874; U. Bernd-Striebeck/ Sicherheit und Prüfung/S. 197 ff.
[1043] Vgl. Gabler Wirtschaftslexikon/ Band 7 S. 3093.

6.2.5.1 Stammdaten

Die Grundlage für eine ordnungsgemäße Buchführung bildet die Stammdatenverwaltung. In diesem Zusammenhang werden alle FI -relevanten Geschäftsprozesse in SAP® auf Konten gebucht und dort entsprechend dem individuell eingestellten Customizing verwaltet.[1044]

Die Anlage, Änderung oder Löschung dieser Konten erfolgt unter dem Kapitel Stammdaten und ist somit fest mit dem System verdrahtet. Über die Stammdaten erfolgt nicht nur die Sammlung der gebuchten Beträge (Datensammlungsfunktion), sondern auch die Steuerung der weiteren Verarbeitung der gesammelten Daten. Bei dieser weiteren Verarbeitung kann es sich z.B. um Vorgaben für das Mahnwesen oder die Zahlungsmodalitäten handeln.

Grundsätzlich kann man in SAP® in der Finanzbuchhaltung die folgenden Stammdatengruppen unterscheiden:

- Sachkontenstammdaten
- Kreditorenstammdaten
- Debitorenstammdaten
- Bankenstammdaten

Neben diesen Stammdatengruppen existieren für die Anlagen und Materialbestandskonten eigene Stammdatengruppen, die jedoch in den entsprechenden Modulen verwaltet werden.

Stammdaten werden zur Durchführung eines produktiven Betriebs benötigt und bilden somit die Basis. Dementsprechend müssen die Stammdaten vor der Aufnahme des produktiven Betriebs im System angelegt werden. Die Stammdaten sind buchungsperiodenneutral und haben somit keinen Bezug zu Buchungsperioden, die sich in Monaten oder Jahren widerspiegeln können.

Die Gültigkeit der Daten ist hierbei bis auf wenige Ausnahmen temporär nicht befristet. Sie bleiben so lange bestehen, bis sie gelöscht oder geändert

---

[1044] Vgl. A. Engels / SAP® R/3® kompakt / S. 48 ff.

werden.[1045] Die Erfassung und Pflege der Stammdaten erfolgt auf Mandanten- oder Konzernebene. Wie bereits beschrieben, dienen Stammdaten grundsätzlich der Einrichtung des oder der Mandanten. Alle innerhalb des Mandanten eingerichteten Organisationseinheiten, wie z.B. Buchungskreise, können diese grundsätzlich benutzen. Innerhalb der Buchungskreise können diese auf der Organisationsebene um die buchungskreisspezifischen Parameter, wie z.B. Zahlungsbedingungen oder Ansprechpartner etc., ergänzt werden.[1046]

- **Sachkontenstammdaten:** Die Sachkontenstammdaten werden zentral auf der Kontenplanebene definiert, jedoch durch ein buchungskreisspezifisches Segment ergänzt. Die Art der Pflege hat zur Folge, dass z.B. in einem Konzern mittels des Kontenplans die allgemeinen Daten der Sachkonten einheitlich vorgegeben werden können. Die individuellen Angaben der zum Konzern gehörenden Untergesellschaften können dann von diesen entsprechend in dem buchungskreisspezifischen Segment ergänzt werden.
- **Kreditoren- und Debitorenstammdaten:** Die Stammdaten für die Kreditoren und Debitoren werden im Gegensatz zu den Sachkontenstammdaten nicht zentral auf der Kontenplanebene gepflegt, sondern auf der Mandantenebene. Da die Pflege auf Mandantenebene stattfindet, können alle für den Mandanten eingerichteten Buchungskreise auf die Daten zugreifen und ihre spezifischen Daten (z.B. Abstimmkonto) ergänzen bzw. die bereits vorhandenen Daten auswerten.
- **Bankenstammdaten:** Die Anlage und Pflege der Bankenstammdaten erfolgt zentral in dem sogenannten Bankenverzeichnis, auf das alle Personenkonten zugreifen können. Eine Ausnahme hiervon bilden die Hausbanken der einzelnen Buchungskreise. Hier werden die Angaben separat definiert, und jeder Hausbank muss ein individuelles Sachkonto zugewiesen werden.[1047]

Da Stammdaten in den meisten Fällen eine Dauerbelegfunktion übernehmen, unterliegen Änderungen an den Stammdaten, wenn sie Belegcharakter haben,

---

[1045] Eine Ausnahme hiervon bilden die Stammdaten in CO, hier insbesondere die in der Gemeinkostenrechnung (CO-OM), die für bestimmte Gültigkeitszeiträume angelegt werden. Sollten diese Gültigkeitszeiträume abgelaufen sein, können diese Stammdaten systemseitig nicht mehr verwendet werden.

[1046] Vgl. F. Klenger / Kostenstellenrechnung / S. 131ff.

[1047] Vgl. Sabine Hefner "SAP® R/3® Finanzbuchhaltung" S. 104 ff.

den handels- und steuerrechtlichen Aufbewahrungspflichten und -fristen. Des Weiteren muss gewährleistet sein, wie bereits bei den gesetzlichen Grundlagen beschrieben, dass die Dokumentationen zu den Stammdatenänderungen, sofern sie nur in maschinell lesbarer Form aufbewahrt werden, ständig lesbar gemacht werden können müssen. Die Abgrenzung dahingehend, ob die Änderungen Belegcharakter haben oder nicht, ist im Allgemeinen sehr schwer. Vor diesem Hintergrund empfiehlt es sich, aus Sicherheitsgründen alle Änderungen zu protokollieren. Diesbezüglich sollte das Ändern und Löschen von Änderungsbelegen systemseitig unterbunden werden (vgl. Berechtigungsobjekt „S_SCD0“ mit der Aktivitätsausprägung „06“).[1048]

6.2.5.2 Bewegungsdaten

Bewegungsdaten sind Daten innerhalb der betrieblichen Datenverarbeitung. Mittels dieser Daten werden die Veränderungen an Zuständen beschrieben und Stammdaten aktualisiert. Dabei kann es vorkommen, dass die Bewegungsdaten entweder sofort (realtime) oder zunächst über einen definierten Zeitraum gesammelt und anschließend verarbeitet werden.[1049] Im Gegensatz zu den Stammdaten haben die Bewegungsdaten über das Datum einen festen Bezug zu den Buchungsperioden. Die im System vorhandenen Geschäftsvorfälle werden in Belegen erfasst und sind systemseitig entsprechend protokolliert, gespeichert und auswertbar.[1050] Um Belege buchen zu können, müssen diese den im System hinterlegten Regeln entsprechen. Zu diesen Regeln gehört u.a., dass der Saldo in den Einzelposten des Belegs Null ergibt und die Belege vollständig und fehlerfrei sind. Sollten diese Regeln nicht eingehalten sein, können diese Belege nicht im System gebucht werden, sondern werden lediglich in einer Zwischenablage gespeichert und wirken sich dort nicht auf die echten gebuchten Buchhaltungsdaten aus. Bei solchen Belegen handelt es sich zum Beispiel um die sogenannten "vorerfassten" bzw. "gemerkte" Belege.[1051] Bewegungsdaten sind vorgangsorientiert und werden laufend hinzugefügt.[1052]

[1048] Vgl. SAP® AG ® / Leitfaden Datenschutz / S. 66.
[1049] Vg. Gabler Wirtschaftslexikon/ Band 1 Seite 508.
[1050] Vgl. A. Engels / SAP® R/3® kompakt / S. 48 ff.
[1051] Vgl. in diesem Zusammenhang auch Ausführungen unter dem Kapitel „Bewegungsdaten in FI“.
[1052] Vgl. Sabine Hefner "SAP® R/3® Finanzbuchhaltung" S. 105.

Buchhaltungsdaten in SAP

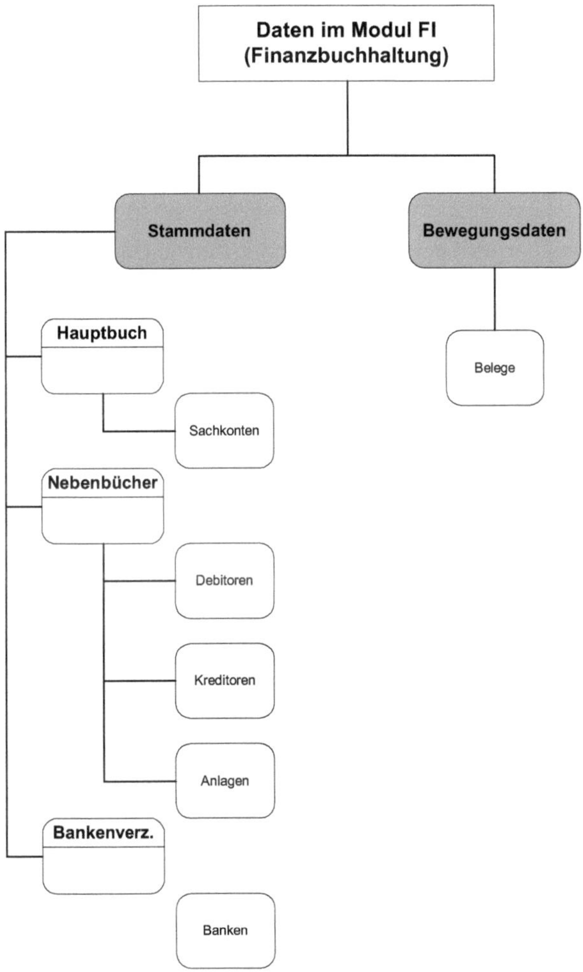

Abbildung 16:Buchhaltungsdaten in SAP®

6.2.6 Hauptbuch/Sachkonten

6.2.6.1 Sachkontenstammdaten

Die Daten der Sachkontenstammsätze können, wie bereits an vorheriger Stelle beschrieben, grundsätzlich in zwei Bereiche unterteilt werden. Dabei handelt es sich zum einen um den Kontenplan-Bereich (A-Segment) und zum anderen um den buchungskreisspezifischen Bereich (B-Segment).

Mittels der Teilung der Stammdaten kann man in zentral gegliederten Unternehmen eine Pflege der Daten in der Form vornehmen, dass die auf Kontenplanebene verwalteten Daten für alle zugeordneten Buchungskreise Anwendung finden. Neben diesen kontenplanspezifischen Daten können zusätzlich noch buchungskreisspezifische Daten gepflegt werden.[1053]

Die Anlage der Sachkonten kann entweder im Anwendungsmenü der Hauptbuchhaltung oder direkt im Customizing erfolgen. Bei der Anlage im Customizing erfolgt keine Differenzierung zwischen Bestands- und Erfolgskonten, sondern die Anlage wird einheitlich als Sachkonto durchgeführt. Die Definition, ob es sich bei dem Sachkonto um ein Bestands- oder Erfolgskonto handelt, wird bei der Anlage im Sachkontenstammsatz festgelegt. Bei der Anlage des Sachkontos im Anwendungsmenü der Hauptbuchhaltung können die kontenplan- und buchhaltungskreisspezifischen Daten entweder parallel über separate Transaktionen oder zusammen über eine weitere Transaktion gepflegt werden. Die voneinander getrennte Anlage kontenplan- und buchhaltungskreisspezifischer Daten der Sachkonten kann z.B. dann durchgeführt werden, wenn man von einer zentralen Stelle aus die buchungskreisspezifischen Werte vorgeben möchte.[1054]

Die Daten innerhalb des Sachkontenplanes werden unabhängig von der Mandantenebene auf der Kontenplanebene gepflegt. Auch diese werden auf Buchungskreisebene ergänzt. Ein Konzern kann über den Kontenplan die allg. Daten der Sachkonten (Bezeichnung, Kontengruppe) festlegen. Die zum Konzern gehörenden Unternehmen ergänzen dann die für ihr Unternehmen

---

[1053] Vgl. F. Klenger "Kostenstellenrechnung mit SAP® R/3®" / S. 159 ff.
[1054] Vgl. S. Brinkmann / Finanzwesen mit SAP® R/3® / S. 63 ff.

spezifischen Daten (Währung, OP Verwaltung). Durch diese Vorgehensweise wird sichergestellt, dass ein einheitlicher Konzernkontenplan mit einheitlichen Bezeichnungen und Kontensteuerung geführt wird. Jedes Konto kann nur einmal angelegt werden.[1055]

Wie schon an vorheriger Stelle beschrieben, muss bei der Eingabe eines Kontos die Kontengruppe vorgegeben werden. Die Kontengruppe steuert den Bildschirmaufbau (Feldstatus) und die Nummernkreise. Im Rahmen des Bildschirmaufbaus wird für jedes vorhandene Feld der Feldstatus definiert. Der Feldstatus definiert, ob ein Feld ein- oder ausgeblendet wird, also für den Benutzer sichtbar ist. Wenn ein Feld eingeblendet wird, muss des Weiteren definiert werden, ob eine Eingabe erfolgen kann oder muss. Sollte ein Feld als "Musseingabe" definiert werden, wird bei dem Versuch, die Transaktion ohne die „Musseingabe" durchzuführen, systemseitig eine Abfrage durchgeführt, eine Fehlermeldung erzeugt und das Ausfüllen dieses Feldes gefordert. Diese Pflege der Eingabemasken kann für jedes angelegte oder anzulegende Konto individuell durchgeführt werden. Um jedoch den Eingabeaufwand und das potentielle Eingabefehlerrisiko bei ähnlichen Konten zu minimieren, bietet es sich an, diese Pflege auf Basis von Kontengruppen durchzuführen. Bei der Eingabe eines neues Kontos wird dann die Zuordnung dieses Kontos zu einer der im System eingerichteten Kontengruppen vorgenommen und somit die entsprechenden kontengruppenspezifischen Vorgaben bzw. Einstellungen übernommen. Alternativ kann zur Minimierung des Eingabeaufwands und der potentiellen Eingabefehler auch mit Vorlagen oder Musterkonten gearbeitet werden. Beim Einsatz der Musterkonten werden systemseitig Vorschlagswerte generiert, die bei Bedarf individuell überschrieben werden können.

Bei der Ansicht der Sachkontenstammdaten kann zwischen den Ansichten „Zentral", "Kontenplan" und „Buchungskreis" unterschieden werden Bei der zentralen Anzeige sind sowohl die kontenplan- als auch die buchungskreisspezifischen Werte optional über entsprechende „Reiter" (Ansichten) anzeigbar. Bei der Auswahl „Kontenplan" bzw. „Buchungskreis" werden lediglich die kontenplan- bzw. buchungskreisspezifischen Informationen angezeigt.

[1055] Vgl. G. Keller / SAP® R/3® Prozessorientiert.../ S. 72 ff.

Bei der zentralen Ansicht von Sachkonten stehen verschiedene Reiter zur Auswahl, die unterschiedliche Sachkontenstammdaten verwalten. Bei diesen Reitern handelt es sich in der Regel um „Typ/Bezeichnung“, „Steuerungsdaten“, „Erfassung/Bank/Zins“, „Schlagw./Übersetzung“, „Informationen (Kpl)“ und „Informationen (BuKr)“.

Grundsätzlich findet man bei der Ansicht eines Sachkontos im Kopfbereich die Sachkontennummer und den Kontenplan, in dem das Sachkonto angelegt ist und kann dort zusätzlich auf die Anlage „mit Vorlage“ verzweigen. In den oben genannten Reitern werden dann den speziellen Überschriften entsprechende Informationen zur Verfügung gestellt.[1056]

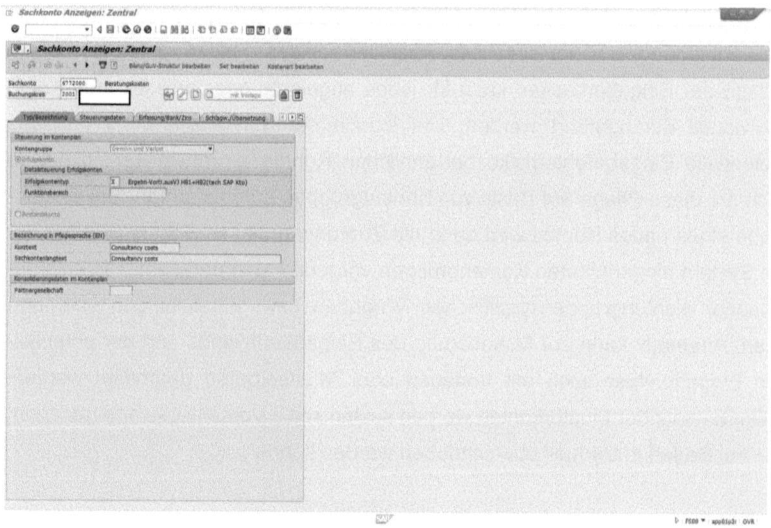

Screenshot 2:Sachkontenstamm anzeigen: Zentral

[1056] Eine detaillierte Beschreibung der einzelnen Reiter sowie der jeweiligen Unterteilungen der Informationen in bestimmte Bereiche wird im Rahmen dieser Arbeit nicht vorgenommen. Sollte ein Informationsbedarf bezüglich der Funktionsweise einzelner Felder bestehen, kann dieses Feld mit dem Coursor markiert und mittels der Funktionstaste „F1“ die entsprechende Dokumentation bzw. Hilfe aufgerufen werden. Sollten verschiedene Eingaben möglich sein, können die zur Verfügung stehenden Eingabewerte durch den Einsatz der Funktionstaste „F4“ angelistet werden.

Sollten an diesen Stammdaten Änderungen vorgenommen werden, besteht systemseitig die Möglichkeit, diese Änderungen zu protokollieren. Diese Protokollierungen können auf verschiedene bzw. bestimmte Felder beschränkt werden. Damit die Änderungsprotokolle angelistet und ausgewertet werden können, stehen standardmäßig die Reports "RFSABL00" (Änderungsbelege Sachkonten) und "RSSCD100" (Änderungsbelege anzeigen) systemseitig zur Verfügung.

6.2.6.2 Sachkontenpflege

Die Sachkontenpflege erfolgt auf zwei Ebenen. Hierbei handelt es sich, wie bereits unter dem Kapitel „Sachkontenstammdaten" beschrieben, um den Kontenplanbereich (A-Segment) und den Buchungskreisbereich (B-Segment). In den beiden Segmentarten werden folgende Daten gepflegt:

Kontenplanbereich (A-Segment)	**Buchungskreisbereich (B-Segment)**
• Sachkontennummer • Sachkontenbezeichnung • Sachkontenart (MUSS) Bestandskonto oder Erfolgskonto) • Daten, die das Anlegen des Sachkontos steuern, (Kontogruppe, Musterkonto)	1. Kontosteuerung • Währung • Salden nur in Hauswährung • Kursdifferenzschlüssel • Bewertungsgruppe • Steuerkategorie • Buchung ohne Steuer erlaubt • Abstimmkonto für Kontoart • Alternative Kontonummer • Kontoführung extern • Inflationsschlüssel 2. Kontoverwaltung • Verwaltung OP • Einzelpostenanzeige • Sortierschlüssel • Berechtigungsgruppe • Buchhaltungssachbearbeiter 3. Steuerung der Belegerfassung

Kontenplanbereich (A-Segment)	Buchungskreisbereich (B-Segment)
	• Feldstatusgruppe • Nur automatisch bebuchbar • Nachkontieren automatischer Buchungen 4. Bank/Finanzangaben 5. Verzinsung 6. Joint Venture

Tabelle 30:Übersicht der A- und B-Segmente

6.2.6.3 Abstimmkonto für Kontoart

In diesem Feld werden die Abstimmkonten gekennzeichnet. Die Kontenarten A (Anlagen), D (Debitoren), K (Kreditoren) legen fest, ob es sich um Abstimmkonten für Anlagen, Debitoren und Kreditoren handelt.[1057] Die Definition eines Kontos als Abstimmkonto verhindert zugleich, dass das Konto manuell bebucht werden kann.[1058]

6.2.6.3.1 Feldstatusgruppe

Über die Feldstatusgruppe werden die Eingabefelder in den Buchungsbildschirmen gesteuert.[1059] Grundsätzlich müssen die Daten, die die im System eingerichteten Konten betreffen, unterschieden werden. Dabei kann diese Unterscheidung der Daten in zwei Kategorien erfolgen. Zum einen handelt es sich um das Sachkonto mit seinen Stammdaten, und zum anderen handelt es sich um die Buchungen auf dem Sachkonto, also um Belege bzw. Bewegungsdaten. Die im Bereich der Stammdaten und der Buchungen verwendeten Bildschirmlayouts unterscheiden sich naturgemäß. Dieses differenzierte Layout wird als alphanumerischer Code im Sachkonten-Layout (-dynpro) eingegeben und steht somit im Sachkontenstammsatz. Eine entsprechende Feldstatusgruppe ist im Bereich der Kreditoren nicht notwendig. Die Bearbeitung der

---

1057 Vgl. A. Engels / SAP® R/3® kompakt / S. 138.
1058 Vgl. E. Moos / Kostencontrolling mit SAP® / S. 33 ff.
1059 Vgl. A. Engels / SAP® R/3® kompakt / S. 138 ff.

Kreditoren erfolgt mittels eines eigenen Menüpunktes, welcher die Notwendigkeit von Buchungslayouts überflüssig macht.

Beispiele für Feldstatusgruppen sind z.B.

Feldstatusgruppenname:	Beschreibung:
G001	Für allg. Konten mit Text und Zuordnung
G003	Für Materialverbrauchskonten
G004	Für Kostenkonten
G005	Für Bankkonten
G008	Für Verrechnungskonten im Anlagebereich
G067	Für Abstimmkonten

Tabelle 31:Beispiele für Feldstatusgruppen

Das Vorhandensein von zwei verschiedenen Layouts bedingt die Tatsache, dass unterschiedliche Inhalte bzw. Daten erfasst werden. Bei den Daten, die die Sachkonten betreffen, werden z.B. keine Belegdaten erfasst, da die Sachkonten keinen Bezug zu den im System eingerichteten Buchungsperioden haben. Im Gegensatz zu den Stammdaten ist bei den Buchungen das Buchungsdatum zwingend notwendig, um den Bezug zur Buchungsperiode herzustellen.

Den im System eingerichteten Mandanten können „ein“ bis "n" Feldstatusvarianten als oberste Gliederungsebene zugeordnet werden. Diesen Feldstatusvarianten (vgl. in diesem Zusammenhang die oben angefügte Tabelle) sind ebenfalls „eine“ bis "n" Feldstatusgruppen zugeordnet. Unter den Feldstatusgruppen sind Feldgruppen vorhanden, die sich wiederum aus einzelnen Feldern zusammensetzen können.

Die Auflistung der im System vorhandenen Feldstatusvarianten kann mittels der Transaktion „OBC4“ (FI Pflege Tabelle T004V) erstellt werden. Durch die Markierung der zu untersuchenden Feldstatusvariante und der Aktivierung des Buttons „Feldstatusgruppen“ können die der Feldstatusvariante zugeordneten Feldstatusgruppen angezeigt werden.

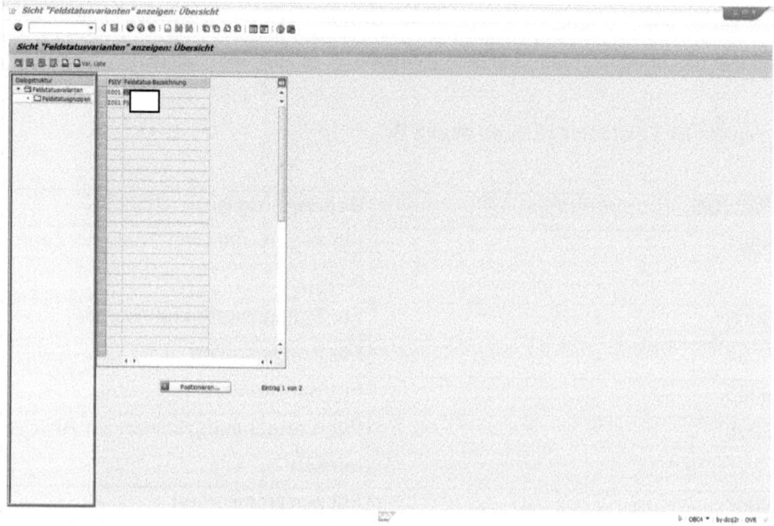

Screenshot 3:„Sicht: Feldstatusvarianten anzeigen: Übersicht"

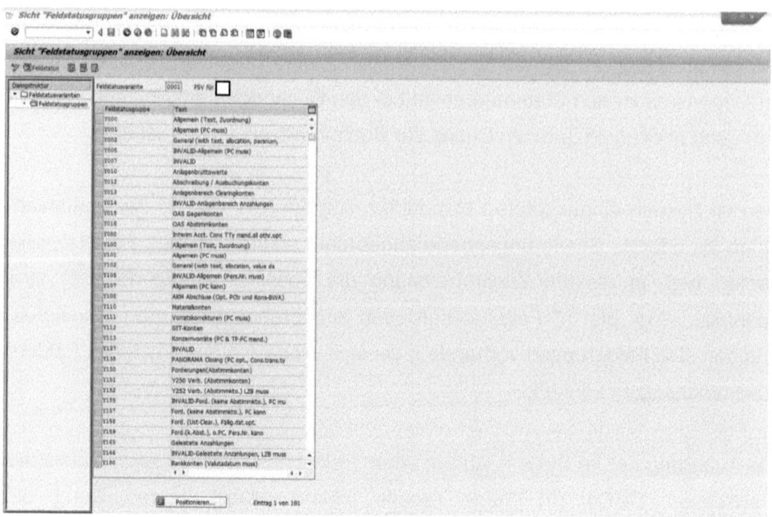

Screenshot 4:„Sicht: Feldstatusgruppen anzeigen: Übersicht"

Durch die Markierung der zu prüfenden Feldstatusgruppen und die Betätigung der Icons für „Feldstatus“, dann die „Lupe“, „Untergruppennachweis“ bzw. die Markierung einer Zeile in dem Bereich „Gruppe auswählen“ und die Betätigung der „Lupe“, kommt man bis auf die Detailsteuerung der einzelnen Felder mit deren Definition als „Ausblenden“, „Musseingabe“ oder „Kanneingabe“.

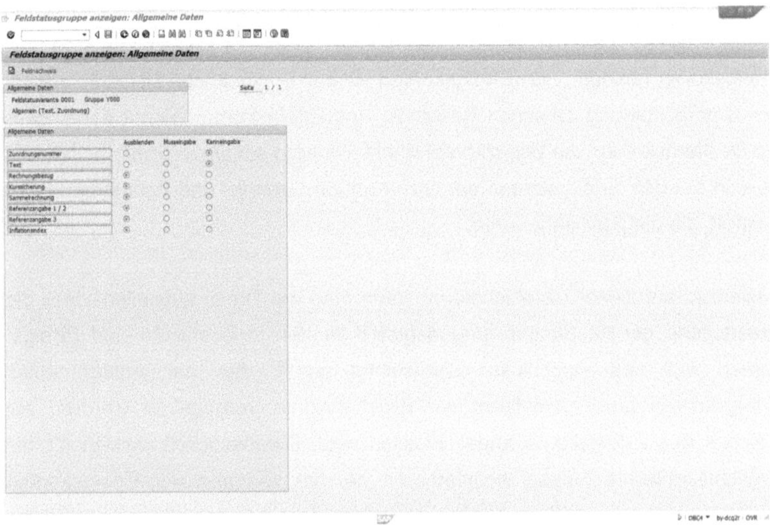

Screenshot 5:„Feldstatusgruppe anzeigen: Allgemeine Daten“

Wenn die Feldstatusvarianten nicht den Buchungskreisen zugeordnet werden, sind die Feldstatusgruppen nicht aktiv. Somit besteht das Risiko, dass wichtige Felder beim Erfassen von Geschäftsvorfällen auf dem Konto nicht eingabebereit sind oder nicht gefüllt werden. Somit sollten die im System eingerichteten Feldstatusvarianten den betroffenen Buchungskreisen zugeordnet werden. Eine entsprechende Überprüfung kann mittels der Transaktion „OBC5“ (FI Pflege Tabelle T001) durchgeführt werden.

Unter einer Feldstatusvariante versteht man in diesem Zusammenhang die Gesamtheit der Feldstatusgruppen. Für die Belegerfassung bzw. für die

Erfassung von Buchungen steht standardmäßig eine Reihe von Eingabebildschirmen zur Verfügung.[1060]

6.2.6.4 Steuerung von Erfolgskonten

Bei der Anlage eines Sachkontos im System muss in dem Stammsatz definiert werden, ob es sich bei diesem Sachkonto um ein Bestandskonto oder ein Erfolgskonto handelt. Den Erfolgskonten ist der Erfolgskontentyp zuzuordnen. Die Unterscheidung zwischen Bestands- und Erfolgskonto besteht darin, dass die Bestandskonten die Bilanzkonten darstellen und somit die Bilanz bilden und es sich bei den Erfolgskonten um GuV-Konten (Gewinn- und Verlustrechnung) handelt, die die GuV generieren.

Basierend auf dieser Unterscheidung kann man die These aufstellen, dass die Unterteilung der im System eingerichteten Konten in Bestands- und Erfolgskonten auf den Abschluss ausgerichtet ist.[1061] Bei der Anlage eines Erfolgskontos muss zusätzlich ein Ergebniskonto vorgegeben werden, auf welches das Erfolgskonto angeschlossen wird. Diesbezüglich werden für die Ergebniskonten Schlüssel definiert, die bei der Eingabe der Erfolgskonten diesen entsprechend ihrer Steuerung zugeordnet werden. D.h., bei diesem Schlüssel handelt es sich um den Erfolgskontentyp. Dieser Erfolgskontentyp ist im Customizing einem Ergebniskonto zugeordnet. Dies hat zur Folge, dass alle Erfolgskonten, die denselben Erfolgskontentypen in ihrem Stammsatz hinterlegt haben, automatisch auf dasselbe Ergebniskonto abgeschlossen werden.[1062]

6.2.6.5 Kritische Untersuchung Sachkonten

An dieser Stelle wird festgehalten, dass im Rahmen der Überprüfung der Sicherstellung der Ordnungsmäßigkeit grundsätzlich die folgenden Risiken bestehen und die folgenden übergreifenden Prüfungsaktivitäten (vgl. Kapitel "Checkliste zur Prüfung der Ordnungsmäßigkeit") durchgeführt werden sollten. Wesentliche Maßstäbe bei der Bewertung stellen dabei die Nachvollziehbarkeit, die Angemessenheit, die Richtigkeit, die Vollständigkeit, die Ordnung und die

---

[1060] Vgl. F. Klenger "Kostenstellenrechnung mit SAP® R/3®" / S. 137ff.
[1061] Vgl. B. Rockefeller / SAP® R/3® FI / S.237 ff.
[1062] Vgl. F. Klenger "Kostenstellenrechnung mit SAP® R/3® " S. 161.

Zeitgerechtigkeit dar, die jedoch von Fall zu Fall variieren können. Im Rückkehrschluss auf die Anforderungen der GoB, wie beispielsweise die Vollständigkeit, Richtigkeit, Nachvollziehbarkeit, Periodengerechtigkeit usw., lassen sich u.a. folgende Risiken im Bereich der Sachkonten ableiten:

- Bei einer fehlerhaften Handhabung der Aktivitäten bzw. der Anlage und Pflege der Einstellungen im Bereich der Sachkontenstamm- und Sachkontensteuerungsdaten besteht das Risiko, dass die ordnungsgemäße Buchung und somit die vollständige, richtige und periodengerechte Erfassung, Zuordnung und Weiterverarbeitung, z.B. von Kosten und Erlösen, nicht vorgenommen werden kann und Abstimmdifferenzen zu den Nebenbüchern (z.B. durch manuell bebuchbare Hauptbuchkonten, Änderung der Mitbuchkontensystematik usw.) auftreten. Dadurch können fehlerhafte oder unvollständige Ergebnisse (z.B. basierend auf unvollständigen Buchungsstoff) erzeugt werden und es zu einem Verlust der Nachvollziehbarkeit bzw. des Audit Trails (z.B. in Form einer Belegflussprüfung) kommen. Dies beeinträchtigt die Ordnungsmäßigkeit der Buchführung und kann zu fehlerhaften Informationen führen, die als Basis für Entscheidungen der Unternehmensleitung dienen.

Folgende **übergreifende Prüfungsaktivitäten** sollten durchgeführt werden:

Prüfungsziel:	Prüfungsaktivität:
Verfahrensanweisung: Existieren schriftlich fixierte Verfahrensanweisungen bzw. –dokumentationen bezogen auf die Anlage und Pflege der Stammdaten und steuerungs- sowie rechnungslegungsrelevanten Einstellungen, der durchzuführenden Kontrollen und Prüfungshandlungen sowie die damit zusammenhängenden Korrekturmaßnahmen bei Differenzen und den Verantwortlichkeiten? Werden diese Verfahrensanweisungen bzw. –dokumentationen entsprechend den	In der Regel existieren bei den Gesellschaften entsprechende Verfahrensdokumentationen. Im Rahmen der Prüfung wird jedoch des Öfteren festgestellt, dass diese Unterlagen nicht übergreifend, nachvollziehbar, aktuell oder ausreichend detailliert dokumentiert sind. Um zu prüfen, ob diese Dokumente entsprechend den gesetzlichen Anforderungen aufbewahrt werden, sollten diese stichprobenartig durch den Prüfer eingesehen und bewertet werden.

Prüfungsziel:	Prüfungsaktivität:
gesetzlichen Anforderungen aufbewahrt?	
Richtig-, Vollständig- und Periodengerechtigkeit: Durch welches Verfahren wird seitens des Unternehmens sichergestellt, dass die Stammdaten und steuerungs- sowie rechnungslegungsrelevanten Einstellungen zu richtigen, periodengerechten und vollständigen Buchungen führen?	Vgl. in diesem Zusammenhang die Ausführungen zu den Reports "RFSKPL00" (Anzeige Sachkonto im Kontenplan), "RFSKVZ00" (Sachkontenverzeichnis), "RFSSLD00" (Sachkontensaldenliste) und "RFAUSZ00" (Sach-, Debitoren- und Kreditoren-Kontenauszüge). In der Regel werden diese Reports durch die Unternehmen zur Sicherstellung der korrekten und vollständigen Buchungen auf den Sachkonten erstellt und ausgewertet.[1063]
Aufbewahrungsfristen: Werden die Stammdatenänderungsprotokolle und die Änderungsprotokolle der rechnungslegungs- und steuerungsrelevanten Einstellungen entsprechend den gesetzlichen Vorgaben und Aufbewahrungspflichten bzw. -fristen archiviert?	Vgl. in diesem Zusammenhang die Ausführungen zu dem Report "RFSABL00" (Sachkontenänderungen). Um zu prüfen, ob diese Dokumente entsprechend den gesetzlichen Anforderungen aufbewahrt werden, sollten diese stichprobenartig durch den Prüfer eingesehen und bewertet werden. Grundsätzlich besteht systemseitig die Möglichkeit, die Stammdatenänderungsprotokolle und die Änderungsprotokolle der steuerungs- und rechnungslegungsrelevanten Einstellungen aufzubewahren. Ob diese seitens der Gesellschaft genutzt wird oder die Protokolle ausgedruckt und manuell dokumentiert werden, hängt vom Einzelfall ab. Um zu prüfen, ob diese Dokumente entsprechend den

1063 Stammsatzänderungen können zur Folge haben, dass sich die Belegführung auf den Sachkonten verändert, d.h. es besteht die Möglichkeit, dass bei einer Einzelpostenanzeige der Saldo des Kontos nicht mit dem Saldo der angezeigten Belege übereinstimmt. Bei diesem Sachverhalt ist der Einsatz und Nachweis der Reporte "RFSEPA01", "RFSEPA02" und "RFSEPA03" (Auf- und Abbau von Einzelposten Anzeige bzw. OP-Verwaltung nach Stammsatzänderungen) empfehlenswert.

Prüfungsziel:	Prüfungsaktivität:
	gesetzlichen Anforderungen aufbewahrt werden, sollten diese stichprobenartig durch den Prüfer eingesehen und bewertet werden. Stellenweise erfolgt keine Aufbewahrung der Stammdatenänderungsprotokolle und der Änderungsprotokolle der steuerungs- und rechnungslegungsrelevanten Einstellungen durch die Gesellschaft. Bezüglich der Aufbewahrungsfristen, vgl. in diesem Zusammenhang auch die Vorgaben des § 257 Abs. 1 Nr.1 HGB i.V.m. § 147 AO.
Genehmigung und Änderungsprotokollierung: Durch welches Verfahren wird seitens des Unternehmens sichergestellt, dass Änderungen an den Stammdaten und den steuerungs- sowie rechnungslegungsrelevanten Einstellungen genehmigt, vollständig und richtig erfasst und verarbeitet werden und nachvollziehbar sind?	Vgl. in diesem Zusammenhang die Ausführungen zu den Reports "RFBABL00" (Belegänderungen) und "RFSABL00" (Sachkontenänderungen) und "Wie wird durch Unternehmen sichergestellt, dass lediglich berechtigte Benutzer Zugang zu den Stammdaten und steuerungs- sowie rechnungslegungsrelevanten Einstellungen haben und ihr Verantwortungsbereich ihren Aufgaben entsprechend abgegrenzt ist? Existiert diesbezüglich ein verbindliches Berechtigungskonzept und ist dieses im System umgesetzt?".
Integrität und Freigabeverfahren: Durch welches Verfahren wird seitens des Unternehmens sichergestellt, dass alle Änderungen an den Stammdaten und den steuerungs- sowie rechnungslegungsrelevanten Einstellungen getestet und durch die Fachabteilung freigegeben werden?	In der Regel sollten die Gesellschaften diesbezüglich ein Verfahren zum Testen inklusive der Freigabe durch die Fachabteilung und den Transport aus dem Testsystem in das produktive System umgesetzt und nachvollziehbar dokumentiert haben. Sofern diese Unterlagen vorhanden sind, können sie seitens des Prüfers ausgewertet werden. In der Praxis ist jedoch oft der Sachverhalt anzutreffen, dass diese Unterlagen nicht vorhanden sind und somit auch nicht

Prüfungsziel:	Prüfungsaktivität:
	dokumentiert wurden. Häufig fehlen auch die Freigaben durch die Fachabteilungen, da entweder die Freigabe aus Zeitgründen direkt durch den Programmierer erfolgt oder keine klaren Verantwortlichkeiten in den Fachabteilungen definiert sind.
Übereinstimmung Nebenbuch- und Hauptbuch: Durch welches Verfahren wird seitens des Unternehmens sichergestellt, dass die Bewegungsdaten vollständig und richtig auf den richtigen Nebenbuchkonten erfasst und von dort aus auf die richtigen Hauptbuchkonten weitergeleitet werden?	In den meisten Unternehmen erfolgt eine entsprechende Abstimmung durch die Ausführung und Kontrolle des Reports "SAPF190" (Abstimmanalyse Finanzbuchhaltung - Große Umsatzprobe). Des Weiteren können die Sachkontensaldenlisten (Report "RFSLDO00") mit den Krediorensaldenlisten (Report "RFKSLD00") und Debitorensaldenlisten (Report "RFDSLD00") abgestimmt werden. Eine Prüfung von Salden auf den Sachkonten kann mittels des Reports "RFSOPO00" (Hauptbuch Einzelposten) auf Summen-Ebene durchgeführt werden. Für die Debitoren kann der Report "RFDOPO00" (Debitoren offene Posten) und für die Kreditoren der Report "RFKOPO00" (Kreditoren offene Posten) ebenfalls auf Summen-Ebene verwendet werden.
Funktionentrennung und Berechtigungskonzept: Wie wird durch das Unternehmen sichergestellt, dass lediglich berechtigte Benutzer Zugang zu den Stammdaten und steuerungs- sowie rechnungslegungsrelevanten Einstellungen haben und ihr Verantwortungsbereich ihren Aufgaben entsprechend abgegrenzt ist? Existiert diesbezüglich ein verbindliches Be-	Mit dem Report "RFSABL00" (Sachkontenänderungen) werden alle Änderungen an den Sachkonten aufgelistet, somit kann er zur Kontrolle der Änderungen kritischer Datenfelder eingesetzt werden. Für die vorgenommenen Änderungen sollten entsprechende Änderungs- bzw. Genehmigungsformulare bei der Gesellschaft vorhanden sein. Diesbezüglich sollten die Änderun-

Prüfungsziel:	Prüfungsaktivität:
rechtigungskonzept und ist dieses im System umgesetzt?	gen nur durch autorisierte Personen durchgeführt worden sein. Die Änderungen sollten regelmäßig durch eine dritte Person überwacht werden. Bezüglich der Prüfung der Umsetzung des Berechtigungskonzepts im System vgl. die Angaben im Kapitel "Berechtigungsvergabe im SAP® R/3®"

Tabelle 32:Übergreifende Prüfungsaktivitäten Sachkonten

Im Anhang finden Sie die Beschreibung der Funktionalitäten der oben genannten Reports.

6.2.6.6 Einschränkungen im Bereich der Sachkonten

Generell wird festgestellt, dass im Bereich der Existenz schriftlich fixierter Verfahrenanweisungen bzw. –dokumentationen, bezogen auf die Pflege der Stammdaten, der durchzuführenden Kontrollen und Abstimmhandlungen sowie der damit zusammenhängenden Korrekturmaßnahmen und Verantwortlichkeiten inklusive der den gesetzlichen Anforderungen entsprechenden Aufbewahrung häufig Defizite bestehen. In der Regel existieren die oben genannten Dokumente bei den Gesellschaften.

Um zu prüfen, ob diese Dokumente entsprechend den gesetzlichen Anforderungen aufbewahrt werden, sollten diese stichprobenartig durch den Prüfer eingesehen und bewertet werden. Bei der Prüfung der Unterlagen wird jedoch häufig festgestellt, dass die Unterlagen nicht übergreifend, nachvollziehbar, aktuell oder ausreichend detailliert gepflegt sind.

Dieser Sachverhalt stellt einen formalen Verstoß gegen die Ordnungsmäßigkeit dar. Um den gesetzlichen Anforderungen zu entsprechen, sollten entsprechende Modifikationen an den Unterlagen seitens der Gesellschaften zeitnah vorgenommen werden.

7. Zusammenfassende Schlussbemerkung

Im Rahmen der externen Rechnungslegung geben die Unternehmen Informationen über ihre wirtschaftliche Lage an externe Adressaten weiter. Diese Informationen können maßgeblich für die Investitionsentscheidungen der Finanzmarktteilnehmer sein.

Demnach leitet sich aus der Bereitstellung entscheidungsnützlicher Informationen und deren Verwertung durch die Adressaten die Notwendigkeit ab, dass ein Mindestgrad an Zuverlässigkeit der Unternehmensrechnung sichergestellt sein muss, d.h., alle Interessengruppen haben den Wunsch, dass die laufenden Geschäftsvorfälle "zuverlässig" erfasst und verarbeitet werden, die dann die Basis für die jeweilige zweckgerichtete Information bilden.

Die unterschiedlichen Beziehungen zwischen Gesellschafter und Management, Management und Wirtschaftsprüfer sowie Gesellschafter und Wirtschaftsprüfer stellen typische Prinzipal-Agent-Beziehungen dar. Dabei sind zum einen die Informationen über die Unternehmen zwischen den Beteiligten asymmetrisch verteilt, zum anderen verfolgen die verschiedenen Adressaten unterschiedliche Zielsetzungen.

Um den potentiellen Risiken, die sich aus der asymmetrischen Informationsverteilung ergeben, entgegenzuwirken, sollten in den geprüften Unternehmen u.a. unternehmensspezifische interne Kontrollsysteme (IKS) entwickelt und implementiert werden. Die zentrale Voraussetzung, um den Zahlen und Angaben in der Rechnungslegung Glaubwürdigkeit zu verleihen, stellt die Prüfung der Rechnungslegung und der damit im Zusammenhang stehenden internen Kontrollsysteme dar. Deren Aufgabe ist es, das Vertrauen in die Verlässlichkeit der Rechnungslegung sicherzustellen. Um die Rechnungslegung und die internen Kontrollsysteme zu überprüfen, greift der Finanzmarkt i.d.R. auf Wirtschaftsprüfer als externe und somit neutrale und unabhängige Prüfinstitution zurück. Das wesentliche Risiko eines Abschlussprüfers bei der Prüfung besteht darin, ein Fehlurteil über die Ordnungsmäßigkeit der Buchführung, des Jahresabschlusses und Lageberichts eines Unternehmens (prüfungspflichtigen) zu treffen. Die Prüfung der Angemessenheit und Funktionsfähigkeit dieses IKS, als

Basis der Ermittlung des Kontrollrisikos im Bereich der IT-gestützten Buchführungssysteme durch Wirtschaftsprüfer, ist die wesentliche Themenstellung dieser Arbeit.

Werden Daten in und aus elektronischen Datenverarbeitungssystemen zur Abbildung und Abwicklung von Geschäftsprozessen und zur externen Rechnungslegung herangezogen, unterliegen sie in Deutschland den historisch gewachsenen und allgemein anerkannten sowie sehr abstrakt formulierten Grundsätzen ordnungsmäßiger Buchführung (GoB). Diese Regelungen bzw. Vorgaben werden durch die GoBS sowie diverse IDW-Stellungnahmen konkretisiert und präzisiert. Im Rahmen der Abschlussprüfung ist dabei zu beurteilen, ob das Rechnungslegungssystem eines Unternehmens den GoB bei der Erfassung, Verarbeitung, Ausgabe und Aufbewahrung der rechnungslegungsrelevanten Daten über die Geschäftsvorfälle entspricht.

Unter Wirtschaftlichkeitsgesichtspunkten ist es unrealistisch, Prüfungshandlungen in dem Umfang zu fordern, dass eine 100 % Prüfungssicherheit gegeben ist. Die im Rahmen der GoA geforderte Urteilssicherheit liegt unter 100 %, wodurch selbst eine völlig ordnungsmäßige Prüfung Mängel in der Rechnungslegung nur mit einer bestimmten Wahrscheinlichkeit aufzudecken braucht.

Die Prüfungsaussagen des Abschlussprüfers sollen die Verlässlichkeit der Rechungslegung erhöhen und den Adressaten eine bessere Einschätzung der Glaubwürdigkeit der Buchführung, des Jahresabschlusses und ggf. des Lageberichts ermöglichen. Grundsätzlich muss durch den Abschlussprüfer festgestellt werden, ob das Unternehmen durch die Einrichtung eines wirksamen IKS auf die identifizierten Risiken entsprechend reagiert hat.

Um eine Bestimmung des Kontrollrisikos durchführen zu können, bedarf es einer Prüfung und Bewertung des IKS. Diesbezüglich muss zunächst das vom zu prüfenden Unternehmen geplante Interne Kontrollsystem aufgenommen werden. In einem weiteren Schritt muss seitens des Abschlussprüfers ein idealtypisches Internes Kontrollsystem ermittelt werden. Mittels dieses idealtypischen Systems ist eine vorläufige Beurteilung des geplanten Internen Kontrollsystems vorzunehmen.

Die Analyse (Identifikation und Bewertung) des Kontrollrisikos dient dem Abschlussprüfer zur Beschaffung von Informationen für die Planung und die Durchführung seiner Prüfungshandlungen.

Daran anschließend beschäftigt sich der Abschlussprüfer mit der Transformation des geplanten IKS und der Funktionsfähigkeit des tatsächlich implementierten IKS. Ein wesentlicher Bestandteil dieser Prüfung ist die Verifizierung der Einhaltung der gesetzlichen Anforderungen an die Ordnungsmäßigkeit eines IT-gestützten Buchführungssystems.

Als Ergebnis der Prüfung des IKS erfolgt seitens des Abschlussprüfers eine abschließende Systembeurteilung. Bestandteil dieser abschließenden Systembeurteilung ist eine Zusammenfassung der Ergebnisse der Transformations- und Funktionsfähigkeitsprüfung, welche mit der vorläufigen Systembeurteilung abgestimmt ist.

Die abschließende Systembeurteilung bildet die Grundlage für die Ausgestaltung und Planung des weiteren Prüfungsvorgehens. Dabei liegt ein wesentlicher Fokus auf dem Umfang der ergebnisorientierten bzw. aussagebezogenen Prüfungshandlungen. Parallel zur Gewichtung der Risikofaktoren ist auch das Ausmaß, in dem die Risikofaktoren bei den zu untersuchenden Prüfungsobjekten vorkommen, eine wichtige Kennzahl. Der Einsatz von Beurteilungsbögen stellt hier ein gutes Medium dar.

Die Beurteilung des Internen Kontrollsystems und der sich daraus ableitenden Risiken kann basierend auf qualitativen und quantitativen Ansätzen erfolgen. Dabei stellt das von *G. Brown* konzipierte Scoring-Modell ein relativ einfaches Verfahren zur Quantifizierung des Kontrollrisikos dar.

Bei der Berichterstattung zur Prüfung und derer Ergebnisse können Erwartungslücken auftreten. Diese treten dann auf, wenn dem Finanzmarkt die Prüfungshandlungen und somit die Informationen der gesetzlichen Jahresabschlussprüfung nicht ausreichen und zusätzliche Informationen benötigt bzw. seitens des Finanzmarktes gewünscht werden. Um diese Erwartungslücke zu füllen, müssten zusätzliche Prüfungshandlungen durchgeführt werden, die über den gesetzlichen Umfang hinausgehen und separat beauftragt und bezahlt werden müssten. An dieser Stelle entscheiden Kosten-Nutzen-Analysen der Investoren darüber, ob weitergehende Prüfungen sinnvoll sind.

Die vorliegende Arbeit hatte folgende Zielsetzungen:

- Das Vorgehen handelsrechtlicher Jahresabschlussprüfer bei der Aufnahme und Bewertung des Kontrollrisikos im Rahmen der Systemprüfung des IKS bei solchen Unternehmen zu unterstützen, die SAP® R/3® als ERP System implementiert haben.

- Dabei soll ein Modell entwickelt werden, das das Prüfungsvorgehen strukturiert, vereinheitlicht und die Beurteilungsergebnisse der Prüfer nachvollziehbarer macht.

- Entwicklung eines leicht handhabbaren Modells, welches das Potential hat, im Prüfungsprozess eingesetzt zu werden und die praktische Arbeit der Abschlussprüfer zu vereinheitlichen.

Als Ergebnis dieser Arbeit kann zusammenfassend folgender Mehrwert festgehalten werden:

- Es wurde ein Modell vorgestellt, das das aktuell anzuwendende pflichtgemäße Ermessen der Prüfer durch ein standardisiertes fragegeleitetes Vorgehen vereinheitlicht, intersubjektiv nachvollziehbarer macht und auch nach objektiven Kriterien plausibilisiert.

- Hieraus wurde ein Modell zur Prüfung des Ist-IKS anhand des idealtypischen IKS in Form einer Checkliste von Prüfungszielen als Entscheidungshilfe entwickelt, anhand derer sich der Prüfer vor Ort fragengeleitet der Erfassung und Bewertung des IKS widmen kann.

- Zur Messung und Quantifizierung des Kontrollrisikos unter den besonderen Rahmenbedingungen eines Wirtschaftsprüfers wurde ein Scoring-Modell entwickelt - insbesondere vor dem Hintergrund seiner einfachen Handhabung -, welches das Potential hat, im Prüfungsprozess eingesetzt zu werden und die praktische Arbeit der Abschlussprüfer zu vereinheitlichen.

- Durch die Integration der in der Checkliste formulierten Prüfungsziele in das Scoring-Modell und der damit verbundenen Quantifizierung des Kontrollrisikos wird der Prüfer in die Lage versetzt, weitere Prüfungshandlungen (aussagebezogene Prüfungshandlungen) zur Reduzierung des Prüfungsrisikos abzuleiten, um eine hinreichende Prüfungssicherheit zu erlangen. Dabei können Routinen aus dem zertifizierten SAP®-Kernbereich identifizierten werden, die der Prüfer vor Ort bei der Beurteilung des bei dem geprüften Unternehmen installierten SAP®-Systems einsetzen kann.

- Dabei wird zunächst das Kontrollrisiko je Prüffeld festgelegt und anschließend eine Gesamtrisikobeurteilung ermittelt. Diese Gesamtrisikobeurteilung bietet die Möglichkeit, ein sich aus der Aggregation der Einzelrisiken (je Prüffeld) ergebenes zusätzliches Risikopotential zu identifizieren. Dies könnte wiederum bei einer Anpassung der Prüfungsplanung auf Prüffeldebene helfen bzw. unterstützen, das Prüfungsrisiko auf das gewünschte Maß zu reduzieren.

- Einschätzung des Kontrollrisikos bei einer Prüfung unter Verwendung von SAP® R/3® wird auf eine theoretische Grundlage gestellt.

- Das entwickelte Modell wurde plausibilisiert und mit Beispielen illustriert, um seine Praktikabilität zu untermauern. Dies wurde am Beispiel der Finanzbuchhaltung (SAP® R/3® Modul FI), hier im Bereich der Sachkonten-Stammdaten des Hauptbuches (General Ledger), exemplarisch dargestellt.

Neben den oben beschriebenen Mehrwerten sollten folgende Einschränkungen bzw. Begrenzungen berücksichtigt werden:

- Auch bei Einsatz der im Rahmen dieser Arbeit entwickelten Checkliste bleiben Erwartungslücken aus der Prüfung bei den verschiedenen Kapitalmarktteilnehmern und somit auch den Adressaten der externen Rechnungslegung bestehen. Dabei handelt es sich u.a. um keine Gewähr für „Going Concern“ und Effektivität/Wirtschaftlichkeit der Geschäftsführung, kein abschließendes Urteil bezüglich Fraud, keine Weitergabe von Geschäftsgeheimnissen (Verschwiegenheitspflicht) und keine Aussage des Wirtschaftsprüfers zur Effizienz des IKS. Diese Erwartungslücken können nicht abschließend abgedeckt bzw. eliminiert werden.

- Da es sich bei COSO um ein bei dem Berufsstand der Wirtschaftsprüfer und in der Praxis sowohl national als auch international anerkanntes Rahmenwerk für interne Kontrollsysteme handelt, wurde dieses bei der Entwicklung der Checkliste als "Best Practice" zugrunde gelegt. Dabei wurde COSO vor dem Hintergrund der Prinzipal-Agent-Theorie plausibilisiert. Eine detaillierte analytische und wissenschaftliche Untersuchung von COSO sowie der verwendeten Prinzipal-Agent-Theorie war nicht Gegenstand der Arbeit.

- Beim Einsatz der Checkliste ist zu beachten, dass die übergreifenden Prüfungsaktivitäten bzw. Fragestellungen in den separaten Prüffeldern um spezifische Prüfungsaktivitäten bzw. Fragestellungen ergänzt werden müssen. Abhängig von der Prüfungsstrategie (objekt- oder funktionsbezogen) kann es dabei zu Überschneidungen oder Unterlassungen kommen und vereinzelt können Prüfungsziele in einzelnen Prüffeldern nicht vorkommen oder nicht effektiv geprüft werden. Dies liegt insbesondere an der Tatsache, dass das IKS unternehmensspezifisch ist und individuell aufgenommen und bewertet werden muss.

- Als weitere Einschränkung sollte berücksichtigt werden, dass der Prüfer bei der Qualifizierung der Risiken diese subjektiv beurteilt. Das heißt, er beurteilt die Wahrscheinlichkeit des Eintritts. Diese subjektiven Wahrscheinlichkeiten bestimmt der Prüfer nach pflichtgemäßem Ermessen und unter Berücksichtigung seiner Erfahrungen, Überzeugungen und Intuitionen. Bei Anwendung dieses Modells sollte man sich dieser Subjektivität stets bewusst sein.

- Vor dem Hintergrund, dass unwesentliche Fehler für sich selber zwar unkritisch sind, jedoch die Summe aller unwesentlichen Fehler sehr wohl ein Risiko darstellen können, stellt dieser Sachverhalt auch in dem entwickelten Modell ein Allokations- bzw. Aggregationsrisiko dar.

- In der Literatur wird häufig eine qualitative Beurteilung des Kontrollrisikos (z.B. gering, mittel und hoch) vorgeschlagen, was bei der Entwicklung dieses Modells ebenfalls zugrunde gelegt worden ist. In einem zweiten Schritt werden diese qualitativen Beurteilungen jedoch in quantitative Risiken umgewandelt (übersetzt), um die Anwendung des Prüfungsrisikomodells umsetzen zu können.

- Da GoA keine 100% Urteilssicherheit der Prüfer fordern, bleibt ein Restrisiko bestehen.

Neben den im Rahmen dieser Arbeit untersuchten Themenschwerpunkt könnten folgende Themen bzw. Erweiterungen Gegenstand weiterer Untersuchungen und somit von zukünftigen Forschungen sein:

- Bei dem Einsatz der im Rahmen dieser Arbeit entwickelten Checkliste sollten in der Praxis in den Prüfungseinheiten organisatorische Rückmeldungsschleifen zur Validierung der Funktionsfähigkeit der Checkliste eingerichtet werden. Dies ist insbesondere vor dem Hintergrund wichtig, dass ggf. Anpassungen und notwendige Modifizierungen vorgenommen werden können.

- Im Rahmen weiterer Forschungsprojekte könnte die theoretische und somit wissenschaftliche Untersuchung des COSO Rahmenwerks und der Prinzipal-Agent-Theorie erfolgen, um den Einsatz der Checkliste auf eine detailliertere analytische Grundlage zu stellen.

- Ein weiterer zukünftiger Forschungsfokus könnte darauf liegen, die Checkliste in IT- bzw. Expertensysteme zu integrieren.

Zusammenfassend kann festgehalten werden, dass, obwohl die Beurteilung von Funktion und Wirksamkeit einzelner Kontrollen relativ leicht ist, die Beurteilung des gesamten IKS umso schwieriger ist und dieser Sachverhalt die Prüfer vor eine große Herausforderung stellt. Diese Gesamtbeurteilung ist jedoch eine notwendige Aktivität, wenn man eine Verknüpfung zwischen der System- und Ergebnisprüfung durchführen will. Das im Rahmen dieser Arbeit entwickelte Modell stellt eine Entscheidungshilfe für Prüfer dar, um das Prüfungsvorgehen zu strukturieren und nachvollziehbar zu machen. Das heißt, es handelt sich um die Vorgabe von Vorgehensweisen, anhand derer die Prüfer ihr "Professional Judgement" transparent und nachvollziehbar machen. Wenn der Prüfer unter Berücksichtigung des Ergebnisses ein anderes Prüfungsvorgehen wählt, muss er dieses entsprechend begründen und nachvollziehbar dokumentieren. Der Kern des im Rahmen dieser Arbeit entwickelten Konzeptes zur Score-Ermittlung dürfte in der Praxis nutzbar sein und besitzt - aufgrund seiner Einfachheit - ein hohes Anwendungspotential.

Anhang

Übersicht wichtiger Reports

Text/Beschreibung	Report:
Sach-, Debitoren- und Kreditorenkontenauszüge (Dieser Report erstellt Kontoauszüge für die Kontenarten Sachkonto, Debitoren und Kreditoren. Die Anlagen- und Materialkonten werden bei den Sachkontenauszügen gedruckt, d.h. die Sachkontenauszüge umfassen Sach-, Anlage- und Materialkonten. Für jedes Konto mit ausgewählten Buchungen werden neben der Kontenbezeichnung alle Posten der ausgewählten Art und des abgegrenzten Zeitraums ausgegeben.)	RFAUSZ00
Belegänderungen (Anhand des Reports können Belegänderungen angezeigt werden. Die aufgelisteten Belegänderungen sollten regelmäßig überwacht und die Gründe für die Belegänderungen analysiert und dokumentiert werden.)	RFBABL00
Belegkompaktjournal (Mit diesem Report können alle im System gebuchten Belege in einem Kompaktjournal dargestellt werden. Es besteht die Möglichkeit, nach verschiedenen Bereichen wie Konten, Zeiträumen oder Belegarten etc. zu selektieren.)	RFBELJ00
Bilanz und GuV (Dieser Report erzeugt Bilanzen und GuV nach verschiedenen Vorgabeparametern. Er dient u.a. zur Ermittlung von Abweichungen zwischen Aktiva und Passiva und den nicht ausgeglichenen (Kontensaldo ungleich "0") Verrechnungskonten sowie Selektion der unter Riskobetrachtung wesentlichen Konten, die einer differenzierten Prüfung unterliegen sollen.)	RFBILA00
Belegnummernlücken (Der Einsatz dieses Reports ist nur bei der internen Nummernvergabe sinnvoll. Dieser Report dient dazu, Lücken in der Belegnummernvergabe zu identifizieren. Voraussetzung hierbei ist, dass genau ein Buchungskreis und ein Nummernkreisintervall oder eine Belegart anzugeben sind. Wird eine Belegart angegeben, wird darüber das Nummernkreisintervall gemäß der Tabelle T003 festgelegt. Nummern-	RFBNUM00

kreise mit alphanumerischen Werten werden ignoriert. Hier sollten zwei Fragestellungen berücksichtigt werden: Welche Kontrollen werden im Zusammenhang mit dem Nachweis der lückenlosen Belegnummernvergabe durchgeführt? Liegen Erkenntnisse über Belegnummernlücken vor?)	
Debitorenänderungen (Mit diesem Report werden alle Änderungen an den Debitorenstammdaten aufgelistet, somit kann er zur Kontrolle der Änderungen kritischer Datenfelder eingesetzt werden. Für die vorgenommenen Änderungen sollten entsprechende Änderungsgenehmigungen und dazugehörige Unterschriftenregelungen vorhanden sein. Die Änderungen sollten regelmäßig durch eine dritte Person überwacht und deren Ergebnisse dokumentiert werden.)	RFDABL00
Debitoren offene Posten (Dieser Report erzeugt eine Liste mit offenen Posten, die zeitlich abgegrenzt werden können. Die Liste enthält die Debitoren-Posten, die bis zum angegebenen Stichtag gebucht und am Stichtag noch offen sind. Für jedes Konto mit ausgewählten Buchungen wird u.a. die Konto-Bezeichnung und alle Posten der ausgewählten Art gemäß der gewählten Sortierreihenfolge angelistet. Auf Postenebene werden bspw. der Soll/Haben-Betrag in Belegwährung, der Soll/Haben-Betrag in Hauswährung, die Mahnstufe und der Zahlweg ausgewiesen.)	RFDOPO00
Debitorensaldenliste (Dieser Report erstellt für das ausgewählte Debitorenkonto eine Saldenliste. Anhand der Saldenliste kann zum einen die Ermittlung der wesentlichen Konten und deren Beträge, zum anderen beispielsweise eine Abstimmung zu dem Hauptbuch vorgenommen werden.)	RFDSLD00
Kreditorenänderungen (Mit diesem Report werden alle Änderungen an den Kreditorenkonten aufgelistet, somit kann er zur Kontrolle der Änderungen kritischer Datenfelder eingesetzt werden. Für die vorgenommenen Änderungen sollten entsprechende Änderungsgenehmigungen und dazugehörige Unterschriftenregelungen vorhanden sein. Die Änderungen sollten regelmäßig durch eine dritte Person überwacht und deren Ergebnisse dokumentiert werden.)	RFKABL00

Stammdatenverzeichnis Debitoren (Dieser Report dient der Anzeige und dem Ausdrucken der Debitorenstammdaten, die im Bereich der Finanzbuchhaltung benötigt werden. Er kann somit zur Information (u.a. auch zur Prüfung von Dubletten) und für Zwecke der Dokumentation verwendet werden.)	RFKDVZ00
Stammdatenverzeichnis Kreditoren (Dieser Report dient der Anzeige und dem Ausdrucken der Kreditorenstammdaten, die im Bereich der Finanzbuchhaltung benötigt werden. Er kann somit zur Information (u.a. auch zur Prüfung von Dubletten) und für Zwecke der Dokumentation verwendet werden.)	RFKKVZ00
Kreditoren offene Posten (Dieser Report erzeugt eine Liste mit offenen Posten, die zeitlich abgegrenzt werden können. Die Liste enthält die Kreditoren-Posten, die bis zum angegebenen Stichtag gebucht und am Stichtag noch offen sind. Für jedes Konto mit ausgewählten Buchungen wird u.a. die Konto-Bezeichnung und alle Posten der ausgewählten Art gemäß der gewählten Sortierreihenfolge angelistet. Auf Postenebene werden bspw. der Soll/Haben-Betrag in Belegwährung und der Soll/Haben-Betrag in Hauswährung ausgewiesen.)	RFKOPO00
Kreditorensaldenliste (Dieser Report erstellt für das ausgewählte Kreditorenkonto eine Saldenliste. Anhand der Saldenliste kann zum einen die Ermittlung der wesentlichen Konten und deren Beträge, zum anderen beispielsweise eine Abstimmung zu dem Hauptbuch vorgenommen werden.)	RFKSLD00
Sachkontenänderungen (Mit diesem Report werden alle Änderungen an den Sachkonten aufgelistet, somit kann er zur Kontrolle der Änderungen kritischer Datenfelder eingesetzt werden. Für die vorgenommenen Änderungen sollten entsprechende Änderungsgenehmigungen vorhanden sein. Die Änderungen sollten regelmäßig durch eine dritte Person überwacht und deren Ergebnisse dokumentiert und aufbewahrt werden .)	RFSABL00
Anzeige Sachkonto im Kontenplan (Mit diesem Report werden alle im Kontenplan angelegten Sachkonten und deren Zuordnung im Kontenplan aufgelistet. Hier sind die folgenden Fragestellungen zu prüfen: Sind alle in der Gesellschaft vorhandenen Sachkonten im Kontenplan vorhanden und den gesetzli-	RFSKPL00

chen Gliederungsvorschriften entsprechend zugeordnet?)	
Sachkontenverzeichnis (Hier erfolgt die Auflistung aller im Kontenplan angelegten Sachkonten. Das Verzeichnis kann zur Abstimmung der "richtigen" Kontensteuerung sowie von Buchungssperren etc. eingesetzt werden.)	RFSKVZ00
Hauptbuch Einzelposten (Der Report erzeugt eine Liste von offenen oder ausgeglichenen Posten, die zeitlich abgegrenzt werden können. Die Liste enthält Sachkontenposten, die zum von ihnen angegeben Stichtag offen sind, sowie ausgeglichene Posten, deren Ausgleichsdaten im angegebenen Selektionsbereich liegen. Dabei können alle oder nur Konten gewählt werden, die mit Einzelpostenverwaltung geführt werden. Neben den üblichen Posteninformationen werden folgende Zusatzkontierungen (Kostenstelle und Werk, Projektnummer, Auftragsnummer) ausgewiesen, soweit diese im Posten enthalten sind.)	RFSOPO00
Sachkontensaldenliste (Dieser Report erstellt für die ausgewählten Sachkonten eine Saldenliste. Anhand der Saldenliste kann zum einen die Ermittlung der wesentlichen Konten und deren Beträge zum anderen beispielsweise eine Abstimmung zu den Nebenbüchern vorgenommen werden.)	RFSSLD00
Tabellenhistorie (Der Report „RSTBHIST“ kann zur Kontrolle der Tabellenänderungen (z.B. zur Prüfung der Änderungen in der Tabelle zur automatischen Kontenfindung, Tabellen "T030*" eingesetzt werden.)	RSTBHIST
Tabellenprotokollierung (Der Report "RSTBPROT“ kann zur Kontrolle der Tabellenänderungen (z.B. zur Prüfung der Änderungen in der Tabelle zur automatischen Kontenfindung, Tabellen "T030*" eingesetzt werden.)	RSTBPROT
Benutzer nach komplexen Selektionskriterien (Dieser Report bietet die Möglichkeit, neben der Prüfung von Transaktionen auch die dazugehörigen Berechtigungsobjekte in die Prüfung einzubeziehen. Benutzer mit komplexen Berechtigungen.)	RSUSR002
Liste aller Benutzer mit kritischen Berechtigungen (Dieser Report listet u.a. alle Benutzer auf, die kritische Berechtigungen haben, wie beispielweise Benutzerstammsätze ändern, Berechtigungen und/oder Berechtigungsprofile pflegen und aktivieren)	RSUSR005

Überwachung der Aufgabentrennung (Dieser Report listet alle Benutzer auf, die gleichzeitig Berechtigungen zu bis zu fünf Transaktionen haben, deren Kombination als kritisch eingestuft wurde (z.B. im Einkaufsprozess).	RSUSR008
Vergleich von Benutzerstämmen (Mit diesem Report können Benutzerstammsätze, Profile oder Berechtigungen verglichen werden. Dieser Report kann aus dem Benutzerinfosystem heraus aufgerufen und mit einer Variante gestartet werden. Je nach Art der Variante werden zwei Eingabefelder für die miteinander zu vergleichenden Objekte angezeigt.)	RSUSR050
Saldenbestätigungen Debitoren (Basierend auf die Selektionsparameter, die bei dem Start des Reports eingegeben werden, selektiert er automatisch all diejenigen Kreditoren, die den Selektionsparametern entsprechen. Dabei erstellt das System einen entsprechenden Schriftsatz an die jeweiligen Debitoren mit dem aktuellen Kontenwert.)	SAPF130D
Saldenbestätigungen Kreditoren (Bezugnehmend auf die Selektionsparameter, die bei dem Start des Reports eingegeben werden, selektiert er automatisch all diejenigen Kreditoren, die den Selektionsparametern entsprechen. Dabei erstellt das System einen entsprechenden Schriftsatz an die jeweiligen Kreditoren mit dem aktuellen Kontenwert.)	SAPF130K
Abstimmanalyse Finanzbuchhaltung - Große Umsatzprobe (Der Report führt eine erweiterte Abstimmung in der Finanzbuchhaltung durch. Im Rahmen des Hauptbuch-Monatsabschlusses werden folgende Konsistenzprüfungen durchgeführt: 1. Soll- und Habenverkehrszahlen der Debitorenkonten, Kreditorenkonten und Sachkonten mit den Soll- und Habensummen der gebuchten Belege (bisherige Funktionalität des Reports SAPF070). 2. Soll- und Habenverkehrszahlen der Debitorenkonten, Kreditorenkonten und Sachkonten mit den Soll- und Habensummen der Anwendungsindizes (Sekundärindex). Die Anwendungsindizes werden systemintern für Konten mit OP-Verwaltung oder Einzelpostenanzeige gebraucht. Alle Ergebnisse der Abstimmung sind einer Historienverwaltung	SAPF190

angeschlossen. Es können somit Aussagen über die zeitliche Durchführung und Richtigkeit der Abstimmarbeiten getroffen werden. Die Abstimmanalyse kann mit Hilfe von Selektionskriterien eingegrenzt werden.)	
Konsistenz SHB-Kontenfindung (Mittels dieses Reports kann untersucht werden, ob eine Konsistenz bei der Kontenfindung im Bereich der Sonderhauptbuchkonten existiert?)	SAPUFKB2

Literaturverzeichnis

- Adenauer, P. 1989 / Berücksichtigung des Internen Kontrollsystems bei der Jahresabschlussprüfung / Eul Verlag, Bergisch Gladbach-Köln.
- American Institute of Accountants (AIA), Committee on Auditing Procedure (Hrsg.) 1949 / Internal Control-Elements of a Coordinated System and its Importance to Management and the Independent Public Accountant / New York.
- Arens, A. A.; Loebbecke, J. K. 1991 / Auditing: An integrated Approach, 5th ed. / Englewood Cliffs, New Jersey.
- Arens, A. A.; Loebbecke, J. K. 2000 / Auditing: An integrated Approach, 8th ed. / Englewood Cliffs, New Jersey.
- ASAP World Consultancy 1999 / SAP® R/3® Referenz und Anwendungen / Prentice Hall, London.
- Baetge, J. 1990 / Überwachung / in: Vahlens Kompendium der Betriebswirtschaftslehre, Band 2, 2. Aufl., hrsg. von M. Blitz u. a. / München.
- Baetge, J. 2003 / Der Berufsstand der Wirtschaftsprüfer vor neuen Herausforderungen / IDW Verlag, Düsseldorf.
- Baetje, J.; Kirsch, H.-J.; Thiele, S. 2007 / Bilanzen / 9. Auflage / IDW Verlag, Düsseldorf.
- Bahr, A. 2003 / Vertrauen in Wirtschaftsprüfer - Konzeptioneller Bezugsrahmen für eine realwissenschaftliche Theorie der Erwartungslücke / Deutscher Universitäts-Verlag.
- Bamberg, G.; Coenenberg, A.G. 2006 / Betriebswirtschaftliche Entscheidungslehre / 13. Auflage / 2006 / Verlag Vahlen, München.

- Bernd-Striebeck, U.; Glauch, T.; Hohnhorst, G.; Kumpf, J.; Stein, R. 1998 / SAP® R/3® Sicherheit und Prüfung / Ottokar Schreiber Verlag, Hamburg.

- Bernd-Striebeck, U.; Glauch, T.; Hohnhorst, G.; Kumpf, J.; Stein, R. 2000 / SAP® Handbuch Sicherheit und Prüfung; Praxisorientierter Revisionsleitfaden für R/3®-Systeme / IDW-Verlag GmbH, Düsseldorf.

- Bieg, H.; Kußmaul, H. 2008 / Externes Rechnungswesen / 4. Auflage / Oldenbourg Verlag München 2008, S. 302.

- Binz, H. B. 1985 / Kritik an deutschen Wirtschaftsprüfern - ein Glaubwürdigkeitsproblem? / Verlag Josef Eul, Köln.

- Blain, J.; Dodd, Bernard; Sandison, D.; Kudzin, A. 1998 / Administering SAP® R/3®: The FI-Financial Accounting and CO-Controlling Modules / ASAP World Consultancy, Que Corporation Indianapolis.

- Blain, J.; Dodd, Bernard; Sandison, D.; Kudzin, A. 1998 / Administering SAP® R/3®: MM-Materials Management Module / ASAP World Consultancy, Que Corporation Indianapolis.

- Blume, A. 1999 / Projektkompass SAP®; Arbeitsorientierte Planungshilfen für die erfolgreiche Einführung von SAP®-Software, 3. Aufl. / Vieweg, Göttingen.

- Bohr, K. 1993 / Wirtschaftlichkeit / in: Chmielewicz, K., Schweitzer M., (Hrsg.) / Handwörterbuch des Rechnungswesens, 3., völlig neu gestaltete und ergänzte Aufl. / Schaeffer Poeschel, Stuttgart.

- Borthick, A. F. 1987 / Artificial Intelligence in Auditing - Assemptions and Preliminary Development, in: Advances in Accounting, S. 1 – 40.

- Brase, P. 1997 / Standorte deutscher Wirtschaftsprüfungsgesellschaften / Deutscher Universitäts-Verlag , Wiesbaden.

- Brebeck, F.; Förschle, G. 1999 / Gegenstand und / Gegenstand und Umfang der Abschlussprüfung nach Inkrafttreten des KonTraG / in: Saitz, B., Braun, F. 1999 (Hrsg.) / Das Kontroll- und Transparenzgesetz - Herausforderungen und Chancen für das Risikomanagement / Gabler, Wiesbaden.

- Brinkmann, S.; Zeilinger, A. 2000/ Finanzwesen mit SAP® R/3® Betriebswirtschaftliches Customizing für SAP® R/3®-FI / 2. Aktualisierte und erweiterte Aufl. / ISBN 3-934358-44-6 / Galileo Press Rheinaustraße 134, 53225 Bonn.

- Buchner, R. 1985 / Der Wirtschaftsprüfer - Beruf und Berufsorganisation / Verlag neuer Wirtschaftsbriefe, Wiesbaden.

- Buchner, R. 1991 / Wirtschaftliches Prüfungswesen / Beck, München.

- Buchner, R. 1992 / Rechnungslegung und Prüfung der Kapitalgesellschaft, 2. Aufl. / Stuttgart-Jena.

- Buchner, R. 1996 / Rechnungslegung und Prüfung der Kapitalgesellschaft, 3. Aufl. / Stuttgart-Jena.

- Buchner, R. 1997 / Wirtschaftliches Prüfungswesen / 2. Auflage, Beck Verlag, München.

- Buchner, R. 2002 / Buchführung und Jahresabschluss / 5. Auflage, Vahlen Verlag , München.

- Buckless, F. A. O. 1989 / Modeling External Auditors Evaluations of Audit Risk and the Effect of the Task Environment on Consensus / Dissertation Michigan State University.

- Büchi, R. 1976 / Entscheidungstabellen / Gießen.

- Buderath, H. M. 2004 / Auswirkungen des / Auswirkungen des Sarbanes-Oxley Acts auf die Interne Revision / BFuP 2004, S. 39-50 / o.O.

- Büschgen H. E.; Everling O. 1996 / Handbuch Rating / Gabler, Wiesbaden.

- Busse von Colbe, W.; Pellens, B. 1994 / Lexikon des Rechnungswesens / 3. Aufl. / Oldenbourg, München.
- Busse von Colbe, W. Pellens, B. 1998 / Lexikon des Rechnungswesens / 4. Aufl. / Oldenbourg, München.
- Carlsen, S. O. 1996 / Interne Kontrollsysteme, versteckte Fehlerquellen, heimliche Kostentreiber aufspüren, verborgene Sicherheitslücken schliessen / Oldenbourg, München.
- CDI 1996 / SAP® R/3® Basissystem: Systemarchitektur, Administration, Basistechnologie / Markt & Technik Buch und Software-Verlag GmbH, München.
- CDI 1999 / SAP® R/3® Gemeinkosten-Controlling Release 4.0 / Addison Wesley, München.
- CDI 1997 / SAP® R/3® Finanzwesen Release 3.0 D/ Markt & Technik Buch- und Software-Verlag GmbH, München.
- Coenenberg, A. 1997 / Jahresabschluss und Jahresabschlussanalyse, 16. Aufl. / Landsberg/Lech.
- Colbe, v. / Lexikon des Rechnungswesens / S. 513 ff.
- Coenenberg, A. 1997 / Jahresabschluss und Jahresabschlussanalyse.
- Choi, F.; Frost, C.; Meek, G. 2004 / International Accounting / 5. Auflage Upper Saddle River Verlag.
- C&L Deutsche Revision 1992 / Prüfungsrichtlinien / 1. Auflage, C&L Deutsche Revision Aktiengesellschaft Wirtschaftsprüfungsgesellschaft, Frankfurt.
- C&L Deutsche Revision 1996 / Prüfungsrichtlinien / 2. Auflage, C&L Deutsche Revision Aktiengesellschaft Wirtschaftsprüfungsgesellschaft, Frankfurt.

- De Paula, C. F.; Attwood, F. A. 1977 / Auditing Principles and Practice / 15. Auflage, London.

- Denk, C. 2004 / Analyse der / Diplomarbeit: "Analyse der Berichterstattung zum internal control report nach Section 404 des Sarbanes-Oxley Act und über das Interne-Kontroll-System - Aus der Sicht einer deutschen Aktiengesellschaft." / o.O.

- Diehl, C. U.; Nutz, A. 2002: a.a.O., Sp 473 ff.

- Döring, U.; Buchholz, R. 1990 / Buchhaltung und Jahresabschluss mit Aufgaben und Lösungen / 2. Auflage, S + W Steuer- und Wirtschaftsverlag, Hamburg.

- Drexl, A.; Salewski, F. 1991 / Grundlagen für die expertenbasierte Beurteilung des Internen Kontrollsystems bei Abschlussprüfern, in: ZfB, 61. Jg., Heft 7, S. 765 und 771.

- Egner, H. 1980 / Betriebswirtschaftliche Prüfungslehre, eine Einführung / Berlin.

- Eisele, W. 1999 / Technik des betrieblichen Rechnungswesens / Vahlen, München.

- Elben, W. 1973 / Entscheidungstabellentechnik. Logik, Methodik und Programmierung. / Berlin-New York.

- Engels, A.; Gresch, J.; Nottenkämper, N. 1996 / SAP® R/3® kompakt "Einführung und Arbeitsbuch für die Praxis" / München.

- Esser, J. 1988 / EDV-gestützte Prüfungsplanung, in: WPg 1988, S. 672 – 677.

- Falk, O. 1993 / Fernprüfung - Analyse einer alternativen Prüfungsmethode zur Rationalisierung der Jahresabschlussprüfung durch Datenfernübertragung / Düsseldorf, S.244.

- Faltermann, H.; Beckmann, H. 1993 / Buchführung und Bilanz / Erich Fleischer Verlag, Achim.
- Ferschl, F. 1970 / Markovketten / Berlin.
- Fischer-Winkelmann, W. F. 1990 / Buchführung und Jahresabschluss / 3. Auflage , Gabler, Wiesbaden.
- Förschle, G.; Peemöller, V. 2004 / Wirtschaftsprüfung und Interne Revision / Verlag Recht und Wirtschaft GmbH, Heidelberg.
- Freidank, C.; C., Lachnit, L.; Tesch, J. 2007 / Vahlens großes Auditing Lexikon / Verlag C. H. Beck, München.
- Fröhlich, M. 1988 / Finanzbuchführung mit Personal Computern / IDW Verlag, Düsseldorf.
- Frühauf, W. 1991 / Die Urteilsbildung bei der Jahresabschlussprüfung / Dissertation, Wien.
- Gabler Wirtschaftslexikon 1993/ 13., vollständig überarbeitete Auflage./ Band 1 - 8, Wiesbaden 1993.
- Gärtner, M. 1994 / Analytische Prüfungshandlungen im Rahmen der Jahresabschlussprüfung - Ein Grundsatz ordnungsmäßiger Abschlussprüfung / Marburg.
- Gattinger, M. K. 1991 / Kosten-Nutzen-Überlegungen zur Internen Revision. Die Revisionsabteilung als Objekt von Wirtschaftlichkeitsanalysen und effizienzsteigernden Maßnahmen. / Gabler, Wiesbaden.
- Gelhausen, H.; Hense, B.; Klein, K. 2002 / WP Handbuch 2002 Band II / IDW-Verlag, Düsseldorf.
- Geuer, C. 1994 / Das Management des Haftungsrisikos der Wirtschaftsprüfer / IDW Verlag, Düsseldorf.

- Gieschke, O. 1999 / Überwachungsmaßnahmen / Diplomarbeit "Überwachungsmaßnahmen bei Einsatz des SAP® R/3® Moduls CO für Zwecke der Rechnungslegung" / Berlin.

- Göbel, S. 1989 / Prüfung von EDV-Programmsystemen im Rahmen der Jahresabschlussprüfung, Dissertation Regensburg.

- Göckeritz, B. 1999 / Vorläufige Beurteilung des Internen Kontrollsystems im Rahmen der Jahresabschlußprüfung / Frankfurt/M., Berlin, Bern, Bruxelles, New York, Wien, Peter Lang Verlag, Reihe: Europäische Hochschulschriften: Reihe 5, Volks- und Betriebswirtschaft. Bd. 2523.

- Gräfer, H.; Sorgenfrei, C. 2004 / Rechnungslegung - Bilanzierung und Bewertung nach HGB / IAS / IFRS. / nwb Verlag Neue Wirtschafts-Briefe, Herne, Berlin.

- Graumann, M. 2009 / Wirtschaftliches Prüfungswesen / Verlag Neue Wirtschafts-Briefe, Herne.

- Graumann, M. 2008 / Controlling - Begriffe, Elemente, Methoden und Schnittstellen / 2. Auflage / IDW Verlag Düsseldorf.

- Grobstein, M.; Loeb, St.; Neary, R. D. 1985 / Auditing: A Risk Analysis Approach / Homewood, Illinios.

- Guddat, T. 1999 / Entwurf und Realisierung / Diplomarbeit „Entwurf und Realisierung eines Beratungskonzepts zur integrativen Einführung der Standardsoftware SAP® R/3®“ / o.O.

- Hachmeier, D. 2001 / Wirtschaftsprüfungsgesellschaften im Prüfungsmarkt / Schäffer Poeschel Verlag, Stuttgart.

- Hagest, J. 1975 / Zur Logik der prüferischen Überzeugungsbildung bei Jahresabschlussprüfungen, Dissertation / München.

- Hanisch, H. 1986 / Jahresabschlussprüfung bei Datenbanksystemen / Frankfurt/Berlin/New York, S. 39 ff.

- Hanisch, H.; Kempf, D. 1990 / Revision und Kontrolle von EDV-Anwendungen im Rechnungswesen / C.H. Beck´sche Verlagsbuchhandlung, München.

- Hansen, J. V., Messier, W. F. 1982 / Expert Systems for Decission Support in EDP Auditing, in: International Journal of Computer and Information Sciences, S. 357 – 379.

- Hax, H. 1974 / Entscheidungsmodelle in der Unternehmung. Einführung in Operations Research / Reinbeck.

- Hefner, S. 2001/ SAP® R/3® - Finanzwesen / München.

- Hermanson, R. H.; Strawser, J. R.; Strawser, R. H. 1987 / Auditing Theory and Practice, 4th ed. / Homewood, Illinois.

- Hörmann, F. 1997 / Quantitative Verfahren in der Wirtschaftsprüfung; Stichprobenprüfung, Netzplantechnik, EDV-Prüfung / Wirtschaftsverlag Carl Ueberreuter , Wien.

- Hofmann.S. 2008 / Handbuch Anti-Fraud Management. Bilanzbetrug erkennen - vorbeugen - bekämpfen / ESV Verlag Berlin.

- Hofmann, R. 1993 / Unternehmensüberwachung / Unternehmensüberwachung: ein Aufgaben- und Arbeitskatalog für die Revisionspraxis / Deutsches Institut für Interne Revision e.V. (Hrsg.), 2. Auflage, Berlin.

- Hofmann, R. 2000 / Prüfungshandbuch: Praxisorientierter Leitfaden einer umfassenden unternehmerischen Überwachungs- und Revisionskonzeption / 3. Auflage / Erich Schmidt Verlag, Berlin 2000.

- Horvath, P. 2002 / Controlling / 8. Auflage, München.

- Hunger, J. R. 1981 / Die deutschen Wirtschaftsprüfer - Image und Selbstverständnis einer Professorin / Band 4 / IDW Verlag, Düsseldorf.

- Institut der Wirtschaftsprüfer in Deutschland E.V. (IDW) 1996 / WP Handbuch 1996/ Wirtschaftsprüfer-Handbuch 1996, Handbuch für Rechnungslegung, Prüfung und Beratung Band I, Düsseldorf..

- Institut der Wirtschaftsprüfer in Deutschland E.V. (IDW) 1998 / Abschlussprüfung nach International Standards on Auditing (ISAQ) - Vergleichende Darstellung deutscher und internationaler Prüfungsgrundsätze / IDW Verlag, Düsseldorf.

- Institut der Wirtschaftsprüfer in Deutschland E.V. (IDW) 2000 / Wirtschaftsprüfer-Handbuch 2000, Handbuch für Rechnungslegung, Prüfung und Beratung Band I, 12. Aufl. / Düsseldorf.

- Institut der Wirtschaftsprüfer in Deutschland E.V. (IDW) 2006 / Wirtschaftsprüfer-Handbuch 2006, Handbuch für Rechnungslegung, Prüfung und Beratung Band I, Düsseldorf.

- Institut der Wirtschaftsprüfer in Deutschland E.V. (IDW) 2008 / Wirtschaftsprüfer-Handbuch 2008, Handbuch für Rechnungslegung, Prüfung und Beratung Band I, Düsseldorf.

- Johnson, K. P.; Jaenicke, H. R. 1980 / Evaluating Internal Control. Concepts, Guidelines, Procedures, Documentation / New York-Chichester-Brisbane-Toronto.

- Kell, W. G.; Boynton, W. C.; Ziegler, R. E. 1986 / Modern Auditing, 3rd ed. / New York-Chichester-Brisbane-Toronto-Singapore.

- Keller, G.; Teufel, T. 1998 / SAP® R/3® prozeßorientiert anwenden, Iteratives Prozeß-Prototyping zur Bildung von Wertschöpfungsketten, 2. korrigierte Aufl. / Addison Wesley, Bonn.

- Kinney, W.; Uecker, W. C. 1986 / Computer Assisted Analytical Review System / hrsg von der American Accounting Associaton, Sarasota.

- Kissinger, J. N. 1974 / A Study of Factors Which Affect Audit Evidence Accumulation, Dissertation Michigan State University.

- Klenger, F.; Falk-Kalms, E. 1998 / Kostenstellenrechnung mit SAP® R/3® / Vieweg & Sohn Verlagsgesellschaft mbH, Braunschweig / Wiesbaden.

- Klinger, M. A., Klinger, O. 2000 / Das Interne Kontrollsystem (IKS) im Unternehmen - Praxisbeispiele, Checklisten, Organisationsanweisungen und Muster-Prüfungsberichte für alle Unternehmensbereiche / Vahlen Verlag, München.

- Knop, W. 1983 / Eine Möglichkeit zur optimalen Planung einer einzelnen Jahresabschlussprüfung unter besonderer Berücksichtigung der Beurteilung des internen Kontrollsystems / Thun-Frankfurt am Main.

- Köster, H. 1974 / Computergestützte Prüfungsmethoden / Düsseldorf.

- Konrath, L. F. 1989 / Auditing Concepts and Applications: A Risk-Analysis Approach / St.- Paul-New York-Los Angeles-San Francisco.

- Kromschröder, B.; Lück, W. 1998 / Grundsätze risikoorientierter Unternehmensüberwachung / DB 1998, S. 1573 bis 1576 /o.O.

- Kühnberger, M. 1993 / Buchhaltung - von der Buchführung zum Jahresabschluss. / Oldenbourg Verlag, München.

- Langel, R. 1999 / Konzeption eines integrierten Informationsverarbeitungssystems zur Unterstützung von Wirtschaftsprüfern / Marburg, S. 10 ff.

- Leffson, U. 1997 / Die Grundsätze ordnungsmäßiger Buchführung / IDW Verlag, Düsseldorf.

- Leffson, U. 1988 / Wirtschaftsprüfung, 4. Aufl. / Gabler, Wiesbaden.
- Lehner, F 1997 / Künstliche Intelligenz, in: Mertens, P., et al (Hrsg.): a.a.O., S. 237 bis 238.
- Lehner, U. 1999 / Risikomanagement - ein Gegenstand der Abschlussprüfung / in: Baetge, J. (Hrsg) / Auswirkungen des KonTraG auf Rechungslegung und Prüfung / Düsseldorf.
- Leichti, J. L. C. 1984 / An Investigation of Auditors Judgements of Inherent Risk in Inventory / Dissertation University of Georgia.
- Lück, W. 1993 / Jahresabschlussprüfung - Grundsätze für eine umfassende Prüfung der Rechnungslegung / Stuttgart.
- Lück, W. 1996 / Lexikon der Rechnungslegung und Abschlussprüfung / 3. Aufl./ Oldenbourg, München.
- Lück, W. 1999 / Prüfung der Rechnungslegung - Jahresabschlussprüfung / 1999 Oldenbourg, München.
- Mai, T. R. 1993 / Rechtsverhältnis zwischen Abschlussprüfer und prüfungspflichtiger Kapitalgesellschaft / IDW Verlag, Düsseldorf.
- Marten, K.U. 1999 / Qualität von Wirtschaftsprüferleistungen - Eine empirische Untersuchung des deutschen Marktes für Wirtschaftsprüfungsleistungen / IDW Verlag, Düsseldorf.
- Marten, K.U.; Quick, R.; Ruhnke, K. 2001 / Wirtschaftsprüfung / Schaeffer Poeschel, Stuttgart.
- Marten, K.U.; Quick, R.; Ruhnke, K. 2003 / Wirtschaftsprüfung / 3. Auflage , Schaeffer Poeschel, Stuttgart.

- Marten, K.U.; Quick, R.; Ruhnke, K. 2007 / Wirtschaftsprüfung: Grundlagen des betriebswirtschaftlichen Prüfungswesens nach nationalen Normen / Schaeffer Poeschel, Stuttgart.

- Mautz, R. K. 1967 / Fundamentals of Auditing, 2. Aufl. / New York-London-Sydney.

- Meisel, B. M. Geschichte der deutschen Wirtschaftsprüfung / Dr. Otto Schmidt Verlag, Köln.

- Menzies, C. 2004 / Sarbanes-Oxley Act Leitfaden für die Praxis: Grundlagen, Methoden und Projektberichte / Schäffer-Poeschel Verlag, Stuttgart.

- Menzies, C. 2006 / Sarbanes-Oxley und Corporate Compliance -Nachhaltigkeit - Optimierung - Integration / Schäffer-Poeschel Verlag, Stuttgart.

- Mertens, P.; Dräger, U. 2002 / Expertensysteme, in: Ballwieser, W., Coenenberg, A. G., Wysocki, K.v. (Hrsg.): a.a.O., Sp. 725 – 734.

- Meyer, C. 2008 / Bilanzierung nach Handels- und Steuerrecht / 19. Auflage / Verlag Neue Wirtschaftliche Handels-Briefe, Herne.

- Mini, D. L. 1964 / Internal Control Evaluation and Audit Program Planning, Dissertation University of Illinois.

- Minz, R. 1987 / Computergestützte Jahresabschlussprüfung / IDW-Verlag GmbH Düsseldorf.

- Mochty, L. 1990 / Theoretical and Empirical Analysis of Monitoring Systems as Applied to routine Business Activities, Forschungsbericht des Instituts für Betriebswirtschaftslehre der Universität Wien Nr. 90-4 / Wien.

- Moos, E. 2001/ Kostencontrolling mit SAP®, Business Engineering® mit SAP®-CO / SAP® PRESS, Galileo Press GmbH Bonn.

- Möhrlen, R. ; Kokot, F. 1999 / SAP® R/3® Controlling / Prentice Hall, München.

- Nagel, T. 1996 / Risikoorientierte Jahresabschlussprüfung, Grundsätze für die Bewältigung des Prüfungsrisikos des Abschlussprüfers / in: Lück, W. (Hrsg.) / Schriftenreihe Rechungslegung - Steuern - Prüfung, Marburg.

- Neubeck, G. 2003 / Prüfung von Risikomanagementsystemen / IDW Verlag, Düsseldorf.

- Niemann, W. 2008 / Jahresabschlussprüfung / 3. Auflage / Verlag H. Beck, München.

- Nutz, A. 2005 / Integrierte Prüfungssoftware / EUL Verlag, Lohmar.

- Nutz, A.; Hamberger, B. 2002 / Programmprüfung, in: Ballwieser, G.; Coenenberg, A. G.; Wysocki, K. v. (Hrsg.): a.a.O., Sp. 1706-1722.

- Odenthal, R. 1997 / Einführung in das SAP®-System R/3® unter revisionsspezifischen Gesichtspunkten / o.O.

- Odenthal, R. 1994 / Revision und Abschlussprüfung mit dem Personalcomputer - Handbuch für die Analyse von Großrechnerdaten mit Hilfe von PC-Prüfungssoftware / Oskar Schreiber Verlag, Hamburg.

- Olfert, K. 1994 / Kostenrechnung, 9. durchgelesene und aktualisierte Aufl. / Friedrich Kiehl Verlag, Ludwigshafen.

- Ordelheide, D. 1988 / Externes Rechnungswesen / in: Bitz, M.; Dellmann, K.; Domsch, M.; Wagner, F. W. (Hrsg.) / Vahlens Kompendium der Betriebswirtschaftslehre, Band 1, 4. Aufl. / München.

- Peemöller, V. 2008 / Entwicklungstendenzen der Internen Revision: Chancen für die unternehmensinterne Überwachung/ 2. Auflage, IIR Forum, Berlin.

- Peters, J. M. 1989 / A Knowledge Based Model of Inherent Audit Risk Assessment, Dissertation University of Pittsburg.

- Philipp, M. 1999 / Proaktive Prüfung von Geschäftsprozessen / Ottokar Schreiber Verlag GmbH Hamburg.

- Pincus, K.V. 1989 / The Efficacy of a Red Flags Questionaire for Assessing the Possibility of Fraud, in: Accounting, Organizations and Society / S. 153 – 163.

- Pomeranz, F. 1992 / The successful audit - New ways to reduce risk exposure and increase efficiency / Business one Irwin, Homewood, Illinois.

- Quick, R. 1996 / Die Risiken der Jahresabschlussprüfung / IDW-Verlag GmbH, Düsseldorf.

- Ramos, M. 2003 / How to comply with Sarbanes-Oxley Section 404 - Assessing the Effectiveness of Internal Control / New York.

- Ricchiute, D. N. 1992 / Auditing / 3rd ed. / Cincinnati, Ohio.

- Robertson, J. C. 1976 / Auditing / Dallas.

- Rockefelle, W. B. 1998/ ISBN 0-471-17996-5 / SAP® R/3® FI / Using SAP® R/3® FI Beyond Business Process Reengineering® / John Wiley & Sons, Inc., New York.

- Root, S. J. 1998 / Beyond COSO / Beyond COSO: internal control to enhance corporate governance / New York.

- Sabel, H. 1971 / Produktpolitik in absatzwirtschaftlicher Sicht. Grundlagen und Entscheidungsmodelle / Gabler, Wiesbaden.

- Sauer, K.-P.; Bohnert, S. 2002 / Fragebögen als Prüfungshilfsmittel, in: Ballwieser, W.; Coenenberg, A. G.; Wysocki, K. v. (Hrsg.):a.a.O., Sp. 850 und 851.

- Schade, G. / Zur Konkretisierung des Gebots sorgfältiger Abschlussprüfungen / o.O.

- Schildbach, T. 2008 / Der handelsrechtliche Jahresabschluss / 8. Auflage / NWB Studienbücher, Herne.

- Schmid, R. 1991 / Die Prüfungsplanung der Internen Revision - Ein Gestaltungskonzept zur Auswahl der Prüfungsobjekte für das Jahresprogramm / 2. Auflage, Erich Schmidt Verlag, Berlin.

- Schmidt, S. 1999 / Externe Qualitätskontrollen zur Sicherung der Qualität der Abschlussprüfung / IDW-Verlag GmbH, Düsseldorf.

- Schneider, T. 2000 / SAP® R/3® Performanceoptimierung, Analyse und Tuning von R/3®-Systemen / Galileo Press GmbH, Bonn.

- Schumann, M.; Wittmann S.; Mertens, P. 1986 / Expertensysteme zur Unterstützung des Wirtschaftsprüfers?, in: BFuP, S. 517 - 531.

- Schuppert, A. 1985 / Die Überwachung betrieblicher Routinemäßigkeiten. Ein Erklärungs- und Entscheidungsmodell / Frankfurt am Main, 1985.

- Schuppenhauer, R. 1992 / Grundsätze für eine ordnungsmäßige Datenverarbeitung / IDW Verlag, Düsseldorf.

- Schuppenhauer, R. 1998 / Grundsätze für eine ordnungsmäßige Datenverarbeitung / IDW-Verlag, Düsseldorf.

- Selchert, F. H. 1996 / Jahresabschlussprüfung der Kapitalgesellschaften, 2., vollständig überarbeitete Aufl. / Gabler, Wiesbaden.

- Selchert, F. H. 2002 / Einführung in die Betriebswirtschaftslehre - Übersichtsdarstellung - , 8., vollständig überarbeitete Aufl. / Oldenbourg München.

- Siebert, H. 1993 / EDV und Jahresabschlussprüfung - Möglichkeiten und Grenzen des Einsatzes der EDV im Rahmen der Jahresabschlussprüfung - Funktionale und institutionelle Aspekte / Hitzeroth Verlag, Marburg.

- Skinner, R.; Anderson, R. J. 1966 / Analytical Auditing. An Outline of the Flow Chart Approach to Auditors / Toronto.

- Smith, K. A. 1971 / An Examination of the Nature and Measurement of Internal Control in Audit Environments, Dissertation University of Texas in Austin.

- Sperl, A. 1988 / Prüfungsplanung / Düsseldorf.

- Stibi, E. 1994 / Risikomodell und Risikoorientierte Abschlussprüfung, Dissertation, Göttingen.

- Stibi, E. 1995 / Prüfungsrisikomodell und Risikoorientierte Abschlussprüfung / IDW Verlag, Düsseldorf.

- Stickel, E.; Groffmann, H-D.; Rau, K-H. (Hrsg.) 1997 / Gabler Wirtschaftsinformatik Lexikon / Gabler, Wiesbaden.

- Sullivan, J. D.; Gnospelius, R. A.; Defliese, P. L.; Jaenicke, H. R. 1985/ Montgomery`s Auditing / 10th ed., New York-Chichester-Brisbane-Toronto-Singapore.

- Swart, C. 1988 / Systemprüfung in verteilten Abrechnungssystemen unter besonderer Berücksichtigung mikrocomputergestützter Funktionen / IDW Verlag, Düsseldorf.

- Taupitz, J. 1991 / Die Standesordnung der freien Berufe: geschichtliche Entwicklung, Funktion, Stellung im Rechtssystem / Berlin / New York.

- Teufel, T.; Röhricht, J.; Willems, P. 2000 / SAP®-Prozesse: Finanzwesen und Controlling / Addison Wesley, München.

- Tiede, T. 2000 / SAP® R/3® Ordnungsmäßigkeit und Prüfung des SAP®-Systems (OPSAP®) / Ottokar Schreiber Verlag GmbH, Hamburg.

- Thomas, C. W., Ward, B. H., Henke, E. O. 1991 / Auditing. Theory and Practice, 3rd ed. / Boston.

- Vahlens 1994 / Kompendium der Betriebswirtschaftslehre / Verlag Vahlen, München.

- Wagenhöfer, A.; Ewert, R. 2003 / Externe Unternehmensrechnung / Springer Verlag, Berlin , Heidelberg.

- Wagenhöfer, A.; Ewert, R. 2007 / Externe Unternehmensrechnung / 2. Auflage / Springer Verlag, Berlin , Heidelberg.

- Wähner, G. W. 2002 / Handbuch für die Unternehmenspraxis / Kiehl Verlag, Ludwigshafen (Rhein).

- Whittington, O. R.; Pany, K.; Meigs, W. B.; Meigs, R. F. 1992 / Prinicples of / Prinicples of Auditing, 10th ed. / Homewood, IL-Boston.

- Will, H. J. 1974 / Audit Command Language - eine Prüfungssprache für computergestützte Prüfungshandlungen (Teil III), in: WPg., S. 626.

- Willingham, J. J.; Carmichael, D. R. 1975 / Auditing Concepts and Methods, 2nd ed. / New York u. a.

- Winkler, P. 1999 / Interne Revision, ein Controllinginstrument des Verwaltungsrates / Stuttgart.

- Wiso Wirtschafts- und Sozialwissenschaftliche Studientexte 1074 / Wirtschaftsprüfung - Allgemeine Prüfungslehre / Wilhelm Goldmann Verlag, München.

- Witte, T. 1973 / Simulationstheorie und ihre Anwendung auf betriebliche Systeme / Wiesbaden 1973, S. 25 - 26.

- Wittmann, A. 1980 / Systemprüfung und ergebnisorientierte Prüfung. Die Systemprüfung als Grundlage der ergebnisorientierten Prüfung im Rahmen der aktienrechtlichen Jahresabschlussprüfung, Dissertation / Regensburg.
- Wittmann, A. 1981 / Systemprüfung und ergebnisorientierte Prüfung / Berlin.
- Woll, A. 1993 / Wirtschaftslexikon / 7. Aufl. Oldenbourg Verlag München.
- Wollmert, P.; Schönbrunn, N.; Jung, U.; Siebert, H.; Henke, M. 2003 / Wirtschaftsprüfung und Unternehmensüberwachung; Festschrift für Wolfgang Lück / IDW-Verlag GmbH, Düsseldorf.
- Wöhe, G. 2000 / Einführung in die Allgemeine Betriebswirtschaftslehre, 20 Aufl. / Vahlen Verlag, München.
- Wöhe, G.; Döring, U. 1997 / Bilanzierung und Bilanzpolitik - Betriebswirtschaftlich - Handelsrechtlich - Steuerrechtlich - mit einer Einführung in die verrechnungstechnischen Grundlagen / Vahlen Verlag, München.
- Wolz, M. 1996 / Die Krisenwarnfunktion des Abschlussprüfers / Gabler, Wiesbaden.
- Wolz, M. 2003 / Wesentlichkeit im Rahmen der Abschlussprüfung, Bestandsaufnahme und Konzeptionen zur Umsetzung des Materialitygrundsatzes / IDW-Verlag GmbH, Düsseldorf.
- Wolz, M.; Collenberg, T. 2005 / Zertifizierung und Auditierung von IT- und IV-Sicherheit; Praxisleitfaden zur Technical Due Dilligance / Vahlen Verlag, München.
- Woolf, E. 1994 / Auditing Tody, 5th ed. / New York.
- Wysocki, K. 1988 / Grundlagen des betriebswirtschaftlichen Prüfungswesens, 3. völlig überarbeitete Auflage / Oldenbourg, München.

- Wysocki, K. 1992 / Wirtschaftlichkeit von Prüfungen / in: Coenenberg, A.; Wysocki, K. (Hrsg.) / Handwörterbuch der Revision, 2. neu gestaltete und ergänzte Aufl. / Schaeffer Poeschel, Stuttgart.

- Zaeh, P. 1998 / Entscheidungsunterstützung in der risikoorientierten Abschlussprüfung - Prozessorientierte Modelle zur EDV-technischen Quantifizierung der Komponenten des Prüfungsrisikos unter besonderer Würdigung der Fuzzy-Logic. Dissertation Landsberg am Lech.

- Zepf, G. 2002 / Prüfungssoftware , in: Ballwieser, G.; Coenenberg, A. G.; Wysocki, K. v. (Hrsg.): a.a.O., Sp. 1878-1886.

Zeitschriften, Zeitungen, Aufsätze und fachliche Verlautbarungen

- Abgabenordnung (AO); Fundstelle BGBl I 1976, 613 (1977, 269); zuletzt geändert durch Art. 8 Gv. 20.12.2001 I 3794; Art. 9 Gv. 20.12.2001 I 3858; Art. 2 Gv. 19.12.2001 I 3922.

- AICPA 1986 / Codification of Statements on auditing Standards (Including Statement on Financial Forecasts and Procedures), Numbers 1 to 49 / New York.

- Arthur Andersen, Bericht über die Prüfung der Ordnungsmäßigkeit der Finanzbuchhaltung und der Anlagenbuchhaltung der Software SAP® R/3® Release 4.0 B / 3 vom 06. November 1998 / o.O.

- Baetge, J. 1970 / Möglichkeiten der Objektivierung des Jahreserfolgs / Düsseldorf.

- Baetge, J.; Mochty, L. 1980 / Die Zuverlässigkeit und Wirtschaftlichkeit "Interner Kontrollsysteme". In: Anwendungen der Systemtheorie und Kybernetik in Wirtschaft und Verwaltung, hrsg. von Hauptmann. H., Schenk, E., Berlin 1980, S. 1 – 63.

- Baetge, J.; Fischer, T. 1990 / Kommentierung zu & 317 HGB / in: Handbuch der Rechnungslegung. Kommentar zur Bilanzierung und Prüfung, hrsg. von Karlheinz Küting und Claus Peter Weber, 3. Auflage, Stuttgart.

- Baetge, J.; Fischer, T. 1990 / Gegenstand und Umfang der Prüfung / in: Handbuch der Rechnungslegung. Kommentar zur Bilanzierung und Prüfung, hrsg. von Karlheinz Küting und Claus Peter Weber, 3. Auflage, Stuttgart.

- Baetge, J. 1992 / Überwachungstheorie, kybernetische. In: HWRev., 2. Auflage, hrsg. von Coenenberg, A. und Wysocki, K. 1992, Stuttgart, Spalte 2038 - 2054.

- Ball, R.; Kothari, S.P.; Robin, A. 2000 / The Effect of International Factors on Properties of Accounting Earnings / Journal of Accounting and Economics 2000, S. 1 – 51.

- Bankmann, J. 1963 / Möglichkeiten der Beurteilung betrieblicher Kontrollsysteme unter besondere Berücksichtigung des Internal-Control-Fragebogens. / in: WPg, 16. Jg. / o.O.

- Bantleon, U 2007 / Auswirkungen der Business Judgment Rule auf die Organisation der Entscheidungsprozesse und auf die Interne Revision / ZIR 2007 / S. 190 ff und 242 ff.

- Baumeister, A. 1999 / Controlling-Aufgaben / Arbeitsbericht 1999/1 Controlling-Aufgaben beim Customizing des Systems SAP® R/3® / Lehrstuhl Controlling Institut für Betriebswirtschaftslehre der Universität Hohenheim.

- Bayer AG (Verf.) 2004 / REX II / REX II (Reporting Excellence), Master for Regional Kick-Off-Meetings / o.O.

- BBK Nr.2 vom 18.1.2002 / „Verfahrensdokumentation beim Einsatz von EDV-Systemen in mittelständischen Unternehmen" / Bereich „EDV-gestütztes Rechnungswesen" / o.O.

- Beck`scher Bilanz-Kommentar 2006 / Beck`scher Bilanz-Kommentar 2006, Handels- und Steuerrecht §§ 238 bis 339, 342 bis 342e HGB mit EGHGB und IAS/IFRS-Abweichungen / C.H. Beck Verlag, München.

- Bedingfield, J.; May, G. S. 1976 / A Freehand Approach to audit Tests. / in: Chartered Accountant Magazine, S. 40 - 44 / o.O.

- Benston, G.; Bromwich, M.; Litan, R.E.; Wagenhofer, A. / The Development and Future of Accounting Standards / Worlwide Financial Reporting, New York et al. 2006.

- Berenz, B.; Voit, F. 2003 / Die Geschäftsprozessorientierung in der Abschlussprüfung. / in: Die Wirschaftsprüfung Heft 22 n/ o.O.

- Berndt, T. 2007 / Fraud Detection im Rahmen der Abschlussprüfung / BB 2007 / S. 2615 ff.
- Bieker, M. 2006 / Ökonomische Analyse des Fair Value Accounting / Frankfurt am Main 2006.
- Bigus, J. 2006 / Reputation und Wirtschaftsprüferhaftung / Betriebswirtschaftliche Forschung und Praxis 2006, S. 22 - 41.
- Bihr, D. 2008 / Risikofrüherkennungssystem bei nicht börsennotierten Aktiengesellschaften - Haftungsfalle für Vorstand, Aufsichtsrat und Wirtschaftsprüfer / DStR 2008 , S. 620 ff.
- Blum, J. D.; Di Antonio, A. E. 1979 / Sequence for Studying, Evaluating and Testing Internal Control. / in: JoA, Vol. 148 / o.O.
- Bodnar, G. 1975 /Reliability Modeling of Internal Control System / in: AR, Vol. 50, Oct. 1975, S. 747 - 757.
- Böcking, H.-J.; Orth, C. 1999 / Mehr Kontrolle und Transparenz im Unternehmensbereich durch eine Verbesserung der Qualität der Abschlussprüfung? / in: BfuP, 51, Jg / o.O.
- Bollen, L. H. H.; Vaasen, E. H. J. 1994 / The Allocation of Audit Planning Stage Materiality Tresholds to Segments: A Simulation Study, Paper presented at the 7th Annual Congress of the European Accounting Association / Venice.
- Borchert, D. 1992 / Transaction Flow Auditing. / in: HWRev., hrsg. von A. G. Coenenberg und K. v. Wysocki, 2. Aufl. / Stuttgart.
- Boritz, J. E.; Gaber, B.G.; Lemon, W. M. 1987 / Managing Audit Risk / in: CA-Magazine, Vol. 120, S. 36 ff. /o.O.
- Bormann, M. 2002 /Unabhängigkeit des Abschlussprüfers - Aufgabe und Chance für den Berufsstand / BB 2002, s. 190 ff.

- Borthick, A. F., 1987 / Aritificial Intelligence in Audititng - Assemptions and Preliminary Development / in: Advances in Accounting 1987, S. 1 ff.
- Brauch, P.; Fritzsche, H. 1992 / Ist die Forderung nach Funktionstrennung und Vier-Augen-Prinzip heute noch sinnvoll? / in: ZIR, 27. Jg. / o.O.
- Braulke, M.; Wosnitza, M. / Einführung in die Wirtschaftswissenschaft / a.a.O., S.2.
- Brebeck, F.; Hermann, D. 1997 / Zur Forderung des KonTraG-Entwurfs nach einem Frühwarnsystem und zu den Konsequenzen für die Jahres- und Konzern Abschlussprüfung / in: WPg., 50. Jg / o.O.
- Brinkmann, R.; Spieß, A. 2006 / Abschlussprüfung nach international Standards on Auditing / KoR 2006 / S. 395 ff und 668 ff.
- Brown, G. R. 1962 / Objective Internal Control Evaluation. / in: JoA, Vol. 114, S. 50 ff. / o.O.
- Brown, G. R. 1962 / Changing Audit Objectives and Techniques. / in: AR, Vol. 37 / o.O.
- BStBl I 1995 Seite 738 - 747 Bonn 1995/ Grundsätze ordnungsmäßiger DV-gestützter Buchführungssysteme (GoBS) Abgabenordnung / BMF-Schreiben vom 7.11.1995 - IV A 8 - S 0316 - 52/95 / Bonn.
- Büssow, T.; Taetzner, T. 2005 / Sarbanes-Oxley Act Section 404: Internes Kontrollsystem zur Sicherstellung einer effektiven Finanzberichterstattung im Steuerbereich von Unternehmen - Pflicht oder Kür? / in: Betriebs-Berater, 2005, Heft 45 / o.O.
- Bushmann, R. 2006 / An Analysis of the Relation between the Stewardship and Valuation Roles of Earnings / Journal of Accounting Research 2006, S. 53 ff.

- Burkel, P. 1987 / Prüfung der Effizienz des internen Kontrollsystems. / in: controller magazine, 12. Jg. / o.O.

- Burkel, P. 1992 / Die Prüfung der Effizienz des internen Kontrollsystems zur Beurteilung der Aussagekraft einer entscheidungsorientierten Unternehmensplanung. / in: BFuP, 44. Jg. / o.O.

- Burns, D. C.; Loebbecke, J. K. 1975 / Internal Control Evaluation: How the Computer Can Help. / in: JoA, Vol. 140 / o.O.

- Burns, D. C., 1972 / Audit Evidence Evaluation Using Computer Simulation with Special Emphasis on Ascertaining the Reliability of Accounting Data / Dissertation Indiana University 1972.

- Callahan, P. S.; Jaenicke, H. R.; Neebes, D. L. 1988 / SAS´s Nos 56 / SAS´s Nos 56 and 57 - Increasing Audit Effectiveness. / in: Journal of Accountancy, Vol. 166, October 1988, S. 56-63 / o.O.

- Carmichael, D. R. 1968 / Tests of Transactions - Statistical and Otherwise / in: JoA, Vol. 125 / o.O.

- Carmichael, D. R. 1970 / Behavioral Hypotheses of Internal Controls. / in: AR, Vol. 45 / o.O.

- Charles, I. 1990 / Audit Risk, Materiality and the Examiner/ in: Accountancy, Mai 1990, S. 98 – 100.

- Cirtin, A. 1982 / Risk Analysis of Internal Control Procedures / in: The Internal Auditor / o.O.

- Colbert, J. L. 1987 / Audit Risk - Tracing the Evolution. In: Accounting Horizons, Vol. 1, S. 49 ff / o.O.

- Cushing, B.; Loebbecke, J. K. 1983 / Analytical Approaches to Audit Risk: A Survey and Analysis. / in: Auditing: A Journal of Practice & Theory, Vol. 3, S. 23 ff. / o.O.

- Cushing, B. 1974 / Mathematical Approach to the Analysis and Design of Internal Control System. In. AR, Vol. 49, January 1974, S. 24 - 41.

- Danbold, J.; Rees, W. 2007 / An Experiment in Fair Value Accounting / UK Investment Vehicles Working Paper, University of Glasgow, April 2007.

- Daniel, S. J. 1988 / Some Empirical Evidence about the Assessment of Audit Risk in Practice. In: Auditing: A Journal of Practice & Theory, Vol. 7, S. 174 ff. / o.O.

- Daske, H.; Gebhardt, G. 2006 / International Financial Reporting Standards and Experts`Perceptions of Disclosure Quality / Abacus 2006, S. 461 ff.

- Davenport, T. H.; Prusak, L. 1998 / a.a.O. S. 186.

- Deussen, R. 2007 / Der Lagebericht der Kapitalgesellschaft / StuB 2007, S. 795 ff.

- Diedrich, A. 1997 / Planung und Entscheidung / 4. Auflage / 1997 / S. 70.

- Dietrich, J.R.; Muller, K-A.; Riedl, E.J. 2007 / Asymmetric Timeliness Tests of Accounting Conservatism / Review of Accounting Studies 2007, S. 95 ff.

- Diehl, C.-U. 1984 / Strukturiertes Prüfungsvorgehen durch risikoorientierte Abschlussprüfung. / in: Aktuelle Fachbeiträge aus Wirtschaftsprüfung und Beratung. Festschrift zum 65. Geburtstag von Professor Dr. Hans Luik, hrsg. von der Schitag Ernst & Young Gruppe / Stuttgart.

- Dietsche, M 2008 /Die Lageberichterstellung in Deutschland / KoR 2008, S. 250 ff.

- Derl P.; Krugmann B. 2001 / Optimierte Produktgestaltung mittels Prozeßkostenrechnung / Die Bank 1/2001 Bereich „Betriebswirtschaft“ / o.O.

- Die Wirtschaftsprüfung (o. V.):1996 / Die Grundsätze ordnungsmäßiger DV-gestützter Buchführungssysteme (GoBS) / in: Die Wirtschaftsprüfung 1996, S. 124ff / o.O.

- Dörner, D. 1991 / Entwicklungstendenzen in der Qualitätssicherung von Abschlussprüfungen. In: Die Wirtschaftsprüfung, 44 Jg. S. 566-571 / o.O.

- Dörner, D. 1992 / Audit Risk / in: HWRev., 2. Aufl., hrsg. von A. G. Coenenberg und K. v. Wysocki / Stuttgart.

- Dörner, D. 2000 / Zusammenarbeit von Aufsichtrat und Wirtschaftsprüfer im Lichte des KonTraG - Schlüssel zur Verbesserung der Corporate Governance - / in: DB, 53 Jg. / o.O.

- Doll T.; Storm, W.; Herbert, H.; Jacobs, T.; Borcherding, A.; Schmidt, G. 1998 / Vorschläge für DR-Standards zu Kontrollen im SAP® R/3® Umfeld Version 1.0 / o.O.

- Drexl, A.; Salewski, F. 1991 / Grundlagen für eine expertenbasierte Beurteilung des Internen Kontrollsystems bei Abschlussprüfungen / in: ZfB 1991, 61. Jg., Heft 7, S. 765 und 771.

- Drexl, A.; Salewski, F. 1991 / Grundlagen für eine expertensystembasierte Beurteilung des Internen Kontrollsystems bei Abschlussprüfungen. / in: ZfB, 61. Jg. / o.O.

- Dunkin, J. 1996 / Expert Systems: A View of the Field / in: IEEE 11, 1996, 2, S. 62.

- Ebbers, G. 2001 / A Comparative Analysis of Regulatory Strategies in Accounting anf their Impact on Corporate Compliance / Frankfurt am Main et al. 2001.

- Eggemann, G. 2000 / Risikomanagement nach KonTraG aus dem Blickwinkel des Wirtschaftsprüfers / BB 2000, S. 503 ff.

- Ellinger, T. 1990 / Operations Research. Eine Einführung / 3. Aufl., Berlin u.a. 1990, S. 12.

- Elliot, R. K. 2002 / Twenty-First Century Assurance / in: AUDITING: A journal of Practice & Theory, Vol. 21, Nr. 1, March 2002, S. 142.

- Engel-Ciric, D. 2008 / Bilanzrechtsmodernisierungsgesetz - Die kopernische Wende in der deutschen Rechnungslegung / BC 2008, S. 25 ff.

- Engel-Ciric, D. 2008 / Bilanzrechtsmodernisierungsgesetz: Praxisfragen zur Abgrenzung von Entwicklungs- und Forschungskosten / BC 2008, S. 18 ff.

- Ernst & Young (Hrsg.) 2002 / Preparing for Internal Control Reporting, A Guide for Management`s Assessment under Section 404 of the Sarbanes-Oxley Act / o.O.

- Ernst, C. 2009 / Gesetz zur Modernisierung des Bilanzrechts nach Verabschiedung durch den Bundestag / BB 2009, S. 766 ff.

- Esser, J.; 1988 / EDV-gestützte Prüfungsplanung / in: WPg 1988, S. 672 ff.

- Ewert, R.; Wagenhofer, A. 2005a / Economic Effects of Tightening Accounting Standards to Restrict Earnings Management / The Accounting Review 2005a, S. 1101 ff.

- Ewert, R.; Wagenhofer, A. 2005b / Interne Unternehmensrechnung / 6. Auflage, Berlin et al 2005b.

- FAMA 1/1987 : Grundsätze ordnungsmäßiger Buchführung bei computergestützten Verfahren und deren Prüfung; WPg 1988 S. 1 -15, Anhang 1 in FN 1993 S. 462 - 476, Anhang 2 in WPg 1988 S. 27 – 35 / Düsseldorf.

- Färber, N., Wagner, T. 2005 / Adaption des internen Kontrollsystems an die Anforderungen des Sarbanes-Oxley Act. / in: Controlling / 2005, Nr. 3 / o.O.

- Fliess, W. 1997 / Die Fortentwicklung der Abschlussprüfungsgrundsätze und die IFAC-Standards / in: WPK-Mitteilungen, Sonderheft Juni 1997, S. 128.

- Freiling, K.; Lück, W. 1986 / Interne Überwachung und Jahresabschlussprüfung. / in: ZfbF, 38. Jg. / o.O.

- Froehlich, W. R. 1978 / Developing an Internal Audit Program. / in: The Magazine of Bank Administration, Vol. 53 /o.O.

- Frühling, V. 1976 / Probleme der Systemprüfung / in: Datenverarbeitung in Steuer, Wirtschaft und Recht, 5. Jg. / o.O.

- Füser, K.; Gleißner, W. 1999 / Risikomanagement (KonTraG) - Erfahrungen aus der Praxis / in: DB 1999, S. 757.

- Füser, K. 2001 / a.a.O., S. 65 f.

- Gaebert, H. J. 1992 / Ist die Forderung nach Funktionstrennung und Vier-Augen-Prinzip heute noch sinnvoll? Stellungnahme. / in: ZIR, 27. Jg. / o.O.

- Gafford, W. W.; Carmichael, D. R. 1984 / Materiality, Audit Risk and Sampling: A Nuts - and - Bolts Approach (part one). In: JoA, Vol. 158, S. 109 ff. / o.O.

- Gleim, I. N.; Hillison, A. 1988 / Auditing & EDP. Objective Questions and explanations / Gainsville Florida.

- Göbel, S. Prof. 1998 / Fragestellung des Audit Risk Ansatzes / Uni Roststock, Fakultät für Wirtschaftswissenschaften / a.a.O. S. 1 ff.

- Göllert, K. 2008 / Auswirkungen des Bilanzrechtsmodernisierungsgesetzes (BilMoG) auf die Bilanzpolitik / DB 2008, S. 1165 ff.

- Goldmann, E.; Slezak, S-L. 2006 / An Equilibrium Model of Incentive Contracts in the Presence of Information Manipulation / Journal of Financial Economics 80, 2006, S. 603 ff.

- Guttman, I.; Kadan, O.; Kandel, E. 2006 / A Rational Expectations Theory of Kinks in Financial Reporting / The Accounting Review, 2006, S. 811 ff.

- Graham, L. E. 1985 / Audit Risk - Part III. / in: CPA-Journal, Vol.55, S. 36 ff / o.O.

- Grobstein, M.; Craig, P. W. 1984 / A Risk Analysis Approach to Auditing. / in: Auditing: A Journal of Practice & Theory, Vol.3, S. 1 ff. / o.O.

- Grundsätze zum Datenzugriff und zur Prüfbarkeit digitaler Unterlagen (GDPdU); BMF-Schreiben vom 16. Juli 2001 - IV D 2 - S0316 - 136/01 / o.O.

- Gulbins J. 1999 / Rechtliche Aspekte der Archivierung, S. 1 ff / o.O.

- Haller, A.; Walton, P. 2000 / Unternehmenspublizität im Spannungsfeld nationaler Prägung und internationaler Harmonisierung / in: Unternehmenspublizität im internationale Wettbewerb, Stuttgart 2000, S. 3 ff.

- Hansen, J. V.; Messier, W. F., 1982 / Expert Systems for Decision Support in EDP Auditing / in: International Journal of Computer and Information Sciences, S. 357 ff.

- Hatherly, D. 1978 / Compliance and Substantive Tests - Can the Auditor Tell the Difference? / in: The Accountant's Magazine, Vol. 82 / o.O.

- Havermann, H. 1996 / Prüfungstechnik / in: WP-Handbuch 1996, hrsg. vom Institut der Wirtschaftsprüfer in Deutschland e.V., 11. Auflage, Düsseldorf 1996, Band I, Abschnitt P und S, S. 1301 bis 1443 / o.O.

- Hennrichs, J. 2008 / Immaterielle Vermögensgegenstände nach dem Entwurf des Bilanzrechtsmodernisierungsgesetzes (BilMoG)/DB 2008, S. 537 ff.

- Herzig, N. 2009 / Das Ende der Einheitsbilanz - Abweichungen zwischen Handels- und Steuerbilanz nach BilMoG-Reg, DB 2009.

- Hitz, J.-M. 2007 / Das Diskussionspapier "Fair Value Measurements " des IASB - Inhalt und Bedeutung / Die Wirtschaftsprüfung 2007, S. 361 ff.

- Hömberg, R. 1985 / Ein Vorschlag zur Analyse von Internen Kontrollsystemen für die Wirtschaftsprüfung. In: Information und Wirtschaftlichkeit, hrsg. von Ballwieser, W. und Berger, K.-H., Wiesbaden1985, S. 451 – 500.

- Hofmann, G. 1989 / Das Interne Kontrollsystem (IKS). Zur Kontrolle der Risikolage unter Kostengesichtspunkten. / in: Betriebswirtschaftliche Blätter, 38. Jg. / o.O.

- Hohnhorst, G. 2000 / Maschinelle Tools für sichere SAP® R/3®-Prozesse, Vorgehensmodell für das Berechtigungskonzept / in „IT-Sicherheit 3/2000" / o.O.

- Holstrum, G. L.; Kirtland, J. L. 1983 / Audit Risk Model: A Framework for Current Practice and Furture Research. / in: Symposium on Auditing Research V, hrsg. von Schulz, J. J.; Brown, C. E. / University of Illinois at Urbana-Champaign, S. 267 ff.

- Holzer, P.; Markowski, A. 1997 / Corporate Governance / in: Der Betrieb, 50 Jg., S. 688 - 692 / o.O.

- Horvath, P. 2003 / Anforderungen an ein modernes Internes Kontrollsystem / in: WPg - Die Wirtschaftsprüfung, Sonderheft 2003, S. 223 - 229 / o.O.

- Hoyer, R.; Kölzer, G. 1990 / Kommunikations-System-Studie / in: Mertens, P. (Hrsg.) / Lexikon der Wirtschaftsinformatik, 2. Aufl. / Berlin.

- Huber, W. J. 1992 / Ist die Forderung nach Funktionstrennung und Vier-Augen-Prinzip heute noch sinnvoll? Stellungnahme. / in: ZIR, 27. Jg. / o.O.

- IDW Wirtschaftsprüferhandbuch 1992 / Handbuch für Rechnungslegung, Prüfung und Beratung / Band I / 1992 Düsseldorf.

- IDW Fachgutachten 1/1988 des HFA: Grundsätze ordnungsgemäßer Durchführung von Abschlussprüfungen. / in: WPg, 42. Jg. (1989), S. 9 ff / Düsseldorf.

- IDW / IDW Prüfungshinweis: Checkliste zur Abschlussprüfung bei Einsatz von Informationstechnologie (IDW PH 9.330.1), Stand 01.07.2002 / Düsseldorf.

- IDW / IDW Entwurf Prüfungsstandard: Projektbegleitende Prüfung bei Einsatz von Informationstechnologie (IDW EPS 850).

- IDW / IDW Prüfungsstandard: Ziele und allgemeine Grundsätze der Durchführung von Abschlussprüfungen (IDW PS 200), Stand 28.06.2000 / Düsseldorf.

- IDW / IDW Prüfungsstandard: Rechnungslegungs- und Prüfungsgrundsätze für die Abschlussprüfung (IDW PS 201), Stand 18.05.2006 / Düsseldorf.

- IDW / IDW Prüfungsstandard: Die Beurteilung von zusätzlichen Informationen, die von Unternehmen zusammen mit dem Jahresabschluss veröffentlicht werden (IDW PS 202), Stand 17.11.2000 / Düsseldorf.

- IDW / IDW Prüfungsstandard: Zur Durchführung von Gemeinschaftsprüfungen (Joint Audit) (IDW PS 208), Stand 08.03.2006 / Düsseldorf.

- IDW / IDW Prüfungsstandard: Zur Aufdeckung von Unregelmäßigkeiten im Rahmen der Abschlussprüfung (IDW EPS 210), Stand 06.09.2006 / Düsseldorf.

- IDW / IDW Prüfungsstandard: Kenntnisse über die Geschäftstätigkeit sowie das wirtschaftliche Umfeld des zu prüfenden Unternehmens im Rahmen der Abschlussprüfung (IDW PS 230), Stand 28.06.2000 / Düsseldorf.

- IDW / IDW Prüfungsstandard: Grundsätze der Planung von Abschlussprüfungen (IDW PS 240), Stand 28.06.2000 / Düsseldorf.

- IDW / IDW Prüfungsstandard: Wesentlichkeit im Rahmen der Abschlussprüfung (IDW PS 250), Stand 08.05.2003 / Düsseldorf.

- IDW / IDW Prüfungsstandard: Das interne Kontrollsystem im Rahmen der Abschlussprüfung (IDW PS 260), Stand 27.01.2001 / Düsseldorf.

- IDW / IDW Prüfungsstandard: Feststellung und Beurteilung von Fehlerrisiken und Reaktionen des Abschlussprüfers auf die beurteilten Fehlerrisiken (IDW PS 261), Stand 08.12.2005 / Düsseldorf.
- IDW / IDW Prüfungsstandard: Prüfungsnachweise im Rahmen der Abschlussprüfung (IDW PS 300), Stand 27.07.2001 / Düsseldorf.
- IDW / IDW Prüfungsstandard: Analytische Prüfungshandlungen (IDW PS 312), Stand 02.07.2001 / Düsseldorf.
- IDW / IDW Prüfungsstandard: Die Prüfung von geschätzten Werten in der Rechnungslegung (IDW PS 314), Stand 02.07.2001 / Düsseldorf.
- IDW / IDW Prüfungsstandard: Prüfung von Vergleichsangaben über Vorjahre (IDW PS 318), Stand 08.03.2006 / Düsseldorf
- IDW / IDW Prüfungsstandard: Verwendung der Arbeit eines anderen externen Prüfers (IDW PS 320), Stand 05.05.2004 / Düsseldorf.
- IDW / IDW Prüfungsstandard: Interne Revision und Abschlussprüfung (IDW PS 321), Stand 06.05.2002 / Düsseldorf.
- IDW / IDW Prüfungsstandard: Verwertung der Arbeit von Sachverständigen (IDW PS 322), Stand 06.05.2002 / Düsseldorf.
- IDW / IDW Prüfungsstandard: Abschlussprüfung bei Einsatz von Informationstechnologie (IDW PS 330), Stand 24.09.2002 / Düsseldorf.
- IDW / IDW Prüfungsstandard: Die Prüfung des Risikofrüherkennungssystems nach § 317 Abs. 4 HGB (IDW PS 340), Stand 11.09.2000 /Düsseldorf.
- IDW / IDW Prüfungsstandard: Grundsätze ordnungsmäßiger Berichterstattung bei Abschlussprüfungen (IDW PS 450), Stand 29.09.2003 / Düsseldorf.
- IDW / IDW Prüfungsstandard: Arbeitspapiere des Abschlussprüfers (IDW PS 460), Stand 28.06.2000 / Düsseldorf.

- IDW / IDW Prüfungsstandard: Erteilung und Verwendung von Softwarebescheinigungen (IDW PS 880), Stand 25.06.1999 / Düsseldorf.

- IDW / IDW Stellungnahme zur Rechnungslegung: Grundsätze ordnungsmäßiger Buchführung bei Einsatz von Informationstechnologie (IDW RS FAIT 1), Stand 24.09.2002 / Düsseldorf.

- IDW / IDW Stellungnahme zur Rechnungslegung: Grundsätze ordnungsmäßiger Buchführung bei Einsatz von Electronic Commerce (IDW RS FAIT 2); Stand 29.09.2003 / Düsseldorf.

- IDW / IDW Stellungnahme zur Rechnungslegung: Grundsätze ordnungsmäßiger Buchführung beim Einsatz elektronischer Archivierungsverfahren (IDW RS FAIT 3); Stand 02.02.2005 / Düsseldorf.

- IDW (Hrsg) 1998 b/ a.a.O., S. 1.

- IDW (Hrsg.) 2000a: a. a. O., Abschnitt, Tz. 8.

- Institut der Wirtschaftsprüfer in Deutschland e.V. (WPg 2001)/ WPg 2001 / IDW Prüfungsstandard: Das interne Kontrollsystem im Rahmen der Abschlussprüfung (IDW PS 260), WPg 2001, S. 821-331 / Düsseldorf.

- IFAC ISA 200 / International Standard on Auditing 200: Objective and general principles governing an audit of financial statements.

- IFAC ISA 260 / International Standard on Auditing 260: Communications of Audit Matters with Those Changed with Governance.

- IFAC ISA 300 / International Standard on Auditing 300: Planning.

- IFAC ISA 315 / International Standard on Auditing 315: Understanding the entity and its environment and assessing the risks of material misstatement.

- IFAC ISA 320 / International Standard on Auditing 320: Audit Materiality.

- IFAC ISA 330 / International Standard on Auditing 330: The auditor`s procedures in response to assessed risks.

- IFAC ISA 400 / International Standard on Auditing 400: Risk Assessments and Internal Control.

- IFAC ISA 401 / International Standard on Auditing 401: Auditing in a Computer Information Systems Environment.

- IFAC ISA 402 / International Standard on Auditing 402: Audit Considerations Relating to Entities Using Service Organizations.

- IFAC ISA 500 / International Standard on Auditing 500: Audit evidence.

- IFAC ISA 501 / International Standard on Auditing 501: Audit evidence - Additional Considerations for Specific Items.

- IFAC ISA 520 / International Standard on Auditing 520: Analytical Procedures.

- IFAC (2000) / IFAC Handbook 2000, Technical Pronouncements / New York 1998, ISA 100.10.

- ISACF (2000a), 2000 / Control Objectives for Information and Related Technology (Framework), 3rd. Edition, Rolling Meadows 2000.

- Indjejikian, R. 2007 / Discussion of Accounting Information, Disclosure and the Cost of Capital / Journal of Accounting Research 2007, S. 421 ff.

- Jacob, H.-J. 1998 / Die Fortentwicklung ... / in: IDW (Hrsg.): Weltweite Rechnungslegung und Prüfung - Risiken, Chancen und Konsequenzen einer unaufhaltsamen Entwicklung (Bericht über die Fachtagung 1997 des Instituts der Wirtschaftsprüfer in Deutschland e.V. vom 1. - 2. Oktober 1997 in Hannover), Düsseldorf 1998, S. 194 ff.

- Yu, S. und Netter, J. 1973 / A Stochastic Model oft he Internal Control System / In: JoAR, Vol. 11, Autumn 1973, S. 273 - 295.

- Kaffka, D.; Endres K. 2001 / Dokumenten-Management-Systeme und das Datenzugriffsrecht der Finanzverwaltung, in: BBK Nr. 22 vom 16.11.2001, S. 1057 ff. / o.O.

- Kirsch, H. J. 2008 / Bilanzpolitik des Jahresabschlusses nach den Vorschriften des Bilanzrechtsmodernisierungsgesetzes / BC 2008, S. 1 ff.

- Kirsch, H. J. 2008 / Geplante Übergangsvorschriften zum Jahresabschluss nach dem Regierungsentwurf des BilMoG / DStR 2008 , S. 1202 ff.

- Kleinhans, A. M. 1989 / Wissensverarbeitung im Management / Frankfurt , S. 113.

- Knop, W. 1983 / Die Prüfung des internen Kontrollsystems (IKS) als Basis zur Planung ergebnisorientierter Prüfungshandlungen / in: WPg, 36. Jg. / o.O.

- Knop, W. 1984 / Eine Prüfungsstrategie zur Prüfung des Internen Kontrollsystems (IKS) einer Unternehmung durch den Abschlussprüfer. / in: WPg, 37. Jg. / o.O.

- Konrath, L. F. 1971 / Risk in / The CPA's Risk in Evaluation Internal Control / in: JoA / o.O.

- KPMG (Hrsg.) 2003 / Sarbanes-Oxley Section 404: Management assessment of internal control and the proposed auditing standards / o.O.

- KPMG (Hrsg.) 2004 / Sarbanes-Oxley Section 404: an overview of the PCAOB requirements / o.O.

- Kraus, W.; Nagel, K. 1977: Anforderungen an die Prüfbarkeit computergestützter Informationssysteme - Eine Analyse auf europäischer Basis, in : Journal UEC, S. 128 ff.

- Kroneberger, W. 1980 / Die Auswertung des Internen Kontrollsystems im Rahmen der Jahresabschlussprüfung. / in: Wirtschaftsprüfung und Wirtschaftsrecht, Beiträge zum 75-jährigen Bestehen der Treuhand-Vereinigungs-Aktiengesellschaft /Stuttgart.

- Küting, K. 2008 / Geplante Neuregelungen der Bilanzansatzwahlrechte durch das Bilanzrechtsmodernisierungsgesetz / BB 2008, S. 1330 ff.

- Küting, K. 2008 / Die Bewertung von Rückstellungen nach neuem Recht / DB 2008, S. 2317.

- Küting, K. 2008 / Bilanzierung eigener Anteile nach dem BilMoG -Rege /StuB 2008, S. 495.

- Lambert, R.A.; Leuz, C.; Verrechia, E. 2007 / Accounting, Information, Disclosure and the Cost of Capital / Journal of Accounting Research 2007, S. 385 ff.

- Lea, R. B.; Adams, S. J.; Boykin, R. F. 1992 / Modeling of the / Modeling of the Audit Risk Assessment Process at the Assertion Level Within an Account Balance. In: A Journal of Practice & Theory, Vol. 11, Supplement, S. 152 ff. / o.O.

- Leffson, U. 1992 / Systemprüfung / in: HWRev, hrsg. von A. G. Coenenberg und K. v. Wysocki, 2. Aufl. / Stuttgart

- Lehner, F. 1997 / Künstliche Intelligenz / in: Mertens. P., et al. (Hrsg.): a.a. O., S. 237.

- Leitchi, J. L. 1986 / How to Evaluate Inherent Risk - and improve your audits. / in: The Practical Accountant, Vol. 19, No. 3, March 1986, S. 59-64 / o.O.

- Leopold, H. 1985 / Effektivität und Effizienz der Jahresabschlussprüfung. / in: BFuP, 37. Jg. / o.O.

- Loebbecke, J. K. 1975 / Impact and Implementation of the Auditing Statement on Internal Control. / in: JoA, Vol. 139 / o.O.

- Loitlsberger, E. 1993 / Problemstand und gesellschaftliche Bedeutung der Abschlussprüfung - bisherige Entwicklung und zukünftige Aspekte / in: Rechnungslegung und Prüfung - Perspektiven für die neunziger Jahre, hrsg. von J. Baetge / Düsseldorf.

- Lüdenbach, N. 2009 / Die wichtigsten Änderungen der HGB-Rechnungslegung durch das BilMoG / StuB 2009, S. 287 ff.

- Madeja, F. 2008 / Zur Bilanzierung immaterieller Vermögenswerte des Anlagevermögens nach BilMoG - Fallbeispiele zur Anwendung geplanter Neuregelungen / KoR 2008, S. 342 ff.

- Marten, K.U.; Quick, R.; Ruhnke, K. 2003 / Systemprüfung / in: Wirtschaftsprüfung, 2. Auflage, Stuttgart, S. 202 - 223.

- Marten, K.-U.; Quick, R.; Ruhnke, K. 2001: a. a. O., S. 220.

- Martinov, N.; Roebuck, P. 1998 / The Assessment and Integration of Materiality and Inherent Risk - An Analysis of Major Firms`Audit Practices. / in: International Journal of Auditing, Vol. 2, S. 103 - 126 / o.O.

- Mattessich, R. 2006 / The Information Economic Perspective of Accounting: It`s Coming of Age / Canadian Accounting Perspectives 2006, S. 209 ff.

- Maul, K.-H. 1977 / Grundlagen eines Internen Kontrollsystems / in: WPg, 30. Jg. / o.O.

- Mautz, R. K.; Mini, D. M. 1966 / Internal Control Evaluation and Audit Program Modification. / in: AR, Vol. 41 / o.O.

- Mayer, H. J. 1974 / Begriff und Methodik der Systemprüfung. / in: WPg, 27. Jg. / o.O.

- Mertens, P.; Dräger, U. 2002 / Expertensysteme / in: Ballwieser, W., Coenenberg, A. G., Wysocki, K. v., (Hrsg.): a. a. O., Sp. 725.

- Mertens, P.; Dräger, U., 2002: a. a. O., Sp. 728.

- Meyer, C. 2008 / Bilanzrechtsmodernisierungsgesetz (BilMoG) - Die wesentlichen Änderungen im Regierungsentwurf / DStR 2008, S. 1153 ff.

- Meyer, C. 2009 / Gesetz zur Modernisierung des Bilanzrechts (Bilanzrechtsmodernisierungsgesetz - BilMoG) - Die wesentlichen Änderungen / DStR 2009, S. 762 ff.

- Meyer, W. 1999 / „Die GoB für angehende OSRM Fachleute" / Essen.

- Miltz, D.; Calomme, G. J.; Willekens, M. 1991 / A Risk-Based Allocation of Internal Audit Time: A Case Study. In: Auditing: A Journal of Practice & Theory, Vol. 10, S. 49 ff. / o.O.

- Mint, R. 1987 / a.a.O. S. 211 ff.

- Moitzi, B. 2007 / Fair Value Accounting und Anreizwirkungen / Frankfurt am Main 2007.

- Neubert, H. 1976 / Internal Control und Innenrevision im Rahmen der Abschlussprüfung. / in: Praxis des Prüfungswesens, hrsg. von K. v Wysocki und J. Hagest / München.

- Niehus, R. J. 1996 / a.a.O. S. 388.

- Niemann, W. 2008 / Aktuelles für den Wirtschaftsprüfer aus dem Mittelstand / DStR 2008, S. 2176 ff.

- Nutz, A.; Hamberger, B. 2002b / a.a.O., Sp. 1709 bis 1714.

- Patterson, E.; Smith, R. 2007 / The Effects of Sarbanes-Oxley on auditing and Internal Control Strenght / The Accounting Review 2007, S. 427 ff.

- Peemöller, V. H. 1968 / Über die Technik der Revision des innerbetrieblichen Kontrollsystems. / in: ZIR, 3 Jg., S. 229 ff. / o.O.

- Peemöller, V. H. 1992 / Direkte und indirekte Prüfung . / in: HWRev., hrsg. von A. G. Coenenberg und K. v. Wysocki, 2. Aufl. / Stuttgart.

- Pellens, B.; Crasselt, N.; Sellhorn, T. 2007 / Solvenztest zur Ausschüttungsbemessung - Berücksichtigung unsicherer Zukunftserwartungen / Zeitschrift für betriebswirtschaftliche Forschung 2007, S. 264 ff.

- Petersen, K. 2008 / Die Abschlussprüfung im Lichte des BilMoG - Aktualisierung und Internationalisierung / STuB 2008, S. 50 ff.

- Petersen, K. 2008 / Bilanzrechtsmodernisierungsgesetz verabschiedet: Die zentralen Änderungen / BRZ 2009, S. 149 ff.

- Petersen, K. 2009 / Die Bilanzierung von Bewertungseinheiten nach § 254 HGB / STuB 2009, S. 449 ff.

- Pfohl, H.-C. 1977 / Messung subjektiver Wahrscheinlichkeiten. In: Wirtschaftliche Messprobleme, hrsg. von Hans-Christian Pfohl und Bert Rürup, Köln, S. 23 ff.

- Pincus, K. V. 1989 / The efficacy of a red flags Questionaire for assessing the possibility of fraud, in: Accounting, Organisations and society 1989 / S. 161 ff.

- Pöller, R. 2009 / Checkliste zum Übergang der HGB-Rechnungslegung im Jahresabschluss auf das BilMoG - Teil 1: Bilanz und GuV / BRZ 2009, S. 199 ff.

- Pollanz, M. 1999 / Konzeptionelle Überlegungen zur Einrichtung und Prüfung eines Risikomanagements - Droht eine Mega-Erwartungslücke? / in: DB, 52. Jg / o.O.

- Porsch, A. 2006 / Entscheidungslehre - WS05/06- Powerpoint Präsentation / Institut für Innovations- und Umweltmanagement / Graz, 2006.

- Porter, W. T. 1969 : Generalized Computer Audit Programs, in JoA, Januar, S. 54 ff.

- Pougin, E. 1985 / Die Entwicklung des internen Kontrollsystems und ihre Auswirkung auf die Grundsätze ordnungsgemäßer Abschlussprüfung - unter besonderer Berücksichtigung des Einsatzes elektronischer Datenverarbeitungssysteme. / in: Der Wirtschaftsprüfer im Schnittpunkt nationaler und internationaler Entwicklungen, Festschrift zum 60. Geburtstag von Prof. Dr. K. v. Wysocki, hrsg. von G. Gross / Düsseldorf.

- Quick, R. 1991 / Der Grundsatz der Inventurbeobachtung. / in: Betrieb und Wirtschaft, 45. Jg., S. 256 - 256 und S. 300 - 304 / o.O.

- Ramage, J. G.; Krieger, A. M.; Spero, L. L. 1979 / An Empirical Study of Error Characteristics in Audit Populations. / in: JoAR, Vol. 17, Supplement, S. 72 ff. / o.O.

- Reimers, J. L., Butler, S.A. 1992 / The Effect of Outcome Knowledge on Auditors Judgemental Evaluations. In: Accounting Organizations and Society, Vol. 17. No. 2, February 1992, S. 185-194 / o.O.

- Reinfrank, M. 1991 / Wissenspräsentationen mit Logik / in. Sruß, P. (Hrsg.): Wissensrepräsentation, München / Wien , S. 27.

- Roberton, J. C.; Davis, F. G. 1986 / How to Evaluate Internal Control by Using Statistical Sampling. / in: Practical Accountant, Vol. 19, S. 36 ff / o.O.

- Rölle, H. 1969 / Internal Control / in: HWO, hrsg. von E. Grochla / Stuttgart.

- Ruhnke, K. 1990 / Expertensysteme als Prüfungswerkzeug / in: WPg. 1990, Heft 5, 43. Jg., S. 129.

- Ruhnke, K. 1997 / Internationale Normen der Abschlussprüfung / in: WPK-Mitteilung 1997, S. 80 ff.

- Ruhnke, K. 2002 / Geschäftsrisikoorientierte Abschlussprüfung - Revolution im Prüfungswesen oder Weiterentwicklung des risikoorientierten Prüfungsansatzes? / in „Der Betrieb" Heft 9 vom 01.03.2002 / o.O.

- Rückle, D. 1980 / Zur Diskussion um systemkonforme Prüfungsgrundsätze / Betriebswirtschaftliche Forschung und Praxis 1980, S. 107 ff.

- Rückle, D. 1996 / Grundsätze ordnungsmäßiger Abschlussprüfung (GoA): Stand der Entwicklungsmöglichkeiten im Rahmen des Gesamtsystems der Unternehmensführung / Zeitschrift für Betriebswirtschaftliche Forschung 1996, Sonderheft 36, S. 107 ff.

- Rückle, D.; Klatte, V. 1989 / GmbH & Co KG und Offenlegungspflicht - Möglichkeiten eines differenzierenden Offenlegungskonzepts / Zeitschrift für Betriebswirtschaftliche Forschung und Praxis 1989, S. 193 ff.

- SAP® AG® 1998 / R/3®-Sicherheitsleitfaden: Band II; R/3® Sicherheitsservices im Detail / Version 2.0 a: Deutsch; Stand 27. Oktober 1998; Bereich R/3® Sicherheit / Walldorf.

- SAP® AG® 1998 / Arbeitskreis Revision, Arbeitsgruppe Datenschutz, Leitfaden Datenschutz-R/3® / Release 3.1, Stand 1. Mai 1998 / Walldorf.

- SAP® AG® 1997 / Arbeitskreis Revision, Prüfungsleitfaden FI für SAP® R/3® / Release 3.0 D, Stand 20. Februar 1997 / Walldorf.

- SAP® AG® 1998 / FI-Abschlussarbeiten und Berichtswesen / Release 4.0 B / Walldorf.

- Schenk, K.; Münchow M. 2000 / Grundlagen der Kosten- und Leistungsrechnung/ Lehrbrief Nr. 15 Betriebswirtschaft /1 / Steuerrechtsinstitut Knoll GmbH München / VMPR 99/2000 BWL 1 / o.O.

- Schenk, K.; Münchow M. 2000 / Teilgebiete der Kosten- und Leistungsrechnung / Lehrbrief Nr. 19 Betriebswirtschaft 2 / Steuerrechtsinstitut Knoll GmbH München / VMPR 99/2000 BWL 2 / o.O.

- Schneider, S. 2007 / Die Unabhängigkeit des Wirtschaftsprüfers - Simulation von Quasirentenmodellen mit genetischen Algorithmen / Göttingen 2007.
- Selten, R. Prof. / Akademieprojekt der Union der deutschen Wissenschaft / a.a.O, S.2.
- Schmidt, P.-J. 1998 / a.a.O, S. 322.
- Schmidt, S. 2005 / Geschäftsverständnis, Risikobeurteilungen und Prüfungshandlungen des Abschlussprüfers als Reaktion auf beurteilte Risiken / in: WPg, 16 Jg / o.O.
- Schumann, M.; Wittmann, S.; Mertens, P., 1986 / Expertensysteme zur Unterstützung des Wirtschaftsprüfers? / in BFuP 1986, S 517 ff.
- Schultz, J.; Mertens, P. 2000 / Untersuchung wissensbasierter und weiterer ausgewählter Ansätze zur Unterstützung der Produktionsfeinplanung - ein Methodenvergleich / in: WPg. 2000, S. 56.
- Schwager, E. 2008 / Dolose Handlungen als Krisenursachen in KMU - Aufarbeitung und Krisenbewältigung / KSI 2008, S. 258 ff.
- Shleifer, A.; Vishny, R. 1997 / A Survey of Corporate Governance / Journal of Finance 1997 , S. 737 ff.
- Sieben, G.; Duck, K.; Minz, R. 1985 / Prüfung der EDV-Buchhaltung: Grundsätze ordnungsmäßiger Buchführung im Lichte der neusten informationstechnologischen Entwicklung / in: DSWR Sonderheft 1985, S. 90.
- Sperl, A. 1978 /Prüfungsplanung / a.a.O. Düsseldorf, S. 130 - 156.
- Steinberg, R. M.; Johnson, R. N. 1991 / Implementing SAS No. 55 in a Computer Environment / in: JoA, Vol. 172, S. 60 - 64 / o.O.
- Stellungnahme HFA 1/1988.

- Stickler, A. D. 1968 / / An Appraisal of Flow Charting as an Audit Technique. / in: The Canadian Chartered Accountant, Vol. 93 / o.O.

- Stilwell, M. C.; Elliot, R. K. / A Model for Expanding the Attest Function. / in: JoA, Vol. 159 / 1984, S. 48 / o.O.

- Stratmann, B. 1983 / Flowcharts / in: HWRev., hrsg. von A. G. Coenenberg und K. v. Wysocki / Stuttgart.

- Szczesny, A. 2007 / Der Zusammenhang zwischen Bilanzpolitik und Rechnungslegungsstandards - Meßmethoden und empirische Evidenz / Betriebswirtschaftliche Forschung und Praxis 2007, S. 101 ff.

- Taylor, R. G. 1974 / Error Analysis in Audit Tests / in: JoA, Vol. 137 / o.O.

- Teichmann, Prof. Dr. W. 1999 / Grundlagen der Kostenrechnung.

- Temkin, R. H.; Winters, A. J. 1988 / The Auditor`s / SAS No. 55 - The Auditor`s New Responsibility for Internal Control / in: Journal of Accountancy, Vol. 165, No. 5, S. 86 - 98 / o.O.

- Theile, C. 2009 / Der neue Jahresabschluss nach dem BilMoG /DStR 2009, Beihefter zu Heft 18, S. 21 ff.

- Theile C. 2008 / Bilanzierung sonstiger Rückstellungen nach dem BilMoG-Regierungsentwurf / DM 2008, S. 1757 ff.

- Thurnes, G. 2009 / Auswirkungen des Bilanzrechtsmodernisierungsgesetzes auf Pensionsrückstellungen / BRZ 2009, S. 212 ff.

- Tucker, J. J. III. 1989 / An Early Contribution of Kenneth W. Stringer: Development and Dissemination of the Audit Risk Model / in: Accounting Horizons, Vol. 3 / o.O.

- Van Hulle, K. 1996 / Grünbuch der Europäischen Kommission: Rolle, Stellung und Haftung des Abschlussprüfers in der Europäischen Union / in: WPK-Mitteilung 1996.

- Wanik, O. 1992 / Internes Kontrollsystem, Prüfung / in: HWRev., hrsg. von A. G. Coenenberg und K. v. Wysocki, 2. Aufl., Spalte 903 / Stuttgart.

- Wähner, G. 2002 / Prüfung der Beleg-, Journal- und Kontenfunktion in komplexen DV-gestützten Buchführungssystemen / in „ReVision" 1/2002 / o.O.

- Währisch, M. 2001 / The Evolution of international Accounting Systems, Frankfurt am Main et al. 2001.

- Warren, C. S. 1980 / Prüfungsrisiko / in: Der Schweizer Treuhänder, 54. Jg, S.28-31 / o.O.

- Warren, C. S.; Yates, S.; Zuber, G. R. 1982 / Audit Sampling - A Practical Approach - How to implement non-statistical sampling under SAS No. 39 / in: Journal of Accounting, January 1982, S. 62-72 / o.O.

- Werder, A.v. (Hrsg) 2000 / German Code of Corporate Governance (GCCG), Stuttgart 2000.

- Wehrheim, M. 2009 / Zum Geltungsbereich der Ausschüttungssperre des § 268 Abs. 2 HGB im Regierungsentwurf des BilMoG / DB 2009, S. 356 ff.

- Westhausen, H. 2005 / Das COSO-Modell - bisher nur eine Randerscheinung in Deutschland? / in: Interne Revision, 2005, Heft 3 / o.O:

- Weyershaus, H. A. 1980 / Internes Kontrollsystem - Revision oder Regelkreis? / in: DB, 33. Jg. / o.O.

- Wiechers, K. 2007 / Übersicht über die Änderungen der 7. WPO-Novelle / StuB 2007, S. 1003 ff.

- Wiechers, K. 2009 / Das interne Kontrollsystem als Gegenstand der Abschlussprüfung / BKK 2009, S. 82 ff.

- Wiechers, K. 2009 / Das interne Kontrollsystem im Rechnungswesen / BKK 2009, S. 134 ff.

- Wiedmann, H. 1981 / Die Prüfung des internen Kontrollsystems / in: WPg, 34.Jg, S. 705 - 711 / o.O.

- Wiedmann, H. 1993 / Der risikoorientierte Prüfungsansatz / in: Die Wirtschaftsprüfung, 46 Jg., S. 13 - 25 / o.O.

- Will, H.J. 1970 : Zur Anwendung von Prüfprogrammen: Das Aditape System, in: WPg S.557-564.

- Wild, J. 1969 / Unternehmerische Entscheidungen, Prognosen und Wahrscheinlichkeiten. / in: ZfB, 39 Jg., Ergänzungsheft 2, S. 60 ff / o.O.

- Wildensee, C. 2002 / Ausgesuchte Berechtigungsobjekte des SAP® R/3®-Systems als Prüfungsansatz für die IV-Revision / in „ReVision“ 1/2002 / o.O.

- Will, H. J. 1974: Audit Command Language - eine Prüfungssprache für computergestützte Prüfungshandlungen (Teil II), in: WPg 1974, S. 626.

- Wittmann, A. 1982 / Systemprüfung und ergebnisorientierte Prüfung / a.a.O. Berlin 1982, S. 82.

- Wolf, C. 2009 / Zur Anforderung eines internen Kontroll- und Risikomanagementsystems im Hinblick auf den (Konzern-) Rechnungslegungsprozess gemäß BilMoG / StuB 2009, S. 920 ff.

- Wolz, M. 2009 / Pensionsrückstellungen nach BilMoG / StuB 2009, S. 424 ff.

- Zepf, G. 1996 / Grundsätze ordnungsmäßiger DV-gestützter Buchführungssysteme – Erläuterungen für die Praxis / in: Deutsches Steuerrecht 1996, S. 1259 - 1263 / o.O.

- Zepf, G. 2000, Prüfungssoftware, in: G. Ballweiser; A. G. Conenberg; K. v. Wysocki: a.a.O, Sp. 1878.
- Zepf, G. 2002: a.a.O., Sp. 1882 ff.
- Zülch, H. 2008 / Bilanzrechtsmodernisierungsgesetz: Wesentliche Änderungen des Regierungsentwurfs gegenüber dem Referentenentwurf / BB 2008, S. 1272 ff.
- Zülch, H. 2009 / Die Modernisierung des deutschen Handelsbilanzrechts durch das BilMoG: Wesentliche Alt- und Neuregelungen im Überblick / DB 2009, S. 745 ff.

Internetseiten und Dokumentationen auf CD-ROM sowie Datenbanken

- Arbeitskreis Wirtschaftsprüfung und Revision unter:
  http://www.sap-ag.de/germany/discsap/revis/index.htm
- COSO Internal Control - Integrated Framework (1992): Executive Summary of the Integrated Framework:
  http://www.coso.org/Publications/executive_summary_integrated_framework.htm
- Institut der Wirtschaftsprüfer, Homepage unter:
  http://www.idw.de
- Methodware: Standards, Methodologies, Recommendations and legislation:
  http://www.methodware.com
- SAP® AG®, SAP-Net® unter:
  http://www.007.sap-ag.de
- SAP® AG®, Die Onlinedokumentation des SAP®-Systems (SAP® Dokuprint), Release 4.5B, CD-ROM Version
- SAP® Knowledge Warehouse® - Netscape (Online-Hilfe)
- R/3® Security Guide / Sicherheitsleitfäden unter :
  http://www.sapnet.sap.com/securityguide
- SAP® Testate unter :
  http://www.service.sap.com/certificates
- SAP® Prüfleifäden:
  http://www.sap.com/germany/aboutsap/revis

- R/3® Security SAP® R/3® Prüfleitfäden in der Version „Stand 3.0 D“ in deutsch
  http://www.sap.com/germany/discsap/revis/index.htm

- Verfügbarkeit des Sicherheitsleitfadens für R/3® unter:
  https://www005.sap-ag/IRON/FM/011000358700000431401997/0039267D